智能制造系列教材

制造智能技术基础

FOUNDATION OF MANUFACTURING INTELLIGENT TECHNOLOGY

张智海　主编

李冬妮　苏丽颖　张磊　贾旭杰　裴植　谢小磊　副主编

清华大学出版社

北京

图书在版编目(CIP)数据

制造智能技术基础/张智海主编. —北京:清华大学出版社,2022.8(2024.8重印)
智能制造系列教材
ISBN 978-7-302-60927-8

Ⅰ. ①制… Ⅱ. ①张… Ⅲ. ①智能制造系统—教材 Ⅳ. ①TH166

中国版本图书馆 CIP 数据核字(2022)第 088955 号

责任编辑:刘 杨 冯 昕
封面设计:李召霞
责任校对:欧 洋
责任印制:沈 露

出版发行:清华大学出版社
　　　网　　址:https://www.tup.com.cn,https://www.wqxuetang.com
　　　地　　址:北京清华大学学研大厦 A 座　　邮　　编:100084
　　　社 总 机:010-83470000　　　　　　　邮　　购:010-62786544
　　　投稿与读者服务:010-62776969,c-service@tup.tsinghua.edu.cn
　　　质量反馈:010-62772015,zhiliang@tup.tsinghua.edu.cn
印 装 者:涿州市般润文化传播有限公司
经　　销:全国新华书店
开　　本:185mm×260mm　　印　张:20.75　　　字　　数:502 千字
版　　次:2022 年 10 月第 1 版　　　　　　印　　次:2024 年 8 月第 2 次印刷
定　　价:65.00 元

产品编号:088884-01

智能制造系列教材编审委员会

主任委员

      李培根　　雒建斌

副主任委员

      吴玉厚　吴　波　赵海燕

编审委员会委员（按姓氏首字母排列）

陈雪峰	邓朝晖	董大伟	高　亮
葛文庆	巩亚东	胡继云	黄洪钟
刘德顺	刘志峰	罗学科	史金飞
唐水源	王成勇	轩福贞	尹周平
袁军堂	张　洁	张智海	赵德宏
郑清春	庄红权		

秘书

      刘　杨

　　多年前人们就感叹,人类已进入互联网时代;近些年人们又惊叹,社会步入物联网时代。牛津大学教授舍恩伯格(Viktor Mayer-Schönberger)心目中大数据时代最大的转变,就是放弃对因果关系的渴求,转而关注相关关系。人工智能则像一个幽灵徘徊在各个领域,兴奋、疑惑、不安等情绪分别蔓延在不同的业界人士中间。今天,5G的出现使得作为整个社会神经系统的互联网和物联网更加敏捷,使得宛如社会血液的数据更富有生命力,自然也使得人工智能未来能在某些局部领域扮演超级脑力的作用。于是,人们惊呼数字经济的来临,憧憬智慧城市、智慧社会的到来,人们还想象着虚拟世界与现实世界、数字世界与物理世界的融合。这真是一个令人咋舌的时代!

　　但如果真以为未来经济就"数字"了,以为传统工业就"夕阳"了,那可以说我们就真正迷失在"数字"里了。人类的生命及其社会活动更多地依赖物质需求,除非未来人类生命形态真的变成"数字生命"了,不用说维系生命的食物之类的物质,就连"互联""数据""智能"等这些满足人类高级需求的功能也得依赖物理装备。所以,人类最基本的活动便是把物质变成有用的东西——制造!无论是互联网、物联网、大数据、人工智能,还是数字经济、数字社会,都应该落脚在制造上,而且制造是其应用的最大领域。

　　前些年,我国把智能制造作为制造强国战略的主攻方向,即便从世界上看,也是有先见之明的。在强国战略的推动下,少数推行智能制造的企业取得了明显效益,更多企业对智能制造的需求日盛。在这样的背景下,很多学校成立了智能制造等新专业(其中有教育部的推动作用)。尽管一窝蜂地开办智能制造专业未必是一个好现象,但智能制造的相关教材对于高等院校与制造关联的专业(如机械、材料、能源动力、工业工程、计算机、控制、管理……)都是刚性需求,只是侧重点不一。

　　教育部高等学校机械类专业教学指导委员会(以下简称"教指委")不失时机地发起编著这套智能制造系列教材。在教指委的推动和清华大学出版社的组织下,系列教材编委会认真思考,在2020年新型冠状病毒肺炎疫情正盛之时即视频讨论,其后教材的编写和出版工作有序进行。

　　本系列教材的基本思想是为智能制造专业以及与制造相关的专业提供有关智能制造的学习教材,当然也可以作为企业相关的工程师和管理人员学习和培训之用。系列教材包括主干教材和模块单元教材,可满足智能制造相关专业的基础课和专业课的需求。

　　主干课程教材,即《智能制造概论》《智能装备基础》《工业互联网基础》《数据技术基础》《制造智能技术基础》,可以使学生或工程师对智能制造有基本的认识。其中,《智能制造概论》教材给读者一个智能制造的概貌,不仅概述智能制造系统的构成,而且还详细介绍智能制造的理念、意识和思维,有利于读者领悟智能制造的真谛。其他几本教材分别论及智能制造系统的"躯干""神经""血液""大脑"。对于智能制造专业的学生而言,应该尽可能必修主干课程。如此配置的主干课程教材应该是此系列教材的特点之一。

特点之二在于配合"微课程"而设计的模块单元教材。智能制造的知识体系极为庞杂,几乎所有的数字-智能技术和制造领域的新技术都和智能制造有关。不仅涉及人工智能、大数据、物联网、5G、VR/AR、机器人、增材制造(3D 打印)等热门技术,而且像区块链、边缘计算、知识工程、数字孪生等前沿技术都有相应的模块单元介绍。这套系列教材中的模块单元差不多成了智能制造的知识百科。学校可以基于模块单元教材开出微课程(1 学分),供学生选修。

特点之三在于模块单元教材可以根据各个学校或者专业的需要拼合成不同的课程教材,列举如下。

♯课程例 1——"智能产品开发"(3 学分),内容选自模块:
- ➢ 优化设计
- ➢ 智能工艺设计
- ➢ 绿色设计
- ➢ 可重用设计
- ➢ 多领域物理建模
- ➢ 知识工程
- ➢ 群体智能
- ➢ 工业互联网平台(协同设计,用户体验⋯⋯)

♯课程例 2——"服务制造"(3 学分),内容选自模块:
- ➢ 传感与测量技术
- ➢ 工业物联网
- ➢ 移动通信
- ➢ 大数据基础
- ➢ 工业互联网平台
- ➢ 智能运维与健康管理

♯课程例 3——"智能车间与工厂"(3 学分),内容选自模块:
- ➢ 智能工艺设计
- ➢ 智能装配工艺
- ➢ 传感与测量技术
- ➢ 智能数控
- ➢ 工业机器人
- ➢ 协作机器人
- ➢ 智能调度
- ➢ 制造执行系统(MES)
- ➢ 制造质量控制

总之,模块单元教材可以组成诸多可能的课程教材,还有如"机器人及智能制造应用""大批量定制生产"等。

此外，编委会还强调应突出知识的节点及其关联，这也是此系列教材的特点。关联不仅体现在某一课程的知识节点之间，也表现在不同课程的知识节点之间。这对于读者掌握知识要点且从整体联系上把握智能制造无疑是非常重要的。

此系列教材的编著者多为中青年教授，教材内容体现了他们对前沿技术的敏感和在一线的研发实践的经验。无论在与部分作者交流讨论的过程中，还是通过对部分文稿的浏览，笔者都感受到他们较好的理论功底和工程能力。感谢他们对这套系列教材的贡献。

衷心感谢机械教指委和清华大学出版社对此系列教材编写工作的组织和指导。感谢庄红权先生和张秋玲女士，他们卓越的组织能力、在教材出版方面的经验、对智能制造的敏锐是这套系列教材得以顺利出版的最重要因素。

希望这套教材在庞大的中国制造业推进智能制造的过程中能够发挥"系列"的作用！

2021 年 1 月

制造业是立国之本，是打造国家竞争能力和竞争优势的主要支撑，历来受到各国政府的高度重视。而新一代人工智能与先进制造深度融合形成的智能制造技术，正在成为新一轮工业革命的核心驱动力。为抢占国际竞争的制高点，在全球产业链和价值链中占据有利位置，世界各国纷纷将智能制造的发展上升为国家战略，全球新一轮工业升级和竞争就此拉开序幕。

近年来，美国、德国、日本等制造强国纷纷提出新的国家制造业发展计划。无论是美国的"工业互联网"、德国的"工业4.0"，还是日本的"智能制造系统"，都是根据各自国情为本国工业制定的系统性规划。作为世界制造大国，我国也把智能制造作为制造强国战略的主改方向，于2015年提出了《中国制造2025》，这是全面推进实施制造强国建设的引领性文件，也是中国建设制造强国的第一个十年行动纲领。推进建设制造强国，加快发展先进制造业，促进产业迈向全球价值链中高端，培育若干世界级先进制造业集群，已经成为全国上下的广泛共识。可以预见，随着智能制造在全球范围内的孕育兴起，全球产业分工格局将受到新的洗礼和重塑，中国制造业也将迎来千载难逢的历史性机遇。

无论是开拓智能制造领域的科技创新，还是推动智能制造产业的持续发展，都需要高素质人才作为保障，创新人才是支撑智能制造技术发展的第一资源。高等工程教育如何在这场技术变革乃至工业革命中履行新的使命和担当，为我国制造企业转型升级培养一大批高素质专门人才，是摆在我们面前的一项重大任务和课题。我们高兴地看到，我国智能制造工程人才培养日益受到高度重视，各高校都纷纷把智能制造工程教育作为制造工程乃至机械工程教育创新发展的突破口，全面更新教育教学观念，深化知识体系和教学内容改革，推动教学方法创新，我国智能制造工程教育正在步入一个新的发展时期。

当今世界正处于以数字化、网络化、智能化为主要特征的第四次工业革命的起点，正面临百年未有之大变局。工程教育需要适应科技、产业和社会快速发展的步伐，需要有新的思维、理解和变革。新一代智能技术的发展和全球产业分工合作的新变化，必将影响几乎所有学科领域的研究工作、技术解决方案和模式创新。人工智能与学科专业的深度融合、跨学科网络以及合作模式的扁平化，甚至可能会消除某些工程领域学科专业的划分。科学、技术、经济和社会文化的深度交融，使人们可以充分使用便捷的软件、工具、设备和系统，彻底改变或颠覆设计、制造、销售、服务和消费方式。因此，工程教育特别是机械工程教育应当更加具有前瞻性、创新性、开放性和多样性，应当更加注重与世界、社会和产业的联系，为服务我国新的"两步走"宏伟愿景作出更大贡献，为实现联合国可持续发展目标发挥关键性引领作用。

需要指出的是，关于智能制造工程人才培养模式和知识体系，社会和学界存在多种看法，许多高校都在进行积极探索，最终的共识将会在改革实践中逐步形成。我们认为，智能制造的主体是制造，赋能是靠智能，要借助数字化、网络化和智能化的力量，通过制造这一载体把物质转化成具有特定形态的产品（或服务），关键在于智能技术与制造技术的深度融合。正如李培根院士在本系列教材总序中所强调的，对于智能制造而言，"无论是互联网、物联网、大数据、人工智能，还是数字经济、数字社会，都应该落脚在制造上"。

经过前期大量的准备工作，经李培根院士倡议，教育部高等学校机械类专业教学指导委员会（以下简称"教指委"）课程建设与师资培训工作组联合清华大学出版社，策划和组织了这套面向智能制造工程教育及其他相关领域人才培养的本科教材。由李培根院士和雒建斌院士为主任、部分教指委委员及主干教材主编为委员，组成了智能制造系列教材编审委员会，协同推进系列教材的编写。

考虑到智能制造技术的特点、学科专业特色以及不同类别高校的培养需求，本套教材开创性地构建了一个"柔性"培养框架：在顶层架构上，采用"主干课教材＋专业模块教材"的方式，既强调了智能制造工程人才培养必须掌握的核心内容（以主干课教材的形式呈现），又给不同高校最大程度的灵活选用空间（不同模块教材可以组合）；在内容安排上，注重培养学生有关智能制造的理念、能力和思维方式，不局限于技术细节的讲述和理论知识推导；在出版形式上，采用"纸质内容＋数字内容"相融合的方式，"数字内容"通过纸质图书中镶嵌的二维码予以链接，扩充和强化同纸质图书中的内容呼应，给读者提供更多的知识和选择。同时，在教指委课程建设与师资培训工作组的指导下，开展了新工科研究与实践项目的具体实施，梳理了智能制造方向的知识体系和课程设计，作为整套系列教材规划设计的基础，供相关院校参考使用。

这套教材凝聚了李培根院士、雒建斌院士以及所有作者的心血和智慧，是我国智能制造工程本科教育知识体系的一次系统梳理和全面总结，我谨代表教育部机械类专业教学指导委员会向他们致以崇高的敬意！

赵继

2021 年 3 月

随着现代制造系统多维度数智化发展趋势日益明朗,大量多源异构数据的积累、先进智能技术的广泛应用,为提升制造效率、生产质量、降低成本提供了技术基础,从而促进了企业数智化转型升级,并成为推动经济社会发展的新引擎。在此背景下,智能技术的应用与发展,成为实现"高质、智能、柔性、绿色"的制造过程的可靠基础。

现如今"智能技术"的定义宽泛,涉及工程学、管理科学、应用数学、计算机科学等多学科基础知识。然而,针对制造智能技术的相关材料、课程、教材书籍是相对缺乏的,对于一个欲详细了解学习制造智能技术相关知识的人而言,难以在短时间搜寻到"及时"且"解渴"的专业书籍。

无论对于工业工程制造、企业运营管理等各行各业的从业人员、专家学者,短时间内快速地了解、掌握智能技术的知识是很困难的。在日常的教学过程中,发现许多学生往往是通过互联网、图书馆查阅资料等方法,搜寻一类可以解决其当下研究主题的智能技术方法,以快速地完成老师授予的科研任务。这样的方式虽然可以高效地解决当下难题,却无法让学生对智能技术有一个系统完整的了解、形成完备的知识体系,对其今后进入工业界或者学界的工作也并无大益。

因此,亟须编撰一册涵盖智能技术应用、实践分析的教材书籍,从实践应用的角度出发,基于在日常科研工作中对智能技术的理解,成体系的归纳、介绍、解析相应的智能技术方法。然而,编撰智能技术的教材书籍难度极大,尤其是试图以某种逻辑结构,容纳多类交叉学科中的优化算法、统计学习、商业智能等多类方法,显现出撰写之难度。此外,欲求读者能更为全面的结合工业制造实践,理解相关智能技术的应用,因此需要结合实际生产活动案例,然而实际应用过程难以深入理论分析。如何结合智能技术的理论分析与智能制造实践过程,亦为撰写本书难点。

基于前期在制造科学、管理科学、信息科学、人工智能、智能决策等诸多领域的研究成果及实践案例,本书针对得到广泛应用的制造智能技术,诸如智能优化、深度学习、模式识别、模糊控制、知识工程、商业智能方法,对方法原理及典型应用案例进行介绍,让读者更好地学习理解制造智能技术理论及应用。

在企业实践中,智能技术可以应用在哪些场景?智能技术可以发掘哪些生产制造管理的契合点?如何更为深入地将不同类型的智能技术应用到具体的业务场景中?上述问题是目前实践应用存在的最常见的问题,而本书提供了大量智能技术理论和实践案例,读者可更为轻松地由实践案例入手,掌握相应智能技术方法应用场景,并结合自身的实践经验,更为快捷地将智能技术理论方法与实践的融会贯通。

在学术研究领域，研究人员们经常面临的问题是对于特定场景的应用类研究，如何采用更为高效的算法提升求解效率？如何借助机器学习方法，提升各类商业分析研究过程中需求建模、生产流程集约优化？如何快速了解一类方法的典型应用场景？本书针对上述应用研究类问题，完整地集成多类优化算法、机器学习、商业分析等应用方法、典型应用场景，从而帮助研究人员快速理解掌握制造智能技术。

针对实践及学术研究中存在的对智能技术的应用需求，本书不仅聚焦智能优化算法、模式识别、深度学习等理论方法内容阐释，更多地在不同章节融入典型案例分析，这也是本书的最大特色。本书的章节布局也凸显了这样的特点，同时搜集了大量的文献、案例资料，便于读者了解智能技术的发展进程和应用场景。

本书可作为机械自动化、工业工程等智能制造相关专业的主干教材，抑或作为计算机科学与技术、各类工程学科的辅修教材。此外，本书也适用于企业技术部门、管理部门相关人员的使用，便于其快速了解智能技术的理论基础知识和典型应用。

本书第1章、第8章由清华大学张智海副教授编写，第2章由北京理工大学李冬妮副教授编写，第3章由北京工业大学苏丽颖副教授编写，第4章由河北工业大学张磊教授编写，第5章由中央民族大学贾旭杰教授编写，第6章由浙江工业大学裴植教授编写，第7章由清华大学谢小磊副教授编写。同时感谢中央民族大学苏宇楠副教授对第5章内容撰写的支持，清华大学张延滋博士对全书内容的整理编辑。

感谢张秋玲编审对智能制造系列教材的发起和推动，感谢清华大学出版社为此系列教材出版所作的重大贡献，感谢刘杨编辑为本书的出版所付出的努力。

鉴于作者对制造智能技术的理解和认识的局限，书中错误在所难免，敬请读者批评指正。

张智海

2022 年 3 月

目录

CONTENTS

第 1 章

概论

随着新工业革命的到来,移动互联网、大数据、云计算、人工智能、5G、物联网等新一代信息技术得到了快速发展以及普及应用。特别是新一代人工智能呈现出深度学习、跨界融合、人机协同、群智开放、自主操控等新特征,为人类提供了认识复杂世界的新思维和新手段,以及改造自然和社会的新技术。当然,新一代人工智能技术还处在加速发展的进程中,将继续从弱人工智能向强人工智能甚至向超人工智能跨越,不断拓展人类的脑力、洞察力。新一代人工智能已经成为新一轮产业革命的核心技术,为制造业转型升级提供了重大助力,同时成为推动经济社会发展的新引擎。

在新一轮的科技革命和产业发展变革中,智能制造已成为世界强国抢占发展机遇的制高点和主攻方向。近几年我国也在不断发展和完善智能制造相关产业政策,布局规划制造强国的推进路径。智能技术作为当前的热门技术,拥有强大的理论支持,在智能制造领域得到了广泛的应用。新一代人工智能技术驱动的智能制造,其产品和服务呈现高度智能化、个性化,生产制造过程呈现高质、智能、柔性、绿色等特征,产业组织模式等发生根本性变革,服务型制造业以及生产性服务业均得到大力发展,进而全面重塑制造业价值链,打造具有一定规模和国际竞争力的制造业。

1.1 智能技术简介

1.1.1 智能技术的定义

智能技术吸引着众多研究开发者投身于这一领域进行开拓,不同学者也从不同角度对人工智能(artificial intelligence,AI)的定义做了大量研究,但目前尚未形成统一定义。其中,曹承志和王楠将智能技术定义为:智能技术是在计算机科学、控制论、信息学、神经心理学、哲学、语言学等多种学科研究的基础上发展起来的一门综合性的边缘科学[1]。智能科学与人工智能网站(中国科学院计算技术研究所智能信息处理重点实验室智能科学课题组建设的研究类网站)中智能技术的定义为:为了有效地达到某种预期的目的,利用知识所采用的各种方法和手段[2]。Schalkoff 认为智能技术隶属于通过现有计算过程来解释和模拟人类智能活动的研究领域[3]。此外,斯坦福大学曾在发起的一项名为“人工智能 100 年”的研究项目中指出,人工智能是一门科学,同时也是一种计算机技术。斯坦福大学计算机科学教授 Nils J. Nilsson 为人工智能提供了一个可供参考的定义:人工智能致力于使机器智能化,智能化是衡量实体在特定环境中的反应和判断能力的定量指标。中国电子信息产业发展研究院将人工智能解读为:人工智能是计算机科学或智能科学中涉及研究、设计和应用智能机器的一个分支,是用于模拟、延伸和扩展人的智能的理论、方法、技术及应用系统的一门新的技术科学[4]。

1.1.2 人工智能的关键技术

2019 中国人工智能产业年会上发布的《2019 年人工智能发展报告》中指出人工智能包含 13 个子领域:机器学习、知识工程、计算机视觉、自然语言处理、语音识别、计算机图形学、多媒体技术、人机交互、机器人、数据库技术、可视化、数据挖掘、信息检索与推荐。中国电子信息产业发展研究院提出人工智能的典型研究领域为:机器定理证明、机器翻译、专家系统、博弈、模式识别、机器学习、机器人与智能控制[3]。曹承志和王楠指出人工智能的主要研究领域包含:问题求解、专家系统、机器学习、模式识别、自然语言理解、机器人学、人工神经网络[1]。郑树泉提出人工智能的各项关键技术为:机器学习、知识图谱、自然语言处理、人机交互、计算机视觉、生物特征识别、虚拟现实/增强现实[5]。钟珞等人认为智能技术的主要研究领域包括:模糊计算、神经网络计算、进化计算、群智能计算、免疫计算等[6]。

上述文献资料都在积极探索智能技术,并提出了对智能技术研究领域的理解,归纳而言,智能技术主要包含:智能优化算法(问题求解、进化计算、群智能计算、免疫计算等)、模式与图像识别(模式识别、计算机图形学、计算机视觉、生物特征识别等)、模糊控制(模糊计算)、深度学习(神经网络)、知识工程(专家系统、知识图谱等)、商业智能(数据挖掘、信息检索与推荐等)。本书主要探讨上述智能技术的概念、机理、特征及其应用。

1.1.3 智能技术的发展历史

1956 年夏,以麦卡赛、明斯基、罗切斯特和申农等为首的一批有远见卓识的年轻科学家在一起聚会,共同研究和探讨使用机器模拟智能的一系列问题,并首次提到了"人工智能"这一术语。它标志着人工智能这门新兴学科的正式诞生。下面探讨不同智能技术的发展历程。

1. 智能优化算法的发展

为了解决复杂的优化问题,受到仿生学机理的启发,人们提出了很多智能优化算法,诸如:模拟退火算法、遗传算法、蚁群优化算法、免疫算法、粒子群优化算法、禁忌搜索算法、差分进化算法、神经网络算法等。这些算法的共同点是:通过模拟生物群体的智能行为以及揭示某些自然界现象而得到发展。

其中,模拟退火(simulated annealing,SA)算法最早在 1953 年由 Metropolis 提出。1983 年,Kirkpatrick 最早使用模拟退火算法求解组合最优化问题。模拟退火算法是一种基于蒙特卡罗迭代求解策略的随机寻优算法,其出发点是基于金属材料的退火过程与一般组合优化问题之间的相似性,其目的是为具有非确定性多项式时间(non-deterministic polynomial,NP)复杂性的问题提供有效的近似求解算法。它克服了传统算法优化过程容易陷入局部极值的缺陷和对初值的依赖性。目前,模拟退火算法已经被广泛运用到制造领域中的优化问题,比如生产调度、布局设计等问题。

遗传算法(genetic algorithm,GA)是模拟生物在自然环境中的遗传和进化过程而发展起来的自适应全局优化搜索算法。20世纪60年代,Holland教授及其学生们基于对自然和人工自适应系统的研究,提出了遗传算法。1967年,Holland的学生Bagley在其博士论文中首次用到"遗传算法"一词。70年代,De Jong基于遗传算法的思想,在计算机上进行了大量数值函数优化计算实验。进入80年代,Goldberg在一系列研究工作的基础上进行了归纳总结,期间随着在美国匹兹堡召开的第一届遗传算法大会,遗传算法逐渐进入实际应用阶段。

蚁群优化算法(ant colony optimization,ACO)最早是由意大利学者Dorigo于20世纪90年代初期提出的。它是通过模拟自然界中蚂蚁集体寻径行为而设计的一种基于种群的启发式随机搜索算法。1996年,Dorigo对蚁群优化算法的原理和应用做了进一步探讨,从而吸引了全世界各地学者的热情关注,把这一领域的研究推向国际学术的最前沿。在学者们对蚁群优化算法高涨的研究热情之下,1998年在比利时布鲁塞尔召开了第一届蚁群优化算法研讨会。之后,蚁群优化算法的研究成果多次被顶级学术期刊 *Nature* 发表。如今蚁群优化算法已经成为备受关注的课题,在智能决策中的应用也越来越广泛。

粒子群优化(particle swarm optimization,PSO)算法是在1995年由美国心理学家Kennedy和电气工程师Eberhart提出的。它模拟了自然界中鸟群觅食过程中的迁徙和群聚行为,是一种全局随机搜索算法。由于粒子群优化算法的算法机制比较简单、需要调节的参数较少、涉及的专业知识少、比较容易实现,因此自其被提出以来,受到国内外众多研究者的广泛关注,并且被运用到了越来越广泛的领域之中。

差分进化(differential evolution,DE)算法由Storn和Price于1995年提出,其最初的设想是用于解决切比雪夫多项式问题,后来发现它也是解决复杂优化问题的有效技术。

近几十年来,学者们相继提出大量的智能优化算法,比如布谷鸟搜索算法、生物地理学优化算法、回溯搜索算法、超启发式算法等。同时,学者们采用智能优化算法成功地解决了许多不同类型的实际工程问题,这表明智能优化算法的发展已经进入了较为成熟的阶段。

2. 模式识别的发展

1929年,G. Tauschck发明了能够阅读数字0～9的阅读机,就此拉开了模式识别的序幕。模式识别是指对表征事物或现象的各种形式的(数值的、文字的和逻辑关系的)信息进行处理和分析,以对事物或现象进行描述、辨认、分类和解释的过程,是信息科学和人工智能的重要组成部分。早期的模式识别研究着重在数学方法上,20世纪30年代Fisher提出统计分类理论,奠定了统计模式识别的基础。Noam Chemsky在1956年提出了语言描述理论;在1957年,Chow Chi-Keung提出了用统计决策理论求解模式识别问题,促进了模式识别研究工作的迅速发展;1962年,R. Narasimhan提出了一种基于基元关系的句法识别方法;美籍华人付京孙(K. S. Fu)提出了句法结构模式识别,并于1974年出版了专著 *syntactic methods in pattern recognition*。同期,20世纪60年代,L. A. Zadeh提出了模糊集理论,在此阶段,模糊模式识别理论也得到了较广泛的应用。1973年,美国电气与电子工程师协会(The Institute of Electrical and Electronics Engineers,IEEE)组织了第一次关于模式识别的国际会议(International Conference on Pattern Recognition ICPR),进一步激发了众多学者对模式识别的研究热情,促进了模式识别的实际应用。20世纪80年代,Hopfield提出了神经元网络模型,极大地推动了模式识别的研究工作,短短几年在很多应用方面就取得了显著成果,从而形成了模式识别的人工神经元网络方法的新学科方向。进入20世纪90年代以来,新方法不断涌现,例如支持向量机识别方法、以隐马尔可夫模型为代表的随机场方法等,为模式识别的发展提供了理论基础。同时模式识别也大规模地进入人们的日常生活,如人脸识别、自动驾驶、医疗诊断、生物识别、雷达信号识别等。

如今,模式识别技术已成功应用在工业、农业、国防、生物、医学等许多领域。智能化是当今科技发展的重要趋势之一,模式识别技术以其超强的信息处理能力有着广阔的用武之地,所需处理的模式对象和识别任务需求也将随之快速增长。

3. 模糊控制的发展

模糊控制系统是以模糊集合论、模糊逻辑推理和模糊语言变量为基础的一种数字控制技术。1965年,美国自动控制理论专家L. A. Zadeh创立了模糊集理论。之后,他在1968年提出了模糊算法的概念,在1970年提出模糊决策,并在1971年提出了模糊排序。1973年,他发表了另一篇开创性文章 *Outline of a New Aproach to the Analysis of Complex Systems and Decision Processes*,在引入语言变量这一概念的基础上,提出了用模糊IF-THEN规则来量化人类知识。

1974年,英国学者Mamdani和Assilian首次用模糊控制语句组成了模糊控制器,并成功地把它应用于蒸汽机和锅炉的控制中,这项创新在实验室里实验仿真获得了成功,标志着模糊控制论的诞生。1976年,Holmblad和Ostergaard在水泥行业开发了模糊系统——模糊水泥窑控制器,这是模糊控制理论的第一个工业应用,此模糊系统在丹麦于1982年开始正式运行。1980年,Sugeno开创了日本的首次模糊应用——控制一家富士(Fuji)电子水净化工厂。1983年,他又开始研究模糊机器人,这种机器人能够根据呼唤命令来自动控制汽车的停放。1983年,日本仙台市城市地铁成为第一个成功应用模糊控制的大型工程。到了20世纪90年代初,市场上已经出现了大量的模糊消费产品。

1992年2月,首届IEEE模糊系统国际会议在智利首都圣地亚哥召开。此次大会标志着模糊理论已被世界上最大的工程师协会——IEEE所接受,而且IEEE还于1993年创办了IEEE模糊系统会刊。此外,从理论角度来看,模糊系统与模糊控制在20世纪90年代的发展是迅猛的,例如利用神经网络技术系统地确定隶属度函数及严格分析模糊系统的稳定性。

进入21世纪,模糊控制的应用范围正向高一级的新领域扩展,例如工业制造、自动控制、汽车生产、控触系统、医药、游戏理论等。

4. 深度学习的发展

深度学习是近十几年来机器学习领域发展最快的一个分支。由于其重要性,Geoffrey Hinton、Yann Lecun、Yoshua Bengio 3位教授同时获2018年图灵奖。

1943年,Warren McCulloch和Walter Pitts受人类大脑启发,提出了最早的神经网络数学模型,这种模型后来也被称为McCulloch-Pitts Neuron结构。Frankd Rosenblatt在1958年提出了前馈式人工神经网络"感知器",它本质上是一种线性模型,可以对输入的训练集数据进行二分类,并且能够在训练集中自动更新权重。感知器的出现对神经网络的发展具有里程碑式的意义,引起了神经网络研究的第一次浪潮。纵观科学发展史,技术的发展无疑都是充满曲折的。Marvin Minsky 和 Seymour Papert 于 1969 年发现了感知器的缺陷:不能处理异或等非线性问题,以及当时的计算能力不足以处理大型神经网络。于是,整个神经网络的研究进入停滞期,直到 1986 年,Geoffrey Hinton 提出了一种适用于多层感知器的反向传播算法——BP(back-propagation)算法。BP 算法在传统神经网络正向传播的基础上,增加了误差的反向传播过程。反向传播过程不断地调整神经元之间的权重值和阈值,直到输出的误差达到允许的范围之内,或达到预先设定的训练次数为止。BP 算法完美地解决了非线性分类问题,迎来了深度学习技术的第二次研究热潮。但是在 20 世纪 80 年代,计算机的计算能力十分有限,导致当神经网络的规模增大时,使用 BP 算法会出现"梯度消失"的问题,这使得 BP 算法的发展受到了很大的限制,深度学习的发展又一次停滞。直到 2006 年,Geoffrey Hinton 和 Ruslan Salakhutdinov 于顶级学术期刊 *Science* 上发表 *Reducing the dimensionality of data with neural networks* 一文,正式提出了深度学习的概念,并详细地给出了"梯度消失"问题的解决方案,此研究立即在学术圈引起了巨大的反响,带来了深度学习技术的第三次研究热潮。2016 年,随着谷歌公司基于深度学习开发的阿尔法围棋(AlphaGo)以 4∶1 的比分战胜了围棋世界冠军李世石,深度学习的热度一时无两。

5. 知识工程的发展

1956 年的达特茅斯会议之后,Rosenblatt 等人于 1957 年提出了运用逻辑学和模拟心理活动的一些通用问题求解器(general problem solver,GPS),它们可以证明定理和进行逻辑推理。1965 年,Robinson 提出了归结原理,使定理证明向前迈进一大步。1968 年,Feigenbaum 和 Lederber 合作,利用光谱与分子结构关系规则表示知识,研制了世界上第一个专家系统 DENDRAL。这一时期的知识表示方法主要有产生式规则(Newell 于 1967 年提出)、语义网络(Ouillian 于 1968 年提出)。

从 20 世纪 70 年代开始,人工智能开始转向建立基于知识的系统,通过"知识库＋推理机"实现机器智能。这一时期涌现出了很多成功的限定领域专家系统,比如比较知名的PROSPECTOR 矿藏勘探专家系统、MYCIN 医疗诊断专家系统以及计算机故障诊断XCON 专家系统等。

1974 年,以 Minsky 提出的框架理论为代表的新知识表现形式理论广泛流行,有关知识工程基础研究的成果开始逐步积累。1977 年,在第五届国际人工智能会议上,E. A. Feigenbaum 系统地阐述了专家系统的思想,并提出了"知识工程"这一概念,正式确立知识工程在人工智能中的核心地位。20 世纪 80 年代,具有应用导向的专家系统集中出现并且逐步商业化。例如:1983 年,IntelliCorp 公司推出 KEE(结合多样知识表示与推理方法的专家系统建构工具)。随后大量专家系统建构工具逐步进入市场,如 ART、Knowledge Craft。1985 年,美国国家航空航天局(NASA)开发推出 CLIPS 专家系统工具。1988 年,Gallant 提出以类神经网络为基础的专家系统架构。

20 世纪 90 年代以后,进入到商业竞争时代,大量专家系统被广泛应用到各行业。从 1990 年到 2000 年,出现了很多人工构建的大规模知识库,包括广泛应用的英文 WordNet,采用一阶谓词逻辑知识表示的 Cyc 常识知识库,以及中文的 HowNet。

万维网之父 Tim Berners-Lee 最初设计互联网的目的是通过网络把全世界的知识互联在一起,使得知识从封闭走向开放,从分散走到集中。要实现知识互联,必须把互联网上海量的内容信息转化为计算机可以识别和理解的知识形式。早期(1990—2005 年)专家系统中人工构建知识库的方式没有能力实现知识互联这一目的。从 2006 年开始,维基百科类知识资源的出现以及网络大规模信息提取方法的进步,使得大规模知识获取方法取得了巨大进展。与 Cyc、WordNet 和 HowNet 等人工构建的知识库不同,这一时期的知识库是自动构建的。当前自动构建的知识库已成为语义搜索、大数据分析、智能推荐的强大资产,在各个领域中均得到广泛使用。比如:谷歌收购 Freebase 后在 2012 年推出的知识图谱(knowledge graph)、Facebook 图谱搜索、Microsoft Satori 以及商业、金融、生命科学等领域特定的知识库。

6. 商业智能的发展

1958 年,汉斯·彼得·卢恩(Hans Peter Luhn)在文章"A business intelligence system"中首次描述了商业智能的价值,但此时商业智能并未得到进一步发展并受到重视。30 年之后,于 1988 年,在意大利罗马举办的数据分析联盟会议是商业智能的里程碑。自此之后,商业智能开始得到进一步的发展。1989 年,美国高德纳咨询公司(Gartner Group)的霍华德·德斯纳(Howard Dresner)再次将商业智能带入大家的视野,他将商业智能作为涵盖数据存储和数据分析的统称,避免了烦琐的名称。1996 年,高德纳咨询公司正式提出了商业智能的定义[7]:根据准确的最新信息制定合理的业务决策不仅仅需要直觉,关键在于利用数据仓库、数据挖掘和在线分析等技术对经营数据进行分析研究,从而合成有价值的信息,这些工具都属于商业智能类别。到了 20 世纪 90 年代末,商业智能包含两个基本功能:生成数据和报告,并以可视化的方式展示。但此时,商业智能面临着时效性的问题,即制定和提交报告需要很长的时间。进入 21 世纪,随着实时处理技术的发展,时效性这一问题得到了解决,进而允许企业依据最新的信息快速做出决策。到 2010 年年底,67% 的一流公司都有某种形式的自助服务(self-service)商业智能。2010 年以后,商业智能成为跨国企业以及中小企业中所有人的标配工具。目前商业智能已经可以跨多个设备,并可以完成可交互式的分析推理。

1.2 智能技术在智能制造中的应用

1.2.1 智能制造的特征

目前,国内外对智能制造尚无严格统一的定义。工业和信息化部下发的《智能制造发展规划(2016—2020 年)》中将智能制造定义为:基于新一代信息通信技术与先进制造技术深度融合,贯穿于设计、生产、管理、服务等制造活动的各个环节,具有自感知、自学习、自决策、自执行、自适应等功能的新型生产方式。

智能制造具有 3 个典型特征:自感知、自决策、自执行。举例说明:端一杯水时,通过眼睛看到水杯在哪(自感知),用手握住把手(自决策,选择握住把手而不是杯身),端起水杯(自执行),这些动作可以轻易完成。而对于机器来说,这并不容易。首先机器需要自动识别水杯的坐标位置,水杯的外形、高度、材质等(自感知),然后需要判断如何抓起水杯,握把手还是杯身等(自决策),最后完成抓取杯子的动作(自执行),这一整套连贯动作的执行决策需要各种数据作为支撑,需要借助大数据分析、人工智能等技术来实现。

随着智能制造的发展,智能技术日渐成为实现制造知识化、自动化、柔性化以及实现对市场快速响应的关键技术。工业界对制造智能技术日益关注的根源在于各种智能技术在工业界扮演着日益重要的、不可替代的角色,在某些领域智能技术的应用已经成为企业核心竞争力,例如基于智能优化算法的优化设计,基于模式识别的故障识别、诊断,基于模糊控制的智能调节和控制,基于深度学习的智能检测、故障诊断,基于类比推理、归纳学习与基于实例推理的知识系统,基于商业智能的决策支持系统等。接下来,本章简要介绍若干关键智能技术在智能制造领域中的典型应用。

1.2.2　智能优化算法

智能优化算法在生产运营管理、机械设计、制造系统规划设计等领域具有大量研究成果和广泛的实际应用。

智能优化算法在车间生产调度中发挥了重要作用。传统的人工排产方式通常工作强度较大,对人员依赖度较高,而且由于工序繁多还有可能导致生产计划不合理、效率低。采用智能优化算法可以帮助企业进行资源和系统的整合、集成与优化,实现动态最优化的排程,进而帮助企业实现按需生产,提高运行效率,缩短产品周期,提升企业的产能。以电梯制造企业为例,采用智能优化算法的动态智能排产系统可以将计划制定的时间缩短 75%。

在仓库和物流优化配置问题中,可以通过数学规划等运筹优化算法和遗传算法进行优化决策;多个分拣机器人的路径规划和协调行动可通过多智能体算法——蚁群优化算法进行规划。

此外,智能优化算法在机械设计方面也有很广泛的应用。机械设计的优化过程中,可能会遇到对目标函数的可导性有严格要求的问题或者陷入局部最优值这一类问题,以往传统的优化方法很难得到满意的结果,将智能优化算法运用到实际优化问题中,有利于解决以往传统优化方法所不能解决的非连续的、非凸的、非线性等复杂问题。

同时,智能优化算法在智能制造系统的最佳加工性能综合评估中也有成功应用,例如利用遗传算法求解车削的最佳切削条件。在智能制造系统框架下,工业机器人的仿真研究用到智能最优算法。在制造系统中,考虑维修成本和维修时间等多个约束的选择性维修决策(组合优化)模型,可通过蚁群优化算法进行快速求解。在智能制造系统中,利用物料需求计划(material requirement planning,MRP)相关文档中的供需位置来模拟销售人员需到达的地点,并采用蚁群优化算法,可以找到最短路径,从而提高相关人员的效率。

1.2.3　模式识别

模式识别是信息科学和人工智能的重要组成部分,主要被应用于图像分析与处理、语音识别、声音分类、通信、计算机辅助诊断等方面。在制造行业,模式识别技术大量应用于产品检验领域。

在制造生产过程中,几乎所有的产品都需进行质量检测。传统的手工检测存在许多不足:首先,人工检测的准确性依赖于工人的状态和熟练程度;其次,人工操作效率相对较低,不能很好地满足大量生产检测的要求;此外,由于工作强度高,容易引起操作人员的疲劳,从而导致次品率高;最后,近年来人工成本也在逐步上升。因此,模式识别技术被广泛用于产品检测中,用于替代人工检测。

产品缺陷检测的对象往往可以建模为二维平面上的元素,包括孔洞、污渍、划痕、裂纹、亮点、暗点等常见的表面缺陷,这些缺陷特别是孔洞和裂纹等,可能严重影响产品质量和使用的安全性,因此,准确识别缺陷产品非常重要。以芯片企业为例,模式识别技术的应用实施可以大幅降低次品率,同时通过分析次品原因还可以降低产品的报废率,并优化产品设计与生产工艺,达到进一步降低检验成本的目的。此外,将模式识别技术应用到智能制造过程中复合材料的分类上,可以使分类更加精准。在半导体制造中可以使用混合自组织图和支持向量机(self-organizing map and support vector machine,SOM-SVM)的方法对晶圆箱图进行分类,进一步进行缺陷识别。在用锡罐包装的香烟的制造过程中,应用模式识别技术可以开发缺陷自动检查系统。在滚动轴承故障检测中,可以将从振动信号中提取的特征向量作为支持向量机的输入,从而对故障模式进行识别。

除此之外,模式识别技术在定位被测零件时,也有重要的应用。制造过程中的物体测量也会应用模式识别技术,测量应用对象如齿轮、接插件、汽车零部件等。

在智能制造和检验的过程中,可进一步改进模式识别技术,从而使得故障识别更加精确和高效。例如:在轴承故障的检测中,基于局部均值分解(local mean decomposition,LMD)能量矩概念,针对故障振动信号特征值的内在联系,将 LMD 能量矩与变量预测模型模式识别相结合,可以得到一种轴承故障智能诊断的新方法。在荧光磁粉无损检测技术的基础上,使用一种电荷耦合器件(charge coupled device,CCD)图像获取系统进行图像采集,然后使用相关算法进行图像处理和模式识别,可以更准确地检测表面缺陷的类型和程度。此外,基于系统健康指标,构建新的模式识别技术,可以得到一种能用于系统故障检测和诊断的有效方法。

1.2.4　模糊控制

模糊控制在智能化自动控制系统中得以广泛应用。精准的智能化自动控制系统,可以批量、集中地处理大量的信息和复杂的工作任务,从而提高企业内产品生产的效率、技术指标等。同时,也可以减少原料、人力的投入。模糊控制是以模糊推理、模糊语言为基础,把专家的经验当作控制规则,实现智能化控制的一种控制方式。其本质是采用基于模糊模型的模糊控制器,实现智能制造自动化系统的控制过程。在实际应用的过程中,根据模糊逻辑推理原则,利用计算机技术,构建自动控制系统,提高控制的效率。

例如:基于互补式金属氧化物半导体(complementary metal-oxide-semiconductor,CMOS)传感器的自主循迹智能车,搭载了一套自适应模糊控制器。与传统的模糊控制器相比,自适应模糊控制器在结构上得到了较大的改善。在数控火焰切割机自动调高系统的设计过程中,通过分析影响切割机自动调高系统运行稳定性及精度的主要因素,采用脉冲宽度调制(pulse width modulation,PWM)控制技术,设计出了基于模糊控制方法的自动调高控制系统。在 AGV 小车调速控制系统中,也应用到了模糊控制技术。另外,在调节阀定位器控制系统中,采用模糊控制理论中的合成推理方法,可以使得定位精度由传统阀门定位器的 $\pm 1\%$ 提高到 $\pm 0.5\%$。在注塑零件的焊接线位置控制系统中,将模糊控制技术与计算机辅助工程(computer aided engineering,CAE)软件结合,从而加快了模具的设计过程。在智能制造过程中,还有通过模糊控制算法监控放电电流可以减小表面粗糙度,通过模糊控制算法监控火花隙避免有害的电弧效应等的成功应用。

1.2.5　深度学习

随着数据爆炸式的增长,传统的统计建模方式已经难以处理高维度、非结构化的数据。此时,深度学习技术因其具备处理高维度、非线性数据模式的固有能力,开始登上历史舞台。

在智能制造大力发展的今天,深度学习技术可以辅助零部件和材料缺陷检测。在生产制造过程中,可能会出现划痕、裂纹等损坏,使产品不能用于生产线的下一道工序。深度学习技术可以在几毫秒内检测到裂纹、划伤等缺陷。通过深度神经网络系统,可以从历史样本中自动提取各种缺陷特征,从图片中自动识别可能的缺陷并加以标识,能够让工作人员快速发现并且纠正缺陷,从而提高产品质量和工作效率。其实这种应用非常类似于之前 Watson 的医疗诊断应用,都是通过图片信息来识别问题所在,在这方面机器的效率要远远高于普通工人。深度学习的算法可以在 1s 之内完成几万张图片的识别和标注,如果人为操作至少需要 2h。据 IBM 资料显示,通过深度学习,机器还可以在更多生产领域实现智能制造,比如工件定位(例如,工件在机械臂上的位置情况)、工件精度测量、不良品分拣以及工件装配检查等方面。

美国斯坦福大学计算机系教授吴恩达携手富士康,帮助传统制造业借助人工智能转型升级。比如:利用深度学习、神经网络,可以让计算机快速学习做自动检测的工作。在人工智能介入了以后,工厂的误判率会在上线时达到 $3\% \sim 4\%$ 的水平,并且会逐步减少。

2018 年德国汉诺威工业展上,西门子展位展示的搭载西门子 Autonomous 系统(用人工智能技术打造的增加生产柔性的系统)的 KUKA 机器人,其最大优势在于其出色的灵活性。其中一台样机搭载了三维感知摄像机,基于图像识别和深度学习技术,能对现场任何环境变化做出灵敏反应,即时调整操作轨迹。这种技术可以大大地增强生产线的柔性,不再局限于生产标准化产品。

此外,深度学习系统可以根据数百个工厂过程参数和产品设计变量来跟踪用电量的模式,并可以动态地推荐最佳实践以实现最佳利用率。例如:在可再生能源行业,可以利用深度学习算法预测并绘制从依赖化石燃料到使用可持续能源的最佳过渡轨迹,而传统的预测性分析方法很难处理这种问题。

如果系统突然发出故障报警,利用深度学习算法,可以使机器能够自己进行诊断,找到问题出在哪里、原因是什么,同时还能够根据历史维护的记录或者维护标准,告诉管理者如何解决故障,甚至让机器自己解决问题、自我恢复。例如:在一个电网中,当出现故障时,若利用常规方法识别电网的哪个地方出现了问题,通常准确识别定位的可靠概率是 80%。而西门子利用了深度学习技术对历史故障事件进行学习来更好地判断电网出了什么问题、出在哪个地方等。

在智能制造的过程中,可将深度学习技术与其他技术进行融合,从而使得智能制造的过程更加精确和高效。例如:将神经网络融合到模式和图像识别技术中,有助于提取图像特征、优选特征向量组成方案,从而优化智能制造系统图像识别技术。利用基于多物理域信息多模式融合与深度学习的智能加工机器自主感知方法,可以有效地解决智能机器自主感知问题。在深度学习的基础上利用大数据分析技术,可以提高对机械零部件故障诊断的识别分类精度。此外,将深度学习、数字孪生(digital twin,DT)和信息物理系统(cyber-physical systems,CPS)的架构进行集成,可以促进传统制造向智能制造和工业4.0的转型。

1.2.6　知识工程

知识工程是以知识为处理对象,为那些需要专家知识才能解决的应用难题提供求解的手段,借用工程化的思想,对如何用人工智能的原理、方法、技术来设计、构造和维护知识型系统的一门学科。

在智能制造领域,产品的创新性设计在很大程度上是基于以往的知识,具有很强的继承性。这些知识包括设计历史资料、设计参数的选择及其依据、国家法规、设计标准、设计流程、实验数据、材料数据、用户反馈的信息、各种失误的原因等所有与制造业产品开发有关的信息。系统地使用知识工程思想指导制造业产品智能设计,将知识和设计流程软件化,使设计开发的自动化程度大大提高,因而大大减轻了设计人员的劳动强度,节省了产品设计成本,缩短了产品设计周期。同时,使企业的知识积累规范化、制度化和软件化,并且使产品设计变得更加灵活、高效和智能化,推动企业的科技进步。

知识工程思想在智能制造中的具体应用也有很多。例如:在阀门设计中,通过引入知识工程的思想,可以开发基于知识工程的阀门智能设计系统,从而实现从阀门总体设计到零部件设计的智能化。在零部件的设计过程中,采用基于知识工程的参数化设计方法,为零部件产品建立一个产品知识库,可以实时地检验设计。在汽车车身的制造过程中,采用基于知识工程技术的车身侧围设计软件,并将该软件与基于面向制造设计技术的一步逆成形冲压分析软件进行集成应用,可以更精确地进行设计。在船舶制造的过程中,通过分析船舶制造生产计划与控制中存在的问题,以及结合现代船舶生产制造模式,可以建立基于知识工程的船舶生产计划与控制系统模型。在热锻设计过程中,通过开发基于知识的工程系统,可以将热锻设计过程集成到一个框架中,从而便于收集设计工程师的知识和经验。

此外,知识工程在智能制造业的应用还包含数字员工和数字孪生。数字员工管理平台在企业制造过程信息化建设中有着重要的意义,其关键目标是实现企业制造过程中的信息全面化。生产过程中,数字孪生可通过收集各种传感器发出的信号,获取与实际制造过程相关的运营和环境数据,从而能够识别偏离理想状态的异常情况,并进行报警。

1.2.7　商业智能

仅凭生产更优质的产品即可创造和获得价值的时代已经结束,以大数据技术为核心驱动的智能制造,正以汹涌之势席卷全球。要实现智能转型,离不开大数据分析平台的构建,离不开密切关联的制造业商业智能(business intelligence,BI)。通过帮助企业建立数据化运营体系,真正实现数据驱动决策。通过数据化运营,业务人员将数据转化成运营策略,从而能够判断趋势,展开有效行动,帮助自己发现问题,推动创新或解决方案出现。

制造和零售业是商业智能应用最具潜力的行业。在智能制造行业中,商业智能的应用领域包括以下几个：①操作现场。实现技术流程与生产作业流程的有机结合。②售后服务。改变保修问题分析主要靠工程师手工处理的方式，应用保修分析解决系统，使工程师迅速判断保修赔偿率、是否需要特殊检查等。③决策支持。决策支持系统由数据仓库及管理系统、模型库及管理系统、知识库及管理系统、数据抽取工具、数据挖掘与知识发现工具、用户界面等模块组成，从而成功实现了对数据、模型、知识、交互4个部分的系统集成决策。④办公系统。加强和完善生产管理、提高资源共享和团队协作程度，最大限度地实现公司内部资源的高效利用，提高综合统计、分析、处理数据和报表设计的效率。

商业智能在智能制造中的具体应用也有很多。例如：针对基于企业资源计划系统的制造企业，可利用商业智能系统进行数据挖掘、前瞻性数据分析和决策支持功能的应用。以制造型企业的业务需求为前提，可提出商业智能的应用实施方案。例如，基于 SQL Server Business Intelligence 平台创建以生产、库存和销售为主题的数据仓库，且通过 SQL Server 集成服务从源数据库中抽取、转换和加载相关数据到数据仓库中。然后利用 SQL Server 分析服务建立相应的多维数据集，并进行分析，接着通过 SQL Server 报表服务完成商业智能的交付任务。另外，针对智能制造产品的各种售后服务问题，可利用商业智能的解决和应用实施方案，对售后服务问题进行研究分析，用商业智能的理论去帮助制造行业分析、控制并解决售后服务的质量问题。同时，通过将制造系统与基于数据仓库的商业智能进行集成应用，不仅为各种车间系统带来了接口，而且还具有数据集成、数据分析和仪表盘生成的功能。而且，针对柔性制造系统，应用商业智能工具，可以分析涵盖用户需求的相关柔性制造数据。总之，商业智能工具可为正在经历智能制造转型的企业带来显著的价值。

1.2.8 多种智能技术融合在智能制造中的应用

除了将单个智能技术应用到智能制造中的研究之外，制造企业中交叉融合应用多种智能技术的研究也比比皆是。

将多种智能技术融合应用到实际的智能制造中，可为制造过程提供智能优化决策系统，从而减少制造成本，提高智能制造的精度和效率。例如，师平等人针对挖掘机工装轨迹控制精度差这一问题，提出了基于遗传算法的径向基函数神经网络工装轨迹控制策略，这一策略比常规 PID（比例-积分-微分）控制器控制精度提升约 10mm[8]。邓铭洋在折弯机补偿值预测方法的研究中，将一种改进的遗传算法用于反向传播神经网络的训练，从而提高了折弯补偿值的预测精度[9]。魏倩分析构建了城轨列车运行调整的模糊模型，并建立了模糊专家系统。其中，利用遗传算法求解确定约束下的列车运行调整模型得到输出变量的论域范围。通过实验证明此系统可根据实时数据得出较优的运行调整策略[10]。李昌奇等人针对双闭环控制器参数整定困难导致控制效果不佳这一问题，提出一种基于反向传播神经网络和遗传算法的控制器参数离线整定方法，与传统 PID 控制方法相比，此系统控制效果更好[11]。Mendes 等人结合分层遗传算法、模糊控制技术，提出了一种自动提取模糊控制器中所有模糊参数的方法，从而更精确地控制非线性工业过程[12]。

综上，随着智能理论和技术的发展，必将为制造行业的发展带来新的机遇。通过制造智能技术的广泛应用，将助力我国制造业的升级换代。

1.3　本章小结

本章阐述了智能技术的基本概念和种类,介绍了多种智能技术的发展历史,阐述了多种智能技术在智能制造中的应用现状。

习题

1. 常见的智能技术包含哪些? 针对某种技术,举出 2～3 个实际应用案例。
2. 深度学习的发展经历了几次浪潮?

参考文献

[1]　曹承志,王楠.智能技术[M].北京:清华大学出版社,2004.
[2]　智能科学与人工智能网站.智能技术[EB/OL]. http://www. intsci. ac. cn/tech/index. html, 2021-01-08.
[3]　SCHALKOFF R J. Artificial intelligence:an engineering approach[M]. New York:McGraw-Hill, 1990.
[4]　中国电子信息产业发展研究院.智能制造术语解读[M].北京:电子工业出版社,2018.
[5]　郑树泉,王倩,武智霞,等.工业智能技术与应用[M].上海:上海科学技术出版社,2019.
[6]　钟珞,袁景凌,李琳,等.智能方法及应用[M].北京:科学出版社,2015.
[7]　KELLY S E. BUSINESS INTELLIGENCE-WHAT'S THE HYPE ABOUT? [EB/OL]. https://www. hospitalityupgrade. com/_magazine/magazine_Detail. asp/?ID＝423,2021-01-08.
[8]　师平,白亚琼,李远凯.改进 RBF 神经网络挖掘机液压工装轨迹优化控制[J].机床与液压,2021, 49(18):86-90.
[9]　邓铭洋.基于改进遗传算法优化 BP 神经网络的折弯机补偿值预测方法研究[D].沈阳工业大学,2021.
[10]　魏倩.基于模糊专家系统和遗传算法的城轨列车运行调整研究[D].兰州交通大学,2013.
[11]　李昌奇,何志琴,郑自伟.基于 BP 神经网络和遗传算法的永磁同步电机控制系统[J].微处理机, 2020,41(6):39-43.
[12]　Mendes J,Araújo R,Matias T,et al. Automatic extraction of the fuzzy control system by a hierarchical genetic algorithm[J]. Engineering Applications of Artificial Intelligence,2014,＋29: 70-78.
[13]　http://www. gov. cn/zhengce/content/2017—07/20/content_5211996. htm.
[14]　https://www. aminer. cn/research_report/5de27b53af66005a44822b12.
[15]　http://www. cww. net. cn/article?id＝407973.
[16]　http://www. cbdio. com/BigData/2016—10/31/content_5365640. htm.

扩展阅读资料

《国务院关于印发新一代人工智能发展规划的通知》 《〈2019 人工智能发展报告〉重磅发布!》 《IBM 解析人工智能技术发展历程》 《人工智能 100 年(定义、趋势与发展简史)》

第 2 章

智能优化技术

2.1　智能优化概述

我们每天在工作和生活中,都在和各类优化问题打交道。比如外出游玩时,什么时间出发、采用何种方式出行用时最短,或者经济支出最小。再如有 5 项工作,难度和耗时均不相同,并且其中 2 项有先后顺序、4 项需要上级审核,而上级只在下午 2:00~3:00 有空,那么如何安排这 5 项工作的顺序,才能够保证完成工作且用时最短,等等。

像这样制订出行计划、排定工作顺序,就是优化技术一种简单、直观的应用。优化技术是以数学为基础,来求解各种工程优化问题的应用技术。事实上优化问题由来已久,最早可以追溯到牛顿和拉格朗日时代。基于牛顿等对微积分的重要贡献,采用差分方程法解决优化问题成为可能;拉格朗日发明了著名的拉格朗日乘子法;柯西首先提出了最速下降法,用于解决无约束最小化问题。通俗地理解,各种带"最"字的问题,如函数最小值、利润最大、时间最短、装货最多等问题,都能视为可以用优化方法求解的优化问题,或称最优化问题。20 世纪 50 年代高速计算机出现后,最优化领域的发展进入了旺盛时期,产生了大量新算法,在许多科学领域和包括制造业在内的工程应用领域中都发挥了重要作用。

在数学上,最优化问题可以分为函数优化问题和组合优化问题两大类。函数优化问题的研究对象是一定区间内的连续变量,研究解决的是连续性问题;组合优化问题的研究对象在解空间内是离散状态,研究解决的是离散问题。经典的组合优化问题有旅行商问题(traveling salesman problem,TSP)、生产调度问题(scheduling problem)、0-1 背包问题(knapsack problem)、装箱问题(bin packing problem)、图着色问题(graph coloring problem)和聚类问题(clustering problem)等。在工程实践中,最优化问题一般表述成选择一组参数,在一系列限制条件下,找到这些参数恰当的取值,使所求问题的目标值达到最优。在求解过程中,需将工程问题抽象表示成数学问题,再采用最优化方法进行求解。最优化方法可以理解为基于某种思想或机制,寻找最优解的一种搜索规则。

2.1.1　优化的意义

优化通常指采用一定算法,得到所要求解问题的最优解。在实际应用中,某个工程问题可以有很多种解决办法,某个系统也可以有很多种运行状态,并且都会受到一定主客观条件的限制。在满足这些限制条件的前提下,从众多方案或参数值中找到最优的那一个,以使得该问题或该系统的某个或多个性能指标达到现有条件下的最优状态,这一过程就是求解最优化问题,也就是优化的意义所在。即通过特定的优化方法,求得问题的最优解,从而为系统设计、施工、管理、运行等提供最优方案。

在求解过程中,通常需要将具体的工程问题转化为抽象的数学问题。一般做法是选择一组能反映问题本质的参数(自变量,或称决策变量),在一系列限制条件(约束条件)下,使某些设计指标(目标函数)达到最优值。因此,最优化问题通常可以表示为以下形式。

对于一组可用列向量 $X = [x_1, x_2, \cdots, x_n]^T$ 表示的决策变量,目的是求得目标函数 $f(X)$ 的最大值或最小值,一般可以用数学语言表达为

$$\max f(\boldsymbol{X}) \, or \min f(\boldsymbol{X})$$
$$\mathrm{s.\,t.} \quad g_i(\boldsymbol{X}) \leqslant 0 (i = 1, 2, \cdots, m)$$
$$h_j(\boldsymbol{X}) \leqslant 0 (j = 1, 2, \cdots, k) \tag{2-1}$$
$$\boldsymbol{X} \geqslant 0$$

其中,s. t. 是 subject to 的缩写,意为在……的约束条件下; $g(\boldsymbol{X})$ 和 $h(\boldsymbol{X})$ 即为约束条件,通常也表现为函数形式; $\max f(\boldsymbol{X})$ 和 $\min f(\boldsymbol{X})$ 表示目标函数的最大值和最小值,即求解目标。

综上,求解最优化问题,就是将实际的工程问题转化为式(2-1)形式的数学问题,再采用特定算法进行求解。这一转化过程就是建立优化问题的数学模型,又称数学建模。

2.1.2　数学模型及常见优化方法

数学模型是运用数理逻辑和数学符号语言建构的科学问题或工程问题的抽象模型。针对某个问题或系统,将其全部(或部分)客观特征或变量及其相互关系,借助数学符号语言,精确或近似地表述成一种数学关系结构。再采用数学方法,对该模型进行优化,从而求解出实际问题的最优解。

例如,某工厂有 m 种资源 $B_1, B_2, \cdots, B_m$,数量分别为 $b_1, b_2, \cdots, b_m$,用这些资源生产 n 种产品 $A_1, A_2, \cdots, A_n$ 。每生产一个单位的 A_j 产品需要消耗资源 B_i 的量为 a_{ij} ,根据合同规定,产品 A_j 的产量不少于 d_j 。再设 A_j 的单价为 c_j 。那么怎样安排生产计划,才能既完成合同,又能使该工厂总收入最多呢?

假设产品 A_j 的计划产量为 x_j ,根据问题中的信息,可以建立如下数学模型:

$$\max \sum_{j=1}^{n} c_j x_j \tag{2-2}$$

$$\mathrm{s.\,t.} \sum_{j=1}^{n} a_{ij} x_j \leqslant b_i (i = 1, 2, \cdots, m) \tag{2-3}$$

$$x_j \geqslant d_j (j = 1, 2, \cdots, n) \tag{2-4}$$

则该生产计划制定问题就转化为求式(2-2)在以式(2-3)和式(2-4)为约束条件下的最大值问题。这一过程就是对一个生产问题进行数学建模并求得其最优解,即对该生产问题进行优化。

常见的经典优化方法有梯度下降法、牛顿法和拟牛顿法、共轭梯度法、爬山法等。

1. 梯度下降法（gradient descent）

在微积分中，对多元函数的参数求偏导数，再写成向量形式，就是函数的梯度。例如二元函数 $f(x,y)$，分别对 x 和 y 求偏导数，求得的梯度向量就是 $(\partial f/\partial x, \partial f/\partial y)^{\mathrm{T}}$，简记为 $\mathrm{grad} f(x,y)$ 或者 $\nabla f(x,y)$。

梯度表示函数在该点处沿着该方向变化最快，即对于函数 $f(x,y)$，在点 (x_0,y_0) 处，沿着梯度向量 $(\partial f/\partial x, \partial f/\partial y)^{\mathrm{T}}$ 的方向就是 $f(x,y)$ 变化最快的方向。沿着梯度向量的方向，能够更快地找到函数的最大值。反之，沿着梯度向量的相反方向，能够更快地找到函数的最小值。这就是梯度下降法的优化思想，即沿着当前位置的负梯度方向，也就是下降最快的方向进行搜索求解，所以也被称为最速下降法。

梯度下降法的直观解释如图 2-1 所示。假设我们在一座大山（其高度为目标函数）中的某处想下山（求解目标函数的最小值），但不知道下山的路径在哪里（不知道最小值在什么位置），于是决定边走边寻找（迭代求解），每走到一个位置，就求解当前位置的梯度，并沿梯度负方向，即当前下降最快的方向走一步（这一距离称为步长）到达下一位置，然后继续求解下一位置的梯度，并沿其负方向再走一步……如此往复，直到我们觉得（满足停止条件）已经走到了山脚（找到了能搜索到的最小值）。当然，事实上我们很可能走到的并不是真正的山脚（求解出的不是全局最小值，或称全局最优解），而只是到了某一个局部的山谷最低处（只求解出局部最小值，或称局部最优解）。

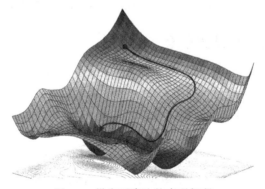

图 2-1　梯度下降法的直观解释

梯度下降法是求解无约束最优化问题的常用方法，虽然其解通常不能保证是全局最优解。已经证明，当目标函数是凸函数时，梯度下降法求得的解就是全局最优解。凸函数一般是指一个定义在非空凸集 S 上的实函数 $f(x)$，如果 $\forall x_1, x_2 \in S$，$\forall \lambda \in (0,1)$，都有 $f(\lambda x_1 + (1-\lambda)x_2) \leqslant \lambda f(x_1) + (1-\lambda)f(x_2)$，则称 $f(x)$ 为 S 上的凸函数。在欧氏空间中，凸集指对于集合内的每一对点，连接这两个点的直线段上的每个点也在该集合内。有关凸函数和凸集的详细知识，读者可参考本章文献中的[1]～[3]。

梯度下降法在接近最优解的区域时，收敛速度会明显变慢，也就是越接近目标值，步长越小、前进越慢，因此采用梯度下降法求解往往需要很多次迭代。意即越接近山脚，地势会越趋于平缓，每走一步，下降的高度也越低。优化算法通常采用迭代计算，由初始解开始，按照一定规则不断产生新解，如此反复。

在这里，算法收敛是指算法能够在迭代时间趋于无穷时，最终找到问题的全局最优解。

在数值分析领域,一个收敛序列向其极限逼近的速度称为收敛速度。而在优化算法中,收敛速度通常指一个迭代序列向其局部最优值逼近(假设计算过程收敛,并能达到最优值)的速度。算法的收敛速度是衡量算法优劣的重要指标。在求解实际优化问题时,计算时间不可能是无穷的,因此一个实际好的优化算法,是在可接受的时间内,以较快速度收敛到一个可接受的解。

梯度下降法的求解过程如下:

假设 $f(x)$ 是 R^n 上具有一阶连续偏导数的函数,求 $\min f(x)(x \in R^n)$。选取适当的初值 $x^{(0)}$,以负梯度方向更新 x 的值,不断迭代直至收敛。第 k 步的迭代公式为

$$x^{(k)} + \lambda_k p_k \rightarrow x^{(k+1)} \tag{2-5}$$

其中,$p_k = -\nabla f(x^{(k)})$ 为搜索方向,即 $f(x)$ 的负梯度方向;λ_k 是步长,即沿梯度的负方向每一步前进的长度,λ_k 的选择不能太大也不能太小,太小可能导致收敛速度过慢,太大很可能导致错过最低点。最终要满足

$$f(x^{(k)} + \lambda_k p_k) = \min f(x^{(k)} + \lambda p_k)(\lambda \geqslant 0) \tag{2-6}$$

2. 牛顿法和拟牛顿法

1) 牛顿法(Newton method)

牛顿法是一种在实数域和复数域上近似求解方程的方法。使用函数 $f(x)$ 的泰勒级数展开式来寻找方程 $f(x) = 0$ 的根。牛顿法最大的特点是收敛速度很快。

首先,选择一个接近函数 $f(x)$ 零点的 x_0,计算相应的 $f(x_0)$ 和切线斜率 $f'(x_0)$。然后计算穿过点 $(x_0, f(x_0))$ 并且斜率为 $f'(x_0)$ 的直线和 x 轴交点的 x 坐标,也就是求如下方程的解:

$$x \cdot f'(x_0) + f(x_0) - x_0 \cdot f'(x_0) = 0 \tag{2-7}$$

将新求得的点的 x 坐标命名为 x_1,通常 x_1 会比 x_0 更接近方程 $f(x) = 0$ 的解。因此可以利用 x_1 开始下一轮迭代。迭代公式可简化为

$$x_{n+1} = x_n - \frac{f(x_n)}{f'(x_n)} \tag{2-8}$$

已经证明,如果 $f'(x)$ 是连续的,并且待求的零点 x 是孤立的,那么在零点 x 周围存在一个区域,只要初始值 x_0 位于这个邻近区域内,那么牛顿法必定收敛。

然后使用牛顿法求解 $\min f(x)(x \in R^n)$。设 $f(x)$ 具有二阶连续偏导数,第 k 次迭代的值为 $x^{(k)}$,将 $f(x)$ 在 $x^{(k)}$ 处展成泰勒级数,并取二阶近似,有

$$f(x) \approx \phi(x) = f(x^{(k)}) + \nabla f(x^{(k)})^{\mathrm{T}} (x - x^{(k)}) +$$
$$\frac{1}{2} (x - x^{(k)})^{\mathrm{T}} \nabla^2 f(x^{(k)}) (x - x^{(k)}) \tag{2-9}$$

其中,$\nabla f(x^{(k)})$ 是 $f(x)$ 在 $x^{(k)}$ 处梯度向量的值;$\nabla^2 f(x^{(k)})$ 是 $f(x)$ 在 $x^{(k)}$ 处的 Hessian 矩阵 $H(x^{(k)})$:

$$H(x^{(k)}) = \nabla^2 f(x^{(k)}) = \left[\frac{\partial^2 f}{\partial x_i \partial x_j} \right]_{n \times n} \quad i, j = 1, 2, \cdots, n \tag{2-10}$$

函数 $f(x)$ 有极值的必要条件是在极值点处的一阶导数为 0,即梯度向量为 0。特别的,

当 $H(x^{(k)})$ 是正定矩阵时,函数 $f(x)$ 的极值即为极小值。为求 $\phi'(x)$ 的驻点,令 $\phi'(x)=0$,即

$$\nabla f(x^{(k)}) + \nabla^2 f(x^{(k)})(x - x^{(k)}) = 0 \tag{2-11}$$

设 $\nabla^2 f(x^{(k)})$ 可逆,由式(2-11)可得到牛顿法的迭代公式:

$$x^{(k+1)} = x^{(k)} - \nabla^2 f(x^{(k)})^{-1} \nabla f(x^{(k)}) \tag{2-12}$$

这样在已知 $x^{(k)}$ 后,就可以根据式(2-12)算出后继点 $x^{(k+1)}$ 的值,令 $k=k+1$,再根据式(2-12)算出后继点 $x^{(k+1)}$ 的值,以此类推产生序列 $\{x^{(k)}\}$,在特定情况下,序列 $\{x^{(k)}\}$ 收敛。

2)拟牛顿法(quasi-Newton method)

拟牛顿法是求解非线性优化问题最有效的方法之一。其优化思想是改善牛顿法每次都需要求解复杂的 Hessian 矩阵的逆矩阵的缺陷,用正定矩阵来近似 Hessian 矩阵的逆,从而降低计算复杂度。

根据牛顿法的迭代公式(2-12),拟牛顿法构造了 $\nabla^2 f(x^{(k)})^{-1}$ 的近似矩阵 H_k。将目标函数 $f(x)$ 在点 $x^{(k+1)}$ 展开为泰勒级数,并取二阶近似,得到

$$f(x) \approx f(x^{(k+1)}) + \nabla f(x^{(k+1)})^{\mathrm{T}}(x - x^{(k+1)}) +$$
$$\frac{1}{2}(x - x^{(k+1)})^{\mathrm{T}} \nabla^2 f(x^{(k+1)})(x - x^{(k+1)}) \tag{2-13}$$

因此,在点 $x^{(k+1)}$ 附近有

$$\nabla f(x) \approx \nabla f(x^{(k+1)}) + \nabla^2 f(x^{(k+1)})(x - x^{(k+1)}) \tag{2-14}$$

令 $x = x^{(k)}$,得到

$$\nabla f(x^{(k)}) \approx \nabla f(x^{(k+1)}) + \nabla^2 f(x^{(k+1)})(x^{(k)} - x^{(k+1)}) \tag{2-15}$$

令 $p^{(k)} = x^{(k+1)} - x^{(k)}$,$q^{(k)} = \nabla f(x^{(k+1)}) - \nabla f(x^{(k)})$,得到

$$q^{(k)} \approx \nabla^2 f(x^{(k+1)}) p^{(k)} \tag{2-16}$$

假设 $\nabla^2 f(x^{(k+1)})$ 可逆,得到

$$p^{(k)} \approx \nabla^2 f(x^{(k+1)})^{-1} q^{(k)} \tag{2-17}$$

因此,在计算出 $q^{(k)}$ 和 $p^{(k)}$ 后,就可以根据式(2-17)来估计 $\nabla^2 f(x^{(k+1)})^{-1}$ 的值。这样就可以用不包含二阶导数的矩阵 H_{k+1} 来代替牛顿法中的 $\nabla^2 f(x^{(k+1)})^{-1}$,使 H_{k+1} 满足

$$p^{(k)} = H_{k+1} q^{(k)} \tag{2-18}$$

式(2-18)也被称为拟牛顿条件。

3. 共轭梯度法

共轭梯度法是介于梯度下降法与牛顿法之间的一个方法,其优点是所需存储量小,具有有限步收敛性,稳定性高,而且不需要任何外来参数。这种方法既克服了梯度下降法收敛慢的缺点,又避免了牛顿法需要存储和计算 Hessian 矩阵并求逆的缺点。共轭梯度法不仅是解决大型线性方程组最有用的方法之一,也是求解大型非线性优化问题最有效的算法之一,是一种非常重要的优化方法。

共轭梯度法是根据正定二次函数极小值问题推导出来的,后被推广到求解一般形式的无约束问题。正定二次函数极小值问题是指形如下式的问题:

$$\min f(\boldsymbol{X}) = \frac{1}{2}\boldsymbol{X}^{\mathrm{T}}\boldsymbol{A}\boldsymbol{X} + \boldsymbol{B}^{\mathrm{T}}\boldsymbol{X} + c \tag{2-19}$$

其中,$\boldsymbol{A}$ 为 $n \times n$ 阶的正定矩阵,$\boldsymbol{X}, \boldsymbol{B} \in R^n$,$c$ 为常数。如果能构造出 $\boldsymbol{A}$ 的共轭向量组 $\boldsymbol{P}^{(1)}$,$\boldsymbol{P}^{(2)}, \cdots, \boldsymbol{P}^{(n)}$,并分别沿这 n 个方向进行一维搜索,经过 n 步即可求得问题的极小值。这就是共轭法的思想。共轭梯度法在每个搜索方向中加入负梯度方向的分量,并确保每个搜索方向之间都是 $\boldsymbol{A}$ 的共轭。算法步骤为:

第 1 步　取初始点 $\boldsymbol{x}^1$,精度为 ε,$k = 1$;

第 2 步　若 $\| \nabla f(\boldsymbol{x}^k) \| \leqslant \varepsilon$,则停止计算,$\boldsymbol{x}^k$ 即为问题的最优解;否则,令 $\boldsymbol{d}^k = -\nabla f(\boldsymbol{x}^k) + \beta_{k-1}\boldsymbol{d}_{k-1}$,其中 $\boldsymbol{d}^k$ 表示 $f(\boldsymbol{x}^k)$ 的梯度方向,$\beta_{k-1} = \begin{cases} 0, & k=1 \\ \dfrac{(\boldsymbol{d}^{k-1})'\boldsymbol{A}\nabla f(\boldsymbol{x}^k)}{(\boldsymbol{d}^{k-1})'\boldsymbol{A}\boldsymbol{d}^{k-1}}, & k>1 \end{cases}$;

第 3 步　沿 $\boldsymbol{d}^k$ 进行一维搜索,求得步长 λ^k,使 $\boldsymbol{x}^{k+1} = \boldsymbol{x}^k + \lambda^k \boldsymbol{d}^k$;

第 4 步　再令 $k = k+1$,转步骤第 2 步。

4. 爬山法

爬山法,也称直接搜索法,是求解多变量无约束优化问题的一类方法。顾名思义,该方法求解最大化问题的过程就像爬山一样,一直向比当前位置高的地方走,但有时为了到达山顶,不得不先上矮山顶,然后再下来,这样翻越一个个小山头,直到最终达到山顶。

爬山法是一种局部择优的贪心搜索算法。每次从当前节点开始,与邻接点进行比较:①若当前节点是最大的,则返回当前节点,作为最大值;②若当前节点不是最大的,就用最高的邻接点替换当前节点,从而实现向高处攀爬的目的。如此往复,直至到达最高点。

该算法存在的主要问题是:①局部最大,即某个节点会比周围任何一个邻接点都高,但只是局部最优解,并非全局最优解;②高地问题,即搜索一旦到达高地,就无法确定搜索的最佳方向,会产生随机走动,使搜索效率降低;③山脊问题,即搜索可能会在山脊的两面来回振荡,前进步伐很小。当出现上述问题后,只能随机重启爬山算法来解决,如图 2-2 所示。

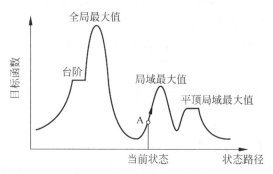

图 2-2　爬山法的直观解释

2.1.3　传统优化方法的局限性

以梯度为基础的传统优化算法具有较高的计算效率、较强的可靠性、比较成熟等优点,是一类最重要的、应用非常广泛的优化算法。然而,广泛存在于信号处理、图像处理、生产调度、任务分配、模式识别、自动控制、机械设计以及经济学和管理学等科学领域中的优化问题,往往是复杂和困难的。这类优化问题通常具有以下特点:①目标函数没有明确的解析表达式;②目标函数虽有明确的表达式,但无法恰当估值;③目标函数为多峰函数;④目标函数有多个,即多目标优化,并且目标函数或约束条件不连续、不可微、高度非线性,或者问题本身是困难的组合问题。

传统优化方法在求解时要求目标函数满足凸函数、连续可微、可行域是凸集等条件,而且处理非确定性信息的能力较差。这使得传统优化方法在解决许多实际问题时受到了限制。鉴于实际工程问题的复杂性、非线性、约束性以及建模困难等诸多特点,寻求高效的优化算法已成为相关学科的主要研究内容之一。

2.1.4　智能优化方法的发展

目前常见的智能优化算法多是建立在生物智能或物理现象基础上的一类随机搜索算法,现阶段在理论上还不如传统优化算法严谨和完善,在实际求解中往往也不能求得最优解,因而常常被视为只是一些元启发式(metaheuristic)搜索方法。但从实际应用的观点看,这类算法一般不要求目标函数和约束条件的连续性与凸性,有时甚至不要求目标函数有解析表达式,对计算中数据的不确定性也有很强的适应能力,往往能够提供在应用场景下实际可接受的解。认知心理学的相关研究也表明,动物的决策行为采取的也是启发式方法,尤其是在资源(环境、食物数量、觅食时间等)不充足的情况下,做出的决策也许不是最优的,但至少是有效的。因此智能优化算法在求解现代复杂的工程优化问题中有着广泛应用,发挥着重要作用。

节点及关联

数学模型是运用数理逻辑的方法和数学符号语言建构的科学问题或工程问题的抽象模型。

优化方法:梯度下降法,牛顿法,拟牛顿法,共轭梯度法,爬山法,智能优化方法,启发式算法,单纯型法,分支定界法……

优化求解软件:CPLEX,GUROBI,XPRESS,COPT……

2.1.5　智能优化方法在制造业的应用

在现代智能制造领域,智能优化算法在车间生产调度、厂区内自动导航车路径规划、仓储和物流优化配置等问题的优化求解中,都有着重要应用。

例如:在电子设备、计算机、汽车、日用器具等离散制造业中,产品的多个零件需要在不同机器上经过一些不连续的、满足一定约束条件的工序,并且在一定的约束条件下加工完成。待加工的零件通常是多品种、小批量的,生产现场管理复杂,人工管理工作量大,容易导致多种物料或半成品的供应出现堆积的情况。此外,客户的订单需求变化也经常带来生产计划不固定、反馈信息滞后等问题。

为降低上述问题对生产的影响,智能优化算法广泛应用于生产流程各环节的优化中,包含对产品工艺改进、生产节拍和生产平衡的调整、产品品质与合格率、生产工序能力、产品物流规划、减少在制品积压和设备闲置浪费等方面。

1. 生产调度方面

针对离散制造业其自身工艺的可间断性、可替代性等特点,使用多种智能优化算法,对零件的加工顺序、工人的配置使用、流水线和机器的布局位置等进行优化求解,以提高工厂的生产效率。

(1) 排定生产计划。不同的零件需要不同的加工工序,每一道加工工序需要在不同的机器上耗费一定的加工时间来完成。在上述约束条件下,确定恰当的生产计划,使得整个工厂或作业车间的生产效率最高,智能优化算法在求解此类优化问题中表现出很强的优越性,使机器或工人达到最大加工效率,减少工人等待时间、机器空转时间和半成品堆积等。当生产过程中机器出现故障,或因临时追加了紧急订单等不可预见因素,必须停止当前的生产计划来响应新出现的情况时,可以利用智能优化算法,从断点处开始,重新排定生产计划。

(2) 工厂布局设计。工厂布局是工业生产制造中的重要决策环节。随着加工工序的进行,工件需要在车间内不同机器上,甚至是不同车间之间进行生产,这一过程中启停机器、移动工件及人员操作所消耗的成本是无法忽视的。如何设置车间内各类生产设备的安放位置,才能把人员、设备、物料所需空间做到最适当的分配和最有效的组合,从而尽量节省空间,降低生产过程中移动工件及人员所消耗的成本,获取最大的生产经济效益,就是生产设备布局问题的研究内容,也是智能优化算法领域的热点问题。

(3) 工人指派问题。不同产品的加工工序,需要有不同技能的工人进行操作;而同一名工人,可能只具备一种操作技能,也可能同时具备几种甚至是全部操作技能(又称为多能工和全能工)。在工人总数有限的前提下,如何在生产线上配置工人,才能使得产品的生产效率最高,或者能够最大化保证某些关键零部件的生产,能够优先保证需要紧急交付的订单的生产,也适合采用智能优化方法进行求解。

(4) 并行机调度问题。在晶圆生产、钢铁生产等行业和领域中,工厂通常会使用若干台同类机器并行生产,共同完成所有的作业,这是一类生产场景中常见的调度问题,涉及平衡各机器的生产负载,以达到最短的完工时间,并处理某台机器出现随机故障时对其他机器生产造成的干扰以及对整个生产计划的影响等问题。

2. 物流及仓储方面

(1) 车辆路径规划问题。生产流程中需要以最低的成本,将原材料、半成品、零部件、成品等物料进行从产地或仓库到工厂的配送、仓库储存和调用。这些活动一方面应减少非增值活动,另一方面应保证现场物料不堆积且生产线上不缺料。在物料的运输过程中,将产生车辆路径规划问题(vehicle routing problem)。智能优化算法(例如,蚁群优化算法、粒子群优化算法等)在问题规模较大、求解难度高的车辆路径规划问题的求解精度和速度上都有着十分良好的表现。

(2) 机器人调度。随着自动化技术的日益成熟,移动机器人技术在工厂、仓库之中的应用也越来越广泛。作为现代智能仓库、智能工厂的重要组成部分,移动机器人逐渐代替了人工劳动,大幅度提高了工厂的生产效率。在许多大规模复杂应用场景中,多个移动机器人编队的调度和控制,例如路径规划、任务分配等就成为了影响工厂工作效率的主要因素。在解决这些问题时,智能优化算法也是十分有效的解决方法,可极大提高求解速度和解的准确性。

（3）港口调度问题。在全球跨国贸易体系中,船舶远洋运输是不可或缺的一部分。运输船舶在港口进行货物装卸的调度问题尤其重要。港口调度问题涉及众多参数和约束条件,包括泊位的数量、不同的水深(可供停泊不同吨位的船只)、起重机械的数量和起重能力、货物缓冲区的大小、港口内转运车辆的运载能力及运输路径规划、港口仓库的大小等。其理论问题的模型涉及装箱问题、车辆路径规划问题等,是一个较为复杂的应用问题,同时也是智能优化算法领域的研究热点问题。

3. 生产工艺优化方面

对各类零件的加工工艺流程的优化,主要是研究在一定的条件下,如何用最合适的生产路线和生产设备,以最节省的投资和操作费用,设计最佳的工艺流程。对零件表面除锈、抛光等工序的处理,齿轮类零件、管类零件等不同形状的零件的加工,其最适合的工艺流程不尽相同。通过对工艺流程的研究及优化,能够尽可能地挖掘出设备的潜能,找到生产瓶颈,寻求解决的途径,以达到产量高、功耗低和效益高的生产目标。

2.2 智能优化方法的重要元素

优化算法有3个要素：决策变量(decision variable)、约束条件(constraints)和目标函数(objective function)。

在最优化问题中,目标函数指与决策变量有关的、待求其极值(最大值或最小值)的函数。决策变量是指最优化问题中所涉及的与约束条件和目标函数有关的待确定的变量。而约束条件则限制了对决策变量的赋值,以及搜索时解空间的大小。

可行解就是满足约束条件的决策变量的值,也称可行点或容许点。全体可行解构成的集合称为可行域,也称为容许集,记为 D。

2.2.1 智能优化方法的分类

优化方法可以分为精确算法和近似算法两大类。常见的精确算法包括分支定界法、割平面法和动态规划法等,精确算法的计算复杂度一般比较大,只适合求解小规模问题,并不适合求解现代制造中的复杂优化问题,通常会与其他优化算法结合起来使用。近似算法,或称启发式算法,包括一些专用算法和元启发式算法。元启发式算法又可进一步分为基于个体行为的爬山法、模拟退火算法、禁忌搜索算法等,以及基于群体行为的进化类算法和群智能算法等。

目前常用的智能优化方法,按其产生来源、算法机理、求解更新过程等要素的不同,可以有多种分类方式。本书按照方法产生来源,分为以下3类。

1. 模仿生物种群进化机制的进化类算法

主要有遗传算法、差分进化算法、免疫算法等。

（1）遗传算法是模拟生物在自然环境中的遗传和进化过程而形成的自适应随机全局搜索和优化方法。算法操作的基本过程是在解决方案对应的种群中逐次产生近似最优解,称为一代;在每一代中,根据个体在问题域中的适应度和从自然遗传学中借鉴来的再造方法进行选择,产生新一代的近似解,即下一代。新个体比原个体更适应环境,即解更优。

(2) 差分进化算法是通过群体内个体间的合作与竞争产生的智能优化搜索方法,采用一对一的竞争生存策略,同时具有记忆能力,可跟踪搜索情况以调整搜索策略。

(3) 免疫算法是模仿生物免疫机制,采用群体搜索策略并迭代计算;利用自身多样性和维持机制,克服早熟问题,求解全局最优。

2. 模仿生物群体行为社会性的群体智能算法

主要有蚁群优化算法、粒子群优化算法、人工蜂群优化算法、人工鱼群算法、杜鹃搜索算法、萤火虫算法、狼群算法、混合蛙跳算法和菌群优化算法等。本书主要介绍蚁群优化算法和粒子群优化算法。其他算法的基本原理类似,有兴趣的读者可以自行学习。

(1) 蚁群优化算法是通过模拟自然界中蚂蚁集体寻径行为而提出的基于种群智能行为的启发式随机搜索算法。

(2) 粒子群优化算法是一种基于群体智能的全局随机搜索算法。

3. 模拟某些物理过程规律的算法

主要有模拟退火算法、烟花算法、禁忌搜索算法等。

模拟退火算法是一种基于迭代求解策略的随机寻优算法,是局部搜索算法的扩展,其基本思想是以一定的概率选择邻域内距离目标值更远的状态,以便跳出局部最优状态。

节点及关联

智能优化算法分类:

　模仿生物种群进化机制的进化类算法:遗传算法、差分进化算法、免疫算法……

　模仿生物群体行为社会性的群体智能算法:蚁群优化算法、粒子群优化算法、人工蜂群算法……

　模拟某些物理过程规律的算法:模拟退火算法、烟花算法、禁忌搜索算法……

2.2.2　贪心算法与启发式规则

在设计算法求解优化问题时,贪心算法与启发式规则是两种常见的设计思想。

1. 贪心算法

顾名思义,贪心算法的思想是总是做出在当前看来最好的选择,即总是选择当前的最大值或最小值,并不从整体最优考虑。它所做出的选择只是在某种意义上的局部最优选择。

虽然贪心算法不能保证得到问题的全局最优解,但在一些情况下,贪心算法能得到比较好的近似解。

1) 采用贪心算法的基本条件

(1) 问题具备贪心选择性质。对于一个具体问题,要确定它是否具备贪心选择性质,必须证明每一步所做的贪心选择能最终求出问题的全局最优解,即所求问题的全局最优解可以通过一系列局部最优选择,即贪心地选择来达到。这是贪心算法可行的第一个基本要素,也是贪心算法与动态规划算法的主要区别。动态规划算法通常以自底向上的方式求解各子问题,而贪心算法则通常以自顶向下的方式进行,以迭代的方式做出贪心选择,每做一次贪心选择,就将所求问题简化为规模更小的子问题。

(2) 问题具有最优子结构性质。指一个问题的最优解包含其子问题的最优解。所求问题是否具备最优子结构性质是该问题能否采用贪心算法进行求解的关键特征。在实际操作中,判断一个问题是否适用贪心算法,一般先选择该问题中的几个实际数据进行分析验证,然后再做出判断。

2) 贪心算法的基本思路

从问题的某一个初始解出发逐步逼近给定的目标,以尽可能快地求得更好的解。当达到算法中的某一步不能再继续前进时,算法停止。

其一般求解步骤为:①对问题进行数学建模;②把要求解的问题分成若干个子问题;③对每个子问题求解,得到子问题的局部最优解;④把子问题的局部最优解合成为原来问题的一个解。

3) 贪心算法的主要问题

贪心算法不能保证求得的最终解是最佳的,不能用来确定最大或最小解,只能求满足某些约束条件的可行解的范围。

2. 启发式规则

采用某种算法求解一个问题,希望得到的是该问题每个实例的最优解。而启发式算法则是在可接受的计算成本(多指计算时间和存储空间的开销)内,求出问题每个实例的一个可行解,也就是在实际问题的背景下,可被接受的解。并且该可行解与该问题的最优解之间的偏离程度通常不可预计。

算法设计人员可以通过一定的启发式规则来求出问题的一个可行解,这类规则通常基于直观感受或相关经验。例如在求解作业车间调度问题时,就可以采用先到先服务原则(first come first serve,FCFS),对到达的订单进行排产。即优先对先到达的订单进行排产,再对后到达的订单进行排产。也可以采用最长处理时间(longest processing time,LPT)原则进行排产,即先集中产能优先生产在制造过程中耗时最多的产品,再生产耗时较少的产品。相应地,也可以采用最短处理时间(shortest processing time,SPT)原则进行排产,即将生产速度最快、消耗工时最短的工件排在优先生产的计划中。

2.2.3　局部搜索与群体智能

1. 局部搜索

对于某些计算起来非常复杂的最优化问题,找到最优解需要花费的时间会随着问题规模扩大呈指数型增长。考虑到现实中的工程问题,为了在实际可接受的时间和计算成本内,求得精度可接受的解,诞生了各种启发式算法来寻找次优解。局部搜索就是这样一种以时间换精度的启发式算法。

局部搜索算法从一个初始解开始,通过邻域动作,产生其邻居解,判断邻居解的质量,根据某种策略来选择邻居解,重复上述过程,直至到达终止条件。不同局部搜索算法的区别在于邻域动作的定义和选择邻居解的策略,同时这也是决定算法好坏的关键。

邻域动作是一个函数,通过这个函数,对当前解 s,产生其相应的邻居解集合。例如:对于一个 bool(布尔)型问题,其当前解为 $s=1001$,将邻域动作定义为翻转其中一个 bit(位)时,得到的邻居解的集合 $N(s)=\{0001,1101,1011,1000\}$,其中 $N(s) \subseteq S$,S 表示所有可行解的集合。同理,将邻域动作定义为互换相邻 bit 时,得到的邻居解的集合 $N(s)=\{0101,1001,1010\}$。

基本局部搜索算法还产生了多种改进的局部搜索算法。典型的有迭代局部搜索(iterated local search,ILS)和变邻域搜索(variable neighborhood search,VNS)两种。

迭代局部搜索是在局部搜索得到的局部最优解上,加入扰动,再重新进行局部搜索。其思想是:物以类聚,好的解之间会有一些共性,因此在局部最优解上做扰动,比随机地选择一个初始解再进行局部搜索效果更好。

变邻域搜索的主要思想是:采用多个不同的邻域进行系统搜索。先采用最小的邻域搜索,当无法改进解的质量时,则切换到稍大一点的邻域。如果能继续改进解,则退回到最小的邻域,否则继续切换到更大的邻域。利用不同的动作构成的邻域结构进行交替搜索,从而在集中性和疏散性之间达到很好的平衡。

2. 群体智能

群体智能源于对以蚂蚁、蜜蜂等为代表的社会性昆虫群体行为的研究,最早被用在细胞机器人系统的描述中。单只蚂蚁的智能并不高,但几只蚂蚁凑到一起,就可以一起往蚁穴搬运路上遇到的食物。如果是一群蚂蚁,它们就能协同工作,建起坚固、漂亮的巢穴,一起抵御危险,抚养后代。这种群居性生物表现出来的智能行为被称为群体智能。

Millonas 在 1994 年提出群体智能应该遵循 5 条基本原则:

(1) 邻近原则(proximity principle)——群体能够进行简单的空间和时间计算;

(2) 品质原则(quality principle)——群体能够响应环境中的品质因子;

(3) 多样性反应原则(principle of diverse response)——群体的行动范围不应该太窄;

(4) 稳定性原则(stability principle)——群体不应在每次环境变化时都改变自身的行为;

(5) 适应性原则(adaptability principle)——在所需代价不太高的情况下,群体能够在适当的时候改变自身的行为。

这些原则说明实现群体智能的智能主体必须能够在环境中表现出自主性、反应性、学习性和自适应性等智能特性。群体智能的核心是由众多简单个体组成的群体能够通过相互之间的简单合作来实现某一功能,完成某一任务。简单个体是指单个个体只具有简单的能力或智能,而简单合作是指个体和与其邻近的个体进行某种简单的直接通信或通过改变环境间接与其他个体通信,从而可以相互影响、协同动作。

群体智能具有以下特点:

(1) 较强的鲁棒性。群体智能的控制是分布式的,不存在中心控制。即不会由于某一个或几个个体出现故障而影响群体对整个问题的求解。

(2) 较好的可扩展性。群体中的每个个体都能够改变环境。由于群体智能可以通过非直接通信的方式进行信息的传输与合作,因而随着个体数目的增加,通信开销的增幅减小。

(3) 简单性。群体中每个个体的能力或遵循的行为规则非常简单,因而群体智能的实现比较方便。

（4）自组织性。群体表现出来的复杂行为是通过简单个体的交互过程突现出来的智能。

基于对这类生物群体智能行为的观察与研究，产生了蚁群优化算法、粒子群优化算法等智能优化算法。

2.2.4　元启发式算法与超启发式算法

元启发式算法将随机算法与局部搜索算法相结合，其优化机理不过分依赖于算法的组织结构信息，可以广泛地应用到函数组合优化和函数计算中。

现代元启发式算法主要包括模拟退火算法、遗传算法、列表搜索算法、进化规划、进化策略、蚁群优化算法和人工神经网络等。不同算法在优化机制方面存在一定的差异，但在优化流程上却具有较大的相似性，均是一种邻域搜索结构。算法都是从一个（一组）初始解出发，在算法关键参数的控制下通过邻域函数产生若干邻域解，按接受准则（确定性、概率性或混合方式）更新当前状态，再按照关键参数修改准则调整关键参数。如此重复上述搜索步骤，直到满足算法的收敛准则，最终得到问题的优化结果。

近年来随着智能计算领域的发展，又出现了一类被称为超启发式算法（hyper-heuristic algorithm）的新算法类型。超启发式算法提供了一种高层启发式方法，通过管理或操纵一系列低层的启发式算法（low-level heuristics，LLH），以产生新的启发式算法。超启发式算法则可以简单阐述为寻找启发式算法的启发式算法，其求解的是一些启发式算法的组合。这些新启发式算法被用于求解各类组合优化问题。

2.3　模拟退火算法

模拟退火（simulated annealing，SA）思想最早由 Metropolis 在 1953 年提出。Kirkpatrick 在 1983 年将其成功引入到组合优化领域。它是基于蒙特卡罗迭代求解策略的一种随机寻优算法，其出发点是物理中固体物质的退火过程与一般组合优化问题之间的相似性。模拟退火算法从某一较高初温出发，伴随温度参数的不断下降，以一定的概率拒绝局部最优解，从而跳出局部极值点继续搜索状态空间的其他状态解，进而得到全局最优解。模拟退火算法是一种通用的优化算法，具有优良的全局收敛特性和隐含的数据并行处理特性，目前已得到了广泛应用，诸如超大规模集成电路（very large scale integration circuit，VLSI）设计、生产调度、控制工程、神经网络等领域。本节将对模拟退火的基本思想、算法流程、参数分析及实际应用进行介绍。

2.3.1　热力学中的退火过程

模拟退火算法得益于热力学的研究成果。热力学研究表明，材料中粒子的不同结构对应着粒子的不同能量水平。在高温条件下，粒子能量较高，可以自由运动和重新排列；在低温条件下，粒子能量较低，运动状态较为稳定。金属物体的退火过程就是将金属物体加热到一定的温度，此时金属原子在状态空间内自由运动，固体内部粒子随着温度升高变为无序状态,内能增大,随着温度缓慢下降,原子的运动速率逐渐降低,运动渐趋有序,在每个温度都达到平衡态,最后在常温时达到基态,内能减为最小。这种由高温向低温逐渐降温的热处理过程就是退火。金属物体经过退火可以从高能状态转化为低能的固体晶态,物体变得更为柔韧。一个退火过程由以下三部分组成。

1. 加温过程

加温过程的目的是增强原子的热运动,使原子能够偏离平衡位置。随着温度的增高,系统的能量不断增大。当达到一定温度后,固体溶解为液体,此时原子的分布由有序的结晶态转化为无序的液态,原子可以自由移动。原子在自由移动的过程中将找到更适合的位置,从而消除系统原本可能存在的非均匀态,为之后进行的冷却过程提供一个平衡的起点。

2. 等温过程

等温过程的目的在于保证系统在每个温度下都能达到平衡态,最终达到低能有序的固体基态。根据热力学的自由能减少定律,对于与周围环境交换热量而温度不变的封闭系统,系统状态的自发变化总是朝着自由能减小的方向进行,当自由能达到最小的时候,系统达到平衡态。

3. 冷却过程

冷却过程的目的在于减弱原子的热运动使其逐渐趋于有序。随着温度缓慢下降,系统的能量不断减小,原子运动的范围越来越小。当达到凝固的温度后,液体凝固为固体的晶态,此时原子仅在晶体的格点附近微小振动,所有原子按照一定次序排列,得到低能有序的固体晶态。

冷却过程关键在于控制冷却的速度。如果温度下降过快,物体就无法达到平衡态,只能达到非均匀的亚稳态,这就是热处理过程的淬火效应。淬火也是一种物理过程,由于期间没有达到平衡态,所以冷却完成后系统能量不会达到最小值。金属经过淬火后强度和硬度会增加,但柔韧性会降低。而退火要求冷却过程足够缓慢,这样能使系统在任意温度都能达到平衡状态,在冷却完成后,系统能量趋近最小值。金属经过退火可以形成低能有序的固体晶态,柔韧性增强。图 2-3 描述了金属的退火和淬火过程。

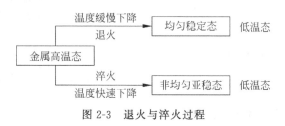

图 2-3　退火与淬火过程

2.3.2　模拟退火算法的构造与流程

受物理退火的启发,模拟退火算法应运而生。作为局部搜索算法的一种扩展,模拟退火算法能以一定概率接受使目标函数值变差的状态,克服了传统算法在优化过程容易陷入局部最优的缺点,增强了搜索的灵活性。

1. 模拟退火与物理退火

金属物体的退火过程就是将物体加热到一定温度,让其内部粒子处于无序运动状态,然后缓慢冷却,粒子逐渐趋于有序,在每个温度上达到平衡态,最后在低温时达到基态。等温过程需要保证系统达到热平衡,恒温封闭系统倾向往能量较低的状态转移,但是原子之间的热运动会妨碍其准确落入能量最低的状态,因此在模拟采样的过程中,只需要重点记录那些有贡献作用的状态,便可较快达到较低的状态。1953 年,Metropolis 提出了一种以概率来接受新状态的采样方法,即 Metropolis 准则。准则具体可描述为:在温度 t,系统当前状态为 i,能量为 E_i,经过扰动,产生一个新的系统状态 j,能量为 E_j,如果 $E_i > E_j$,则接受新状态 j 作为当前状态;否则,将以一定的概率 $p_{i,j} = \exp\left[\dfrac{-(E_j - E_i)}{kt}\right]$ 接受状态 j,其中 k 为玻尔兹曼(Boltzmann)常数。因此系统按照此准则经过大量的状态转移,将趋近于能量较低的平衡态。

模拟退火算法借鉴了物理退火的思想,将组合优化问题的求解看作一个类似于物理退火的过程。这里以一个典型的组合优化问题为例,其目标是找到一个解 x^*,使得对于 $\forall x_i \in \Omega$,存在 $c(x^*) = \min c(x_i)$,其中 $\Omega = \{x_1, x_2, \cdots, x_n\}$ 为所有解构成的解空间,$c(x_i)$ 为解 x_i 所对应的目标函数值。在该算法中,组合优化问题中的一个解 x_i 及其目标函数 $c(x_i)$ 可以分别看作物理过程中系统的一个状态 i 及其对应的能量函数 E_i,而最优解 x^* 就是系统的最低能量状态。模拟退火算法设定了一个初始高温,使算法在初始阶段在解空间中进行广域搜索,避免陷入局部最优,对应物理退火中的加温过程;基于 Metropolis 准则的搜索使当前解逐渐靠近局部最优解,相当于物理退火中的等温过程;温度 t 控制当前解向局部或者全局最优解移动的快慢,温度 t 下降相当于物理退火中的冷却过程。表 2-1 描述了采用模拟退火算法求解组合优化问题的过程与物理退火过程之间的对应关系。

表 2-1　模拟退火算法求解组合优化问题与物理退火过程的对应关系

求解优化问题	物 理 退 火
解	状态
目标函数	能量函数
最优解	最低能量的状态
初始高温	加温过程
基于 Metropolis 准则的搜索	等温过程
温度 t 的下降	冷却过程

2. 模拟退火算法的计算步骤

算法模拟物理退火的过程,由一个给定的初始高温开始,利用具有概率突跳特性的 Metropolis 抽样策略在优化问题的解空间内随机搜索,随着温度不断下降,重复 Metropolis 抽样过程,最终得到问题的全局最优解。

一个优化问题可以描述为

$$\min f(i), \quad i \in S \tag{2-20}$$

其中,S 是一个离散有限状态空间;i 表示状态;$f(i)$ 为目标函数。对于这个优化问题,模拟退火算法的计算步骤如下：

第 1 步　初始化参数。任选初始解 $i \in S$，给定初始温度 T_0 和终止温度 T_f，迭代指标 $k=0$，$T_k = T_0$。

第 2 步　设定温度 T_k 的最大循环次数 $n(T_k)$，令 $n=0$。

第 3 步　从 i 的邻域 $N(i)$ 中随机生成一个邻域解 $j \in N(i)$，$n=n+1$，计算目标函数增量 $\Delta f = f(j) - f(i)$。

第 4 步　如果 $\Delta f < 0$，则接受状态为当前状态，令 $i=j$；否则，计算 $p = \exp(-\Delta f / T_k)$，$\xi \sim U(0,1)$，如果 $p < \xi$，则接受状态 j 为当前状态，令 $i=j$。

第 5 步　如果达到热平衡，即内循环次数 $n > n(T_k)$，转第 6 步，否则转第 3 步。

第 6 步　令 $k=k+1$，降低温度 T_k，如果 $T_k < T_f$，则算法停止，否则转第 2 步。

根据上述步骤，模拟退火算法流程如图 2-4 所示。

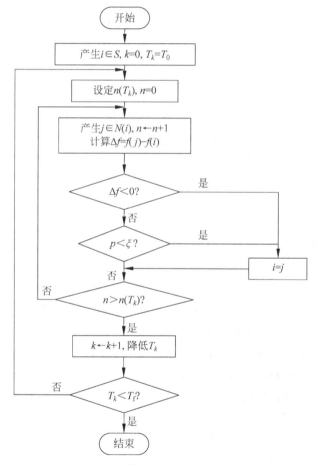

图 2-4　模拟退火算法流程图

2.3.3　算法参数分析

从上述计算步骤可知，初始温度、状态产生函数、状态接受函数、降温函数、热平衡准则和退火结束准则是直接影响算法性能的主要参数。以下从算法的使用角度对这些参数进行分析。

1. 初始温度的设置

一般来说,初始温度 T_0 要足够大,以保证算法开始运行时解的接受概率为1,模拟退火算法在开始时能处于一种平衡状态。但初始温度过高也会导致计算时间的增加,实际运用中需要通过反复实验确定 T_0 值。Kirkpatrick 在 1983 年给出了一条确定初始温度 T_0 的经验法则:选取一个大值作为 T_0 的当前值,然后进行若干次搜索,如果接受率 p 小于预定的初始接受率 p_0,则将 T_0 扩大1倍,以新的 T_0 值重复上述过程,直到获得使 $p > p_0$ 的 T_0 值。这个经验法则已被很多学者使用和改造。

2. 状态产生函数

设计状态产生函数应保证生成的候选解尽可能遍布整个解空间,一般情况下状态产生函数由两部分组成,即生成候选解的方式和概率分布。生成候选解的方式主要由问题的性质决定,不同问题需要设计不同的生成规则。例如,排序问题可以采用两两交换的生成规则,背包问题可以采用修改解中任意一个元素值的生成规则。生成候选解的概率分布决定了选择不同候选解的概率,概率分布可以是均匀分布、正态分布和指数分布等。

3. 状态接受函数

状态接受函数一般以概率形式给出,是模拟退火算法实现全局搜索的关键参数,不同状态接受函数的区别主要在于接受概率的形式不同。在一般情况下,设计状态接受函数都采用 Metropolis 准则,其内容为:

(1) 在恒温过程中,接受使目标函数结果变好的候选解的概率应大于使目标函数结果变差的候选解的概率。

(2) 随着温度下降,接受使目标函数结果变差的候选解概率应逐渐减小。

(3) 在温度趋近于零时,只接受使目标函数结果变好的解。

4. 降温函数

降温函数是对温度进行更新的函数,用于在外循环中修改温度值 T_k,这是模拟退火算法的外循环过程。温度的大小决定模拟退火算法对候选解的搜索方式:温度较高时,算法倾向于广域搜索,当前状态 i 邻域内的较差解被接受的概率较大;温度较低时,算法倾向于局域搜索,当前状态 i 邻域内的较差解被接受的概率较小。如果温度下降过快,算法将很快从广域搜索切换为局域搜索,有可能过早地陷入局部最优;如果温度下降过慢,则计算时间会大大增加。因此,选择适当的降温函数才能保证模拟退火算法的性能。

常见的降温函数有两种:

(1) $T_{k+1} = T_k \times \alpha$,退火速率 $\alpha \in [0.95, 0.99]$,α 越大温度下降得越慢。这种方法简单易行,温度每一步以相同比率下降。

(2) $T_{k+1} = T_k - \Delta T$,ΔT 是温度下降的步长。这种方法可操作性强,能预先控制温度下降的步数,即外循环次数。

5. 热平衡准则

热平衡的到达相当于物理退火的等温过程,是指在一个给定温度 T_k 下,模拟退火算法基于 Metropolis 准则在解空间内进行随机搜索,最终达到平衡状态的过程,这是模拟退火算法的内循环过程。为了保证系统达到平衡状态,内循环的次数需要足够大,最常见的方法是设置为一个与问题实际规模相关的常数。

6. 退火结束准则

退火结束准则用于决定算法什么时候停止。第一种方法是简单地设置一个温度终值 T_f,当温度 $T_k < T_f$ 时,算法结束。第二种方法是设置外循环的迭代次数 K,如果循环次数达到 K 时,算法结束。

节点及关联

模拟退火算法是基于蒙特卡罗迭代求解策略的一种随机寻优算法,它模拟了物理中固体物质的退火过程,属于模拟某些物理过程规律的算法。

物理退火/模拟退火的对应:加温过程/初始高温,等温过程/基于 Metropolis 准则的搜索,冷却过程/温度下降。

算法关键参数:初始温度,状态产生函数,状态接受函数,降温函数,热平衡准则,退火结束准则。

2.3.4 制造业应用案例

模拟退火算法是一种通用的随机搜索算法,易于实现,可以为制造业中的生产调度问题和布局设计问题提供良好的解决方案。模拟退火算法在 VLSI 设计中,可以很好地完成 VLSI 的全局布线、布板、布局和逻辑最小化等设计工作;在制造系统布局设计中,能够求解集成布局模型,可以根据当前单元布局对应的最优物流网络生成新的单元布局,并根据目标函数值进行取舍,最终通过反复迭代得到满意的单元布局和合理的物流路径布局方案;在作业车间调度问题中,能够在机器可用性、作业工序等约束下,求解出各个车间作业加工的顺序,提高生产效率和资源利用率。

这里以一个工作指派问题作为例子[42],来介绍模拟退火算法如何应用。

1. 问题描述

n 个工作需要由 n 个工人完成,一个工人只能完成一个工作,而一个工作只能由一个工人完成。c_{ij} 表示第 i 个工人完成第 j 个工作的费用,找出工作的分配方案,使得安排工人总的费用达到最小。数学模型可以表示为

$$\min \sum_{i=1}^{n} \sum_{j=1}^{n} c_{ij} x_{ij} \tag{2-21}$$

$$\text{s. t. } \sum_{i=1}^{n} x_{ij} = 1, \quad j = 1, 2, \cdots, n$$

$$\sum_{j=1}^{n} x_{ij} = 1, \quad i = 1, 2, \cdots, n \tag{2-22}$$

其中,x_{ij} 是决策变量,当 $x_{ij} = 1$ 时,表示第 i 个工人做第 j 个工作;否则,$x_{ij} = 0$。

2. 算法参数设置

在实际问题中,算法参数的设置会影响搜索的速度和质量,如合适的编码方式能消除数

学模型中的约束,合理地选择降温函数能提高算法的性能,等等。下面针对工作指派问题对算法参数进行设置。

1) 解 s 的形式

n 表示工人的数量,由于工作的数量等于工人的数量,可以使用顺序编码来表示一个解 s,S 为问题的解空间,索引 i 表示工人 i,索引位置的值表示第 i 个工人所分配的工作。例如下面是一个长度 $n=4$ 的解:

$$s=(2,1,3,4)$$

即表示工人 1 完成第 2 个工作,工人 2 完成第 1 个工作,以此类推。解的目标值 $f(s)$ 设置为当前解 s 所需要花费的费用。

2) 邻域的生成

这里采用两两交换的原则。假设给定一个当前解 s,然后任意交换解中两个元素的位置,生成一个新的解 s'。由以上方法生成的解 s' 所构成的集合就是解 s 的邻域 $N(s)$。

3) 初始温度 T_0 和降温函数

初始温度 $T_0=K\delta$,其中 $\delta=\max\{f(s)|s\in S\}$,$K$ 是充分大的数,可以取 10、20、100 等试验值。降温函数采用 $T_{k+1}=T_k\times\alpha$,α 取 0.96。

4) 新解的接受与淘汰

采用 Metropolis 准则作为状态接受函数,对候选解进行接受和淘汰。

5) 内外循环终止条件

内循环的次数采用固定步数 X,因为指派问题的邻域大小为 $n(n-1)/2$,所以设置 $X=n(n-1)/2$。外循环给定一个比较小的正数 ε,当温度 $T_k<\varepsilon$ 时,外循环停止。

3. 算法流程

根据算法参数设置,求解指派问题的步骤如下:

第 1 步 初始化参数。任选初始解 $s\in S$,设置最优解 $s^*=s$。初始温度 $T_0=K\delta$,终止温度 $T_f=\varepsilon$,迭代指标 $X=0$,$T_k=T_0$。

第 2 步 从 s 的邻域 $N(s)$ 中随机生成一个邻域解 $s'\in N(s)$,计算目标函数增量 $\Delta f=f(s')-f(s)$,更新迭代指标 $X=X+1$。

第 3 步 如果 $\Delta f<0$,则接受状态 s' 为当前状态,令 $s=s'$,如果 $f(s^*)-f(s)<0$,更新 $s^*=s$;否则,计算 $p=\exp(-\Delta f/T_k)$,$\xi\sim U(0,1)$,如果 $p<\xi$,则接受状态 s' 为当前状态,令 $s=s'$。

第 4 步 如果达到热平衡,即内循环次数 $X\geqslant n(n-1)/2$,转第 5 步,否则转第 2 步。

第 5 步 $T_k=T_k\times\alpha$,如果 $T_k<T_f$,则算法停止,输出 s^*,否则 $x=0$,转第 2 步。

最后输出的 s^* 就是模拟退火算法求出的指派问题最优解。

2.4 遗传算法

遗传算法(genetic algorithm,GA)是模拟生物在自然环境中遗传和进化过程而形成的自适应全局优化搜索算法。它借鉴了达尔文的进化论和孟德尔的遗传学说,最早由 Holland 提出,源自 20 世纪 60 年代对自然和人工自适应系统的研究;70 年代,DeJong 基于遗传算法的思想,在计算机上进行了大量的纯数值函数优化计算试验;80 年代,遗传算法由 Goldberg 在一系列研究工作的基础上归纳总结而成。

2.4.1　生物的遗传与变异

达尔文的自然选择学说是一种被广泛接受的生物进化学说。它认为,生物要生存下去,就必须进行生存斗争。生存斗争包括种内斗争、种间斗争以及生物跟环境之间的斗争 3 个方面。在生存斗争中,具有有利变异的个体容易存活下来,并且有更多的机会将有利变异传给后代;具有不利变异的个体就容易被淘汰,产生后代的机会也少得多。因此,凡是在生存斗争中获胜的个体都是对环境适应性比较强的。达尔文把这种在生存斗争中适者生存、不适者淘汰的过程叫做自然选择。自然界中的多种生物之所以能够适应环境而得以生存进化,与其自身的遗传和变异现象密不可分。正是生物的这种遗传特性,使生物界的物种能够保持相对的稳定;而生物的变异特性,使生物个体产生新的性状,甚至经过足够长的时间可以形成新的物种,推动了生物的进化和发展。

生物的亲代产生与自己相似的后代的现象叫做遗传。遗传物质的基础是脱氧核糖核酸(deoxyribonucleic acid,DNA),亲代将自己的遗传物质传递给子代,而且遗传的性状和物种保持相对的稳定性。生命之所以能够代代延续,主要是由于遗传物质在生物进程之中得以代代相承,从而使后代具有与前代相近的性状。亲代与子代之间、子代个体之间,绝对不完全相同,总是或多或少地存在一定差异,这种现象叫变异。

2.4.2　遗传算法的基本原理与流程

遗传算法是模拟自然界生物进化过程的计算模型。它以一种群体中的所有个体为对象,并随机对一个被编码的参数空间进行高效搜索。其基本思想是:①根据问题的目标函数构造适应度函数(fitness function);②产生一个初始种群;③根据适应度函数的好坏,不断选择繁殖;④经过若干代后得到适应度函数最好的个体即最优解。

其中,选择、交叉和变异构成了算法中的遗传操作;参数编码、初始种群设定、适应度函数设计、遗传操作设计和控制参数设定这 5 个要素是遗传算法的核心内容。作为一种全局优化搜索算法,遗传算法以其简单通用、鲁棒性强、适于并行处理、高效、实用等显著特点,在各个领域得到了广泛应用。

遗传算法使用适者生存原则,在潜在的解决方案种群中逐次产生一个近似最优的方案。其本质是一种并行、高效、全局搜索的方法,它能在搜索过程中自动获取和积累有关搜索空间的知识,并自适应地控制搜索过程以求得最优解。在每一代中,根据个体在问题域中的适应度值和从自然遗传学中借鉴来的再造方法进行个体选择,产生一个新的近似解。这个过程导致种群中个体的进化,得到的新个体比原个体更能适应环境。

遗传算法的流程如图 2-5 所示。

1. 编码和初始种群的生成

遗传算法在进行搜索之前先将解空间内的数据表示成遗传空间的染色体数据,这些染色体数据的不同组合便构成了不同的点。然后随机产生 N 个初始染色体数据,每个称为一个个体,N 个个体构成了一个种群。遗传算法便以这 N 个染色体数据作为初始点开始进

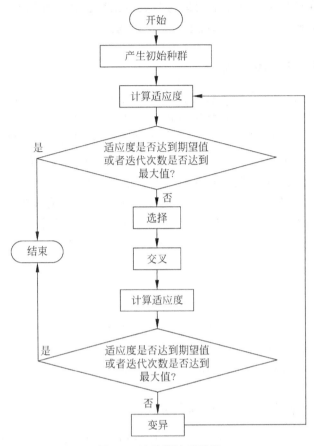

图 2-5 遗传算法流程图

行迭代。

例如,在旅行商问题中,可以把商人走过的路径进行编码,也可以对整个图矩阵进行编码。又比如,二进制编码,用 0,1 字符串表达,形如 0110010,在表示背包问题时:1,背;0,不背;表示指派问题时:1,指派;0,不指派。编码方式依赖于问题怎样描述比较好解决。初始种群也应该适当选取,如果选取过小则交叉优势不明显,算法性能很差,种群选取太大则计算量太大。

2.检查算法收敛性

检查算法是否满足收敛条件,控制算法是否结束,可以采用判断与最优解的适配度或者设定一个迭代次数来达到。

3.适应度值评估检测和选择

适应度函数表明个体或解的优劣性,不同的问题,适应度函数的定义方式也不同。根据适应度的好坏进行选择。选择的目的是从当前种群中选出优良的个体,使它们有机会作为父代繁殖下一代子孙。遗传算法通过选择过程体现这一思想,进行选择的原则是适应度强的个体为下一代贡献一个或多个后代的概率大。选择实现了达尔文的适者生存原则。

4. 交叉：按照交叉概率（P_c）进行交叉

交叉操作是遗传算法中最主要的遗传操作。通过交叉操作可以得到新一代个体，新个体组合了其父辈个体的特性。交叉体现了信息交换的思想。可以选定染色体上的一个点进行互换、插入、逆序等交叉，也可以随机选取几个点进行交叉。交叉概率如果太大，种群更新快，但是高适应度的个体很容易被淹没，概率小了搜索会停滞。一般设置 $P_c=0.9$。

（1）单点交叉。随机产生一个断点，例如：

$$P_1 \ \frac{A_1}{011} \left| \frac{B_1}{0011} \Rightarrow C_1 \ \frac{A_1}{011} \right| \frac{B_2}{0110}$$

$$P_2 \ \frac{A_2}{101} \left| \frac{B_2}{0110} \Rightarrow C_2 \ \frac{A_2}{101} \right| \frac{B_1}{0011}$$

（2）双点交叉（交换中间段），例如：

$$P_1 \ \frac{A_1}{011} \left| \frac{B_1}{00} \right| \frac{C_1}{11} \Rightarrow C_1 \ \frac{A_1}{011} \left| \frac{B_2}{01} \right| \frac{C_1}{11}$$

$$P_2 \ \frac{A_2}{101} \left| \frac{B_2}{01} \right| \frac{C_2}{10} \Rightarrow C_2 \ \frac{A_2}{101} \left| \frac{B_1}{00} \right| \frac{C_2}{10}$$

5. 变异：按照变异概率（P_m）进行变异

变异首先在群体中随机选择一个个体，对于选中的个体以一定的概率随机地改变染色体数据中的某个值（基因）。同生物界一样，遗传算法中变异发生的概率很低。变异为新个体的产生提供了机会。变异可以防止有效基因的缺损造成的进化停滞。比较低的变异概率就已经可以让基因不断变更，太大会陷入随机搜索。想象一下，生物界每一代都和上一代差距很大，会是怎样的可怕情形。

二进制编码情况下，选中的个体按变异概率 P_m 任选若干位基因改变位值 0→1 或 1→0，P_m 一般设定得比较小，在 5% 以下。

6. 选择策略

常见的选择策略有轮盘法、随机遍历抽样法和锦标赛法等，其中轮盘法（roulette wheel）最为常用。

轮盘法的思想是适应度值越好的个体被选中出现在下一代的概率也越大。首先根据个体的适应度值计算出每个个体被选中的概率（即选择概率），再按照此概率随机选择个体构成子代种群。在选择过程中，选择概率越大的个体越有可能被选中。常用正比选择方法（proportional selection）计算个体的选择概率：个体 i 的适应度值为 F_i，n 为种群规模，则其选择概率为 $P_i = \dfrac{F_i}{\sum\limits_{i=1}^{n} F_i}$。

如图 2-6 所示，将圆形轮盘按照每个个体的选择概率 P_i，划分为 n 个扇形，第 i 个扇形的中心角为 $2\pi P_i$。设想每次转动轮盘，参考点停在第 i 个扇形内，则该次就选择第 i 个个体。

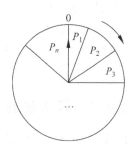

图 2-6　轮盘法原理示意图

设第 i 个个体的累积概率 $PP_i = \sum_{j=1}^{i} P_j$，并规定 $PP_0 = 0$。然后随机产生一个在 $0 \sim 1$ 服从均匀分布的随机数 ξ_k，$\xi_k \sim U(0,1)$，当 $PP_{i-1} \leqslant \xi_k < PP_i$ 时，选择个体 i 繁殖下一代个体。按上述方式转动轮盘 n 次，选出 n 个个体进行下一代种群的繁殖，再进行交叉、变异等操作。该过程可用公式表示为

$$转动 \ n \ 次，选出 \ n \ 个个体 \begin{cases} n \times P_c \ 次做交叉 \\ n \times P_m \ 次做变异 \\ n \times (1 - P_c - P_m) \ 次不变 \end{cases} \quad (2\text{-}23)$$

7. 停止准则

通常采用指定最大代数（number of max generations，NG）的方式。就像自然界的变异适合任何物种一样，对变量进行了编码的遗传算法没有考虑函数本身是否可导、是否连续等性质，所以适用性很强。并且，它开始就对一个种群进行操作，隐含了并行性，也容易找到全局最优解。

表 2-2 生物学中遗传的有关概念与在遗传算法中的作用的对应关系

生物学中的遗传概念	在遗传算法中的作用
适者生存	个体选择时，目标函数值越优的解被选中的可能性越大
个体	解
染色体	解的编码
基因	解中每一个分量的特征
适应性	适应度函数值
种群	根据适应度函数值选取的一组解
交叉	通过交叉原则产生一组新解的过程
变异	编码的某一分量发生变化的过程

节点及关联

遗传算法是模拟自然界生物进化过程的全局优化搜索算法，属于模仿生物种群进化机制的进化类算法。

核心内容：参数编码、初始种群设定、适应度函数设计、遗传操作设计和控制参数设定

遗传操作：选择、交叉、变异、复制……

控制参数：交叉概率、变异概率、种群大小……

选择策略：轮盘法、随机遍历抽样法、锦标赛法……

MATLAB 遗传算法工具箱

2.4.3 算法改进

自从 1975 年 Holland 系统地提出遗传算法以来，许多学者一直致力于推动遗传算法的发展，提出了各种变形和改进，其基本途径主要有：①改变遗传算法的组成成分或使用技

术,如选用优化控制参数、适合问题特性的编码技术等;②采用混合遗传算法;③采用动态自适应技术,在进化过程中调整算法控制参数和编码力度;④采用非标准的遗传操作算子;⑤采用并行处理遗传算法。

下面介绍几种遗传算法的典型改进方法。

1. 分层遗传算法

对于一个问题,首先随机生成 $N \times n$ 个样本($n \geqslant 2, N \geqslant 2$),即,将总样本分成 N 个子种群,每个子种群包括 n 个样本,对每个子种群独立运行各自的遗传算法,记它们为 $GA_i(i=1,2,\cdots,N)$。这 N 个遗传算法最好在设置特性上有较大差异,这样就可以为将来的高层遗传算法产生更多种类的优良模式。

在每个子种群的遗传算法运行到一定代数后,将 N 个遗传算法的结果种群记录到二维数组 $R[1,2,\cdots,N,1,2,\cdots,n]$ 中,则 $R[i,j](i=1,2,\cdots N, j=1,2,\cdots,n)$ 表示 GA_i 的结果种群的第 j 个个体。同时将 N 个结果种群的平均适应度值记录到数组 $A[1,2,\cdots,N]$ 中,$A[i]$ 表示 GA_i 的结果种群平均适应度。高层遗传算法与普通遗传算法的操作相类似,也可以分为以下 3 个步骤:

(1) 种群内选择。基于数组 $A[1,2,\cdots,N]$,即 N 个遗传算法的平均适应度值,数组 R 代表结果种群,对 R 进行选择操作。其中一部分平均适应度值高的被复制,甚至被复制多次;另一部分平均适应度值低的则被淘汰。

(2) 种群间交叉。如果 $R[i,1,2,\cdots,n]$ 和 $R[j,1,2,\cdots,n]$ 被随机地匹配到一起,而且从位置 x 进行交叉,则 $R[i,x+1,x+2,\cdots,n]$ 和 $R[j,x+1,x+2,\cdots,n]$ 交换相应的部分,相当于交换 GA_i 和 GA_j 中结果种群的 $n-x$ 个个体。

(3) 变异。以很小的概率将少量随机生成的新个体替换 $R[1,2,\cdots,N,1,2,\cdots,n]$ 中随机抽取的个体。至此,高层遗传算法的第一轮运行结束,N 个遗传算法 $GA_i(i=1,2,\cdots,N)$ 可以从相当于新的 $R[1,2,\cdots,N,1,2,\cdots,n]$ 种群继续各自的操作。

分层遗传算法的流程如图 2-7 所示。

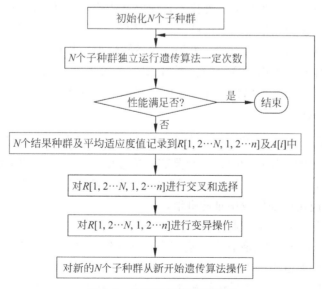

图 2-7　分层遗传算法流程图

2. CHC 算法

CHC 算法是 Eshelman 于 1991 年提出的一种改进遗传算法,第一个 C 指代跨世代精英选择(cross generational elitist selection)策略,H 指代异物种重组(heterogeneous recombination),第二个 C 指代大变异(cataclysmic mutation)。它与基本遗传算法的不同点在于:基本遗传算法的遗传操作就是单纯地实行并行处理;而 CHC 算法舍弃了这种单纯性,来换取遗传操作较好的效果,并强调优良个体的保留。其改进之处体现在以下 3 个方面:

(1)选择。通常遗传算法是依据个体的适应度复制个体完成选择操作的,而在 CHC 算法中,上世代种群与通过新的交叉方法产生的个体种群混合起来,从中按一定概率选择较优的个体。这一策略称为跨世代精英选择。其明显特征为:①健壮性,使当交叉操作产生较劣个体偏多时,由于原种群多数个体残留,不会引起个体的评价值降低;②遗传多样性的保持,由于大个体群操作,可以更好地保持遗传过程中的多样性;③排序方法克服了比例适应度计算的尺度问题。

(2)交叉。CHC 算法使用的重组操作是对均匀交叉的一种改进,对父个体各位置以相同概率实行交叉操作,其改进在于:当两个父个体的位置相异的位数为 m 时,从中随机选取 $m/2$ 个位置,实行父个体位置的互换。该操作需要确定一个阈值,当个体间的海明距离(Hamming distance)低于该阈值时,不再进行交叉操作。并且,在种群进化收敛的同时,逐渐减小该阈值。

(3)变异。CHC 算法在进化前期不采取变异操作,当种群进化到一定收敛期时,再从优秀个体中选择一部分个体进行变异操作。方法是选择一定比例的基因组,随机决定其位置,进行变异操作,如采用二进制编码时,将对应位的值由 0 变 1 或由 1 变 0。这个比例值称为扩散率,一般取 0.35。

3. Messy 遗传算法

Goldberg 等在 1989 年提出了一种变长度染色体的遗传算法。

在生物进化过程中,其染色体长度比不是固定不变的,而是随着进化过程缓慢改变。在实际应用中,有时为了简化描述问题的解,也会使用不同长度的编码串。例如,用遗传算法对模糊控制器规则库进行优化设计时,事先一般不知道规则数目,这时一个规则库对应一个个体,个体的染色体长度可以是变化的。再如,对人工神经网络结构进行优化设计时,如果各层节点数是未知的,同样可以将个体染色体长度描述为变化的。

4. 自适应遗传算法

遗传算法中交叉概率 P_c 和变异概率 P_m 的选择将直接影响算法的收敛性。P_c 越大,新个体产生速率就越快,但 P_c 越大,使得具有高适应度的优良个体的保留率降低,反之 P_c 过小,则不容易产生新个体;若 P_m 过大,算法就变成了纯粹的随机搜索算法。因此,P_c 和 P_m 的确定在实际应用中是比较困难的事情。

Srinivas 等提出的自适应遗传算法(adaptive genetic algorithm,AGA)中,P_c 和 P_m 能够随适应度自动改变:①当种群个体适应度趋于一致或趋于局部最优时,使 P_c 和 P_m 增大,反之减小。②对于适应度高于种群平均适应度的个体,使 P_c 和 P_m 减小,反之增大。即好的个体尽量保持,差的个体尽快被淘汰。③当 P_c 和 P_m 适当时,自适应遗传算法能够在保持种群多样性的同时保证遗传算法的收敛性。该算法公式如下：

$$P_c = \begin{cases} P_{c1} - \dfrac{(P_{c1} - P_{c2})(f' - f_{avg})}{f_{max} - f_{avg}}, & f' \geqslant f_{avg} \\ P_{c1}, & f' < f_{avg} \end{cases} \qquad (2\text{-}24)$$

$$P_m = \begin{cases} P_{m1} - \dfrac{(P_{m1} - P_{m2})(f_{max} - f)}{f_{max} - f_{avg}}, & f \geqslant f_{avg} \\ P_{m1}, & f < f_{avg} \end{cases} \qquad (2\text{-}25)$$

其中，f_{max} 是种群中最大适应度值；f_{avg} 是每代种群的平均适应度值；f' 是要交叉的两个个体中较大的适应度值；f 是要变异的个体的适应度值。公式中参数的推荐值如下：$P_{c1} = 0.9, P_{c2} = 0.6, P_{m1} = 0.1, P_{m2} = 0.001$。

5. 基于小生境技术的遗传算法

生物学上，小生境(niche)是指特定环境中的一种组织功能。小生境技术就是将每一代个体划分为若干类，每个类中选出若干适应度较大的个体作为一个类的优秀代表组成一个种群，再在种群中以及不同种群之间通过交叉、变异产生新一代种群。小生境技术特别适合于复杂多峰函数的优化问题。

小生境的模拟方法主要建立在对常规选择操作的改进基础上。1970 年，Cavichio 提出了预选择机制的选择策略。当新产生的子代个体的适应度超过其父代个体的适应度时，所产生的子代个体才能替代父代个体而遗传到下一代个体中，否则父代个体仍保留在下一代种群中。1975 年，DeJong 提出了排挤机制选择策略。在一个有限的生存空间中，各种不同的生物为了能够延续生存，它们之间必须相互竞争有限的资源，因此设计一个排挤因子 CF（一般取 2 或 3），从种群中随机选择 1/CF 个个体组成排挤成员，然后依据新产生的个体与排挤成员的相似性来排挤一些与排挤成员相类似的个体，个体之间的类似性由海明距离来度量。随着排挤过程的进行，群体中的个体逐渐被分类，从而形成多个小的生成环境，并维持群体的多样性。

6. 混合遗传算法

梯度下降法、模拟退火算法等一些优化算法具有很强的局部搜索能力，而另一些含有问题相关启发知识的启发式算法的运行效率也比较高。因此，遗传算法正越来越多地和其他智能计算方法结合使用，以便将不同算法的优势结合起来，获得 1+1>2 的整体计算效果。

目前混合遗传算法体现在两个方面：一是引入局部搜索过程，二是增加编码变换操作过程。在构成混合遗传算法时，DeJong 提出了下面 3 个基本原则：①尽量采用原遗传算法的编码方式；②利用原有算法全局搜索的优点；③改进遗传操作算子。例如，采用遗传算法与神经网络相结合的算法，进行时间序列分析，已成功应用于财政预算计算领域。再如，遗传算法还可以用于学习模糊控制规则和隶属度函数，从而更好地改善模糊系统的性能。

7. 并行遗传算法

并行遗传算法的研究不仅是遗传算法本身的发展，而且对于新一代智能计算机体系结构的研究也具有十分重要的意义。在并行遗传算法的研究方面，一些并行模型已经可以在并行计算机上执行。并行遗传算法可分为两类：一类是粗粒度的，主要研究的是群体间的并行性,如 Cohoon 分析了在并行计算机上求解图划分问题的多群体的性能;另一类是细粒度的,主要研究的是一个群体中的并行性,如 Kosak 应用并行遗传算法解决网络图设计问题。

2.4.4 制造业应用案例

遗传算法作为一种经典的智能优化算法,在制造业中有着广泛的应用。例如对工厂生产设备布局优化问题以及车间调度问题,包括传统的作业车间调度问题(job shop scheduling problem,JSP)和柔性作业车间调度问题(flexible job shop scheduling problem,FJSP)等的研究和应用中,遗传算法在许多算例中表现出了优异的性能。以下列举两个例子加以说明。

1. 基于遗传算法的离散车间双向调度问题优化[11]

离散制造通常指产品由若干个零件最终装配而成,而每个零件都需要经过多道不连续的工序加工,例如飞机、汽车、电子设备等。某些大型机械产品制造周期长,为了减轻库存压力、缩短制造周期,生产过程与装配过程往往同时进行。在装配阶段,期望同一道装配工序所需全部零件能在同一时间完成加工并到达装配车间,该批次零件的期望完工时间就是零件的进装点。本例以进装点为性能评价指标,衡量生产调度与装配计划是否能协调配合。

在交货期定时交货、减少在制品库存量、缩短生产周期、降低加工成本等目标要求下,综合考虑装配计划的装配时长、装配序列要求,得到各零件的进装点,在此基础上考虑加工约束关系,确定各零件的加工顺序,最终得到加工计划。零件分为关键零件与通用零件,采用正向调度与反向调度相结合的双向调度策略。正向调度是指从零件的第一道加工工序开始,从前往后安排生产计划并分配到各机器上加工,只要生产能力足够就尽早安排加工任务,直到最后一道工序安排完毕,从而生成生产调度计划,最后一道工序的完工时间就是零件交货时间或者运送去装配的时间。反向调度则先为零件的最后一道工序分配加工资源,其完工时间就是零件的交货期或进装点,然后依次向前进行调度,给前一道加工工序安排加工计划,一直到第一道工序安排完毕。通常,对于关键零件的排产采用反向调度策略,使其能够在进装点准时完工,对于通用零件的排产采用正向调度策略,在不影响关键零件生产的前提下,尽早完工。双向调度策略既满足了车间按时完工进入装配的需求,又考虑了车间的生产能力。

综上,该问题可描述为:n 个零件在 m 台机器上加工,每道工序加工机器和加工时长确定,而且每个零件都有确定的进装点,在约束条件的约束下,为各零件排出合理的加工顺序,同时优化给定的性能指标。假设生产过程满足以下条件:

(1)所有加工设备在零时刻均处于空闲状态。

(2)不同零件相互独立,各零件的工序间不需考虑加工先后顺序。

(3)同一零件必须严格按照工艺路线进行加工,一道工序加工完成后才能开始下一道工序的加工。

(4)同一道装配工序的所有零件全部完成加工才能开始装配。

(5)同一时刻,一台机器只能加工一道工序。

(6)每个零件在同一时刻只能在一台机器上加工。

（7）零件的准备时间和运输时间全部被包含在加工时间内。

（8）每个零件至少需要一道加工工序。

根据上述要求，建立的优化目标函数如下

$$f = \min \left\{ \max_{i=1,2,\cdots,n} C_i + \alpha \sum_{i=1}^{n^b} |E_i^b - d_i| + \beta \left(\max_{i=1,2,\cdots,w_l} \sum_{l=1}^{w} \mathrm{CT}_{li}^b - \sum_{l=1}^{w} \sum_{i=1}^{w_l} \mathrm{CT}_{li}^b \right) \right\}$$

(2-26)

其中，C_i 为零件 i 的完工时间；E_i^b 为关键零件 i 的完工时间；d_i 为关键零件 i 的进装点；n^b 为关键零件数；n 为零件总数；CT_{li}^b 代表在进装点 l 装配的关键零件 i 的完工时间；w 代表进装点的数量，也就是装配工序数；w_l 代表在进装点 l 的进行装配的关键零件数；α 为关键零件完工时间与进装点差值总和的加权系数；β 为关键零件装配同时度加权系数。

采用遗传算法求解的具体操作步骤如下：

第 1 步　参数设置。设置种群规模 G、迭代次数 I、交叉概率 P_c、变异概率 P_m 等参数。

第 2 步　初始化种群。产生遍布解空间的初始种群。

第 3 步　计算种群所有染色体的适应度。

第 4 步　选择操作。根据选择策略选择出染色体进行后续遗传操作。

第 5 步　交叉操作。对经过选择操作选择出的染色体按照交叉策略进行操作，产生新一代子染色体。

第 6 步　变异操作。对经过选择操作选择出的染色体按照变异策略进行操作，产生新一代子染色体。

第 7 步　终止迭代。重复进行第 3~6 步，直到满足迭代次数，输出最优解，并将其转化为具体的车间调度。

2. 遗传算法在生产设备布局优化中的应用[12]

生产系统中的设施布局是影响系统内部物流成本的重要因素。随着市场需求的多样化，多品种、小批量的产品生产方式正在成为许多制造生产企业的常态，而传统的大规模流水线式的生产设备布局显然并不适用于这种生产模式。因此科学合理的设施布局可以加快生产系统内产品和工人的流动，进而缩短交货期、降低成本、提高生产效率和订单的响应速度与柔性。

生产设备布局问题可以描述为在一个生产系统中有 n 个作业部门（可以是设备、车间或者部门）需要分配在 n 个位置，并且每个位置最多分配一个作业部门。求解设备布局问题的目的是使各作业部门间的物料或者人员移动成本最小化。问题的求解模型可表示如下：

$$\min \sum_{i=1}^{n} \sum_{j=1}^{n} \sum_{k=1}^{n} \sum_{h=1}^{n} c_{ijkh} x_{ij} x_{kh}$$

(2-27)

$$\mathrm{s.t.} \ c_{ijkh} = f_{ik} d_{jh}, \quad i,j,k,h = 1,2,\cdots,n$$

(2-28)

$$\sum_{j=1}^{n} x_{ij} = 1, \quad i = 1,2,\cdots,n$$

(2-29)

$$\sum_{i=1}^{n} x_{ij} = 1, \quad j = 1, 2, \cdots, n \tag{2-30}$$

$$x_{ij} = \begin{cases} 1 \text{ 如果部门 } i \text{ 布置在位置 } j \\ 0 \text{ 其他} \end{cases} \quad i, j = 1, 2, \cdots, n \tag{2-31}$$

其中,式(2-27)表示目标函数,即物料或者人员移动的总成本最小;式(2-28)表示移动成本为移动量与部门之间的距离的乘积,f_{ik} 表示从部门 i 到部门 k 的移动量,d_{jh} 表示从位置 j 到位置 h 的距离;式(2-29)表示一个部门只能安排在一个位置;式(2-30)表示一个位置只能分配一个部门;式(2-31)表示如果部门 i 布置在位置 j,则决策变量 x_{ij} 为1,否则为0。

采用遗传算法求解该模型,主要计算步骤如下:

第1步　随机产生一个种群规模为 N 的初始种群;

第2步　解码并计算种群中每个染色体的适应度值;

第3步　判断是否达到最大迭代次数,如果满足则转第8步;否则转第4步进行遗传迭代;

第4步　采用轮盘法选择适应度值高的染色体作为父代个体形成父代个体池;

第5步　随机选择父代个体池中的两个父代个体,根据交叉概率和变异概率完成交叉和变异操作,产生种群规模为 N 的子代个体池;

第6步　对产生的子代个体池中的染色体进行解码并计算适应度;

第7步　合并上次迭代得到的种群和子代个体池,选择适应度高的染色体组成新的种群,并保持种群规模为 N;

第8步　结束算法,输出结果。

两个例子中的遗传算法实现细节,例如遗传编码、各种遗传操作算子、选择操作等,请参考对应的参考文献[11]和[12],在此不进行赘述。

2.5　蚁群优化算法

蚁群优化算法是20世纪90年代发展起来的一种模拟蚂蚁群体觅食过程的智能优化算法,最早应用于解决著名的旅行商问题。该算法采用了正反馈并行机制,具有鲁棒性强、分布式计算、容易与其他方法结合等优点,但同时也有搜索时间长、容易陷入局部最优等缺点。

本节将从以下几个方面介绍蚁群优化算法:首先简述蚁群在觅食过程中所表现出来的行为特性。在从蚁群觅食行为特性中受到启发的基础上,得到基本蚁群优化算法的原理、模型和算法实现。随后介绍在基本蚁群优化算法之上的改进算法,概要介绍了改进蚁群优化算法原理与基本实现。最后是蚁群优化算法在制造业中的应用,重点介绍了蚁群优化算法在车间作业调度问题上的应用。

2.5.1　蚁群觅食特性

在真实的自然环境中,蚂蚁能够在没有视觉的情况下找出巢穴到食物的最短路径,并且能够适应周围环境的改变,在原始的最短路径上出现新的障碍时,蚂蚁可以很快找到新的最短路径。根据生物学家的观察和研究,蚂蚁群体的这种觅食特性主要依赖于蚂蚁自身分泌的一种叫做信息素(pheromone)的化学物质。在觅食过程中,蚂蚁个体会在其经过的路径上散播可挥发的信息素,并且通过头上的触角感知到路径上信息素的浓度,每个蚂蚁个体都更倾向于选择信息素浓度较高的路径作为行进方向。当大量的蚂蚁不断从巢穴通向食物时,它们会识别路径上残留的信息素并不断散播新的信息素。在相同时间内,路程短的路径残留的信息素的浓度相对更高,会使得蚂蚁更倾向于选择路程更短的路径。最终在信息素的引导下,所有蚂蚁都能沿着最短的路径到达食物所在地。

下面是一个蚂蚁觅食过程的具体例子。

如图 2-8 所示,当在巢穴和食物之间出现障碍物时,外出的蚂蚁需要重新选择路径,在图中表示为归巢的蚂蚁在路径 DCA 和 DBA 之间进行选择回到巢穴,出巢的蚂蚁在路径 ABD 和 ACD 之间来选择去往食物所在地。假设第一只归巢的蚂蚁选择路径是随机的、概率相同的,由于路径长度不同的关系,如果它选择较长的路径 DCA,那么它行进的距离将会更长,信息素的挥发量越大,残留在路径上的信息素就越

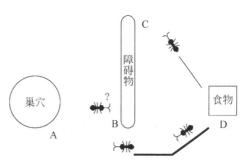

图 2-8 自然界中的蚁群觅食行为

少。从下一只蚂蚁开始,选择两条路径的概率就发生了变化,后续的蚂蚁更倾向于选择信息素浓度更高的 DBA 这一条较短路径,使得较短路径上的信息素浓度得到进一步加强。这样就形成了一个正反馈过程,较短路径和较长路径上的信息素浓度差越来越大,使得较短路径上的信息素浓度越来越高,较长路径上的信息素浓度越来越低,最终所有蚂蚁都会选择较短的路径往返于巢穴和食物之间。蚂蚁的这种觅食行为表现出一种高智能的调度合作关系,仿生学家们受到这样的启发,提出了基本蚁群优化算法。

2.5.2 基本蚁群优化算法

基本蚁群优化算法又称为蚂蚁系统(ant system),是最早被提出的蚁群优化算法,是后续出现的大量蚁群优化算法的原型。

1. 基本蚁群优化算法原理

受到了自然界蚂蚁觅食行为的启发,意大利学者 Dorig 等人在 20 世纪 90 年代提出了基本蚁群优化算法。基本蚁群优化算法吸收了自然界真实蚁群觅食行为的显著特征,使用人工蚂蚁来进行优化问题的求解。将人工蚂蚁在解空间中搜索可行解的过程看作真实蚂蚁在自然环境中寻找到达食物最短路径的过程。当蚂蚁的行进方向中有多个可供选择的路径时,它将依据该路径上残留的信息素浓度以一定概率选择一条路径前行,同时释放出和路径长度相关的信息素。路径越短,信息素的浓度越大,选择该条路径的概率也就越大,这形成了一种正反馈机制;信息素的浓度增大会使得选择该条路径的蚂蚁数量增多;在该条路径行进的蚂蚁数量增多会进一步增加残留的信息素浓度。随着算法的不断进行,最佳路径上的信息素浓度逐渐升高,选择该路径的蚂蚁数量也逐渐增加;而其他路径上的信息素浓度逐渐降低,选择该条路径的蚂蚁数量也逐渐变少。最后人工蚂蚁群整体在信息素的作用下在代表最优解的路径上集中,也就找到了最优解。图 2-9 所示为基本蚁群优化算法中的人工蚂蚁群寻找最短路径的例子。

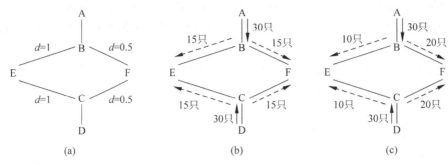

图 2-9　人工蚂蚁搜索实例

(a)人工蚁群搜索环境；(b)t＝0 时人工蚁群搜索情况；(c)t＝1 时人工蚁群搜索情况

如图 2-9(a)所示，路径 BE、CE 和 BFC 的路程长度都是 1，F 是路径 BFC 的中点。假设在每个单位时间内有 30 只蚂蚁分别从 A～B，从 D～C，每只蚂蚁单位时间内行走路程为 1，蚂蚁在行走过程中留下 1 个单位的信息素，在一个时间段$(t,t+1)$结束后完全挥发。

如图 2-9(b)所示，t＝0 时，在 B 和 C 点各有 30 只蚂蚁，由于此前没有信息素，它们随机选择路径，每条路径上都有 15 只蚂蚁。

如图 2-9(c)所示，t＝1 时，又有 30 只蚂蚁到达 B，它们发现在 BE 上的信息素浓度为 15，在 BF 上的信息素浓度为 30（由 BF 走向和 FB 走向的蚂蚁共同残留），因此选择 BF 路径的蚂蚁数量的期望值是选择 BE 蚂蚁数量的 2 倍。因此，20 只蚂蚁选择 BF，10 只蚂蚁选择 BE。在 C 点同理。这样的过程一直持续下去，所有蚂蚁最终都会选择较短路径 BFC。

2. 基本蚁群优化算法

由于蚁群的觅食过程与旅行商问题(TSP)的求解过程有着一定的相似性，为了方便读者理解，下面以 TSP 问题为背景来说明基本蚁群优化算法。

TSP 问题：给定 n 个城市的集合 $V=\{v_1,v_2,\cdots,v_n\}$ 以及城市之间的距离 $d_{ij}(1\leqslant i\leqslant n,1\leqslant j\leqslant n,i\neq j)$，TSP 问题是指找到一条经过每个城市一次后回到起点且所经过路径最短的回路。设城市 i 和城市 j 的欧式距离为 d_{ij}，其表达式为

$$d_{ij}=\sqrt{(x_i-x_j)^2+(y_i-y_j)^2} \tag{2-32}$$

在使用基本蚁群优化算法求解 TSP 问题的过程中，假设算法中的每只人工蚂蚁具有下列特征：

(1) 每只蚂蚁在经过两个城市间的路径时会留下信息素。

(2) 蚂蚁选择下一个访问城市的概率与城市之间的距离和路径上残留的信息素浓度有关。

(3) 在访问过所有城市之前，每只蚂蚁不允许访问已访问过的城市。

基本蚁群优化算法中的基本参数和变量：n 表示 TSP 问题规模，即城市的数量；m 为蚂蚁的总数目；$\tau_{ij}(t)$ 为 t 时刻路径(i,j)上的信息素剩余量，在初始时刻各个路径上的信息相等，并设 $\tau_{ij}(0)$等于一个常数。

蚂蚁 k(k＝1,2,$\cdots$,m)在运动的过程中，根据各个路径上的信息素决定转移方向。在搜索过程中，蚂蚁根据各条路径上的信息素剩余量以及路径的启发信息来计算状态转移概

率。$p_{ij}^k(t)$ 表示在 t 时刻蚂蚁 k 从城市 i 转移到城市 j 的状态转移概率：

$$p_{ij}^k(t) = \begin{cases} \dfrac{\left[\tau_{ij}(t)\right]^\alpha \left[\eta_{ik}(t)\right]^\beta}{\sum\limits_{s \in J_k(i)} \left[\tau_{is}(t)\right]^\alpha \left[\eta_{is}(t)\right]^\beta}, & \text{若 } j \in J_k(i) \\ 0, & \text{否则} \end{cases} \tag{2-33}$$

式中，$J_k(i) = \{C - tabu_k\}\ (k=1,2,\cdots,m)$，表示蚂蚁 k 下一步允许选择的城市；$tabu_k$ $(k=1,2,\cdots,m)$ 是一个禁忌表，用于记录蚂蚁 k 当前走过的城市；α 是信息启发式因子，反映了信息素剩余量 $\tau_{ij}(t)$ 在蚂蚁运动时所起的作用；β 为期望启发式信息，反映了启发式信息 $\eta_{ij}(t)$ 在蚂蚁运动时所起的作用；$\eta_{ij}(t)$ 为启发式信息，表示蚂蚁从城市 i 转移到城市 j 的期望程度，用公式所示为

$$\eta_{ij}(t) = \frac{1}{d_{ij}} \tag{2-34}$$

对于蚂蚁 k 来说，d_{ij} 越小，$\eta_{ij}(t)$ 越大，$p_{ij}^k(t)$ 越大。

为了避免路径上的信息素含量不断累积而引起信息素信息淹没启发式信息，在每只蚂蚁走完一步或者完成对所有城市的遍历后，需要对残留的信息素进行更新。模仿人类大脑记忆的特点，在新信息不断存入大脑的同时削弱、遗忘旧信息。由此，蚂蚁经过路径 (i,j) 所花时间为 n，则 $t+n$ 时刻在路径 (i,j) 上的信息素残留的更新方式为

$$\tau_{ij}(t+n) = (1-\rho) \cdot \tau_{ij}(t) + \Delta\tau_{ij}(t) \tag{2-35}$$

$$\Delta\tau_{ij}(t) = \sum_{k=1}^m \Delta\tau_{ij}^k(t) \tag{2-36}$$

式(2-35)中，ρ 表示信息素挥发系数，则 $1-\rho$ 表示信息素残留系数。为了防止信息素的无限累积，ρ 的取值范围为：$\rho \in [0,1)$。式(2-36)中的 $\Delta\tau_{ij}(t)$ 表示本次迭代中在路径 (i,j) 上的信息素增量，在初始时刻 $\Delta\tau_{ij}(0) = 0$。$\Delta\tau_{ij}^k(t)$ 表示第 k 只蚂蚁在本次迭代中在路径 (i,j) 上的信息素增量。

根据具体算法的差异，$\Delta\tau_{ij}$、$\Delta\tau_{ij}^k(t)$ 以及 $p_{ij}^k(t)$ 的表达式可以不同。Dorigo 提出了 3 种不同的基本蚁群优化算法模型，分别称为蚁周系统（ant-cycle system）、蚁量系统（ant-quantity system）和蚁密系统（ant-density system）。这 3 种系统模型的区别就在于信息素更新的表达式 $\Delta\tau_{ij}^k(t)$ 不同。

蚁周系统利用某次迭代中的整体信息来进行信息素的更新，即

$$\Delta\tau_{ij}^k(t) = \begin{cases} \dfrac{Q}{L_k}, & \text{若第 } k \text{ 只蚂蚁在本次迭代中经过}(i,j) \\ 0, & \text{否则} \end{cases} \tag{2-37}$$

其中，L_k 代表蚂蚁 k 在某次迭代中所走的路径总长度；Q 为常数，代表蚂蚁迭代一次或者一个过程在途中释放的信息素总量。在蚁周系统中，蚂蚁每走完一次迭代之后再更新其途径路径上的信息素。

蚁量系统利用迭代中城市间距离 d_{ij} 这样的局部信息来进行信息素的更新，即

$$\Delta\tau_{ij}^k(t) = \begin{cases} \dfrac{Q}{d_{ij}}, & \text{若第 } k \text{ 只蚂蚁在 } t \text{ 和 } t+1 \text{ 之间经过}(i,j) \\ 0, & \text{否则} \end{cases} \tag{2-38}$$

蚁密系统只使用常量 Q 来进行信息素的更新,即

$$\Delta\tau_{ij}^{k}(t)=\begin{cases}Q, & \text{若第 } k \text{ 只蚂蚁在 } t \text{ 和 } t+1 \text{ 之间经过}(i,j)\\ 0, & \text{否则}\end{cases} \tag{2-39}$$

在蚁量系统和蚁密系统中,蚂蚁每走一步都会更新路径上的信息素。在一系列测试问题上运行的实验表明,蚁周系统模型的性能要优于其他两种模型。因此通常采用蚁周系统模型作为蚁群优化算法的基本模型。

3. 基本蚁群优化算法实现

以 TSP 问题为例,基本蚁群优化算法的实现过程如下:

(1)初始化参数,令时间 $t=0$ 以及迭代次数 $N_c=0$,将 $N_{\max}$ 设置为最大迭代次数,令路径 (i,j) 的初始化信息量 $\tau_{ij}(t)=\text{const}$,const 表示某个常量,且初始的时刻 $\Delta\tau_{ij}(0)=0$;

(2)将 m 只蚂蚁随机放置在 n 个城市中;

(3)迭代次数 $N_c=N_c+1$;

(4)令蚂蚁禁忌表 tabu_k 的索引 $k=1$;

(5)令 $k=k+1$;

(6)根据每个蚂蚁个体计算的状态转移概率选择城市 j 前进,$j\in\{C-\text{tabu}_k\}$;

(7)修改禁忌表,将蚂蚁选择的城市加入禁忌表中;

(8)如果城市集合 C 中的城市元素没有遍历完,即 $k<m$,则转至(5),否则执行(9);

(9)更新每条路径的信息素残留量;

(10)如果满足结束条件,迭代结束并输出程序结果,否则清空禁忌表并跳转到(2)。

基本蚁群优化算法的流程如图 2-10 所示。

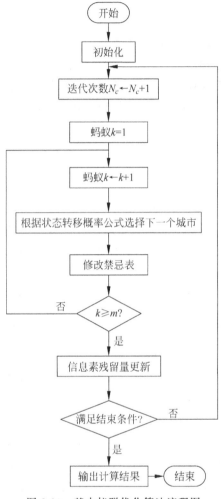

图 2-10　基本蚁群优化算法流程图

节点及关联

蚁群优化算法是一种模拟蚂蚁群体觅食过程的优化搜索算法,属于模仿生物群体行为社会性的群体智能算法。

基本概念:人工蚂蚁,信息素,禁忌表……

2.5.3　改进蚁群优化算法

蚁群优化算法虽然具有鲁棒性强、采用分布式并行计算机制、容易与其他方法结合等优点,但是同时也存在搜索时间过长、容易陷入局部最优等缺点。针对这些缺点,国内外学者对于蚁群优化算法的改进进行了大量研究,下面介绍几种具有代表性的改进蚁群优化算法。

1. 精英蚂蚁系统

精英蚂蚁系统(elitist ant system,EAS)是最先出现的基本蚁群优化算法的改进方法。此处的精英策略类似于遗传算法中的精英策略。遗传算法中,在应用选择、交叉、变异等遗传操作算子后,某次迭代中的最适应个体有可能不会被保留在下一代中,它所包含的遗传信息也将丢失。为了解决这个问题,可以使用精英策略保留住一次迭代中的最适应个体。与遗传算法精英策略的思想类似,EAS 在每次迭代之后给予最优解额外的信息素,使得人工蚂蚁在下一次迭代中以更大的概率选择目前所找出的最优解,找出这个解的蚂蚁被称为精英蚂蚁。在 EAS 中,信息素残留量按照下式进行更新:

$$\tau_{ij}(t+1)=(1-\rho)\cdot\tau_{ij}(t)+\Delta\tau_{ij}+\Delta\tau_{ij}^{*} \tag{2-40}$$

$$\Delta\tau_{ij}=\sum_{k=1}^{m}\Delta\tau_{ij}^{k} \tag{2-41}$$

$$\Delta\tau_{ij}^{k}=\begin{cases}\dfrac{Q}{L_{k}}, & \text{若第 } k \text{ 只蚂蚁在本次迭代中经过}(i,j) \\ 0, & \text{否则}\end{cases} \tag{2-42}$$

$$\Delta\tau_{ij}^{*}=\begin{cases}\sigma\cdot\dfrac{Q}{L^{*}}, & \text{若}(i,j)\text{是所找出的最优解的一部分} \\ 0, & \text{否则}\end{cases} \tag{2-43}$$

式中,$\Delta\tau_{ij}^{*}$ 代表精英蚂蚁在路径(i,j)上的信息素增量;σ 是精英蚂蚁的数量;L^{*} 代表目前所找出的最优解的路径长度。虽然使用精英策略可以使蚂蚁群体快速地找出更优解,但是需要注意精英蚂蚁的数量设置。如果精英蚂蚁的数量过多,搜索会很快集中在极值附近,几乎所有蚂蚁很快会沿着同一路径移动,重复地搜索相同的解,无法跳出局部最优,导致搜索早熟收敛。

2. 蚁群优化系统

蚁群优化系统(ant colony system,ACS)是由 Dorigo 等人在基本蚁群优化算法的基础上提出的。ACS 解决了基本蚁群优化算法在构造解的过程中随机选择带来的算法进化速度慢的缺点。在 ACS 算法的每一次迭代中,只让最短路径上的信息素残留量进行更新,且使得信息素残留量最大的路径被选中的概率增大,增强全局最优信息的正反馈。相比于基本蚁群优化算法,ACS 在状态转移、全局、局部更新规则中都有着很大的区别。

为了避免搜索停滞,陷入局部最优的现象出现,ACS 采用了确定和随机相结合的选择策略,并在搜索过程中动态调整状态转移概率。位于城市 i 的蚂蚁 k 所要拜访的下一个城市 j 按下式确定:

$$j=\begin{cases}\arg\max_{j}\{[\tau_{ij}]^{\alpha}[\eta_{ij}]^{\beta}\}, & q\leqslant q_{0} \\ \text{依据 } p_{ij}^{k} \text{ 进行选择}, & \text{否则}\end{cases} \tag{2-44}$$

$$p_{ij}^{k}=\begin{cases}\dfrac{[\tau_{ij}]^{\alpha}[\eta_{ij}]^{\beta}}{\sum\limits_{s\in J_{k}(i)}[\tau_{is}]^{\alpha}[\eta_{is}]^{\beta}}, & \text{若 } j\in J_{k}(i) \\ 0, & \text{否则}\end{cases} \tag{2-45}$$

式中，$J_k(i)$ 是第 k 只蚂蚁在城市 i 时仍需要访问的城市集合。q 为一个随机数，取值区间为 $[0,1]$，q_0 是一个常数（$0 \leqslant q_0 \leqslant 1$），当 $q \leqslant q_0$ 时，蚂蚁按照贪心策略选择下一个到访城市 j；当 $q > q_0$ 时，蚂蚁按照基本蚁群优化算法中的选择概率进行到访城市 j 的选取。

在 ACS 算法当中，全局更新规则不再对所有的蚂蚁适用，而是只需要关注在某次迭代中最优的蚂蚁的轨迹来进行信息素残留量的更新，即

$$\tau_{ij} \leftarrow (1-\rho) \cdot \tau_{ij} + \rho \cdot \Delta\tau_{ij} \tag{2-46}$$

$$\Delta\tau_{ij} = \begin{cases} \dfrac{1}{L_{gb}}, & (i,j) \text{ 是全局最优路径，} L_{gb} \text{ 是全局最优路径长度} \\ 0, & \text{其他} \end{cases} \tag{2-47}$$

在 ACS 算法中，局部更新规则是对基本蚁群优化算法的扩展，在所有蚂蚁完成一次前进时执行信息素残留量的更新，即

$$\tau_{ij} \leftarrow (1-\omega) \cdot \tau_{ij} + \omega \cdot \Delta\tau_{ij} \tag{2-48}$$

公式（2-48）中 ω（$0 \leqslant \omega < 1$）表示局部信息素挥发系数。由实验可以发现，设置 $\Delta\tau_{ij} = (nL_{nn})^{-1}$ 可以产生好的结果，其中 n 是城市数，L_{nn} 是由最近邻域策略（nearest neighborhood）得出的路径长度。实验表明，局部更新可以更有效地避免蚂蚁过早地收敛到同一路径。

3. 最大-最小蚂蚁系统

在对蚁群优化算法的研究中，将蚂蚁的搜索集中到已搜索到的最优解的附近可以提高解的质量和算法的收敛速度，从而增强算法的性能。但同时，这种改进方向可能更容易导致算法早熟收敛。为了解决这个问题，Stützle 等人提出了最大-最小蚂蚁系统（max-min ant system，MMAS）。

在 MMAS 算法中，只需要每一次迭代中的最好个体更新所走路径上的信息素残留量，即

$$\tau_{ij}(t+1) = (1-\rho)\tau_{ij}(t) + \Delta\tau_{ij}^{\text{best}} \tag{2-49}$$

$$\Delta\tau_{ij}^{\text{best}} = \frac{1}{f(s^{\text{best}})} \tag{2-50}$$

其中，$f(s^{\text{best}})$ 表示当次迭代的最优解的值。通过这样的操作，会使得在最优解中频繁出现的路径信息素含量得到增强。与使用全局最优解进行信息素更新相比，使用每次迭代中的最优解进行更新可以减少算法过早集中在局部最优解周围的危险，有利于对最优解进一步的搜索。

通过使用当次迭代的最优解进行信息素的更新虽然可以在一定程度上保持解的多样性，但是仍然可能导致搜索的停滞。在 TSP 问题中，这代表了某一条路径上的信息素含量过大，使得更多的蚂蚁倾向于选择这条路径，在信息素正反馈机制的作用下，蚂蚁选择这条路径的几率越来越高，重复建立相同的解，导致搜索停滞。为了避免搜索停滞的出现，MMAS 将各条路径上的信息素含量限制在一定的范围内，对信息素的含量使用最大值和最小值进行限制，例如 $\tau_{\min} \leqslant \tau_{ij}(t) \leqslant \tau_{\max}$，当 $\tau_{ij}(t) < \tau_{\min}$ 时，则有 $\tau_{ij}(t) = \tau_{\min}$，当 $\tau_{ij}(t) > \tau_{\max}$ 时，则有 $\tau_{ij}(t) = \tau_{\max}$。这样可以有效地避免某条路径上的信息量过大吸引系统中的所有蚂蚁集中于此，陷入局部最优。

2.5.4 制造业应用案例

蚁群优化算法作为群体智能启发式优化方法中的一个代表，主要用于求解组合优化问题。在制造业的各个环节中，存在许多组合优化问题。下面以作业车间调度问题为例介绍蚁群优化算法在制造业的应用。

作业车间调度问题(job-shop scheduling problem, JSP)是实际生产制造中的一个重要问题。JSP 主要针对可进行分解的生产工作，在尽可能满足生产要求的前提下，通过安排工作的组成部分(任务)使用哪些生产资源、各自的加工时间和加工顺序，从而获得产品制造时间或成本的优化。一般意义上的 JSP 可以简要描述如下：

(1) 存在 n 个作业和 m 台机器；

(2) 每项作业都由一系列任务组成；

(3) 任务的执行顺序遵循严格的串行顺序；

(4) 在特定时间，每个操作需要一台特定机器完成；

(5) 每台机器在同一时刻不能同时执行不同的任务；

(6) 同一时刻，同一工作的不同任务不能并发执行；

(7) 所要优化的目标为最小化最大完工时间(makespan)，即第一项任务开始到最后一项任务结束的时间间隔。

国内外很多学者在应用蚁群优化算法解决多种类型的 JSP 方面做了大量的研究工作，下面将对应用蚁群优化算法解决 JSP 的实际生产制造问题进行说明。

1. 蚁群优化算法与混流装配线问题[43]

混流装配线(sequencing mixed models on an assembly line, SMMAL)是指在一定时间内在一条生产线上生产不同型号的产品，并且产品的品种可以随着顾客需求的变化而变化。它是 JSP 的具体应用之一。

以汽车组装为例，这里采用丰田公司提出的调度目标函数，即在组装所有车辆的过程中，所确定的组装顺序应使得各个零部件的使用速率均匀化。如果不同型号的汽车消耗零部件的种类相似程度很高，那么问题可以转化为简单 SMMAL 调度问题，可以描述为

$$\min \sum_{j=1}^{D} \sum_{i=1}^{n} \sum_{p=1}^{m} (j\alpha_p - b_{ip} - \beta_{j-1,p})^2 x_{ji} \tag{2-51}$$

$$\text{其中，} x_{ji} = \begin{cases} 1, & \text{如果车型 } i \text{ 的次序为 } j \\ 0, & \text{其他} \end{cases} \tag{2-52}$$

$$\alpha_p = \frac{\sum_i d_i b_{ip}}{D} \tag{2-53}$$

式中：i 表示车型数的标号；n 表示需要装配的车型数；m 表示装配线上需要的零件种类数；p 表示生产调度中子装配的序号；α_p 表示零部件 p 的理想使用速率；j 表示车型排序位置的标号；D 表示在一次迭代中需要组装的各种车型的总和；d_i 表示在一次生产中车型 i 的数量；b_{ip} 表示生产每辆车型 i 的汽车所需要零部件 p 的数量；$\beta_{j-1,p}$ 表示组装线调度中前 $j-1$ 台车消耗的零部件 p 的数量，$\beta_{jp} = \beta_{j-1,p} + x_{ji}\beta_{ip}$，其中，$\beta_{0,p} = 0$。

目标函数式(2-51)的搜索空间定义如图 2-11 所示,列表示排序阶段(用 j 表示),行表示每个阶段可供选择的车型(用 i 表示),圆角矩形的大小表示选择概率的大小,蚁群优化算法就是不断改变圆角矩形的大小,最终寻找到满意的可行解。假设有 3 种车型 A、B、C 排序,每个生产循环需要 A 型汽车 3 辆、B 型汽车 2 辆、C 型汽车 1 辆,则每个循环共需要生产6 辆车($D=6$)。列表示 6 个排序阶段,行表示有 3 种汽车类型可供选择。初始状态如图 2-11 所示,圆角矩形由局部搜索值和信息素综合而成;经过若干次迭代之后,如图 2-12所示,搜索空间变化,此时最有可能的可行解为 B—A—C—A—B—A。

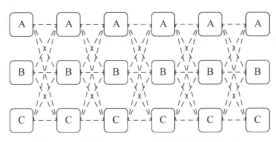

图 2-11　简单 SMMAL 排序初始搜索空间

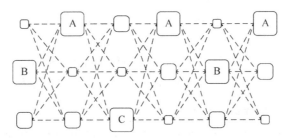

图 2-12　简单 SMMAL 排序若干次迭代后的搜索空间

(1) 启发式信息(η_{ij})的计算:

$$\eta_{ij} = \frac{Q}{\min \sum\limits_{j=1}^{D} \sum\limits_{i=1}^{n} \sum\limits_{p=1}^{m} (j\alpha_p - b_{ip} - \beta_{j-1,p})^2 x_{ji}} \tag{2-54}$$

如式(2-54)所示,局部搜索(η_{ij})采用贪婪的策略,每一步均从当前可选择策略中选取使目标函数增加最少的策略。放在问题中来看,就是在确定第 $n+1$ 台汽车的车型时,如果有多种车型可以选择,则从中选出使得第 $n+1$ 台汽车组装时各个零部件的使用速率最为均匀的车型。如果每一步只考虑当前的状态,不考虑全局状态,往往会陷入局部最优。但是蚁群优化算法可以为每个可选择的车型 i 计算 η_{ij},最后再结合信息素的作用对车型做出选择。

(2) 状态转移概率的计算:

$$p_{ij}^{k}(t) = \begin{cases} \dfrac{\alpha\tau_{ij} + (1-\alpha)\eta_{ij}}{\sum\limits_{j \notin \text{tabu}_k} (\alpha\tau_{ij} + (1-\alpha)\eta_{ij})}, & \text{如果 } i \notin \text{tabu}_k \\ 0, & \text{否则} \end{cases} \tag{2-55}$$

式中:α 表示信息素的相对重要性;$\tau_{ij}(t)$ 表示在 t 时刻车型 i 放在次序 j 上信息素的含量;

η_{ij} 代表当 $j-1$ 个车型顺序排定之后，将车型 i 放置在次序 j 上的启发式信息。$tabu_k(t)$ 表示 t 时刻蚂蚁 k 已经访问过的节点；$p_{ij}^k(t)$ 表示在 t 时刻蚂蚁 k 选择将车型 i 放在次序 j 上的概率。

（3）信息素更新方式：

$$\Delta\tau_{ij}^k = \begin{cases} \tau_0\left(1 - \dfrac{Z_{\text{cutr}} - \text{LB}}{\bar{Z} - \text{LB}}\right), & \text{如果车型 } i \text{ 的次序为 } j \\ 0, & \text{其他} \end{cases} \tag{2-56}$$

式中，LB 表示目标函数的下限；$\bar{Z}$ 表示当前目标函数的平均值；Z_{cutr} 表示当前的目标函数值。这种动态标记的方法可以有效地增加可行解之间的差异，避免算法收敛过快。而 $\Delta\tau_{ij} = \sum\limits_{k=1}^{n-\text{ant}} \Delta\tau_{ij}^k$，$n-\text{ant}$ 代表蚂蚁数量，进一步可以将信息素的更新规则表示为

$$\tau_{ij}(t+n) = (1-\rho)\cdot\tau_{ij}(t) + \rho\cdot\Delta\tau_{ij} \tag{2-57}$$

各个车型的物料清单和需求的子装配数如表 2-3 所示。

表 2-3　各个车型的物料清单和需求的子装配数[23]

车　　　型	每个循环生产的车型数目	子装配数									
		x_1	x_2	x_3	x_4	x_5	x_6	x_7	x_8	x_9	x_{10}
A	5	0	17	9	0	4	0	0	18	0	0
B	2	12	13	0	11	0	0	0	1	17	17
C	3	2	4	0	19	0	12	6	4	9	3
D	3	0	15	0	19	0	15	9	0	0	6
E	3	0	0	5	7	8	10	4	0	0	0
每个生产循环所需的子装配数		30	168	60	157	44	111	57	131	61	61

在执行多组参数实验过后，得到算法最优参数组合结果为 $\rho=0.9, \alpha=0.2, Q=20\,000$，$N_{\max}=400, n=5$，目标函数值为 2859.8，排序结果为 C—A—D—E—B—A—D—E—A—C—A—B—E—D—A—C。算法的实现细节请参考文献[23]。

2. 蚁群优化算法与混流车间动态调度问题[24]

上述混流车间调度问题，是在静态假设和确定性假设的前提下提出的。而针对柔性制造系统的特点，有些学者提出了一种比较复杂的混流车间的动态调度算法，可用于求解具有以下特征的混流车间调度问题：

（1）车间由多个生产阶段组成，每个阶段存在多台加工能力不相同的机器。

（2）需加工的工件种类为 n，每类产品所需要的工件数量有多个，根据市场需求或者车间的生产计划，车间对各种产品的生产保持一定比例。

（3）待加工的工件在加工过程中动态到达。

（4）调度算法的优化目标为给定时间内所完成的产品数量。

在参考文献[24]中，作者使用了一种动态的调度算法，利用信息素表征机器对加工任务的吸引力，通过奖励机制，使其反映加工线路的优劣；通过对工件的试错，找到并增强最优解；通过信息素的挥发，淘汰劣质解。

在动态蚁群调度算法中,信息素反映了机器对某个任务进行加工在调度性能上的改进程度。如果机器不能完成该任务,则令信息素含量为 0。在加工过程中根据试错结果不断更新信息素含量。为了利用最新的信息进行决策,动态蚁群调度算法在加工过程中动态地寻求加工路径,并非在加工之前为工件指定加工路径。

对于任意工件,为加工任务 j 选择机器 i 的概率 P_i 按下式计算:

$$P_i = \frac{Q_{ij}}{\sum\limits_{i=1}^{n} Q_{ij}} \tag{2-58}$$

式中,Q_{ij} 表示机器 i 对任务 j 的信息素含量。信息素的更新规则如下:

(1) 初始时,将机器 i 对任务 j 的信息素含量设为

$$Q_{ij} = \begin{cases} \text{const}, & \text{如果机器 } i \text{ 可以完成任务 } j \\ 0, & \text{否则} \end{cases}$$

(2) 当工件加工完毕后,更新曾加工该工件的机器的信息素含量。在增大历史机器对工件自身任务的信息素含量的同时,对于机器可加工的其他任务的信息素含量进行一定的削减。对于机器 i 曾加工工件的任务 k,有

$$Q_{ij} = \begin{cases} Q_{ij} + I(m), & \text{若 } j = k \\ Q_{ij} \times \alpha(m), & \text{否则} \end{cases}$$

其中,$I(m)$ 和 $\alpha(m)$ 均为工件总加工时间 m 的减函数,且 $0 < \alpha(m) \leqslant 1$,例如,$I(m) = \dfrac{3000}{m^3}$,$\alpha(m) = \dfrac{1.2}{\sqrt[4]{I(m)}}$。

(3) 信息素挥发。每经过一个时间单位,所有的信息素都按一定的比例挥发:

$$Q = Q \cdot \beta$$

其中,β 表示信息素挥发比,且 $0 < \beta \leqslant 1$。

2.6　粒子群优化算法

粒子群优化算法逻辑简单,易于实现且所需参数少,引起了很多国内外学者的关注,在多种不同类型的优化问题中有很好的应用。

2.6.1　粒子群优化的基本原理

粒子群优化算法是美国电气工程师 Eberhart 和心理学家 Kennedy 于 1995 年提出的一种群体智能优化算法,这一算法具有一定的随机性,并且以种群为单位进行进化。

自然界中像是鸟类和鱼类这样共同迁徙的动物,在迁徙过程中会表现出一定的秩序性,它们会一起移动但不会相互碰撞。据 Reynolds 对鸟群飞行行为的观察研究发现,每只鸟只需追踪它周围有限数量的同伴,就能使整个鸟群表现得像是受某个中心控制一样有序,这也就说明群体中复杂的全局行为表现可以通过简单规则间的相互作用实现。

粒子群优化算法的设计灵感来源于自然界中鸟群搜索食物的行为。假设有一群鸟在随

机搜寻食物,它们通常会遵循两个非常简单的规则:①搜寻目前距离食物最近的那只鸟周围的区域;②通过自己的飞行经验判断飞行的位置。

受这种行为启发,可以将优化问题的搜索求解过程和鸟群搜索食物的行为产生对应关系,即将优化问题的搜索空间看成是鸟群的飞行空间,将解空间中的候选解看成是鸟群中的一只鸟,将优化问题的最优解看成是食物的位置。

解空间候选解被称为粒子,每一个粒子都有当前的位置向量和速度向量,其中速度向量决定了粒子的搜索方向和搜索单位距离。根据优化的目标函数和粒子当前的位置可以求出相应的适应值,适应值可以作为一个统一的标准来评估粒子在解空间不同位置的表现,为粒子迭代优化提供指导。在每次迭代中粒子通过跟踪两个不同的最优位置来更新自己的位置:一个是粒子在过去迭代过程中寻得的最优解,叫做个体最优位置;另一个是所有粒子到当前位置为止找到的最好解,称为全局最优位置。从定义上也可以看出这两个不同的最优位置可能会随着迭代进行更新,因此对于每次迭代过程中仅根据当前已知的两个最优位置确定新的速度向量,进而利用新的速度向量来更新粒子的位置。

2.6.2 算法流程与改进

1. 粒子群优化算法的流程

在给出算法流程前,先对粒子群优化算法的基本概念和定义进行介绍。

粒子位置:迭代求解过程中的候选解的表示方式是粒子的位置向量,位置表示的维度和解空间的维度是一致的。假设解空间为 d 维空间,即候选解由 d 个变量组成,则第 i 个粒子可以表示为 $X_i = (x_{i1}, x_{i2}, \cdots, x_{id})$。

粒子速度:粒子速度的向量维度和粒子位置的向量维度显然也是一致的,粒子速度可以表示为 $V_i = (v_{i1}, v_{i2}, \cdots, v_{id})$,它决定了粒子在每一次迭代过程中位置的变化。

个体最优位置:个体最优位置本身也是一个粒子位置,它是粒子从开始搜索,到当前迭代次数时所经过的最好位置。对于第 i 个粒子而言,它的个体最优位置可以表示为 $P_i = (p_{i1}, p_{i2}, \cdots, p_{id})$。

全局最优位置:全局最优位置是整个种群从搜索开始,到当前迭代次数时所经过的最好位置,即它是到目前为止个体最优位置中表现最好的一个位置,可以表示为 $G = (g_1, g_2, \cdots, g_d)$。

在算法开始的时候会随机产生一群初始解粒子,之后在每个迭代时刻 t,种群中的所有粒子都会按照下式进行速度更新和位置更新,得到粒子的新位置:

$$V_i^{t+1} = V_i^t + c_1 r_1 (P_i^t - X_i^t) + c_2 r_2 (G^t - X_i^t) \tag{2-59}$$

$$X_i^{t+1} = X_i^t + V_i^{t+1} \tag{2-60}$$

式(2-59)中,c_1 和 c_2 是加速系数,c_1 负责调节当前粒子向个体最优位置所在方向的最大步长,c_2 则负责调节向全局最优位置所在方向飞行的最大步长。加速系数若设置的太小,则粒子收敛到最优位置的速度会很慢;若设置的太大,则粒子收敛的速度会比较快,但也容易失去种群的多样性,容易陷入局部最优,还会失去所求解的精度,在最优解附近动荡。可以看出选择合适的 c_1 和 c_2 非常重要,它可以在加快粒子收敛的同时让其不易陷入局部最优。r_1 和 r_2 是[0,1]范围内的随机数,以增加搜索随机性。有效的粒子搜索应该限制在解空间内,所以为了防止粒子在搜索过程中远离搜索空间,粒子每一维的速度 v_d 都会限制在 $[v_{d,\min}, v_{d,\max}]$ 之间,而且为了保证解的有效,对搜索空间第 d 维的数值也限制在区间 $[x_{d,\min}, x_{d,\max}]$ 内。至此,可以将标准粒子群优化算法的流程描述如下:

(1) 初始化参数和种群。设置种群规模、变量范围、权重、加速系数、终止条件(如最大迭代次数、求解精度和求解时间等)参数,初始种群中粒子的位置 X_i^0 及其速度 V_i^0 是在规定的范围内随机产生的。

(2) 初始化个体和全局最优位置。每个粒子的个体最优位置 P_i 都是当前位置,并且根据优化目标函数计算出相应的个体最优值。全局最优值是从个体最优值中选出最优的,全局最优值对应的位置就是全局最优位置 G。

(3) 更新粒子的速度和位置。用式(2-59)和式(2-60)对每一个粒子的速度和位置进行更新。

(4) 更新粒子的个体和全局最优位置。计算每个粒子的适应值,如果好于该粒子当前的个体最优值,则将 P_i 设置为该粒子的位置,并更新个体最优值。如果存在某个个体最优位置的适应值好于当前的全局最优值,则将 G 设置为该个体最优位置,且更新全局最优值。

(5) 检验是否符合结束条件。如果当前的迭代次数达到了预先设定的最大迭代次数或者达到了解的求解精度,则停止迭代,输出最优解,否则转到步骤(3)。

算法的流程如图 2-13 所示。

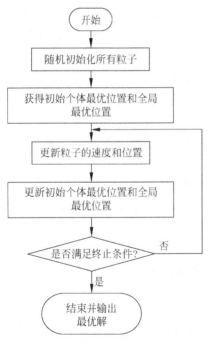

图 2-13　基本粒子群优化算法流程图

2. 粒子群优化算法的改进

在介绍算法的改进策略前,先对算法的特性进行分析。粒子群优化算法和其他群智能优化算法有很多共同之处,比如都需要依赖种群进行搜索和优化,都是通过候选解的适应值来评价当前解的质量。但出于算法本身的特性,粒子群优化算法有自身的优势和劣势。

粒子群优化算法的优势体现在很多方面,例如:

(1) 搜索方式的优势。粒子群优化算法根据自己的速度来进行搜索,在搜索过程中没有明显的交叉和变异,在迭代过程中不会让解的结构发生太大的变化,也能保留下来一些有用的信息。

(2) 收敛速度的优势。在某些其他群智能优化算法中,种群之间共享信息,表现出来的是整个种群均匀地向最优区域移动。而在粒子群优化算法中是由个体最优位置和全局最优位置将信息传给其他粒子,是单向的信息流动,所以在多数情况下所有粒子能更快地收敛于最优解。

(3) 保留次优解的优势。在粒子群迭代结束时还保留着个体最优值,因此将其用于调度和决策问题时,可以给出多种有意义的选择方案。

(4) 参数设定的优势。粒子群优化算法对种群大小不敏感,即使种群数目下降时算法性能也变化不大。

当然,粒子群优化算法本身也存在一些不足,例如:

(1) 求解精度和质量的不足。虽然早期算法收敛速度快,但也存在精度较低、易发散等缺点。如果加速系数等参数设置的不好,粒子群可能会错过最优解,在最优解附近振荡,无法收敛。

(2) 种群多样性减少的不足。即使在收敛的情况下,因为所有粒子都是向着当前最优解的方向飞去,所以粒子趋于同一化,失去种群的多样性,使得后期收敛速度明显变慢,同时也容易陷入局部最优。

(3) 离散优化问题求解能力的不足。粒子群优化算法最初是为连续问题的优化问题设计的,将连续问题的计算公式用于离散问题显然不是那么合适。

因此可以针对目前算法存在的不足对基本粒子群优化算法进行改进,以提高算法的性能。接下来从收敛速度和种群多样性两个角度介绍改进的方案,并给出针对离散优化问题的两种离散版本求解方法。

1) 针对收敛速度的改进

收敛速度是一个非常重要的算法评价指标,过快的收敛速度容易造成局部最优,过慢的收敛速度会极大影响对算法性能的评价。

(1) 惯性权重法

为了提升算法性能,Shi 和 Eberhart 引入了惯性权重的策略。惯性权重 w 是与前一次迭代产生的速度有关的一个比例因子,新的速度更新公式为

$$V_i^{t+1} = wV_i^t + c_1 r_1 (P_i^t - X_i^t) + c_2 r_2 (G^t - X_i^t) \tag{2-61}$$

惯性权重 w 可以用来控制前一次迭代过程中产生的速度对当前速度的影响,较大的 w 可以加强粒子群优化算法的全局搜索能力,而较小的 w 能加强局部搜索能力,当 $w=1$ 时,则与式(2-59)一致。相较于式(2-59),式(2-61)的应用更加广泛,被称为标准粒子群优化算法。学者们关于惯性权重的选取也提出了不同的策略:

① 常值惯性权重。常值惯性权重是指 w 的值是一个确定的常数,为了保证算法的全局搜索和局部搜索能力的平衡,一般建议选择范围在[0.8,1.2]之间的一个值。这种策略的优势是选值简单,但它无法保证适合各类问题,即缺乏广泛适用性。

② 随机惯性权重。随机惯性权重是指 w 的值是一个在一定范围内的常数,这种策略能使算法适应动态变化的环境。最早出现的随机策略为

$$w = 0.5 + \text{rand}()/2 \tag{2-62}$$

式中,rand()表示的是[0,1]之间的随机数。之后也有考虑加入最优值的变化率来调整随机惯性权重的策略,如下式所示:

$$w(t) = \begin{cases} \alpha_1 + \dfrac{\text{rand}()}{2}, & k \geqslant 0.05 \\ \alpha_2 + \dfrac{\text{rand}()}{2}, & k < 0.05 \end{cases} \tag{2-63}$$

式中,α_1 和 α_2 是常数且满足 $\alpha_1 > \alpha_2$,$k = \dfrac{f(t) - f(t-10)}{f(t-10)}$ 表示的是 10 次迭代后最优值的变化率。随机惯性权重策略还有很多变种,由于篇幅的原因不再展开。

③ 时变惯性权重。时变惯性权重是指 w 的值是由当前的迭代次数决定的。一般情况下,在算法的初期为了增强算法全局搜索能力通常会将惯性权重设得大一些,而在算法的后期则需要减小惯性权重以提高算法的局部搜索能力。这里给出一种惯性权重随迭代次数递减的示例:

$$w(t) = (w_{\max} - w_{\min})\left(1 - \frac{t}{T}\right) + w_{\min} \tag{2-64}$$

式中,$w_{\min}$ 和 $w_{\max}$ 分别表示权重 w 取值范围内的最小值和最大值,t 和 T 分别表示当前迭代次数和最大迭代次数。

④ 模糊惯性权重。模糊惯性权重是指 w 的值是通过模糊系统来动态调节的。系统的输入是当前惯性权重 w 和当前全局最优值(the current best performance evaluation,CBPE),输出是惯性权重的变化。由于不同的优化问题有不同的性能评价取值范围,为了让模糊系统可以有广泛的适用性,可以将 CBPE 按照下式进行标准化:

$$\text{NCBPE} = \frac{\text{CBPE} - \text{CBPE}_{\min}}{\text{CBPE}_{\max} - \text{CBPE}_{\min}} \tag{2-65}$$

式中,NCBPE(the normalized current best performance evaluation)是标准化后的结果;$\text{CBPE}_{\min}$ 和 $\text{CBPE}_{\max}$ 的值受问题影响,是事先就已经确定或者可以估计得到的。借助自适应的模糊系统可以预测合适的权重值,动态地平衡算法的全局搜索和局部搜索能力,但 $\text{CBPE}_{\min}$ 和 $\text{CBPE}_{\max}$ 的确定并不是一件容易的事,因此无法广泛使用。

（2）压缩因子法

压缩因子 χ 有助于确保粒子群优化算法收敛,速度更新公式为

$$V_i^{t+1} = \chi V_i^t + c_1 r_1 (P_i^t - X_i^t) + c_2 r_2 (G^t - X_i^t) \tag{2-66}$$

式中,$\chi = \dfrac{2}{|2 - \varphi - \sqrt{\varphi^2 - 4\varphi}|}$ 是压缩因子,$\varphi = c_1 + c_2$,且 $\varphi > 4$。这一方法能有效搜索不同的区域,得到高质量的解。

（3）选择法

选择法的实现机理在于将自然界中的自然选择机制引入到粒子群优化算法中,形成基于自然选择的粒子群优化算法。

这一算法的核心思想是当算法迭代更新完所有的粒子后,计算每个粒子的适应值并根据适应值对粒子进行排序,然后根据排序结果,用粒子群中最好的一半粒子替代最差的一半粒子,保留原来粒子的个体最优位置不变。

标准粒子群优化算法的搜索过程比较依赖个体最优位置和全局最优位置,这样限制了搜索的区域,将自然选择机制引入会减弱这两种位置对求解过程的影响,因此该方法增强了算法的局部搜索能力,削弱了全局搜索能力。

（4）繁殖法

繁殖法是将遗传算法中的复制和重组这些操作加入到粒子群优化算法中,新的解是按照概率 p_i 对父代的解进行重新计算求得的,求解子代的公式为

$$\text{child}_1(X_i) = p_i \text{parent}_1(X_i) + (1 - p_i)\text{parent}_2(X_i) \tag{2-67}$$

$$\text{child}_2(X_i) = p_i \text{parent}_2(X_i) + (1 - p_i)\text{parent}_1(X_i) \tag{2-68}$$

$$\text{child}_1(V_i) = \frac{\text{parent}_1(V_i) + \text{parent}_2(V_i)}{|\text{parent}_1(V_i) + \text{parent}_2(V_i)|}|\text{parent}_1(V_i)| \tag{2-69}$$

$$\text{child}_2\,(V_i) = \frac{\text{parent}_1\,(V_i)+\text{parent}_2\,(V_i)}{|\,\text{parent}_1\,(V_i)+\text{parent}_2\,(V_i)\,|}\,|\,\text{parent}_2\,(V_i)\,| \qquad (2\text{-}70)$$

为了防止陷入局部最优的情况,父代的选取没有基于适应值,而是基于一定的概率进行随机选取。p_i 是(0,1)间的随机数。从理论上来分析,两个在不同次优解处的粒子经过繁殖后,可以逃离局部最优,所以对于多局部极值的函数而言,繁殖法不仅加快了收敛速度,而且还能找到很好的解。

2) 针对种群多样性的改进

保持算法的种群多样性能防止算法过早地收敛和陷入局部最优。之前介绍的粒子群优化算法都是全局版的,即将种群中的所有粒子都作为邻域内的成员,这类算法的收敛速度很快,但容易陷入局部最优。因此出现了局部版的粒子群优化算法,即只有部分种群中的粒子可以作为邻域成员出现。

给定邻域确定的规则,每个粒子都可以获得它的邻域,那么这个粒子和它的邻域就组成了一个集合。将这样的一个集合当成一个小规模的种群进行优化,对于集合中的每个粒子来说有个体最优位置,对于这个集合而言有全局最优位置(对于整个种群来说是局部最优),不同集合的全局最优位置并不相同,种群的多样性由此得到提升。

一般来说,关于粒子的邻域构建有两种方式:一种是基于粒子序号划分邻域;另一种是基于粒子与粒子的距离进行划分。

(1) 基于粒子序号划分邻域

这类拓扑结构的优势在于确定邻域时可以避免计算距离的消耗。常见的邻域结构有环形拓扑、轮形拓扑、星形拓扑和随机拓扑等,其中星形拓扑结构对应粒子群优化算法的全局版本,所以不再介绍。这里仅介绍其余 3 种。

① 环形拓扑结构。环形拓扑结构如图 2-14 所示。对于某个粒子而言,选取与其序号相近的 K 个粒子构成邻域成员。由于序号是确定的,在迭代的过程中邻域结构保持不变。邻居之间的影响一个接着一个传递。

② 轮形拓扑结构。轮形拓扑结构如图 2-15 所示。可以看出,这种结构是选择一个粒子作为焦点,然后将其他粒子只与该焦点粒子相连。这样其他粒子只能与焦点粒子进行信息交流,实现了粒子的分离。信息交流的过程可以分成两个阶段:首先焦点粒子和其他粒子沟通,选择表现最好的粒子靠近;然后焦点粒子将改进的结果通知给其他粒子。这样邻域内表现较好的解在邻域内影响扩散得会更慢。

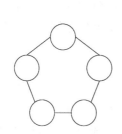

图 2-14　环形拓扑结构示意图

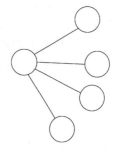

图 2-15　轮形拓扑结构示意图

③ 随机拓扑结构。随机拓扑结构是在种群的所有粒子间建立起对称的两两连接。

仿真实验结果表明,拓扑结构对算法性能的影响非常大,具体选择什么样的拓扑结构需要结合实际问题进行考虑。根据实验结果有以下观察:对于有很多局部极值的函数而言,轮形拓扑邻域算法能得到最好的结果,因为这种拓扑结构中信息流动较慢;而对于单峰函数而言,星形拓扑邻域算法能得到更好的结果,因为它有较快的信息流动。

(2) 基于粒子间的距离划分邻域

基于距离进行邻域划分是在每次迭代过程中计算该粒子到其他粒子之间的距离,根据距离的大小判断是否属于邻域内。这里给出空间邻域的构建方法:首先需要对距离进行标准化,假设任意两个粒子间的最大距离为d_{max},那么粒子 a 和粒子 b 之间的距离可以按照下式进行标准化:

$$\| X_a - X_b \| / d_{max} \tag{2-71}$$

如果经过标准化操作后的距离小于某一特定阈值,则认为这两个粒子属于同一邻域内。

(3) 社会趋同法

社会趋同法是一种混合了空间邻域和环形拓扑的方法,这一算法来源于生活中的经验:生活中人们往往有从众心理,即他们会选择认同一个群体的共同观点,而不是某个人单独的立场。将这样的经验类比到粒子群优化算法中就是粒子的更新不是基于自己本身而是借助它所属空间聚类粒子的共同经验。

3) 针对离散问题改进的粒子群优化算法

粒子群优化算法非常适合求解连续优化问题,但通常不适合求解离散优化问题,因为在对速度和位置进行更新计算后无法保证向量中的各个值还是离散的。在这里给出针对离散优化问题的两种改进方案:二进制编码和顺序编码。

(1) 二进制编码

二进制编码是指粒子的位置向量每一位取值只能是 0 或 1。这里对速度的更新没有约束,所以只需要对位置更新公式做出改进,改进公式如下:

$$X_i^{t+1} = \begin{cases} 1, & \text{random}() < S(v_{id}^{t+1}) \\ 0, & \text{否则} \end{cases} \tag{2-72}$$

$$S(v_{id}^{t+1}) = \frac{1}{1 + \exp(-v_{id}^{t+1})} \tag{2-73}$$

可以看出如果更新后的速度比较大,那么对应的位置取 1 的概率就会变高;如果速度比较小,那么对应的位置更有可能取到 0。

(2) 顺序编码

顺序编码相对于二进制编码更加灵活,它要求位置向量中每一位的值是一定范围内的整数即可。在这个算法中需要对速度进行规范化,将数值映射到[0,1]区间。映射后得到的值会用于决定粒子对应位置的编码是否需要交换,如果这个值低于某一个预设的值,则将粒子对应位置的值换成邻域内最优解相应位置的值。

节点及关联

粒子群优化算法属于模仿生物群体行为社会性的群体智能算法。

基本概念:粒子位置,粒子速度,个体最优位置,全局最优位置,位置更新,速度更新……

2.6.3　制造业应用案例

1. 粒子群优化算法在求解作业车间调度问题中的应用[29]

以作业车间调度问题 JSP 为例介绍粒子群优化算法在智能制造中的应用。作业车间调度问题的已知条件可以描述如下：

(1) 工件加工工序集为 $O=[O_1,O_2,\cdots,O_i,\cdots,O_n]^T$，$O_i$ 表示第 i 个工件包含的所有加工工序集，$O_i=[O_{i1},O_{i2},\cdots,O_{ik},\cdots,O_{im}]$，$O_{ik}$ 表示第 i 个工件的第 k 道加工工序，$i=1,2,\cdots,n,k=1,2,\cdots,m$；

(2) 机器加工工序集为 $M=[\mathbf{M}_1,\mathbf{M}_2,\cdots,\mathbf{M}_j,\cdots,\mathbf{M}_m]^T$，$\mathbf{M}_j$ 表示第 j 台机器所需加工的工序集，$\mathbf{M}_j=[M_{j1},M_{j2},\cdots,M_{jh},\cdots,M_{jn}]$，$M_{jh}$ 表示第 j 台机器上所加工的第 h 个工件，$j=1,2,\cdots,m$，$h=1,2,\cdots,n$；

(3) 工件加工时间集 $\mathbf{OT}=[\mathbf{OT}_1,\mathbf{OT}_2,\cdots,\mathbf{OT}_i,\cdots,\mathbf{OT}_n]^T$，$\mathbf{OT}_i$ 表示加工第 i 个工件所花费的总时间，$\mathbf{OT}_i=[\mathrm{OT}_{i1},\mathrm{OT}_{i2},\cdots,\mathrm{OT}_{ik},\cdots,\mathrm{OT}_{im}]$，$O_{ik}^T$ 表示第 i 个工件的第 k 道加工工序，$i=1,2,\cdots,n,k=1,2,\cdots,m$；

(4) 机器加工时间集为 $\mathbf{MT}=[\mathbf{MT}_1,\mathbf{MT}_2,\cdots,\mathbf{MT}_j,\cdots,\mathbf{MT}_m]^T$，$\mathbf{MT}_j$ 表示第 j 台机器所花费的总时间，$\mathbf{MT}_j=[\mathrm{MT}_{j1},\mathrm{MT}_{j2},\cdots,\mathrm{MT}_{jh},\cdots,\mathrm{MT}_{jn}]$，$\mathrm{MT}_{jh}$ 表示第 j 台机器上第 h 个工件加工完成的时间，$j=1,2,\cdots,m$，$h=1,2,\cdots,n$。

在加工过程中满足的约束条件如下：

(1) 每个时刻每台机器只允许加工一个工件，而且加工开始后不允许打断；

(2) 各工件在规定的机器上的加工时间是已知的、固定的和一一对应的；

(3) 各工件在每台加工机器上只加工一次；

(4) 各工件有各自特定的工艺加工路线，且加工路线是事先确定的、不能更改的。

JSP 数学模型的目标函数为最大完成时间最小，可以表示为公式(2-74)。

$$f = \min\{\max\mathbf{MT}_j(\text{or } \max\mathbf{OT}_i)\} \tag{2-74}$$

由于编码内容要反映 JSP 的工件加工序列，所以使用基于工序的编码方式，因为问题有 n 个工件 m 台机器，所以粒子向量的维度应该是 $D=n\times m$ 维。

由于工序的值都应该是离散的，所以根据等级序列值(ranked-order value, ROV)规则建立粒子的 D 维位置的值到加工序列的映射关系，即将连续的位置信息转为离散的工序信息。这样就可以使用之前介绍的任意一种连续的粒子群优化算法来进行这类问题的求解。

2. 粒子群优化算法在装备制造业中的应用[30]

大型装备制造是一个兼容制造和建造的复杂生产过程。为了更好地适应周围经济环境的变化，适应工业和科技的进步，满足市场的需求，需要通过不断优化和创新制造流程和制造技术来提高生产效率，节约生产成本。

大型装备船舶结构制造过程中有很多技术环节可以使用粒子群优化算法进行求解，这里选取水火弯板工艺参数优化环节进行介绍。

水火弯板是一种十分复杂的曲面钢板成形工艺,它是通过平板或单向曲率板局部加热和收缩变形来实现双向曲度成形要求的。在确定水火弯板加工参数时,是以确定的区域能量消耗最少为优化目标的,而能量的消耗是由加热线间距 s、加热线长度 lh 和加热时间 t 来决定的,能量计算公式可以表示为公式(2-75)。

$$E = g(s, lh, t) \tag{2-75}$$

根据速度 v 约束条件、焰道长度 lh 约束条件和收缩量 Lc 约束条件建立各焰道加热线长度矩阵 L、各焰道加热时间矩阵 T 和各焰道能量消耗矩阵 E。如式(2-76)~式(2-78)所示。

$$L = [lh_1, lh_2, \cdots, lh_k] \tag{2-76}$$

$$T = [t_1, t_2, \cdots, t_k] \tag{2-77}$$

$$E = [E_1, E_2, \cdots, E_k] \tag{2-78}$$

其中 k 为焰道数,且与 s 成反比关系。根据 s、v、lh 在约束内的不同取值,对应的 k、t_i 也各不相同,每个焰道消耗的能量也随着变化,从而总能量也在变化。与粒子群优化算法结合,将能量消耗最小化作为目标函数,将水火弯板工艺参数优化问题转化为求解消耗能量最小值时的最佳参数排序问题。

2.7　超启发式算法

超启发式(hyper-heuristic)这一术语于 1997 年被提出,最早用于描述一种协议,该协议结合了几种用于定理自动证明的人工智能方法。后于 2000 年起被单独使用,用于描述启发式地选择启发式方法,来解决组合优化问题。

现阶段求解组合优化问题的方法主要有精确算法和启发式算法两大类。精确算法就是能够求出问题最优解的算法。常用的有分支定界法、割平面法和动态规划法等。当问题规模较小时,使用精确算法能够在可接受的时间内得到问题的最优解。但随着问题规模的扩大,精确算法的计算时间将呈指数型增长。而现代制造业在实际生产中面临的优化问题规模往往很大,因此精确算法的局限性较大,使用单一精确算法求解的实际场景并不多见,但它可以为启发式算法提供初始解,以便搜索到更好的解。

启发式算法是基于直观感受或专业经验构造出的算法,能够在可接受的计算成本内获得实际可接受的解。启发式算法可分为传统启发式算法和元启发式算法。传统启发式算法包括构造性方法、局部搜索算法、松弛方法、解空间缩减算法等。元启发式算法(meta-heuristic algorithm)是启发式算法的改进,它是随机算法与局部搜索算法相结合的产物,常见的有遗传算法、模拟退火算法、禁忌搜索算法、蚁群优化算法、粒子群优化算法和人工神经网络算法等。

启发式算法已广泛应用于各类组合优化问题的求解中,但也存在一定的局限性。首先,一种启发式算法往往是用于求解某一类特定问题而被构造出来的,缺乏通用性;其次,对算法设计者要求较高,通常需要设计者同时具备较强的算法设计能力和较高的应用领域专业知识。根据 Wolpert 和 Macready 提出的没有免费的午餐理论(no free lunch theorem,NFL),当某一算法求解某些案例性能较好时,求解其他案例则往往表现不佳。为解决上述问题,超启发式算法(hyper-heuristic algorithm)应运而生,并迅速引起学术界关注,已有学者将其应用于教师排课问题、生产调度问题和装箱问题等组合优化问题的求解。

2.7.1　超启发式算法基本原理

Cowling 最早将超启发式算法描述为寻找启发式算法的启发式算法,并将其用于求解调度问题。Burke 在前人的研究基础上,对超启发式算法进行了更精确的定义:超启发式算法提供了一种高层启发式方法,通过管理或操纵一系列低层启发式算法,用于求解各种组合优化问题。

可以将超启发式算法理解为一种高级的自动搜索方法,它探索低级启发式(low-level heuristics,LLH)算法或启发式组件构成的搜索空间,也就是解是启发式算法的一种启发式算法。

图 2-16 给出了超启发式算法的概念模型。

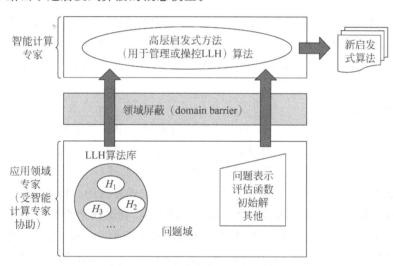

图 2-16　超启发式算法的概念模型

该模型分为两个层面:在问题域层面上,应用领域专家根据自己的专业背景知识,在智能计算专家的协助下,提供一系列 LLH 算法和问题的定义、评估函数等信息;在高层启发式算法层面上,智能计算专家设计高效的管理操纵机制,运用问题域所提供的 LLH 算法库和问题特征信息,构造出新的启发式算法。在超启发式算法设计中,智能计算专家主要关注于高层的启发式算法,而应用领域专家则侧重于 LLH 算法和问题的目标函数等依赖具体问题的信息。

由于两个层面之间实现了领域的屏蔽,即高层算法的设计并不过分依赖于具体问题的特征,只要修改问题域的 LLH 算法和问题定义、评估函数等信息,一种超启发式算法就可以方便地移植到新的问题上,从而提高了算法的通用性。

从上述模型可以发现,超启发式算法具有以下特征:①提供了一种高层的启发式方法,它操纵管理一组 LLH 算法;②目标是寻找一个好的启发式算法;③仅使用有限的应用领域相关信息(理想情况下,只需 LLH 算法数量、待求解问题的目标函数等)。

超启发式算法本质上是通过不断搜索邻域空间以提高解的质量,因此通常将搜索邻域空间采取的方法作为主要分类依据。Burke 依据高层控制策略在选择低层启发式算法时反馈信息的来源和搜索空间的性质,将超启发式算法分为选择式和生成式两大类,如图 2-17 所示。

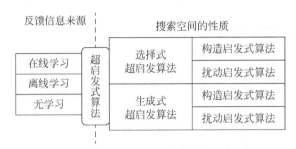

图 2-17　Burke 提出的超启发式算法分类方法

反馈信息来源有无学习(no learning)、离线学习(offline learning)和在线学习(online learning) 3 种类型。无学习机制采用随机方式确定低层启发式算法的组合方式和执行顺序;离线学习机制需要使用样本数据集进行训练,从而获得低层启发式算法与问题特征之间的关系,再根据这些关系确定低层启发式算法的执行顺序;而在线学习机制在每次迭代中利用低层启发式算法的历史信息确定下一个迭代过程中使用的低层启发式算法。

根据搜索空间性质的不同,超启发式算法可分为选择式超启发(heuristic selection)算法和生成式超启发(heuristic generation)算法。前者从一组预先定义好的低层启发式算法中进行选择;后者则使用启发式算法组件,在计算过程中通过这些组件生成新的启发式算法进行求解。低层启发式算法根据其特性可分为构造启发式(construction heuristics)算法和扰动启发式(perturbation heuristics)算法。构造启发式算法的目的是从空解开始逐步建立一个可行解;扰动启发式方法通过搜索解的邻域空间,尝试找到质量更好的解。

超启发式算法运行在一个由启发式算法构成的搜索空间上,该搜索空间中的每一个点代表一系列 LLH 算法的组合;而传统启发式算法则是在由实例的解构成的搜索空间上运行。因此,超启发式算法的抽象程度高于传统启发式算法。另外,给定一个组合优化问题,超启发式算法可以产生不同的新启发式算法,以处理各种不同实例。

表 2-4　超启发式算法与传统启发式算法的特征对比

类　　别	传统启发式算法	元启发式算法	超启发式算法
搜索空间	由实例的解构成	由实例的解构成	由启发式算法构成
应用领域专业知识	需要	需要	不需要(或很少需要)
典型算法	局部搜索 爬山法 贪心算法 松弛方法	蚁群优化算法 模拟退火算法 遗传算法 粒子群优化算法 禁忌搜索算法	选择启发式算法 生成启发式算法

节点及关联

概念比较：精确算法,启发式算法,超启发式算法。

超启发式算法：提供了一种高层启发式算法,通过管理或操纵一系列低层启发式算法,用于求解各种组合优化问题。

超启发式算法分类：无学习、离线学习和在线学习;选择式超启发算法和生成式超启发式算法。

2.7.2　选择式超启发算法

在求解过程中,选择式超启发算法预先定义了一组低层启发式算法的集合,高层控制策略从低层启发式算法集合中选取一个低层启发式算法序列构造可行解或者改进当前解。

1. 低层启发式算法的选择方法

如何选择低层启发式算法是选择式超启发算法研究的核心内容。根据反馈信息的不同来源,选择方法可以分为无学习、离线学习和在线学习 3 类。

(1)无学习机制最为简单,采用随机方式确定低层启发式算法的组合方式和执行顺序,不需要反馈低层启发式算法运行时的信息。

(2)离线学习机制通常采用样本数据进行训练,反馈信息在求解实际案例之前已经确定,其原理如图 2-18 所示。

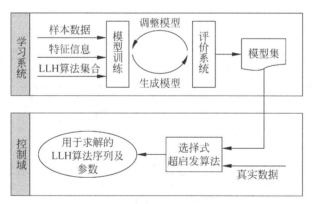

图 2-18　离线学习原理示意图

(3)在线学习机制中,高层控制策略每次都要根据低层启发式算法的运行信息进行选择。

这 3 种选择机制各有不同。采用随机方式选择的无学习机制设计简单,但收敛性差,在问题规模较大时很难获得高质量的解。离线学习机制通常能够较快地获得高质量的解,但需要额外的学习系统训练样本数据,设计与实现难度较大,同时样本数据训练是否充分对求解的质量有着直接影响。采用在线学习机制的算法设计难度适中,同时也能获得很好的解,但是在线学习机制仅仅利用了计算过程中的信息进行策略改进,忽略了大量有用的问题应用领域信息,因而收敛速度比较慢。

2. 基于构造的选择式超启发算法

该方法的目的是构建问题的可行解,它从一个空解开始,由高层控制策略从一组预先定义的低层启发式算法中选择算法,并逐步建立问题的可行解。在计算过程中,当成功构建出一个可行解后,算法即终止。

研究结果表明,基于构造的选择式超启发算法能够快速获取问题的可行解,并且在小规模问题时也能获取质量不错的解,缺点是在求解大规模问题时解的质量较差。

3. 基于扰动的选择式超启发算法

该方法利用构造启发式算法或者其他方法构造初始解,然后通过迭代的方式不断尝试改善当前解直到满足终止条件,例如达到某一迭代次数或者执行时间。

根据算法同时处理的解的数量,可以将基于扰动的超启发式算法分为单点搜索和多点搜索两种方法。单点搜索方法在同一时刻处理一个解,多点搜索方法允许同时处理多个解。

1) 单点搜索方法

单点搜索的原理如图 2-19 所示。选择方法决定了在一个迭代过程选择哪些低层启发式算法用于改进当前解。移动接受方法决定了迭代过程中产生的新解能否被接受作为当前解。接受新解的策略可分为确定性接受策略和非确定性接受策略两类。确定性接受策略总是做出相同的决定,例如全部接受(all move)或只接受优化解(only improvement);而非确定性接受策略在输入相同的情况下,可能做出不同的决策。非确定性接受策略需要额外参数进行辅助决策,典型的非确定接受策略及其原理见表 2-5。

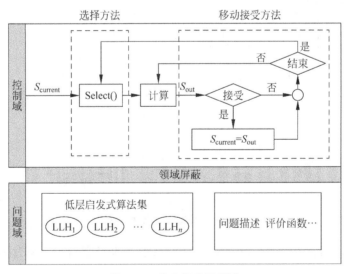

图 2-19　单点搜索原理图

表 2-5　典型的非确定接受策略及其原理

类　　别	方 法 名 称	基 本 原 理
确定性策略	全部接受方法	接受所有解
	只接受优化解	只接受比当前最优解更好的解

续表

类　　别	方法名称	基本原理
非确定性策略	模拟退火算法	设定初始温度和冷却系数,在每次迭代过程中以一定概率接受差解
	门槛算法	设置门槛值,若当前解与门槛值之和大于当前最优解,则接受该解
	大洪水算法	设置初始水位值与下降速度,在每次迭代过程中,产生的新解与当前解的距离若小于水位值则接受该新解,水位值按照下降速度下降
	延迟接受算法	定义长度为 L 的表,记录之前 L 次迭代过程中的解,新解每次与表中记录进行比较,若能提高解的质量则接受该解并更新表中相应记录
	蒙特卡罗算法	类似于模拟退火算法,但不包含温度参数,而是使用冷却时间表
	记录更新算法	设置一个 Record 记录当前最优解及一个偏差系数,如果当前解优于 Record,则将 Record 值设为当前解;如果当前解变差且其值小于 Record 偏差系数,则接受该差解
	带阈值限制的迭代接受算法	当经过一定计算次数后当前解仍没有改进,且该解与当前最优解的偏差在允许范围内,则接受该差解

2) 多点搜索方法

多点搜索方法能够同时搜索改进多个解,其原理类似于遗传算法等种群类元启发式算法,将染色体表示为一段整数序列,其中每个整数代表一个低层启发式算法,通过设置交叉概率和变异概率,在每个迭代阶段生成新的染色体改进当前解。多点搜索方法具有良好的全局搜索能力,不会陷入局部最优;并且利用它的内在并行性,可以方便地进行分布式计算,加快求解速度。但其局部搜索能力较差,在计算后期搜索效率较低。

2.7.3　生成式超启发算法

生成式超启发算法并不预先定义完整的低层启发式算法,而是利用现有的启发式算法组件生成新的启发式算法进行计算。目前采用较多的是遗传规划(genetic programming)技术,其原理是将一些规则表达为类似遗传算法中具有交叉、变异功能的树形结构或者字符串,再利用这些规则和启发式算法组件生成新的启发式算法进行求解。

生成式超启发算法的搜索空间是由启发式算法组件构成的。相比选择式超启发算法,生成式超启发算法可以为问题的每一个实例生成新启发式算法。因此,生成式超启发算法更加灵活,理论上可以得到质量很高的解,但是设计和使用比较复杂。

图 2-20 示出了生成式超启发算法的基本流程。

节点及关联
遗传规划,遗传算法,LISP 语言(List Processing)

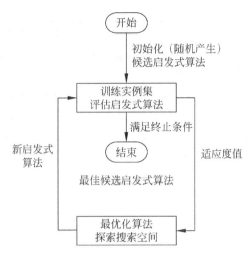

图 2-20　生成式超启发算法的基本流程

2.7.4　制造业应用案例

在制造领域,超启发式算法同样经常被用于求解生产调度类问题。

1. 采用超启发式算法求解动态作业车间调度问题[45]

作业车间调度问题(JSP)研究解决的是静态调度问题,即在初始条件给定的情况下,确定每道工序在机器上的排序。但是静态 JSP 存在一定局限性。因为一旦开启调度,后期加工就需要按照排定的初始调度方案执行,不能出现偏差;一旦初始条件改变,其调度方案也需要进行相应调整,即生成一个新的调度方案。在实际生产过程中,不同的性能指标和客户需求决定了作业车间环境非常复杂,加上临时追加/取消订单、政策性停产/限产等不可抗力的影响,拥有许多动态变化,初始条件的不确定性很强。

动态作业车间调度问题(DJSP)是在静态作业车间调度问题的基础上扩展而来的。动态作业车间调度问题可以描述为:车间中有 m 台机器和 n 个工件,以服从某种分布形式的过程动态到达车间;工件 $i(i=1,2,\cdots,n)$ 有 n_i 道工序,需要以一定的工艺顺序在指定的机器上加工,工件 i 的第 j 道工序 O_{ij} 在指定的机器 m_{ij} 上加工时所需的加工时间为 p_{ij};工件 i 到达车间的时间为 r_i,工件 i 的交货期为 d_i,并且根据工件的重要程度,工件 i 有相应的权重 w_i。针对问题还有一些常规的假设,如工件没有重入性、不存在抢占性、一台机器同时只能加工一个工件、机器不会出现故障等。调度的目标是在满足约束条件的前提下,将工件合理地安排到各机器,并合理地安排机器上各工件的加工顺序和加工开始时间,以使某个性能指标(如完工时间、流程时间、工件总拖期、平均拖期等)最优。以工件总拖期最短为例,该问题的数学模型如下:

$$\min \sum_{i \in N} U_i \tag{2-79}$$

$$\text{s.t.} \ x_{00ij} + \sum_{O_{kl} \in O, \ m_{il}=m_{ij}} x_{klij} = 1, \quad \forall O_{ij} \in O \tag{2-80}$$

$$C_{ij} \geqslant p_{ij} + \sum_{O \in O \cup \{O_{00}\}} x_{klij} \cdot (C_{kl} + x_{klij}), \quad \forall O_{ij} \in O \tag{2-81}$$

$$C_{ij} \geqslant C_{i(j-1)} + p_{ij} + \sum_{O \in O \cup \{O_{00}\}} x_{klij} \cdot (C_{kl} + x_{klij}),$$

$$\forall i \in N, \quad j \in \{2, \cdots, n_i\} \tag{2-82}$$

$$x_{klij} \in \{0,1\}, \quad \forall O_{kl} \in O \bigcup O_{00}, \quad O_{ij} \in O \tag{2-83}$$

$$x_{klij} = 0, \quad \forall O_{ij} \in O \tag{2-84}$$

$$x_{klij} = 0, \quad \forall i \in N, \quad \forall O_{ij} \in O \land m_{ij} \neq m_{kl} \tag{2-85}$$

$$若 \ C_i > d_i, \quad U_i = 1, \quad \forall i \in N, \quad U_i \in \{0,1\} \tag{2-86}$$

式(2-80)~式(2-86)为该优化问题的约束条件。其中 N、M 分别为工件集合和机器集合；n_i 为工件 i 的工序数量；O_{ij} 为工件 i 的第 j 道工序，$i \in \{1,2,\cdots,n_i\}$；O_{00} 为虚拟工序，用来指机器的初始状态；O 为所有工序的集合(除了 O_{00})；m_{ij} 为用来加工工序 O_{ij} 的机器；p_{ij} 为工序 O_{ij} 的加工工时；x_{klij} 用来指示工序 O_{kl} 和工序 O_{ij} 之间的加工顺序，若工序 O_{ij} 紧接在工序 O_{ij} 紧接在工序 O_{kl} 之后加工，则 $x_{klij} = 1$，否则 $x_{klij} = 0$；C_{ij} 和 C_i 为工序 O_{ij} 的完工时间($C_{00} = 0$)，当 $j = n_i$ 时，$C_i = C_{ij}$；d_i 为工件 i 的交货期，$i \in N$；U_i 表示工件 i 是否延期。

可以使用超启发算法中的遗传规划来求解该动态车间调度问题。遗传规划同遗传算法一样，也是模仿生物进化的思想，随机产生初始种群，种群中的每个个体以树的形式表现，计算每个个体的适应度值，并进行比较，再经过复制、变异和交叉等遗传操作，对问题进行多次的迭代之后，生成最优解或者近似最优解。

在动态作业车间调度问题中，将遗传算法作为高层启发式方法，若干基本调度规则(例如，SPT、LPT、FCFS 等)作为低层启发式算法(LLH)，通过遗传算法和基本调度规则来产生新的调度规则，然后根据调度规则生成调度方案，然后根据调度方案计算个体的适应度值。基于适应度值选择合适的个体作为父代，再通过遗传操作算子繁殖子代。图 2-21 为遗传规划求解动态作业车间排序调度规则的算法流程。

2. 采用超启发式跨单元调度方法求解包含多元设备类型的制造问题[44]

大型军工装备的制造在制造业中占有不可或缺的地位。在军工设备的生产制造中，传统设备与先进设备共存的现象普遍存在并将长期存在，也由此产生了多品种、变批量、混线生产的生产模式。在这样的生产模式下，复杂零部件的加工不得不跨车间协作完成，即在加工过程中产生跨单元转移，由此带来的复杂问题体现在以下两个方面：

(1) 制造单元之间由独立变为相互制约。传统的单元制造系统中，工件的加工均在特定单元内部完成，单元之间相互独立。而在跨单元模式下，大量工件在不同单元内转入、转出，且工件转入、转出时间无法提前得知，单元内部的加工将对其他单元产生影响，单元间的协同加工变得十分困难。

(2) 加剧了物流的不平衡。不同单元的生产能力往往存在差异，因此在跨单元模式下，若平均工序时间较长的单元不能得到高效调度，将会产生生产瓶颈。

针对上述问题，有的研究采用了一种基于蚁群优化的启发式选择方法，采用高层的蚁群优化算法对低层的启发式规则进行搜索，并用选择的规则构造调度解。该算法将问题分为工件分派、工件排序、工件组批 3 个子问题，从这 3 个方面分别设计信息素结构与启发式规则，并统一更新信息素以达到协同优化。算法流程图如图 2-22 所示。

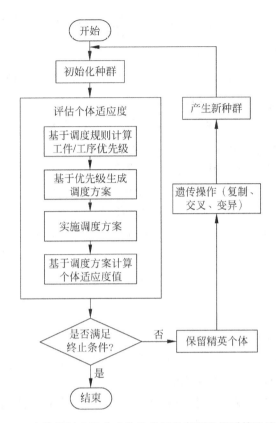

图 2-21 遗传规划求解动态作业车间排序调度规则算法流程图

算法的总体流程如下:

第 1 步 初始化,在算法初始时刻将所有信息素设置成极小的正实数;

第 2 步 选择规则,每只蚂蚁分别进行启发式规则与时间窗的选择;

第 2.1 步 蚂蚁为每个工件选择工件分派规则;

第 2.2 步 蚂蚁为每台离散机选择工件排序规则;

第 2.3 步 蚂蚁为每台批处理机选择工件组批规则与时间窗;

第 3 步 构造调度解,每只蚂蚁根据所选择的规则,独立构造一个可行解,并计算该可行解的目标函数值;

第 4 步 更新信息素;

第 5 步 若在限定迭代次数内最优解未更新,则或算法已达到预设的最大迭代次数,则结束算法。

3. 采用超启发式算法求解多车型低碳选址-路径问题[41]

除了生产调度问题外,物流配送问题是制造业的另一个热点问题,同样可以采用超启发式算法求解。

为了降低物流配送成本,综合考虑多车型和同时取送货等因素,已有学者设计出一种采用进化式超启发算法求解低碳选址-路径问题的方法,即在超启发式算法框架下,采用进化式策略作为高层学习策略,以实时准确地监控低层启发式算法的性能信息并选择合适的低

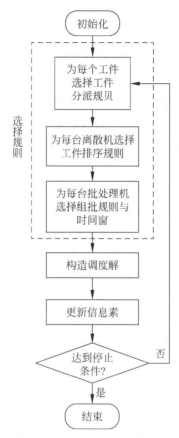

图 2-22　包含多元设备类型的制造问题的超启发式算法流程图

层算法,包括量子选择、蚂蚁策略、蛙跳机制以及自然竞争等方法。同时验证了这 4 种进化式超启发算法在求解物流配送加多车型同时取送货低碳选址-路径问题模型上的有效性与鲁棒性。

2.8　本章小结

面向制造业的智能优化技术是智能计算与控制科学的交叉学科,涉及数学、运筹学、计算机科学、管理科学等诸多学科的知识。除了本章介绍的一些经典算法及其在制造业中的典型应用之外,还有禁忌搜索算法、差分进化算法等许多其他种类的智能优化算法。各类算法在求解包括制造领域问题在内的许多工程问题上都有着非常广泛和成熟的应用,并且在学术界和产业界的共同努力下,智能优化算法及其实现也在不断发展、新的成果不断涌现。

近年来,在人工智能、物联网、大数据、工业互联网等技术的赋能下,现代制造业正在从自动化、信息化向着智能化方向发展。学术界的前沿理论研究与产业界的生产实践相辅相成,发展、演变出了许多新的生产组织模式,对新兴生产组织模式的研究同时也促进了智能优化算法的发展。

习题

1. 请简述智能优化方法的分类,并列举几种常见的智能优化方法。

2. 请简述智能优化方法在制造业中的典型应用场景,并举例说明。

3. 试分析温度下降快慢对 SA 算法性能的影响。

4. 请使用模拟退火算法求解 TSP 问题,要求写出解的编码方式、邻域定义和算法步骤。

旅行商问题(TSP)是著名的 NP 难问题,制造业中的很多实际应用,如仓库拣选路径优化问题、装配线上的螺母问题和产品的生产安排等工程问题,其理论模型最终都可以归结为 TSP 问题。TSP 问题可以描述为:已知 n 个城市相互之间的距离,旅行商从某个城市出发访问其他城市,每个城市只能访问一次,最后回到出发城市。如何找出一条巡回路径,使得旅行商行走的距离最短。其中,d_{ij} 为城市 i 与城市 j 间的距离。

5. 试用遗传算法,求解 $\max f(x) = x^3 - 60x^2 + 900x + 100, x \in [0, 30]$,种群数量 NP=5。

6. 试根据基本蚁群优化算法的程序结构流程,写出基本蚁群优化算法的伪代码表示。

7. 对采用基本蚁群优化算法求解 TSP 问题进行时间复杂度的分析。

8. 试分析粒子群优化算法的优缺点。

9. 给定一个优化问题 $\min f(x) = -0.7x^4 \log_2(x) \sin(20x) \sin(x-3)$,求它在$(0,2)$范围内的最优解。设最大迭代次数为 50 次,试用粒子群优化算法给出解决方案并画出流程图。

10. 试求解如下港口调度问题。

已知:有 4 艘货轮 C1、C2、C3、C4 需要在港口 A 停泊卸货。A 港口具有:

- 2 个泊位 M1、M2
- 2 个起吊设备 T1、T2
- 2 辆小车 V1、V2
- 3 个存储仓库 S1、S2、S3

起吊设备可以同时在不同泊位使用,如停泊船舶为 C1 和 C2,起吊设备 T1 在刚起吊完停泊货轮 C1 上的某件货物放置在港口缓冲区之后,下次起吊的对象可以在 C1 和 C2 上所有等待起吊的货物中进行选择。小车空闲时在港口缓冲区等待起吊后的货物进行运输,小车运送货物到达目的仓库后,立刻原路返回缓冲区等待下次运输,小车每次只能运送一件货物,两辆小车为同样款式。

设计一种调度方案,使得整个调度过程的总完成时间最小(即所有的货物均到达各自的目的仓库、所有货轮均驶离泊位、所有小车均返回缓冲区)。

4 艘货轮均在 0 时刻到来并等待空闲泊位停靠,其各自装载的货物信息如表 2-6 所示(此处时间指完成入泊、驶离等对应操作所需的单位时间)。

表 2-6 货轮装载的货物信息

货　轮	入泊时间	驶离时间	货　物	目的仓库	起吊时间
C1	26	20	P11	S1	15
			P12	S1	26
			P13	S2	37
			P14	S3	9
			P15	S2	32
C2	15	10	P21	S3	8
			P22	S2	9
			P23	S3	27
			P24	S1	11
			P25	S2	4
			P26	S3	5
C3	30	24	P31	S3	8
			P32	S1	51
			P33	S2	27
			P34	S1	13
			P35	S3	29
C4	40	26	P41	S1	10
			P42	S2	22
			P43	S1	25

11. 对本章中列举的任一实例,尝试使用书中没有介绍过的一种或几种智能优化方法(例如禁忌搜索算法、人工蜂群算法、文化算法、差分进化算法等)对该问题进行求解,并与示例所采用的算法进行对比,进一步体会不同算法在算法设计难度、计算复杂度、求解精度等方面的不同。

参考文献

[1] BAZARAA M S,SHERALI H D,SHETTY C M. Nonlinear programming:theory and algorithms [M]. New York:Wiley,1979.

[2] MORDECAI A. Nonlinear programming:analysis and methods[M]. New York,Prentice-Hall,Inc.,1976.

[3] ROCKAFELLAR R T. Convex analysis[M]. Princeton:Princeton University Press,1970.

[4] METROPOLIS N,Rosenbluth A W,Rosenbluth M N,et al. Equation of state calculations by fast computing machines[J]. The journal of chemical physics,2004,21.

[5] KIRKPATRICK S,GELATT C D,VECCHI M P. Optimization by Simulated Annealing[J]. Sence,1983,220(4598):671-680.

[6] ACKLEY D H,HINTON G E,CEJNPWSKI T J. A Learning Algorithm for Boltzmann Machines[J]. Cognitive Science,1985,9(1):147-169.

[7] 姚新,陈国良. 模拟退火算法及其应用[J]. 计算机研究与发展,1990(7):1-6.

[8] CHEN W H,SRIVASTAVA B. Simulated annealing procedures for forming machine cells in group

technology[J]. European Journal of Operational Research,1994,75(1)：100-111.

[9]　汪定伟. 智能优化方法[M]. 北京：高等教育出版社,2007.

[10]　汤可宗,杨静宇. 群智能优化方法及应用[M]. 北京：科学出版社,2015.

[11]　陈保安. 离散型制造车间生产调度优化研究[D]. 成都：电子科技大学,2020.

[12]　黄敏镁,袁际军. 基于遗传算法的设施布局问题研究[J]. 物流技术,2015,34(23)：75-78.

[13]　DORIGO M. Optimization,learning and natural algorithms[D]. Politecnico di Milano,1992.

[14]　BULLNHEIMER B,HARTL R F,Strauss C. A new rank-based version of the ant system：A computational study[J]. Central European Journal of Operations Research,1997,7(1)：25-38.

[15]　DORIGO M,GAMBARDELLA L M. Ant colony system：a cooperative learning approach to the traveling salesman problem[J]. IEEE Transactions on evolutionary computation,1997,1(1)：53-66.

[16]　STÜTZLE T,HOOS H. Improvements on the ant-system：Introducing the max-min ant system [C]//Artificial neural nets and genetic algorithms. Springer,Vienna,1998：245-249.

[17]　YU I K,CHOU C S,SONG Y H. Application of the ant colony search algorithm to short-term generation scheduling problem of thermal units[C]//POWERCON'98. 1998 International Conference on Power System Technology. Proceedings (Cat. No. 98EX151). IEEE,1998,1：552-556.

[18]　CICIRELLO V A,SMITH S F. Ant colony control for autonomous decentralized shop floor routing [C]//Proceedings 5th International Symposium on Autonomous Decentralized Systems. IEEE,2001：383-390.

[19]　FOURNIER O,LOPEZ P,LUK J D L S. Cyclic scheduling following the social behavior of ant colonies[C]//IEEE International Conference on Systems,Man and Cybernetics. IEEE,2002,3：5.

[20]　WANG X,WU T J. Ant colony optimization for intelligent scheduling[C]//Proceedings of the 4th World Congress on Intelligent Control and Automation (Cat. No. 02EX527). IEEE,2002,1：66-70.

[21]　MERKLE D,MIDDENDORF M,SCHMECK H. Ant colony optimization for resource-constrained project scheduling[J]. IEEE transactions on evolutionary computation,2002,6(4)：333-346.

[22]　ZHOU P,LI X P,ZHANG H F. An ant colony algorithm for job shop scheduling problem[C]//Fifth World Congress on Intelligent Control and Automation (IEEE Cat. No. 04EX788). IEEE,2004,4：2899-2903.

[23]　赵伟,韩文秀,罗永泰. 准时生产方式下混流装配线的调度问题[J]. 管理科学学报,2000(4)：23-28.

[24]　郜庆路,罗欣,杨叔子. 基于蚂蚁算法的混流车间动态调度研究[J]. 计算机集成制造系统-CIMS,2003(6)：456,459,475.

[25]　KENNEDY J,EBERHART R. Particle Swarm Optimization[C]//Proceedings of IEEE International Conference on Neural Networks. Piscataway. NJ：IEEE Press,1995：1944-1948.

[26]　高亮,张国辉,王晓娟. 柔性作业车间调度智能算法及其应用[M]. 武汉：华中科技大学出版社,2012.

[27]　杨维,李歧强. 粒子群优化算法综述[J]. 中国工程科学,2004,6(5)：87-94.

[28]　SHI Y. A Modified Particle Swarm Optimizer[C]. Proc of IEEE Icec Conference,1998.

[29]　刘洪铭,曾鸿雁,周伟,等. 基于改进粒子群优化算法作业车间调度问题的优化[J]. 山东大学学报（工学版）,2019,49(1)：57-62.

[30]　巢一飞. 微粒群优化算法在装备制造业的应用方向研究[J]. 价值工程,2012,31(30)：36-38.

[31]　DENZINGER J,FUCHS M,FUCHS M. High performance ATP systems by combining several AI methods[C]// Proceedings of the Fifteenth International Joint Conference on Artificial Intelligence (IJCAI 97),1997：102-107.

[32]　COWLING P,KENDALL G,SOUBEIGA E. A hyper-heuristic approach for scheduling a sales

summit. In Selected Papers of the Third International Conference on the Practice and Theory of Automated Timetabling,PATAT 2000,Lecture Notes in Computer Science,2000:176-190.

[33] WOLPERT D H, MACREADY W G. No free lunch theorems for optimization [J]. IEEE Transactions on Evolutionary Computation,1997,1:67-82.

[34] COWLING P,KENDALL G,SOUBEIGA E. A parameter-free hyper heuristic for scheduling a sales summit[C]//Proceedings of the 4th Metaheuristic International Conference,2001:127-131.

[35] COWLING P,KENDALL G,SOUBEIGA E. Hyper heuristics:a robust optimisation method applied to nurse scheduling [C]//Proceedings of the 2002, Seventh International Conference on Parallel Problem Solving from Nature,2002:851-860.

[36] COWLING P, KENDALL G, SOUBEIGA E. Hyper heuristics:a tool for rapid prototyping in scheduling and optimization [J]. Lecture Notes in Computer Science,2002,2279:1-10.

[37] COWLING P,KENDALL G,HAN L. An investigation of a hyper-heuristic genetic algorithm applied to a trainer scheduling problem [C]//Proceedings of the Evolutionary Computation, 2002:1185-1190.

[38] BURKE E K,CURTOIS T,HYDE M,et al. Hyflex:a flexible framework for the design and analysis of hyper heuristics [C]//Proceedings of the Multidisciplinary International Scheduling Conference (MISTA 2009),2009:790-797.

[39] BURKE E K,HYDE M,KENDALL G,et al. A classification of hyper-heuristic approaches[M]// Handbook of metaheuristics.[S. l.]:Springer,2010:449-468.

[40] 张苏雨,王艳,纪志成.基于超启发式遗传规划的动态车间调度方法[J].系统仿真学报,2020,32(12):2494-2506.

[41] 赵燕伟,冷龙龙,王舜,等.进化式超启发算法求解多车型低碳选址-路径问题[J].控制与决策,2020,35(2):257-271.

[42] 赵越.模拟退火算法求解指派问题新探[J].吉林建筑工程学院学报,2011,28(4):3.

[43] 孙新宇,万筱宁,孙林岩.蚁群算法在混流装配线调度问题中的应用[J].信息与控制,2002(6):486-490.

[44] 王乐衡.考虑多元设备类型的超启发式跨单元调度方法[D].北京理工大学,2015.

[45] Chiang,T. C.,& Fu,L. C.(2009). Using a family of critical ratio-based approaches to minimize the number of tardy jobs in the job shop with sequence dependent setup times. European Journal of Operational Research,196(1),78-92.

第 3 章

模式与图像识别

3.1 模式识别的概述

3.1.1 发展历史

模式识别是一门研究模式分类理论和方法的学科,其中涉及数学、信息科学、计算机科学等多学科的交叉,同时也是一门应用性很强的学科,它在功能上可视为人工智能的一个分支,主要为智能系统实现机器智能提供理论和技术支持。模式识别是根据研究对象的特征或属性,利用以计算机为中心的机器系统,运用一定的分析算法认定它的类别。模式识别有着悠久的历史,在过去的几十年中发展非常迅速,它从统计模式识别理论和问题开始,现在已广泛应用于数据检索、表情识别、行为识别和人工智能等领域。模式识别的核心问题是如何让机器对多种模式进行合理的分类和识别。围绕这个问题,在模式识别的发展过程中产生了多种模式识别的理论和方法,较典型的模式识别理论包括统计模式识别、结构模式识别、模糊模式识别等。

1929 年,G. Tauschck 发明了阅读机,能够阅读 0～9 的数字,就此拉开了模式识别的序幕。20 世纪 30 年代,Fisher 提出统计分类理论,奠定了统计模式识别的基础。20 世纪 50 年代,Noam Chemsky 提出了形式语言理论,美籍华人付京孙提出了句法结构模式识别。60 年代,L. A. Z 提出了模糊集理论,模糊模式识别理论得到了较广泛的应用。因此,随着 20 世纪 40 年代计算机的出现以及 50 年代人工智能的兴起,人们希望能用计算机来代替或扩展人类的部分脑力劳动。60—70 年代,统计模式识别得到快速发展。由于被识别的模式越来越复杂,特征也越多,就出现"维数灾难",得益于计算机运算速度的迅猛发展,这个问题得到一定克服,但此时统计模式识别仍是模式识别的主要理论。以计算机为主导的模式识别也在迅速发展,新的理论和方法相继涌现。80 年代,Hopfield 提出了神经元网络模型理论,人工神经网络发展至今在模式识别和人工智能上得到较广泛的应用。进入 20 世纪 90 年代以来,新方法或改进算法大量涌出,在这些新出现的模式识别方法中,支持向量机识别方法、各种子空间分析方法、以隐马尔可夫模型为代表的随机场方法、以 Adaboost 为代表的集成学习方法最具代表性,同时模式识别也大规模地进入人们日常生活,如人脸识别、自动驾驶、医疗诊断、生物识别、雷达信号识别、智能交通系统和高技术武器系统等。

如今,模式识别技术已成功应用在工业、农业、国防、科研、公安、生物、医学、气象、天文学等许多领域。在大数据时代,智能化是当今时代科技发展的重要趋势之一,模式识别技术具备的智能化的信息处理能力将有更加广阔的用武之地,因此所需处理的模式对象和识别任务需求将随之快速增长。从广义上说,模式识别属于人工智能的范畴,模式识别与人工智能都是研究让机器具有智能,即让机器做一些带"智能"的工作,但由于历史的原因,二者已经形成了独立的学科,有其自身的理论和方法。尽管如今机器智能水平还远不如人脑,但随着模式识别理论以及其他相关学科的发展,可以预见它的功能将会越来越强,应用也会越来越广泛。

3.1.2 基本概念与原理

什么是模式呢? 广义地说,存在于时间和空间中可观察的事物,如果可以区别它们是否相同或是否相似,都可以称之为模式。但模式所指的不是事物本身,而是我们从事物中获取的信息。因此模式往往表现为具有时间或空间分布的信息。

人们在观察各种事物的时候,一般是从一些具体的个别事物或者很小一部分开始的,然后经过长期的积累,随着对观察到的事物或者现象的数量不断增加,就开始在人的大脑中形成一些概念,而这些概念是反映事物或者现象之间的不同或者相似之处,这些特征或者属性使人们对事物自然而然地进行分类,从而窥豹一斑。对于一些事物或者现象,不需要了解全过程,只需要根据事物或者现象的一些特征就能对事物进行认识。人脑的这种思维能力被视为"模式"的概念。

模式识别就是识别出特定事物,然后得出这些事物的特征。识别能力是人类和其他生物的一种基本属性,根据被识别的客体的性质,可以将识别活动分为具体的客体与抽象的客体两类。诸如字符、图像、音乐、声音等是具体的客体,它们刺激感官,从而被识别;而思想、信仰、言论等则是抽象的客体,属于政治、哲学的范畴。我们研究的主要是一些具体客体的识别,而且仅限于研究与用机器完成识别任务有关的基本理论和实用技术。模式识别的目的就是利用计算机实现人类的识别能力,是对具体客体与抽象客体的识别能力的模拟。对信息理解往往含有推理过程,需要专家系统、知识工程等相关学科的支持。

3.1.3 模式识别系统

一个典型的模式识别系统如图 3-1 所示,由数据获取、预处理、特征提取、分类决策及分类器设计 5 部分组成。一般分为上下两大部分:上部分完成未知类别模式的分类;下半部分属于分类器设计的训练过程,利用样品进行训练,确定分类器的具体参数,完成分类器的设计。而分类决策在识别过程中起作用,对待识别的样品进行分类决策。

模式识别系统各组成单元的功能如下。

(1) 数据获取:用计算机可以运算的符号来表示所研究的对象。一般获取的数据类型有 3 种。①二维图像,如文字、指纹、地图、照片等。②一维波形,如脑电图、心电图、季节振动波形等。③物理参量和逻辑值,如体温、化验数据、参量正常与否的描述。

(2) 预处理:对输入测量仪器或其他因素所造成的退化现象进行复原、去噪声,提取有用信息。

(3) 特征提取和选择:对原始数据进行变换,得到最能反映分类本质的特征。将维数

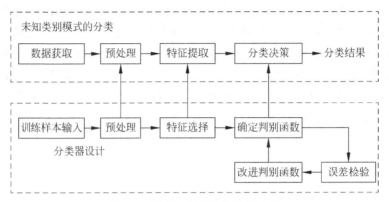

图 3-1　模式识别系统及识别过程

较高的测量空间(原始数据组成的空间)转变为维数较低的特征空间(分类识别赖以进行的空间)。

(4) 分类决策：在特征空间中用模式识别方法把被识别对象归为某一类别。

(5) 分类器设计：基本做法是在样品训练基础上确定判别函数,改进判别函数和误差检验。

节点及关联

模式识别是根据研究对象的特征或属性,利用以计算机为中心的机器系统运用一定的分析算法认定它的类别。

典型的模式识别理论：包括统计模式识别、结构模式识别、模糊模式识别等。

相关概念：模式、模式识别、模式识别系统、机器学习、人工智能……

3.2　模式识别与机器学习

3.2.1　统计推断

统计推断(statistical inference)是指根据带随机性的观测数据(样本)以及问题的条件和假定(模型),而对未知事物作出的以概率形式表述的推断。它是数理统计学的主要任务,其理论和方法构成数理统计学的主要内容。

统计推断是从总体中抽取部分样本,通过对抽取部分所得到的带有随机性的数据进行合理的分析,进而对总体作出科学的判断,它是伴随着一定概率的推测。统计推断的基本问题可以分为两大类：一类是参数估计问题；另一类是假设检验问题。在质量活动和管理实践中,人们关心的是特定产品的质量水平,如产品质量特性的平均值、不合格品率等。这些都需要从总体中抽取样本,通过对样本观察值分析来估计和推断,即根据样本来推断总体分布的未知参数,称为参数估计。参数估计有两种基本形式：点估计和区间估计。假设检验是用来判断样本间的差异是否由抽样误差引起的。它最常用的方法是显著性检验,其基本原理是先对总体的特征做出某种假设,然后通过抽样研究的统计推理,对此假设应该被拒绝还是接受做出推断。常用的假设检验方法有 Z 检验、t 检验、卡方检验、F 检验等。

统计推断的一个基本特点是：其所依据的条件中含有带随机性的观测数据。以随机现象为研究对象的概率论，是统计推断的理论基础。

在数理统计学中，统计推断问题常表述为如下形式：所研究的问题有一个确定的总体，其总体分布未知或部分未知，通过从该总体中抽取的样本（观测数据）得出与未知分布有关的某种结论。例如，某一群人的身高构成一个总体，通常认为身高是服从正态分布的，但不知道这个总体的均值，随机抽部分人，测得身高的值，用这些数据来估计这群人的平均身高，这就是一种统计推断形式，即参数估计。若感兴趣的问题是"平均身高是否超过 1.7m"，就需要通过样本检验此命题是否成立，这也是一种推断形式，即假设检验。由于统计推断是由部分（样本）推断整体（总体），因此根据样本对总体所作的推断，不可能是完全精确和可靠的，其结论要以概率的形式表达。统计推断的目的是利用问题的基本假定及包含在观测数据中的信息，得出尽量精确和可靠的结论。

在作统计的时候，我们手里有的就是样本信息，在这里要注意样本的两重性：样本既可看成具体的数，又可以看成随机变量（或随机向量）。在完成抽样后，它是具体的数；在实施抽样前，它被看成随机变量。因为在实施具体抽样之前无法预料抽样的结果，只能预料它可能取值的范围，故可把它看成一个随机变量，因此才有概率分布可言。

对于理论工作者，更重视样本是随机变量这一点。而对于应用工作者，虽将样本看成具体的数字，但仍不可忽视样本是随机变量（或随机向量）这一背景。否则，样本就是一堆杂乱无章毫无规律可言的数字，无法进行任何统计处理。样本既然是随机变量（或随机向量），就有分布而言，就可以应用概率论的知识，这样才存在统计推断问题。

统计学的目的是试图找到可能产生所观测到的数据背后的概率分布，而统计推断是建立在这个分布之上的。寻找一个模型一般有两步：对一个模型（分布）的初步猜想以及对未知模型参数的估计。

获得有效数据后，统计推断问题可以按照如下步骤进行：

（1）确定用于统计推断的合适统计量。

（2）寻求统计量的精确分布。在统计量的精确分布难以求出的情形中，可考虑利用中心极限定理或其他极限定理找出统计量的极限分布。

（3）基于该统计量的精确分布或极限分布，求出统计推断问题的精确解或近似解。

（4）根据统计推断结果对问题作出解释。

3.2.2　回归模型

回归分析是机器学习中的一项常见任务，并有着广泛的应用。回归分析用于寻找并建立变量之间的相关关系，它不仅为建立变量间关联的数学表达式提供了一般方法，而且可通过回归分析判断在实际工作中所建立经验公式的有效性，以及利用所得到的经验公式去达到预测、控制等目的。因此在确定或预测输入变量与输出变量关系及其程度、找出最优组合、评估两个或两个以上因素的交互影响等方面，回归分析方法得到广泛应用。同时，回归分析方法本身也在不断丰富、发展。以下介绍的是几种常用回归模型。

1. 线性回归

线性回归（linear regression）是最为人熟知的建模技术之一。通常是人们在学习预测模型时首选的技术之一。在这种技术中,因变量是连续的,自变量可以是连续的也可以是离散的,回归线的性质是线性的。

线性回归使用最佳的拟合直线(也就是回归线)在因变量(Y)和一个或多个自变量(X)之间建立一种关系。用一个方程式来表示,即线性回归模型也可称为估计函数,其表达式为:

$$f(x) = \theta_0 + \theta_1 x_1 + \theta_2 x_2 + \cdots + \theta_n x_n \tag{3-1}$$

其中 x_j 是第 j 个自变量,θ_j 是第 j 个模型参数(包括偏置 θ_0 与特征参数 $\theta_1, \theta_2, \cdots, \theta_n$),$\theta$ 参数为各特征在预测标签中的权重,n 为特征数量。该方程可由向量形式表达

$$f(x) = \sum_{j=0}^{n} \theta_j x_j = \boldsymbol{\theta}^{\mathrm{T}} \boldsymbol{x}$$

2. 逻辑回归

逻辑回归(logistic regression)常被用作解决分类问题,例如用来计算"事件=Success"和"事件=Failure"的概率。以二分类为例,因变量的类型属于二元(1/0、真/假、是/否)变量时,逻辑回归要找到分类概率 $P(Y=1|x)$ 与输入向量 x 的直接关系,然后通过比较概率值来判断类别。

事件几率(odds)指该事件发生与不发生的概率比值,若事件发生的概率为 P,那么该事件的几率是 $\dfrac{P}{1-P}$,则该事件的对数概率为:

$$\ln(\text{odds}) = \ln \frac{P}{1-P}$$

二项逻辑回归模型的概率分布,即在输入 x 为的情况下,输出 Y 为 1 或 0 的概率分布如下:

$$P(Y=1 \mid x) = \frac{1}{1 + \mathrm{e}^{-(\theta^{\mathrm{T}} x + b)}} \tag{3-2}$$

$$P(Y=0 \mid x) = \frac{\mathrm{e}^{-(\theta^{\mathrm{T}} x + b)}}{1 + \mathrm{e}^{-(\theta^{\mathrm{T}} x + b)}}$$

其中,θ 为权值向量,b 为偏置。对逻辑回归来说,将上述两式代入对数概率公式得:

$$\ln \frac{p(Y=1 \mid x)}{1 - p(Y=1 \mid x)} = \boldsymbol{\theta}^{\mathrm{T}} \boldsymbol{x} + \boldsymbol{b} \tag{3-3}$$

也就是说,输出 $Y=1$ 的对数几率是由输入 x 的线性函数表示的模型,这就是逻辑回归模型。

当考虑对输入 x 进行分类的线性函数 $\boldsymbol{\theta}^{\mathrm{T}} \boldsymbol{x} + \boldsymbol{b}$,通过逻辑回归模型,可以将线性函数 $\boldsymbol{\theta}^{\mathrm{T}} \boldsymbol{x} + \boldsymbol{b}$ 转化为概率(3-2)。当 $\boldsymbol{\theta}^{\mathrm{T}} \boldsymbol{x} + \boldsymbol{b}$ 的值越接近正无穷,$P(Y=1|x)$ 概率值也就越接近 1。因此逻辑回归先拟合决策边界 $\boldsymbol{\theta}^{\mathrm{T}} \boldsymbol{x} + \boldsymbol{b}$(不局限于线性形式,还可以是多项式形式),再建立这个边界与分类之间的概率联系,从而得到二分类情况下的概率公式(3-2)。

3. 逐步回归

在处理多个自变量时,可以使用逐步回归(stepwise regression)。在这种技术中,自变量的选择是在一个自动的过程中完成的,其中包括非人为操作。

这一过程是通过观察统计的值,如 R-square、t-stats 和 AIC(akaike information criterion)指标,来识别重要的变量。逐步回归通过同时添加/删除基于指定标准的协变量来拟合模型。下面列出了一些最常用的逐步回归方法:

(1) 标准逐步回归法　做两件事情,即增加和删除每个步骤所需的预测。

(2) 向前选择法　从模型中最显著的预测开始,然后为每一步添加变量。

(3) 向后剔除法　与模型的所有预测同时开始,然后在每一步消除最小显著性的变量。

这种建模技术的目的是使用最少的预测变量数来最大化预测能力。这也是处理高维数据集的方法之一。

使用回归分析的好处在于:它表明自变量和因变量之间的显著关系,也可表明多个自变量对一个因变量的影响强度。

回归分析也允许我们去比较那些衡量不同尺度的变量之间的相互影响,如价格变动与促销活动数量之间的联系,有助于市场研究人员、数据分析人员以及数据科学家排除并估计出一组最佳的变量,用来构建预测模型。

3.2.3　人工神经网络

神经网络是人工智能的基础,旨在模拟人脑分析和处理信息的方式。它解决了很多人类无法证明或难以解决的问题。人工神经网络具有自学习功能,可以使它们随着更多可用数据的出现而产生更好的结果。

人工神经网络就如同人的大脑一般,通过神经元节点相互连接交织成一个复杂的网络系统。人脑有数千亿个称为神经元的细胞,每个神经元由一个细胞体组成,该细胞体负责将传递到大脑的信息(输入)进行处理,并输送出大脑(输出)。一个人工神经网络神经元通过节点相互连接,如图 3-2 所示,这些处理单元由输入和输出单元组成,输入单元基于内部加权系统接收各种形式和结构的信息,并且神经网络尝试了解所呈现的信息以生成一个输出,其中人工神经网络可使用反向传播的学习规则来完善其输出结果。

神经元是神经网络的基本处理单元,一般多为多输入、单输出的单元,其结构模型如图 3-2 所示。x_i 表示输入信号,n 个输入信号同时输入神经元。ω_i 表示输入信号 x_i 与神

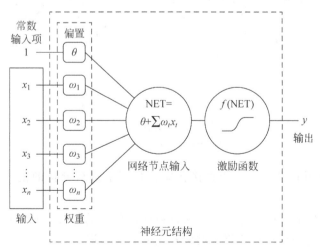

图 3-2　经典神经元模型

经元连接的权重值,θ 表示神经元的内部状态即偏置值,y 为神经元的输出。输入与输出之间的对应关系为

$$y = f\left(\sum_{i=1}^{n} \omega_i x_i + \theta\right) \tag{3-4}$$

式中,$f(\cdot)$ 为激励函数,其可以有很多种选择,如 Sigmoid 型函数型、ReLU 函数。

神经网络最初会经历一个训练阶段,在该阶段中将会有信号向前传播过程与误差反向传播过程。其中,在信号向前传播过程里,样本数据首先由输入层输入神经网络,由权重矩阵进行修正后,再经激励函数变换后输出至隐藏层(除输入层和输出层的中间层),隐藏层经过同样变换过程将结果输出至输出层。输出层数据与目标值进行比较,若误差不满足设计需求,则经相应权重修正后反向传播至输入层,依次修正输入层、隐藏层及输出层的网络权重。反复计算误差,直至误差满足设计需求。

人工神经网络控制是神经网络作为人工智能的一种方法在控制领域的应用。采用人工神经网络控制解决模式识别问题的原理是:根据神经网络原理设计的控制器,能够实时识别并分离成变化的模式,而且能够从经验中学习到模式的变化,即使在数据不完备的情况下,也能完成这些任务。由于人工神经网络具有并行机制、模式识别及自学能力,因此人工神经网络控制更能适应环境变化和控制对象参数变化的复杂控制过程的要求。

3.2.4 核方法

核方法(kernel methods,KMs)是一类模式识别的算法。其目的是找出并学习一组数据中的相互关系。用途较广的核方法有支持向量机、高斯过程等。

核方法是解决非线性模式分析问题的一种有效途径,其核心思想如图 3-3 所示。首先,通过某种非线性映射将原始数据嵌入到合适的高维特征空间;然后,利用通用的线性学习器在这个新的空间中分析和处理模式。

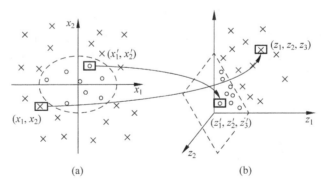

图 3-3 核方法示意图
(a)原始特征空间;(b)特征空间

相对于使用通用非线性学习器直接在原始数据上进行分析的范式,核方法有明显的优势:

(1) 通用非线性学习器具有不便反映具体应用问题的特性,而核方法的非线性映射由于面向具体应用问题设计而便于集成问题相关的先验知识。

（2）线性学习器相对于非线性学习器有更好的过拟合控制，从而可以更好地保证泛化性能。

（3）核方法是实现高效计算的途径，它能利用核函数将非线性映射隐含在线性学习器中进行同步计算，使得计算复杂度与高维特征空间的维数无关。

图 3-3(a)表示的是原始特征空间，在原始特征空间中，我们无法用直线（平面）来将两类点分开，但是却可以用圆来进行分割。图 3-3(b)表示通过对原始样本点进行映射（从二维映射到三维）得到的新的样本点。可以看到在新的特征空间中，两类样本点可以通过一个平面分开。

常见的核函数有高斯核、多项式核等，在这些常见核的基础上，通过核函数的性质（如对称性等）可以进一步构造出新的核函数。支持向量机是核方法应用的经典模型。

3.2.5　支持向量机

支持向量机（support vector machine，SVM）方法是 20 世纪 90 年代初 Vapnik 等人根据统计学习理论提出的一种新的机器学习方法。

首先，对 SVM 最直接的认识就是找到一个间隔最大的超平面来正确分割数据。超平面的概念指的是在 n 维空间中，$n-1$ 维子空间为超平面，它可以将 n 维空间分为两类，例如二维平面中，一维的直线为超平面，它将平面分为两类。在图 3-4(a)中实心点和空心点代表两类样本，H 为它们之间的分类超平面，过离超平面最近的样本，做平行于 H 的超平面 H_1、H_2，H_1 和 H_2 之间的距离就叫做分类间隔（margin）。

以最简单的线性可分问题为例，超平面用 $\omega^T x + b = 0$ 来表示。从图 3-4(b)中可以看出能将两类点分开的直线有很多条，哪种最好呢？直观上认为是中间的，其实就是如此。因为它的间隔最大。

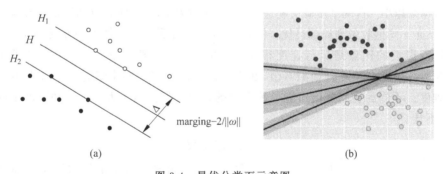

(a)   (b)

图 3-4　最优分类面示意图

在线性不可分问题中，就需要引入核函数来将二维线性不可分样本映射到高维空间中，让样本点在高维空间线性可分。常用核函数有：线性核函数、多项式核函数和高斯核函数。

3.2.6　聚类

聚类是一种无监督学习方法。与监督学习不同的是，无监督学习可通过无标签数据作为训练集从而学习数据内的规律或关系。无监督学习方法主要有 3 种：聚类、离散点检测和降维。

聚类在机器学习、数据挖掘、模式识别、图像分析以及生物信息领域有着广泛应用,它可以通过对数据的分析,有效地发现有用的信息,因此为科学研究、工程开发、信息安全等领域提供便利。聚类算法通过将对象的属性按照某种特定的标准进行相似性划分,从而将数据集分割为若干不同的类或簇,使相同类或簇内数据属性相似度最大化,并使不同簇类间的数据属性相似度最小化,其中各类簇不相交。

从广义上讲,聚类可以分为两种:

(1) 硬聚类。在硬群集中,每个数据点要么完全属于一个群集,要么完全不属于一个群集。

(2) 软聚类。在软群集中,不是将每个数据点放在单独的群集中,而是分配该数据点在这些群集中的概率或可能性。

下面介绍两种典型的聚类方法。

1. k 均值聚类

k 均值聚类是一种迭代聚类算法,它试图将样本集 $X = \{x_1, x_2, \cdots, x_n\}$ 划分到 k 个预定义的不相交类中,其中每个样本点仅属于一个类。计算每个样本与各个聚类中心之间的距离,把每个对象分配给距离它最近的聚类中心,并通过迭代更新将距离最小化得到最优划分。

该算法具体通过以下 4 个步骤实现。

(1) 初始化选择聚类中心:随机选择 k 个样本点作为类的中心点。为了弄清楚要使用的类的数量,最好快速浏览一下数据并尝试识别任何不同的分组。

(2) 对样本进行聚类:通过计算样本点与每个类中心之间的距离对每个数据点进行分类,将样本点分类为最靠近中心点的聚类。

(3) 更新每个聚类的中心:通过取组中所有向量的平均值来重新定义聚类中心。

(4) 重复步骤(2)~(3)得到最终划分:设置一定的迭代次数,或者直到聚类中心收敛在两次迭代之间变化不大为止。每次迭代之后,质心缓慢移动,并且每个点到其分配的质心的总距离越来越小。这两个步骤交替进行,直到收敛为止,这意味着直到群集分配没有更多变化为止,保证 k 均值收敛到局部最优。但是,这不一定是最佳的整体解决方案(全局最优)。

k 均值聚类的优点是运行速度很快,因为只需要计算样本点与类中心之间的距离。k 均值聚类的缺点在于难以预测 k 值,在面对高维度或复杂样本集时选择合理类的数量具有一定难度。不同的初始分区可能导致不同的最终集群。对于大小不同和密度不同的样本集,效果不佳。

2. 层次聚类

层次聚类旨在建立聚类的层次结构。通常分为两种算法自底向上的聚合算法和自顶向下的分裂算法。

层次聚类中自底而上的聚合算法的具体步骤为:从一开始就将每个样本视为单个聚类,即,如果样本集中有 G 个样本,那么就有 G 个聚类;然后找到相似度最大或距离最短的两个类进行合并形成新类;重复上述步骤,直到所有类都已合并为包含所有样本的单个聚类或类的个数达到阈值时停止。聚类的这种层次结构表示为树(或树状图),如图 3-5 所示。

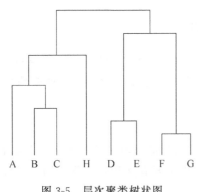

图 3-5 层次聚类树状图

分裂聚类与聚合聚类的原理相反,采用自顶向下策略,它首先将所有对象置于同一个簇中,然后逐渐细分为越来越小的簇,达到终止条件停止,或每个对象自成一簇。该种方法一般使用较少。

层次聚类的优点在于不需要预先指定数量,易于实施。它的弊端在于算法运算复杂度高,没有目标函数直接最小化,有时很难通过树状图识别正确的类(簇)数,易受噪声和异常值影响等。

3.2.7 贝叶斯分类器

贝叶斯分类是统计学中的一种概率分类方法,其分类原理就是利用贝叶斯公式根据某特征的先验概率计算出后验概率,然后选择最大后验概率的类作为该特征所属的类,即通过贝叶斯决策理论对特征进行分类。

1. 贝叶斯决策理论

贝叶斯决策理论在统计模式识别中有着广泛应用,它是一种解决分类问题的有效方法。在不完全信息状态下,通过先验概率对部分未知的状态用主观概率估计其结果,决策风险较大。利用贝叶斯公式对先验概率进行修正,得到后验概率,可做出最优决策。因此贝叶斯理论能够有效地综合模型信息、数据信息和先验信息,使决策者能够利用更多的信息做出最优决策。

在分类任务中,贝叶斯决策通常有两个基本前提:各类别总体的概率分布是已知的,各类先验概率、各类的概率分布、要决策分类的类别数是一定的。将未知样本 X 划分到已知的 M 个类 $(\omega_1, \omega_2, \cdots, \omega_m)$ 的其中一类,需要根据先验概率通过贝叶斯公式计算出 M 个后验概率 $P(\omega_i \mid x)$,$i = 1, 2, \cdots, M$。其中,仅根据后验概率作决策的方式称为最小错误率贝叶斯决策,这种方法可以从理论上证明该决策的平均错误率是最低的;另一种方式是考虑决策风险,在最小错误率决策基础上加入了损失函数,被称为最小风险贝叶斯决策。

基于贝叶斯公式,后验概率指给定样本空间中一个确定的样本 x,该样本属于类 ω_i 的概率,即 $P(\omega_i \mid x)$,表达式为

$$P(\omega_i \mid x) = \frac{P(x \mid \omega_i) P(\omega_i)}{P(x)} \tag{3-5}$$

2. 最小错误率准则

在分类问题中,人们往往希望尽量减少分类的错误,从这样的需求出发,通过将后验概率最大化,就能得出最小的错误率,这就是最小错误率准则,可以表示为

$$\text{若} \; P(\omega_i \mid x) = \max_{j=1,2,\cdots,m} P(\omega_j \mid x), \text{则} \; x \in \omega_i \tag{3-6}$$

3. 最小风险准则

在分类决策中,虽然分类错误率达到最小是重要的,但是实际应用中,有时还要考虑风险这一重要的指标。不同的决策可能造成不同的风险,比如在传染病医学诊断中,将确诊诊断为没病和将没病诊断为确诊这两种情况造成的损失是不一样的。最小风险贝叶斯准则就是在考虑各种错误可能造成不同损失的情况下的贝叶斯决策。

最小风险准则中的基本概念如下。

决策 α_i：把待分类样本 x 归到 ω_i；

损失 λ_{ij}：把真实属于 ω_j 类的样本 x 归到 ω_i 类中带来的损失；

条件风险 $R(\alpha_i \mid x)$：对样本 x 采取决策 α_i 后可能的总风险，表示为

$$R(\alpha_i \mid x) = \sum_{j=1}^{m} \lambda_{ij} P(\omega_j \mid x) \quad i = 1, 2, \cdots, m \tag{3-7}$$

因此决策规则为

$$\text{若 } R(\alpha_i \mid x) = \min_{j=1,2,\cdots,m} R(\alpha_j \mid x), \text{则 } x \in \omega_i$$

4. 朴素贝叶斯分类器

朴素贝叶斯算法是机器学习和数据挖掘领域的一个重要算法。它主要用于机器学习中的分类领域，特别在文本分析、舆情分析、医疗诊断、用户偏好分析等方面有广泛的应用。其关键性因素在于朴素贝叶斯算法中各样本属性需要相互独立、互不干扰，即每个属性独立对分类结果产生影响。朴素贝叶斯分类做了一个属性条件独立性假设，假设 d 维属性样本 $\boldsymbol{x} = (x_1, x_2, \cdots, x_d)$，对分类条件概率的估计可表示为

$$P(\boldsymbol{x} \mid \omega_i) = P(x_1, x_2, \cdots, x_d \mid \omega_i) = \prod_{j=1}^{d} P(x_j \mid \omega_i) \tag{3-8}$$

基于上述理论，后验概率可表达为

$$P(\omega_i \mid \boldsymbol{x}) = \frac{P(\boldsymbol{x} \mid \omega_i) P(\omega_i)}{P(\boldsymbol{x})} = \frac{P(\omega_i)}{P(\boldsymbol{x})} \prod_{j=1}^{d} P(x_j \mid \omega_i) \tag{3-9}$$

由于对所有分类来说 $P(\boldsymbol{x})$ 相同，因此判别函数可简化为

$$g_i(\boldsymbol{x}) = \text{argmax}_{\omega_i} P(\omega_i) \prod_{j=1}^{d} P(x_j \mid \omega_i) \tag{3-10}$$

$g_i(\boldsymbol{x})$ 表示 $\boldsymbol{x}$ 所属的分类。朴素贝叶斯算法有三大突出优点：其一是稳定性高，具体表现在朴素贝叶斯算法有较强的理论依据作为支撑；其二是简便、高效，朴素贝叶斯算法的逻辑简单，易于算法的实现，且出错率较低；其三是所需要的分类过程中时空开销较小，因为朴素贝叶斯算法需要各个数据间相互独立，只会涉及二级储存。即使朴素贝叶斯算法有较多的优点，但其最突出的缺点在于使用朴素贝叶斯算法需要满足各个数据间是相互独立互不干扰的，在现实生活中很难实现，因此并不能做到 100% 的准确度。在属性有较强的关联性或者数据过于烦琐时，朴素贝叶斯算法的效果往往不是很理想。

3.2.8　合并分类器（集成学习）

集成学习（ensemble learning）的思想来源于"三个臭皮匠顶个诸葛亮"的故事，如果能得到若干个学习器并将它们组合到一起来解决问题，会不会更好呢？这就涉及到两方面的内容，一是不同的学习器是如何产生的，二是怎么将它们合成到一起。

根据选取的训练集不同，会产生不同的学习器，主要分为两类，一类学习器之间相互独立，比如 Bagging 方法；另一类学习器是顺序产生，前面的学习器对后面的有影响，比如 Boosting 方法。

Bagging 方法中，学习器之间相互独立可以并行产生（图 3-6），它的原理如下：

（1）在原始数据集上通过有放回抽样选出 m 个数据组成采样集 1，重复 N 次，得到 N 个样本采样集。

（2）对每个样本集进行训练，得到 N 个不同学习器。

（3）将 N 个不同学习器组合为集成学习器。

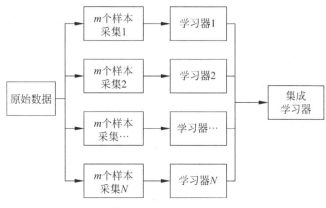

图 3-6　Bagging 方法

Boosting 方法中，前面的学习器对后面的有影响，只能顺序生成（图 3-7）。它的原理如下：

（1）先对原始数据集中每个数据赋予权重，将它作为训练集，训练出学习器 1。

（2）根据学习器 1 的表现对训练集进行调整（给分错的数据更大的权重），使得先前学习器做错的在后续受到更多关注，利用调整后的训练集，得到新的学习器。

（3）如此重复进行，直至学习器数目达到事先指定的值

（4）最后将这 N 个学习器进行加权结合。

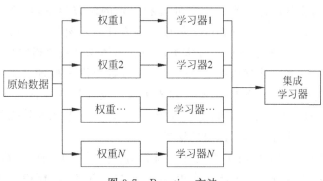

图 3-7　Boosting 方法

学习器的结合主要有 3 种方法：投票法、平均法和学习法。顾名思义，投票法采用的就是我们常说的少数服从多数，常用于分类问题。平均法是对于若干个学习器的输出进行平均得到最终的预测输出，常用于回归问题。对于学习法，它的代表是 stacking，stacking 是在得到了 N 个学习器的基础上，再加上一层学习器，把之前训练的 N 个学习器的输出作为输入来训练一个学习器。

节点及关联

统计推断：根据带随机性的观测数据(样本)以及问题的条件和假定(模型)，对未知事物作出的以概率形式表述的推断。

回归分析：寻找并建立变量之间的相关关系，利用所得到的经验公式去达到预测、控制等目的。

人工神经网络：模拟人脑分析和处理信息的方式，以期解决复杂的问题。

核方法：找出并学习一组数据中的相互关系，主要用于解决非线性模式分析问题。

支持向量机：一种核方法。

聚类：一种无监督学习方法。

贝叶斯分类：统计学中的一种概率分类方法。

集成学习：多种学习器组合应用于解决一个问题。

相关概念：数理统计，参数估计，假设检验，机器学习，神经元，监督学习，无监督学习，预测，聚类……

3.3　图像识别的基本概念与原理

3.3.1　图像识别的概念及发展历史

图像识别技术是人工智能的一个重要领域。它是指对图像进行对象识别，以识别各种不同模式的目标和对象的技术。图像识别的发展经历了 3 个阶段：文字识别、数字图像处理与识别、物体识别。

文字识别的研究是从 1950 年开始的，一般是识别字母、数字和符号，从印刷文字识别到识别手写文字，应用非常广泛。数字图像处理和识别的研究很早，至今也有近 50 年历史。数字图像与模拟图像相比具有存储方便、传输过程方便且不易失真、处理方便等巨大优势，这些都为图像识别技术的发展提供了强大的动力。物体识别主要指的是对三维世界的客体及环境的感知和认识，属于计算机视觉范畴。它是以数字图像处理与识别为基础的结合人工智能、系统科学等学科的研究方向，其研究成果被广泛应用在各种工业及探测机器人上。现代图像识别技术的一个不足就是自适应性能差，一旦目标图像被较强的噪声污染或是目标图像有较大残缺，往往就得不到理想的结果。

图像识别问题的数学本质属于模式空间到类别空间的映射问题。目前，在图像识别的发展中，主要有 3 种识别方法：统计模式识别、结构模式识别、模糊模式识别。图像分割是图像处理中的一项关键技术，自 20 世纪 70 年代开始，其研究已经有几十年的历史，一直都受到人们的高度重视，至今借助于各种理论提出了数以千计的分割算法，而且这方面的研究仍然在积极地进行着。

3.3.2　图像识别技术原理

图像识别技术的原理并不难，只是其要处理的信息比较烦琐。计算机的任何处理技术都不是凭空产生的,都是学者们从生活实践中得到启发,再利用程序将其模拟实现的。

计算机的图像识别技术和人类的图像识别在原理上并没有本质的区别,只是机器缺少人类在感觉与视觉差上的影响罢了。人类的图像识别也不单单是凭借整个图像存储在脑海中的记忆来识别的,而是依靠图像的本身特征先将这些图像分类,然后再通过各个类别所具有的特征将图像识别出来的,但很多时候我们并没有意识到这一点。

当看到一张图片时,我们的大脑会迅速感应到是否见过此图片或与其相似的图片。其实在"看到"与"感应到"的中间经历了一个迅速识别过程,这个识别的过程和搜索有些类似。在这个过程中,我们的大脑会根据存储记忆中已经分好的类别进行识别,查看是否有与该图像具有相同或类似特征的存储记忆,从而识别出是否见过该图像。机器的图像识别技术也是如此,其识别过程如图 3-8 所示,通过分类并提取重要特征而排除多余的信息来识别图像。机器所提取出的这些特征有时非常明显,有时又很普通,这在很大程度上影响了机器识别的效率。总之,在计算机的视觉识别中,图像的内容通常是用图像特征进行描述的。

图 3-8　机器进行图像识别的过程

3.3.3　图像识别过程

既然计算机的图像识别技术与人类的图像识别原理相同,那么它们的过程也是大同小异的。图像识别的过程分以下几步:信息的获取、预处理、特征抽取和选择、分类器设计和分类决策。

(1)信息的获取是指通过传感器,将光或声音等信息转化为电信息。也就是获取研究对象的基本信息,并通过某种方法将其转变为机器能够认识的信息。

(2)预处理主要是指图像处理中的去噪、平滑、变换等的操作,从而加强图像的重要特征。

(3)特征抽取和选择是指在模式识别中,需要进行特征的抽取和选择。简单的理解就是我们所研究的图像是各式各样的,如果要利用某种方法将它们区分开,就要通过这些图像所具有的本身特征来识别,而获取这些特征的过程就是特征抽取。在特征抽取中所得到的特征也许对此次识别并不都是有用的,这个时候就要提取有用的特征,这就是特征的选择。特征抽取和选择在图像识别过程中是非常关键的技术之一,因此对这一步的理解是图像识别的重点。

(4)分类器设计是指通过训练而得到一种识别规则,通过此识别规则可以得到一种特征分类,使图像识别技术能够得到高识别率。

(5)分类决策是指在特征空间中对被识别对象进行分类,从而更好地识别所研究的对象具体属于哪一类。

3.4　图像处理技术

3.4.1　图像预处理

将每一个图像分检出来交给识别模块进行识别,这一过程称为图像预处理。在图像分析中,图像预处理是指对输入图像进行特征抽取、分割和匹配前所进行的处理。

图像预处理的主要目的是矫正图像的某种退化,即消除图像中无关的信息,恢复有用的真实信息,增强有关信息的可检测性和最大限度地简化数据,从而改进特征抽取、图像分割、匹配和识别的可靠性。

预处理是在处于最低抽象层次的图像上所进行的操作,这时处理的输入和输出都是亮度图像。这些图像是与传感器抓取到的原始数据同类的,通常是用图像函数值的矩阵表示的亮度图像。预处理过程一般有数字化、几何变换、归一化、平滑、复原和增强等步骤。

预处理并不会增加图像的信息量,那么先验信息的性质就很重要。如果信息用熵来度量,那么预处理一般都会降低图像的信息量。因此,从信息理论的角度来看,最好的预处理是没有预处理,避免预处理的最好途径是着力于高质量的图像获取。然而,预处理在很多情况下是非常有用的,因为它有助于抑制与特殊的图像处理或分析任务无关的信息。因此,预处理的目的是改善图像数据,抑制不需要的变形或者增强某些对于后续处理重要的图像特征。

多数图像存在着相当可观的信息冗余,这使得图像预处理方法可以利用图像数据本身来学习一些统计意义上的图像特征。这些特征或者用于抑制预料之外的退化(如噪声),或者用于图像增强。实际图像中的属于一个物体的相邻像素基本上具有相同的或类似的亮度值,因此如果一个失真了的像素可以从图像中被挑出来,那么它一般可以用其邻接像素的平均值来复原。

3.4.2　图像分割

在对处理后的图像数据进行分析之前,图像分割是最重要的步骤之一,它的主要目标是将图像划分为与其中含有的真实世界的物体或区域有强相关性的组成部分。可以将目标定位于完全分割,其结果是一组唯一对应于输入图像中物体的互不相交的区域;也可以将目标定位于部分分割,其中区域并不直接对应于图像物体。从数学角度来看,图像分割是将数字图像划分成互不相交的区域的过程。图像分割的过程也是一个标记过程,即给属于同一区域的像素赋予相同的编号。

现在图像分割方法有许多种,如阈值分割法、边缘检测法、区域提取法等。图 3-9 是一个典型的图像分割实例。在 20 世纪 60 年代便有人提出了检测边缘算子,致使边缘检测产生了大量经典算法。但在近 20 年来,伴随着直方图和小波变换的图像分割方法的迅速发展,它们在图像处理方面的研究取得了巨大的进展。此外图像分割方法还结合了一些特定的理论、方法和工具,如基于数学形态学的图像分割、基于小波变换的分割、基于遗传算法的分割等。

1. 基于阈值的分割方法

阈值法的基本思想是基于图像的灰度特征来计算一个或多个灰度阈值,并将图像中每个像素的灰度值与阈值相比较,最后将像素根据比较结果分到合适的类别中。因此,该类方法最为关键的一步就是按照某个准则函数来求解最佳灰度阈值。

2. 基于边缘的分割方法

所谓边缘,是指图像中两个不同区域的边界线上连续的像素点的集合,是图像局部特征

图 3-9　图像分割技术实例

不连续性的反映,体现了灰度、颜色、纹理等图像特性的突变。通常情况下,基于边缘的分割方法指的是基于灰度值的边缘检测,它是建立在边缘灰度值会呈现出阶跃型或屋顶型变化这一观测基础上的方法。

阶跃型边缘两边像素点的灰度值存在着明显的差异,而屋顶型边缘则位于灰度值上升或下降的转折处。正是基于这一特性,可以使用微分算子进行边缘检测,即使用一阶导数的极值与二阶导数的过零点来确定边缘,具体实现时可以使用图像与模板进行卷积来完成(具体内容可参见第 5 章深度学习)。

3. 基于区域的分割方法

此类方法是将图像按照相似性准则分成不同的区域,主要包括种子区域生长法、区域分裂合并法和分水岭法等几种类型。

种子区域生长法是从一组代表不同生长区域的种子像素开始,接下来将种子像素邻域里符合条件的像素合并到种子像素所代表的生长区域中,并将新添加的像素作为新的种子像素继续合并过程,直到找不到符合条件的新像素为止。该方法的关键是选择合适的初始种子像素以及合理的生长准则。

区域分裂合并法的基本思想是,首先将图像任意分成若干互不相交的区域,然后再按照相关准则对这些区域进行分裂或者合并从而完成分割任务。该方法既适用于灰度图像分割,也适用于纹理图像分割。

分水岭法是一种基于拓扑理论的数学形态学的分割方法。其基本思想是把图像看作是测地学上的拓扑地貌,图像中每一点像素的灰度值表示该点的海拔高度,每一个局部极小值及其影响区域称为集水盆,而集水盆的边界则形成分水岭。该算法的实现可以模拟成洪水淹没的过程,图像的最低点首先被淹没,然后水逐渐淹没整个山谷。当水位到达一定高度的时候将会溢出,这时在水溢出的地方修建堤坝。重复这个过程,直到整个图像上的点全部被淹没,这时所建立的一系列堤坝就成为分开各个盆地的分水岭。分水岭算法对微弱的边缘有着良好的响应,但图像中的噪声会使分水岭算法产生过分割的现象。

图像数据的不确定性是图像分割面临的主要问题之一,通常伴随着信息噪声。根据所使用的主要特征,分割方法可以划分为 3 组:第一组是有关图像或部分的全局知识,这种知识一般由图像特征的直方图来表达;第二组是基于边缘的分割,而第三组是基于区域的分割,在边缘检测或区域增长中可以使用多种不同的特征,例如亮度、纹理、速度场等。第二组和第二组解决一个对偶问题。每个区域可以用其封闭的边界来表示,而每个封闭的边界也表达了一个区域。由于各种基于边缘区域的算法性质不同,它们就可能给出略微不同的结果和由此而来的不同信息。因此这两种方法的分割结果可以结合起来构成一个单独的描述结构。

3.4.3　形状表示与描述

定义物体的形状其实是非常困难的。形状通常以言辞来表达或以图形来描绘,而且人们常使用一些术语,例如细长的、圆形的、有明显边缘的等。在计算机时代,有必要对即使是非常复杂的形状进行精确描述。尽管存在着许多实际的形状描述方法,但没有被认可的统一的形状描述的方法学。

形状是物体的一种属性,图 3-10 就是对形状进行定义的实例。

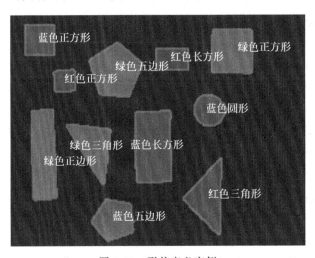

图 3-10　形状定义实例

形状表示与描述的方法近年来已经得到细致的研究,可以找到很多涉及众多应用的文献,如光学字符识别(optical character recognition,OCR)、心电图(electrocardiogram,ECG)分析、脑电图分析、细胞分类、染色体识别、自动监测、技术诊断等。尽管有众多应用,但多数方法的差异主要体现在术语上,这些相似的方法可以从不同的角度来刻画。

(1)输入的表示形式:物体的面数可以是基于边界(基于轮廓的、外部的)的,或者是基于整个区域的更复杂的知识(基于区域的、内部的)的。

(2)物体重建的能力:即是否可以从描述来重建物体的形状。存在很多种保持形状的方法,它们在物体重建的精度上不同。

(3)局部/全局描述的特征:全局描述只在整个物体的数据可用来分析时才能使用;局部描述使用物体的部分信息来描述物体的局部特征。

在多数任务中,描绘形状属性的类别很重要,例如苹果、橘子、梨、香蕉等的形状类别。形状类别应该充分表现具有同一类别术语的物体的一般形状。很明显,形状类别应该强调类间的不同点,而类间的形状变化的影响不会在类的描述中有所反应。

3.4.4　图像识别

图像识别是指利用计算机对图像进行处理、分析和理解，以识别各种不同模式的目标和对象的技术，是深度学习等算法的一种实践应用。现阶段图像识别技术一般用于人脸识别与商品识别。人脸识别主要运用在安全检查、身份核验与移动支付中；商品识别主要运用在商品流通过程中，特别是无人货架、智能零售柜等无人零售领域。

图形刺激作用于感觉器官，人们再次辨认出的过程，也叫图像再认。在图像识别中，既要有当时进入感官的信息，也要有记忆中存储的信息。只有通过存储的信息与当前的信息进行比较的加工过程，才能实现对图像的再认。

图像识别是以图像的主要特征为基础的。每个图像都有它的特征，如字母 A 有个尖、P 有个圈、Y 的中心有个锐角等。对图像识别时眼动的研究表明，视线总是集中在图像的主要特征上，也就是集中在图像轮廓曲度最大或轮廓方向突然改变的地方，这些地方的信息量最大。而且眼睛的扫描路线也总是依次从一个特征转到另一个特征上。由此可见，在图像识别过程中，知觉机制必须排除输入的多余信息，抽出关键的信息。同时，在大脑里必定有一个负责整合信息的机制，它能把分阶段获得的信息整理成一个完整的知觉映象。

在人类图像识别系统中，对复杂图像的识别往往要通过不同层次的信息加工才能实现。对于熟悉的图形，由于掌握了它的主要特征，就会把它当作一个单元来识别，而不再注意它的细节了。这种由孤立的单元材料组成的整体单位叫做组块，每一个组块是同时被感知的。在文字材料的识别中，人们不仅可以把一个汉字的笔画或偏旁等单元组成一个组块，而且能把经常在一起出现的字或词组成组块单位来加以识别。

在计算机视觉识别系统中，图像内容通常用图像特征进行描述。事实上，基于计算机视觉的图像检索也可以分为类似文本搜索引擎的 3 个步骤：提取特征、建索引以及查询。

3.4.5　图像理解

图像理解（image understanding，IU）就是对图像的语义理解。它是以图像为对象，知识为核心，研究图像中有什么目标、目标之间的相互关系、图像是什么场景以及如何应用场景的一门学科。

图像理解是研究用计算机系统解释图像，实现类似人类视觉系统理解外部世界的一门科学，所讨论的问题是为了完成某一任务需要从图像中获取哪些信息，以及如何利用这些信息获得必要的解释。图像理解的研究涉及和包含了研究获取图像的方法、装置和具体的应用实现。对图像理解的研究始于 20 世纪 60 年代初，研究初期以计算机视觉为载体，计算机视觉简单地说就是研究用计算机来模拟人类视觉或灵长类动物视觉的一门科学，由图像数据来产生视野环境内有用符号描述的过程。其主要研究内容包括图像获取、图像处理、图像分析、图像识别。图像有静态图像和动态图像之分，包括二维图像和立体图像。计算机视觉的输入是数据，输出也是数据，是结构化或半结构化数据和符号。识别是传统计算机视觉的目的，即要得到"图像中有什么"这一结论。

计算机视觉由低层处理层次和高层处理层次组成，图像理解是这种分类方法下的最高级处理层次。这一图像处理层次的主要任务是定义控制策略，以确保处理步骤的合适顺序。

此外,机器视觉系统必须能够处理大量假设和模糊的图像解释。一般来说,机器视觉系统的组织由图像模型的弱分层结构构成。

图像理解的控制策略包括并行和串行处理控制、分层控制、自底而上的控制、基于模型的控制、混合的控制策略和非分层控制。

随着计算机视觉和人工智能学科的发展,相关研究内容不断拓展、相互覆盖,图像理解既是对计算机视觉研究的延伸和拓展,又是人类智能研究的新领域,渗透着人工智能的研究进程,近年来已在工业视觉、人机交互、视觉导航、虚拟现实、特定图像分析解释以及生物视觉研究等领域得到了广泛应用。总之,图像理解的内容相当丰富,涉及面也很宽,是一门新兴的综合学科。

从计算机信息处理的角度来看,一个完整的图像理解系统可以分为以下 4 个层次:数据层、描述层、认知层和应用层。

(1) 数据层:获取图像数据。这里的图像可以是二值图、灰度图、彩色图和深度图等。数字图像的基本操作如平滑、滤波等一些去噪操作亦可归入该层。该层的主要操作对象是像素。

(2) 描述层:提取特征,度量特征之间的相似性(即距离)。采用的技术有子空间方法(subspace),如独立成分分析(independent component analysis,ICA)、主成分分析(principle component analysis,PCA)。该层的主要任务就是将像素表示符号化(形式化)。

(3) 认知层:图像理解,即学习和推理(learning and inference)。该层是图像理解系统的"发动机",非常复杂,涉及面很广,正确的认知(理解)必须有强大的知识库作为支撑。该层操作的主要对象是符号。具体的任务还包括数据库的建立。

(4) 应用层:根据任务需求(分类、识别、检测,注:如果是视频理解,还包括跟踪),设计相应的分类器、学习算法等。

3.4.6 数学形态学

数学形态学(mathematical morphology)是一门建立在格论和拓扑学基础之上的图像分析学科,是数学形态学图像处理的基本理论。其基本的运算包括腐蚀和膨胀、开运算和闭运算、骨架抽取、极限腐蚀、击中/击不中变换、形态学梯度、Top-hat 变换、颗粒分析、流域变换等。

数学形态学作为图像理解的一个分支兴起于 20 世纪 60 年代。形态学的基础是作用于物体形状的非线性算子的代数,它在很多方面都要优于基于卷积的线性代数系统。在很多领域中,如预处理、基于物体形状的分割、物体量化等,与其他标准算法相比,形态学方法都有更好的结果和更快的速度。对于初学者来说,掌握数学形态学工具的困难是在于其与标准代数和微积分课程略有不同的代数学。

数学形态学采用非线性代数工具,作用对象为点集、它们间的连通性及其形状。形态学运算简化了图像,量化并保持了物体的主要形状特征。

形态学运算主要用于以下目的:图像预处理(去噪声、简化形状);增强物体结构(抽取骨骼、细化、粗化、凸包、物体标记);从背景中分割物体;物体量化描述(面积、周长、投影)。

数学形态学是由一组形态学的代数运算子组成的,它的基本运算有 4 个:膨胀(或扩张)、腐蚀(或侵蚀)、开启和闭合,它们在二值图像和灰度图像中各有特点。图 3-11 是图像腐蚀操作的结果图。基于这些基本运算还可推导和组合成各种数学形态学实用算法,用它们可以进行图像形状和结构的分析及处理,包括图像分割、特征抽取、边缘检测、图像滤波、图像增强和恢复等。数学形态学方法利用一个称作结构元素的"探针"收集图像的信息,当探针在图像中不断移动时,便可考察图像各个部分之间的相互关系,从而了解图像的结构特征。数学形态学基于探测的思想,与人的注意焦点(focus of attention,FOA)的视觉特点有类似之处。作为探针的结构元素,可直接携带知识(形态、大小,甚至加入灰度和色度信息)来探测、研究图像的结构特点。

图 3-11　图像腐蚀操作

数学形态学的基本思想及方法适用于与图像处理有关的各个方面,如基于击中/击不中变换的目标识别、基于流域概念的图像分割、基于腐蚀和开运算的骨架抽取及图像编码压缩、基于测地距离的图像重建、基于形态学滤波器的颗粒分析等。迄今为止,还没有一种方法能像数学形态学那样既有坚实的理论基础,简洁、朴素、统一的基本思想,又有如此广泛的实用价值。有人称数学形态学在理论上是严谨的,在基本观念上却是简单和优美的。

数学形态学是一门建立在严格数学理论基础上的学科,其基本思想和方法对图像处理的理论和技术产生了重大影响。事实上,数学形态学已经构成一种新的图像处理方法和理论,成为计算机数字图像处理及分形理论的一个重要研究领域,并且已经应用在多门学科的数字图像分析和处理的过程中。这门学科在计算机文字识别、计算机显微图像分析(如定量金相分析、颗粒分析)、医学图像处理(例如细胞检测、心脏的运动过程研究、脊椎骨癌图像自动数量描述)、图像编码压缩、工业检测(如食品检验和印刷电路自动检测)、材料科学、机器人视觉、汽车运动情况监测等方面都取得了非常成功的应用。另外,数学形态学在指纹检测、经济地理、合成音乐和断层 X 光照像等领域也有良好的应用前景。形态学方法已成为图像应用领域工程技术人员的必备工具。目前,有关数学形态学的技术和应用正在不断地研究和发展。

3.4.7　图像数据压缩

随着计算机技术和网络通信技术的飞速发展,实时可视化通信、多媒体通信、网络电视、视频监控等业务越来越受到大家的关注。这样,图像压缩技术就成为急需解决的问题。

图像通常来源于真实世界,格式种类繁多。一般情况下,图像格式可以分为两类:①位图文件,包括 GIF 格式、BMP 格式、PCX 格式、PNG 格式、JPEG 格式等;②矢量图文件,包括 WMF、EPS 文件格式等。位图文件是以像素点为单位描述图像,而矢量图文件顾名思义以矢量为单位描述图像。

图像压缩是图像存储、处理和传输的基础,其首要目的就是压缩数据量,提高有效性,用尽可能少的数据来进行图像的存储和传输。由于图像数据具有冗余性特质,因此大多数情况下,并不要求经压缩后的图像和原图完全相同,而允许有少量失真,只要这些失真不被人眼察觉就可以接受。这给压缩比的提高提供了有利的条件,可允许的失真越多,可实现的压缩效率就越高。因为图像数据具有可压缩性,有大量的所谓统计性质的多余度,从而产生生理视觉上的多余度,去掉这部分图像数据并不影响视觉上的图像质量,甚至去掉一些图像细节对于实际图像的质量也无致命的影响。正因如此,可以在允许保真度的条件下压缩待存储的图像数据,大大节约存储空间,而且在图像传输时也大大减少信道容量。数据压缩技术的发展为各种形态的大量数据传输提供了技术保证,CPU 性能的不断提高也为数据压缩提供了有利条件。

针对多媒体数据冗余类型的不同,相应地有不同的压缩方法。根据解码后数据与原始数据是否完全一致进行分类,压缩方法可被分为无损压缩和有损压缩。在此基础上根据编码原理进行分类,大致有预测编码、变换编码、统计编码以及其他一些编码。其中,统计编码是无损编码,其他编码方法基本是有损编码。

从国际数据压缩技术的发展尤其是运动图像压缩标准(moving picture expert group,MPEG)的发展可以看出,基于内容的图像压缩编码方法是未来编码的发展趋势。它不仅能满足进一步获得更大的图像数据压缩比的要求,而且能够实现人机对话的功能。另外,任意形状物体的模型建立的关键问题还没有解决,这严重影响了其应用的广泛性。因此,图像编码将朝着多模式和跨模式的方向发展。

通过元数据进行编码也是今后编码的发展方向。元数据是指详细地描述音/视频信息的基本元素,利用元数据来描述音视频对象的同时也就完成了编码,因为此时编码的对象是图像的一种描述而不再是图像本身。从另一个角度来说,进一步提高压缩比,提高码流的附属功能(码流内容的可访问性、抗误码能力、可伸缩性等)也将是未来编码的两个发展方向。

节点及关联

图像识别技术是人工智能的一个重要领域。它是指对图像进行对象识别,以识别各种不同模式的目标和对象的技术。

图像预处理:对输入图像进行特征抽取、分割和匹配前所进行的处理。

图像分割:将图像划分为与其中含有的真实世界的物体或区域有强相关性的组成部分。

形状表示与描述:形状是物体的一种属性,其描述和表示是非常困难的。

图像识别:利用计算机对图像进行处理、分析和理解,以识别各种不同模式的目标和对象的技术,是深度学习等算法的一种实践应用。

图像理解:对图像的语义理解。

数学形态学:建立在格论和拓扑学基础之上的图像分析学科,是数学形态学图像处理的基本理论。

　　图像数据压缩：压缩数据量，提高有效性，用尽可能少的数据来进行图像的存储和传输。

　　相关概念：深度学习，机器学习，人工智能，计算机视觉，格论，拓扑学，图像格式……

3.5　模式与图像识别技术在智能制造中的应用

3.5.1　工业应用条件

随着模式与图像识别技术、自动化和智能化相关技术在国内的迅速发展，机器视觉系统也得到了快速的应用和发展。视觉和图像技术搭载在摄像头、传感器、雷达等智能硬件内，能够实现图像信息的获取和分析。制造业自动化和智能化需求凸显，推动机器视觉技术在工业生产领域的应用，可以使自动化系统解决方案得到优化。随着图像处理能力的增强、光器件性能的提高以及成本相对降低，机器视觉逐步应用于工业生产领域，并成为自动化系统的一个重要组成部分。

智能制造装备是具有感知、决策、控制、执行功能的各类制造装备的统称，是信息化与工业化深度融合的重要体现，也是高端装备制造业的重点发展方向。智能制造装备主要包括高端数控机床、工业机器人、精密制造装备、智能测控装置、成套自动化生产线、重大制造装备、3D 打印设备等。大力发展智能制造装备产业对于加快制造业转型升级，提升生产效率、技术水平和产品质量，降低能源资源消耗，实现制造过程的智能化和绿色化发展具有重要意义。研制智能制造装备面临着多项关键技术难题，其中机器视觉检测控制技术作为解决这些难题的关键核心技术之一，具有智能化程度高和环境适应性强等特点，在多种智能制造装备中得到了广泛的应用。

在此过程中，成像系统也得到了很大的发展。根据成像原理不同，成像系统可分为可见光成像、红外成像、超声成像等多种，尤以可见光成像应用最为广泛。整个成像系统包括光学、成像、处理 3 个部分。其中，光学部分由光源、光学系统构成，光源在成像对象上产生均匀光场，以提高所获取图像的质量，常用的光源包括 LED 光源、结构光等。光学系统主要实现光路控制，并将光信号聚焦到成像平面上，当前光路控制主要通过光纤、反射、扫描装置等光学器件实现。成像部分主要由图像传感器构成，传感器的感光元件将入射光转化为电信号，模拟信号经过放大、去噪、调理、A/D 转换和读出，得到数字图像。图像传感器的加工工艺、像素结构、曝光控制方法决定了所获取图像的分辨率、动态范围、信噪比、速度、传输速率等参数。处理部分由通信电路、图像处理器和处理算法构成，所获取的图像通过通信电路和协议传输到图像处理器中，并采用图像处理算法进行实时处理，提取出视觉信息用于智能制造装备的检测和控制。

机器视觉与多种技术融合，将不断提升智能制造自动化水平。随着制造业转型升级步伐加快，机器视觉技术与产品的需求逐步增多，应用领域逐渐扩大，将推动企业加速开展产品功能创新，以满足用户个性化需求。机器视觉将融合 3D 监测、彩色图像处理、人工智能、运动控制、信息网络等多种技术，由单一的检测、定位、测量功能向大数据分析、智能控制方向发展。基于机器视觉的自动化监测、智能控制系统将广泛应用于工业生产各个领域,并主要从中端生产线向前端制造和后端物流环节延伸,成为提升智能制造产业自动化水平的重要推动力量。机器视觉系统可以提高制造业的自动化和智能化程度,适用于不适合人工作业的危险环境、大批量持续的不间断生产,从而提高生产效率和产品的精度。快速获取信息并自动处理的性能,也同时为工业生产的信息集成提供了方便。

随着机器视觉技术的不断成熟与发展,机器视觉在智能制造中的应用也越来越广泛。我们大致可以概括出机器视觉在智能制造中的 3 大典型应用,这 3 大典型应用也基本涵盖了机器视觉技术在工业生产中能够起到的作用。

1. 定位

视觉定位要求机器视觉系统能够快速准确地找到被测零件并确认其位置。将区域匹配与形状特征进行紧密的融合,对图像进行规范性的处理,该方法拥有明确的依据,可以对物体特征进行精准的识别。比如在半导体封装领域,设备需要根据机器视觉取得的芯片位置信息调整拾取头,准确拾取芯片并进行绑定。定位是机器视觉在智能制造领域最基本的应用。在工业机器人领域,以往的机器人无法以自动化的方式完成工作,操作对象的开始与终止位置有着非常严格的要求,机器人只能完成特定的操作,无法针对外部参数的变化情况开展针对性的操作。为了使机器人具有柔性特征,完成自动化生产,保证机器人可以快速开展工作,保证生产安全,可以将视觉技术应用于工业领域,对目标物体进行快速的识别,并明确具体位置。

2. 识别

图像识别在机器视觉工业领域中最典型的应用就是二维码和条形码的识别。将大量的数据信息存储在小小的二维码中,利用机器视觉系统通过条码对产品进行跟踪管理,可以方便地对各种材质表面的条码进行识别读取,从而大大提高现代化生产的效率。而模式识别,结合后续的控制和配合,可以通过搭建智能系统拓宽工业机器人的应用领域。

3. 检测

图像检测是目前机器视觉在工业领域最主要的应用场景。机器视觉检测技术是用机器视觉、机器手代替人眼、人手来进行检测、测量、分析、判断和决策控制的智能测控技术。与其他检测控制技术相比,其优点主要包括:①智能化程度高,具有人无法比拟的一致性和重复性;②信息感知手段丰富,可以采用多种成像方式,获取空间、动态、结构等信息;③检测速度快,准确率高,漏检率和误检率低;④实时性好,可满足高速大批量在线检测的需求;⑤机器视觉与智能控制技术结合,可实现基于视觉的高速运动控制、视觉伺服、精确定位和力的优化控制,极大地提高控制精度。因此,机器视觉检测控制技术已经广泛应用于精密制造生产线、工业产品质量在线自动化检测、智能机器人、细微操作、工程机械等多个领域的智能制造装备中,在提高我国精密制造水平,保障汽车、电子、医药、食品、工业产品质量和重大工程安全施工等方面发挥了巨大作用。[2]

物体测量应用最大的特点就是其非接触测量,同样具有高精度和高速度的性能,且非接触无磨损,消除了接触测量可能造成的二次损伤隐患。常见的测量应用包括齿轮、接插件、汽车零部件、IC 元件管脚、麻花钻、罗定螺纹检测等。

节点及关联

机器视觉在智能制造中的 3 大典型应用：定位、识别、检测。

3.5.2 案例

1. 物体分拣应用

物体分拣应用是建立在识别、检测之后的一个环节，通过机器视觉系统将图像进行处理，实现分拣。在机器视觉工业应用实践中有食品分拣、零件表面瑕疵自动分拣、棉花纤维分拣等。

智能在线分选系统是将自动化、机械化和信息化结合在一起的新技术设备。近年来，随着大批量生产速度的提高和市场对产品质量稳定性要求的提高，人工分拣的方式已经不能满足市场需求。智能在线分选系统的研制具有重要的工程意义和广阔的应用前景，并且随着物联网技术的高速发展，在线分选装置正朝着数字化、网络化、智能化的方向发展。[3]

在智能在线分选系统中，能否提取出有效的目标特征对分选结果准确性起着至关重要的作用。以零件表面瑕疵自动分拣为例，对于特征明显并且不随放置位置变化的部位，我们可以手动设计相应的特征提取算子，利用特征检测识别该部位是否合格。而对于特征不明显或者特征可能变化的部位，利用深度学习的卷积神经网络自动提取部位特征并利用支持向量机(SVM)算法识别。系统的实际运行情况表明，该方案可以快速有效地识别工件是否合格，错误率可达极低的水平(有研究报告达到约 0.5%)，基本上达到了人眼的识别率。通过图像识别检测方法，智能制造装备可实现目标识别和分类、缺陷检测、视觉测量等功能。图像识别面临的主要难题包括检测对象多样、特征多变、几何结构精密复杂、处于高速运动状态等。基于视觉检测和控制技术的智能制造装备虽然功能、作业对象、结构、运动控制方法、图像处理方法差别较大，但其原理方案却基本相同，如图 3-12 所示。

智能制造装备视觉检测控制原理方案如图 3-12 所示。智能制造装备的机器视觉检测控制系统由光源与成像系统、视觉检测软硬件、装备和运动控制系统构成。在视觉检测和控制过程中，精密成像机构和成像系统自动获取图像，图像经过 I/O 接口传输到图像处理硬件中，并经过预处理、标定分割、检测识别、分类决策等过程，获得位姿、质量、分类等信息。运动控制系统根据作业任务，通过 PLC 或 I/O 接口板控制执行器、机器人进行位置、速度、力闭环控制。视觉检测控制系统通过通信系统与整机控制器、装备等其他系统有机结合，实现自动化操作。

2. 智能空瓶检测分拣装备

智能空瓶检测分拣装备是一种应用在啤酒、饮料等大型制造自动化生产线上，对清洗后和灌装前的空瓶缺陷进行视觉检测和分拣的装备。空瓶缺陷主要包括瓶口、瓶身、瓶底破损，可见异物和残留液等。该装备如图 3-13 所示，由空瓶传送系统、多成像系统、视觉检测系统、残留液检测和分拣装置组成。该装备采用直线式传送机构，当空瓶分别运动到瓶口、瓶身、瓶底检测工位时，触发光电传感器，多成像系统自动获取各检测区域的图像，视觉检测系统分别对各工位图像进行处理。在图像处理过程中，对瓶口、瓶身、瓶底检测区域进行定位，然后分别对各区域进行缺陷检测，其中瓶身和瓶底采用基于局部掩膜的高频系数提取和阈值方法,瓶口采用分块和基于灰度的多层神经网络分类方法。最终分拣装置根据多个工位的检测结果将存在缺陷的空瓶剔出生产线。

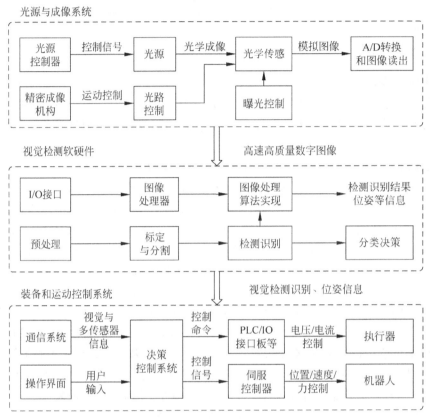

图 3-12　智能制造装备视觉检测控制原理方案

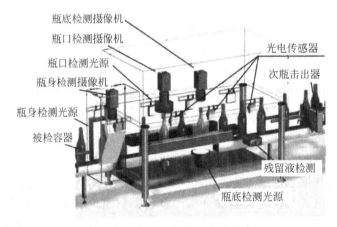

图 3-13　智能空瓶检测分拣装备

3. 精密电子视觉检测与分拣装备

精密电子视觉检测与分拣装备是应用于电子制造生产线上,完成精密识别、定位、抓取、检测和分拣等制造工序的智能装备。如图 3-14 所示,该装备由上料机械手、PLC、传送系统、精密视觉运动控制、高分辨率视觉成像与检测系统、下料机械手、分拣控制器和装备主控系统等构成。

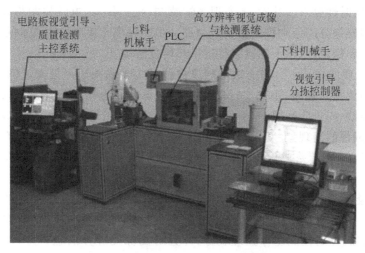

图 3-14　精密电子视觉检测与分拣装备

该装备作业包括上料、检测和分拣 3 个环节。在上料环节,上料机械手采用手眼成像模式,在给定位置对电路板成像,采用 Patmax(图像位置搜索技术)方法识别和定位电路板,并结合相机内外参数获取电路板中心位姿。上料机械手运动到给定位姿,末端执行器抓取对象,并移动到传送系统的夹具上方,再次成像,并通过夹具定位获取夹具空间位姿。机械手将执行器移动到夹具正上方,并将电路板放置到夹具上。在检测环节,夹具在 PLC 的控制下移动到检测工位,并采用多个相机获取高分辨率图像,进行拼接和缺陷检测。在分拣环节,当电路板运动到下料工位时,下料机械手采用手眼模式成像,识别和计算出夹具位姿,并移动到夹具中心位置,执行器抓取对象,根据质量检测结果将对象放置到不同位置,最终进行精密电子组装。

4. 医药智能视觉检测分拣装备

大型医药智能视觉检测分拣装备是应用于制药自动化生产线上,对安瓿、口服液及输液瓶等药品质量进行高速、全自动、在线检测的装备。待识别的杂质主要包括图 3-15 所示的微弱可见异物,如玻璃碎屑、毛发、纤维等,以及瓶体破损、瓶口封装污染等,该装备还可以根据检测结果自动剔除不合格品。医药质量检测面临杂质类型多样、微弱(检测标准为 $50\mu m$ 及以上),部分杂质附着于瓶底等难题。装备采用多工位成像和精密旋转-急停成像机构,获取杂质的运动图像序列。杂质检测采用序列图像轨迹分析的方法,首先通过基于边界的定位方法确定检测区域,然后对相邻帧图像进行空洞填充差分,并采用基于脉冲神经网络和 Tsallis 熵的图像分割算法提取杂质,通过杂质不变特征分析运动轨迹,并实现杂质的识别。在输出星轮处,根据检测结果,装备将药品进行分类。

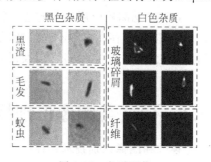

图 3-15　杂质图像

图像和模式识别在工业应用中,也面临着新挑战。智能制造装备是一种复杂精密光机电系统,要实现高速、高精度视觉检测和控制,保障装备的稳定、可靠、高效运行,必须在系统级进行优化设计。首先,要保证成像系统获取高质量图像,背景简单,以简化图像识别算法,时序设计满足实时性要求。其次,要实现光学感知、机械传动、电气控制与计算机软硬件协同工作,并采用误差分配原则控制精度。为进一步扩展视觉检测控制技术的应用范围,并提高精度、准确性和稳定性,以下问题有待进一步研究解决:

(1) 先进工业成像技术。当前采用的成像技术大多局限于可见光成像,导致在某些应用中,获得的图像特异性差,很难实现图像检测和识别。为此,需要从光源、光强和频谱控制、精密光路控制、先进阵列感知、信号调理等方面全面研究成像技术,研究不同对象与电磁波相互作用和成像的新现象、新原理、新方法。将多种先进成像技术,如激光扫描成像、弱干涉成像、层析成像、太赫兹成像、电容成像等应用于工业视觉检测和控制,丰富视觉感知手段。

(2) 高性能图像处理技术。为提高视觉检测和控制的精度,通常需采用复杂图像处理流程,导致计算复杂度高;此外,智能制造装备对实时性要求极高,造成了巨大的计算压力。为此,需研究高性能图像处理装置,并且对图像处理算法进行并行化,实现实时图像处理。

(3) 自动化图像处理流程设计。图像处理过程是由多个图像处理步骤构成的,每个步骤都可以采用多种处理方法,造成图像处理流程设计困难。为针对特定应用实现自动图像处理流程设计,首先应分析不同图像处理方法的异同以及实现的处理效果,并分析不同参数对于处理结果的影响。根据任务、先验知识和图像特征,选择最优图像处理算法和参数,实现自动图像处理流程设计。

(4) 智能视觉控制技术。当前视觉伺服研究的对象大多面向传统的 6 自由度机械手,其视觉控制相对简单。随着作业复杂性增加,新型机器人如柔性机械手、并联机械手、精密多关节机械手等应用于精密视觉伺服;同时特种作业如超高精度细微操作、限定环境作业对机器人避障、路径规划和作业精度及速度都产生了新的要求。为此,要研究智能视觉伺服和限定环境下视觉伺服控制方法,将机器人智能控制、高精密电机运动控制和机器视觉技术有机融合,实现高速高精度控制。

(5) 精密光机电协同控制。智能制造装备是机器视觉、高速高精度伺服控制、精密机械和智能控制软件的深度集成,装备的高效、可靠运行需要各部分的协同工作。为此,需研究高可靠性的光机电协同和集成技术,并通过状态监控和故障诊断技术提高装备自动化程度及容错能力。

(6) 视觉测控应用高稳定性、高可靠性和适应性研究。由于图像信息属于非线性多维信息,在应用中存在多种不确定性,限制了装备的稳定性和可靠性。为此,需研究提高视觉信息稳定性、可靠性的方法,以及误差控制方法,提高装备对制造环境的适应能力。

3.6 模式与图像识别技术的发展

模式和图像识别技术将在以下几个重点领域迅速发展。

(1) 模式识别基础理论:是开展模式识别及其相关研究的基础,主要研究模式识别中的共性基础理论与方法,包括模式识别的认知机理与计算模型、模式分类与机器学习、模式描述与结构理解等。

(2)图像处理与计算机视觉:主要研究视觉模式的分析与理解,有着广泛的应用领域和前景。主要研究内容包括三维视觉和场景分析、物体检测与识别、视频分析与语义理解、医学影像分析、生物特征图像识别、遥感图像分析、文档图像分析、多媒体计算等。

(3)语音与语言信息处理:主要研究听觉模式的分析与理解,是改善人机通信和交互方式、有效利用网络内容资源的重要手段,是实现不同语种之间全球自由通信的重大关键技术。主要研究内容包括语音识别、话语理解、口语翻译、情感交互、中文语言处理与信息检索等。

(4)脑网络组研究:内容包括在宏观、介观及微观尺度上建立人脑和动物脑的连接图,以脑网络为基本单元的组学,在此基础上研究脑网络拓扑结构、脑网络的动力学属性、脑功能及功能异常的脑网络表征、脑网络的遗传基础,并对脑网络的结构与功能进行建模和仿真,为类脑研究及下一代人工智能提供基础支撑。

(5)类脑智能研究:致力于解析神经系统的微观环路,通过借鉴脑的工作原理,构建大规模神经连接的认知计算和学习模型,实现机理类脑、行为类人的类脑智能系统,并研究脑机融合技术,促进人机混合智能的发展。

3.7　本章小结

所谓模式识别的问题,就是用计算的方法,根据样本的特征将样本划分到一定的类别中去。模式识别通过计算机用数学技术方法来研究模式的自动处理和判读,把环境与客体统称为"模式"。随着计算机技术的发展,人类有可能研究复杂的信息处理过程,其过程的一个重要形式是生命体对环境及客体的识别。模式识别以图像处理与计算机视觉、语音语言信息处理、脑网络组、类脑智能等为主要研究方向,研究人类模式识别的机理以及有效的计算方法。模式识别涉及数学、信息科学、计算机科学等多学科的交叉,同时也是一门应用性很强的学科,它在功能上可视为人工智能的一个分支,主要为智能系统实现机器智能提供理论和技术支持。

模式识别就是识别出特定事物,然后得出这些事物的特征。也就是根据研究对象的特征或属性,利用计算机,运用一定的分析算法,尽可能符合真实情况地认定它的类别。模式识别的目的就是利用计算机实现人的类识别能力,是对具体客体与抽象客体识别能力的模拟。对信息的理解往往含有推理过程,需要专家系统、知识工程等相关学科的支持。

一个典型的模式识别系统由数据获取、预处理、特征提取、分类决策及分类器设计 5 部分组成。

图像识别技术是人工智能的一个重要领域。它是指对图像进行对象识别,以识别各种不同模式的目标和对象的技术,是深度学习等算法的一种实践应用。图形刺激作用于感觉器官,人们再次辨认出的过程,也叫图像再认。在图像识别中,既要有当时进入感官的信息,也要有记忆中存储的信息。只有通过存储的信息与当前的信息进行比较的加工过程,才能实现对图像的再认。

图像识别的发展经历了 3 个阶段:文字识别、数字图像处理与识别、物体识别。图像识别问题的数学本质属于模式空间到类别空间的映射问题。目前,在图像识别的发展中,主要有 3 种识别方法:统计模式识别、结构模式识别、模糊模式识别。图像分割是图像处理中的一项关键技术,自 20 世纪 70 年代开始,其研究已经有几十年的历史,一直都受到人们的高度重视,至今借助于各种理论提出了数以千计的分割算法,而且这方面的研究仍然在积极地进行着。

图像识别技术的过程分以下几步:信息获取、预处理、特征抽取和选择、分类器设计和分类决策。

随着模式和图像识别技术不断进步,未来将在模式识别基础理论、图像处理与计算机视觉、语音与语言信息处理、脑网络组研究和类脑智能研究等重点领域发展迅速。

习题

1. 模式识别的基本概念是什么?模式识别系统由哪几部分组成?
2. 统计推断问题的步骤是什么?
3. 统计学的 3 大要素是什么?
4. 回归的好处是什么?
5. 核方法的基本思想是什么?
6. 图像识别的发展阶段和数学本质是什么?
7. 常用的图像预处理的目的是什么?
8. 常用的图像分割方法有哪些?
9. 图像理解系统的 4 个层次是什么?
10. 数学形态学的基本运算和目的是什么?
11. 图像压缩的首要目的是什么?

参考文献

[1] THEODORIDIS S, KOUTROUMBAS K. Pattern Recognition[M]. 4th ed. Academic Press, Inc, USA, 2008.

[2] 孙娅楠. 梯度下降法在机器学习中的应用[D]. 成都:西南交通大学,2018.

[3] MOHRI M, ROSTAMIZADEH A, TALWALKAR A. Foundations of Machine Learning second edition, 2018[C]. The MIT Press Cambridge, Massachusetts London, England, 2018.

[4] HASTIE T, TIBSHIRANI R, FRIEDMAN J. The Elements of Statistical Learning Data Mining[C]// Inference, and Prediction, 2nd ed. Stanford University Dept. of Statistics Stanford CA94305USA, 2008.

[5] AGGARWAL C C. Neural Networks and Deep Learning[C]//IBMT. J. Watson Research Center International Business Machines Yorktown Heights, NY, USA, 2018.

[6] 邱锡鹏. 神经网络与深度学习[C]. 上海:复旦大学,2015.

[7] 李青华,李翠平,张静,等. 深度神经网络压缩综述[J]. 计算机科学,2019,46(9):1-14.

[8] ONDA H. Industrial Intemational Welding Defect Identification by Artificial Neural Networks[A]. Japan/USA. Symposium On Flexible Automarion, 1992.

［9］　MURTY M N，DEVI V S. Pattern Recognition An Algorithmic Approach［J］. Indian Institute of Science Dept. of Computer Science and Automation Bangalore India.

［10］　KLETTE，R，ROSENFELD A. Digital Geometry-Geometric Methods for Digital Picture Analysis ［C］. MorganKaufmann，SanFrancisco，CA，2004.

［11］　WOON S G. Signal Processing and Image Processing for Acoustical Imaging［C］，2020.

［12］　KIM T H，ADELI H. Signal Processing，Image Processing and Pattern Recognition ［C］. Communications in Computer and Information Science，2011.

［13］　闫纪红，李柏林. 智能制造研究热点及趋势分析［J］. 科学通报，2020，65（8）：684-694.

［14］　郭军. 基于机器视觉的机器人工件定位系统研究及实际应用［J］. 科学技术创新，2020（14）：103-104.

［15］　王耀南，陈铁健，贺振东，等. 智能制造装备视觉检测控制方法综述［J］. 控制理论与应用，2015，32（3）：273-286.

［16］　储玉芬. 基于嵌入式系统的智能在线分拣系统研究［J］. 科技传播，2020，12（10）：146-148.

［17］　程俊，李嘉翊，郑志刚，等. 基于形状知识的不合格品自动检测算法［J］. 电子测量技术，2011，34（1）：119-123.

第 4 章

模糊控制

4.1 模糊控制概述

4.1.1 模糊控制的发展

模糊控制的相关理论发展至今已有几十年的历史,已经成为智能控制领域一个非常重要的分支。

1. 20 世纪 60 年代:模糊理论的萌芽

美国加利福尼亚大学的拉特飞·扎德(Lotfi Zadeh)于 1965 年在名为《模糊集合》的著名文章中率先提出了模糊集合理论,即 *Fuzzy Sets*,并建立了其在数学领域内的一个新的分支。在提出模糊控制理论之前,他曾描述过关于"状态"的定义,后来该定义成为了现代控制理论的基础。在 20 世纪 60 年代初期,拉特飞·扎德认为经典控制理论过分强调控制系统的准确性并且无法分析复杂控制系统,正如他在 1962 年提出的"在分析生物系统时,需要一种彻底不同的数学——关于模糊量的数学,该数学不能用概率分布来描述"。后来,他将这一思想定义为《模糊集合》(*Fuzzy Sets*)。

自模糊理论问世以来,它就一直饱受争议。诸多学者,如理查德·贝尔曼(Richard Bellman),对该理论表示认同并在这一新理论中进行了深入的研究。然而另外的很多学者却反对该理论,他们认为"模糊化"违背基本的科学常识。但是,最大的挑战还是来自统计和概率论领域的数学家们,他们坚信概率论可以充分描述不确定性,概率论可以解决任何需要用到模糊理论的问题。由于模糊理论在初期没有实际应用,它无法反驳这些来自数学家们的质疑,因此当时几乎世界上所有的大型研究机构都未将模糊理论作为一个重要的研究领域。

虽然模糊理论在当时并没有成为热门研究领域,但是世界各地仍有大批学者坚持这一新领域的研究。在 20 世纪 60 年代末期,这些学者提出了许多新的模糊方法,如模糊算法、模糊决策等。

2. 20 世纪 70 年代:模糊理论继续发展并出现了实际的应用

模糊理论成为一个独立的新领域,主要原因在于拉特飞·扎德保持了坚持不懈的研究,并且取得了许多成果。模糊理论的许多基本概念都是由拉特飞·扎德在 20 世纪 60 年代末和 70 年代初这几年间提出的。自他在 1965 年提出模糊集合概念之后,又在 1968 年提出了模糊算法的定义,并且在 1970 年和 1971 年又分别提出了模糊决策和模糊排序。1973 年,他发表了另一篇著名的文章《分析复杂系统和决策过程的新方法纲要》,该文章提出了模糊控制的基础理论,并且在引入语言变量这一重要概念的基础上,又提出了用模糊 IF-THEN 规则来量化人类的知识。

20 世纪 70 年代发生的一个具有里程碑意义的事件就是处理实际系统的模糊逻辑控制器(fuzzy logic controller,FLC)的问世,其简称为模糊控制器。1975 年,曼达尼(E. H. Mamdani)和阿西利安(S. Assilian)定义了模糊控制器的基本结构,并将模糊控制器应用于控制蒸汽发动机。他们的研究成果发表在文章"带有模糊逻辑控制器的语言合成实验"中,这是关于模糊理论的另一篇开创性的文章。他们认为模糊控制器构造简单并且运行效果好。1978 年,霍姆布拉德(L. P. Holmblad)和奥斯特加德(Ostergard)为整个工业过程控制系统设计出了第一个模糊控制器——模糊水泥窑控制器。

总而言之,公认的模糊理论的基本概念创建于 20 世纪 70 年代。随着许多新概念的提出,模糊理论变为一门新科学已经成为必然趋势。就如模糊蒸汽机控制器和模糊水泥窑控制器这种最初的案例也充分说明了这一理论的价值。

3. 20 世纪 80 年代:模糊理论的大规模应用使其产生巨大飞跃

从理论上说,20 世纪 80 年代初模糊理论依旧发展缓慢。这几年并没有提出有价值的新的概念和方法,这是由于很少有人能够坚持进行该领域的研究,但是模糊控制依然有人坚持研究,因此只有模糊控制方面的成果继续流传下来。

对新技术非常关注的日本工程师们,惊讶地发现模糊控制器可以解决许多实际问题,并且解决效果也不错。由于模糊控制的数学模型无须关注控制过程,因此它可以利用多种数学模型解决传统控制论不能解决的问题。1980 年,关野创造了日本的模糊理论的第一个应用——控制一家富士(Fuji)电子水净化工厂。1983 年,他又致力于设计模糊理论机器人,这种机器人能够按照所受命令来精准控制汽车的停放位置。20 世纪 80 年代初,来自日立公司的富田安信和宫本给仙台地铁公司研发了模糊控制系统。他们于 1987 年完成了该系统的设计,创造了当时世界上最高级的地铁控制系统。模糊控制的这一应用引起全世界的广泛关注,随之引起了模糊领域的一场巨大变革。

1987 年 7 月,日本东京召开第二届国际模糊系统协会年会。会议就是在仙台地铁正式开通后第 3 天召开的,参会者们历经了一次愉快的旅行。广田还在大会上展示了一种基于模糊理论的机器人手臂,该手臂能实时地做二维空间内的乒乓球动作。日本科学家山川也证明了模糊系统可以维持倒立摆平衡的理论。之前,模糊理论在日本一直没有被认可,但在这次会议之后,支持模糊理论的呼声迅速蔓延到工程、政府以及商业团体之中。到 20 世纪 90 年代初,社会上已经出现了非常多的模糊理论产品。

4. 20 世纪 90 年代:模糊理论仍有更多的挑战

日本模糊系统的广泛应用引起了美国和欧洲诸多学者们的关注。尽管一些学者仍然对模糊理论持批评态度,但是更多人转变了曾经的错误观念,而且给予了模糊理论继续发展的契机。1992 年 2 月,在智利首都圣地亚哥召开了首届 IEEE 模糊系统国际会议,这次大会意味着模糊理论将被世界上最知名的工程师协会——IEEE 所接受。1993 年,IEEE 创办了

IEEE 模糊系统会刊。

从理论上来说,模糊系统与模糊控制在 20 世纪 80 年代末 90 年代初的发展是迅猛的。虽然没有取得比较大的突破,但对于模糊系统与模糊控制中的一些典型问题的研究已经取得了一定的成果,例如利用神经网络技术系统地确定隶属度函数及严格分析模糊系统的稳定性。虽然模糊系统应用到控制理论的前景已经越来越明朗,但仍有诸多的问题需要解决,模糊理论大多数的方法和分析仍处于初级阶段。我们坚信,只要坚持把更多的时间和精力放在模糊理论研究上时,该理论一定能产生更大的进步。

4.1.2 经典集合论与模糊集合论

1. 由经典集合到模糊集合

设 U 为论域或全集,它是具有特定性质或用途的元素的全体。论域 U 中经典(清晰)集合 A,或简而言之,集合 A 可定义为集合中元素的枚举(枚举法),或者被描述为集合中元素的属性(描述法)。枚举法只适用于有限集,因此其应用范围有限;通常使用描述性规则。在描述性规则中,集合 A 可以表示为

$$A = \{x \in U \mid x \text{ 满足某些条件}\} \tag{4-1}$$

此外还有另外一种定义集合 A 的方式——隶属度法,该方法引入了集合 A 的 0-1 隶属度函数(membership function,也可叫做特征函数、差别函数或指示函数),用 $\mu_A(x)$ 表示,它满足

$$\mu_A(x) = \begin{cases} 1 & x \in A \\ 0 & x \notin A \end{cases} \tag{4-2}$$

其中,集合 A 与其隶属度函数 $\mu_A(x)$ 等价,因此,知道 $\mu_A(x)$ 就等同于知道了集合 A。

【例 4.1】 将大众(Volkswagen)公司的所有商品汽车的集合定义为论域 U,则可依据商品汽车的特征来定义 U 上的不同集合。图 4-1 描述了可用于定义 U 上的集合的两类特征:(a)德国汽车或非德国汽车;(b)汽缸数量。例如,设论域 U 上所有具有 4 个汽缸的汽车为集合 A,即

$$A = \{x \in U \mid x \text{ 具有 4 个汽缸}\} \tag{4-3}$$

或

$$\mu_A(x) = \begin{cases} 1 & \text{如果 } x \in U \text{ 且 } x \text{ 有 4 个汽缸} \\ 0 & \text{如果 } x \in U \text{ 且 } x \text{ 没有 4 个汽缸} \end{cases}$$

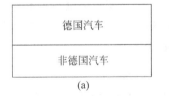

图 4-1　汽车集合的子集分割图

(a) 德国汽车和非德国汽车;(b) 汽缸数量

如果想按照汽车是德国汽车还是非德国汽车来定义一个 U 上的集合,将会出现一些

困难。一种解决办法是,如果汽车具有德国汽车制造商的商标,则认为该汽车是德国汽车;否则就认为该汽车是非德国汽车。不过,仍有很多人认为德国汽车与非德国汽车之间的差异并不是很明显,因为德国汽车(如奔驰、大众和奥迪等)的许多零部件都不是在德国生产的。此外,有一些"非德国"汽车却是在德国制造。因此,我们应该怎样解决这种问题呢?

从根本上来说,例 4.1 中的问题表明某些集合并不具有清晰的边界。经典集合理论中的集合要求具有一个精准的定义,因此,经典集合无法准确描述像"大众的所有德国汽车"这样的集合。为了解决经典集合理论的这种局限性,模糊集合的概念被提出。它的诞生验证了经典集合的这种局限性是确实存在的,需要一种新的理论——模糊集合理论,来弥补经典集合理论的不足。

定义 4.1 论域 U 上的模糊集合是用隶属度函数 $\mu_A(x)$ 来表征的,$\mu_A(x)$ 的取值范围是 $[0,1]$。

因此,模糊集合是经典集合的一种延伸,模糊集合准许隶属度函数在区间 $[0,1]$ 内任意取值。也就是说,经典集合的隶属度函数只能取两个值——0 或 1,而模糊集合的隶属度函数则是在区间 $[0,1]$ 上的一个可以连续取值的函数。由定义可知,模糊集合并非真正的模糊,它只是一个具有连续隶属度函数的集合。

U 上的模糊集合 A 可以表示为一组元素与其隶属度值的有序对的集合,即

$$A = \{(x, \mu_A(x)) \mid x \in U\} \tag{4-4}$$

当 U 连续时(如 $U = R$),A 一般可以表示为

$$A = \int_U \frac{\mu_A(x)}{x} \tag{4-5}$$

上式的积分符号并非为真正的积分,而是表示在论域 U 上的隶属度函数为 $\mu_A(x)$ 的所有点 x 的集合。

当 U 取离散值时,A 一般可以表示为

$$A = \sum_U \frac{\mu_A(x)}{x} \tag{4-6}$$

上式的求和符号并非为真正的求和,而是表示在论域 U 上的隶属度函数为 $\mu_A(x)$ 的所有点 x 的集合。

现在回到例 4.1,思考如何利用模糊集合的思想来定义德国汽车和非德国汽车。

根据例 4.1,我们可以按照汽车的组成部件在德国制造的比例,来将集合"大众的德国汽车"(用 D 表示)定义为一个模糊集合,即可用如下式中的隶属度函数来定义 D:

$$\mu_D(x) = p(x) \tag{4-7}$$

上式中,$p(x)$ 为汽车的组成部件在德国制造的百分比,它在 $0 \sim 100\%$ 取值。例如,如果某汽车 x_0 有 60% 的零件在德国制造,则可以说汽车 x_0 属于模糊集合 D 的程度为 0.6。

同理,可以用下式的隶属度函数来定义集合"大众的非德国汽车"(用 F 表示):

$$\mu_F(x) = 1 - p(x) \tag{4-8}$$

上式中,$p(x)$ 的含义与式(4-7)中的 $p(x)$ 相同,则若某汽车 x_0 有 60% 的组成部件在德国制造,则可称汽车 x_0 属于模糊集合 F 的程度为 $1-0.6=0.4$。式(4-7)和式(4-8)的定义可

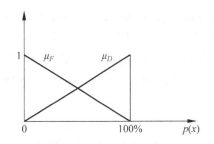

图 4-2　德国汽车的隶属度函数 $\mu_D(x)$ 和
非德国汽车的隶属度函数 $\mu_F(x)$

参阅图 4-2 中的示例。显然,一种元素可以以相同或不同的程度隶属于几个不同的模糊集合。

下面思考另一个模糊集合的例子,从而可以得出一些结论。

注：$\mu_D(x)$ 和 $\mu_F(x)$,是根据零部件在德国制造的百分比($p(x)$)来确定的。

【**例 4.2**】　令 Z 表示模糊集合"接近于 0 的数",则 Z 的隶属度函数可能为

$$\mu_{z(x)} = \mathrm{e}^{-x^2} \tag{4-9}$$

上式中,$x \in R$。这是一个均值为 0、标准差为 1 的高斯函数。根据该隶属度函数可知,0 和 2 属于模糊集合 Z 的程度分别为 $\mathrm{e}^0 = 1$ 和 e^{-4}。

也可以将 Z 的隶属度函数定义为

$$\mu_{z(x)} = \begin{cases} 0 & x < -1 \\ x+1 & -1 \leqslant x \leqslant 0 \\ 1-x & 0 \leqslant x < 1 \\ 0 & x \geqslant 1 \end{cases} \tag{4-10}$$

由上述隶属度函数可知,0 和 2 属于模糊集合 Z 的程度分别为 1 和 0。式(4-9)和式(4-10)的图像分别如图 4-3 和图 4-4 所示。此外,我们还可以选择其他的隶属度函数来代表"接近于 0 的数"。

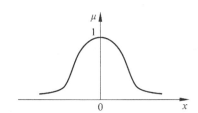

图 4-3　"接近于 0 的数"的隶属度函数的
一种可能形式

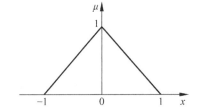

图 4-4　"接近于 0 的数"的隶属度函数
另一种可能的形式

由例 4.2 可以得到模糊集合的 3 条重要结论:

(1) 由模糊集合描述的现象的特征通常是模糊的。例如,"接近数字 0"是一个不精确的表达。因此,可以使用不同的隶属度函数来描述同一类对象。然而,隶属度函数本身并不是模糊的,它们由精确的数学函数所表达。一旦隶属度函数代表了模糊性的本质,比如隶属度函数公式(4-9)或公式(4-10)所代表的"接近 0 的数字",这个概念将不再模糊。因此,用隶属度函数表示模糊描述后,模糊描述的模糊性基本消除。模糊集理论的一个常见的误解是模糊集理论试图模糊世界。事实上,恰恰相反,我们看到的是模糊集消除了世界的模糊性。

(2) 紧跟前一结论的另一个重要问题是:怎样确定隶属度函数? 隶属度函数有各种各样的选择,怎样从中进行选择呢? 根据定义来说,有两种方式确定隶属度函数。第一种方式是利用人类专家的知识,即邀请该领域的专家来指定隶属度函数。由于模糊集通常用于描述人类知识,隶属度函数也代表了人类知识的一部分。通常,这种方法只能给出一个粗略的

隶属度函数公式,因此必须进行"微调"。第二种方法是从各种传感器收集数据,以确定隶属度函数。具体来说,首先指定隶属度函数的结构,然后根据数据"微调"隶属度函数的参数。

(3) 应该强调的是,尽管等式(4-9)和式(4-10)用于描述"接近 0"的数字,但它们属于不同的模糊集合。因此,应该使用不同的说明性语句来表示模糊集合表达式(4-9)和表达式(4-10)。模糊集合及其隶属度函数应具有一对一的对应关系。换句话说,当一个模糊集合给定时,它必须有一个唯一的隶属度函数;反之,当给出隶属度函数时,它只能表示一个模糊集合。因此,模糊集合等价于它们的隶属度函数。

下面再看两个模糊集合的例子,一个是连续域上的模糊集合,另一个是离散域上的模糊集合。这两个集合都是从扎德的开创性文章(Zadeh,1965)中摘录的经典案例。

【例 4.3】　设 U 为普通人的年龄区间 $[0,90]$,那么就可以将模糊集合"年轻"和"年老"用下面的隶属度函数(如图 4-5)来定义:

$$年轻 = \int_0^{25} \frac{1}{x} + \int_{25}^{90} \frac{\left(1 + \left(\frac{x-25}{5}\right)^2\right)^{-1}}{x} \tag{4-11}$$

$$年老 = \int_{50}^{90} \frac{\left(1 + \left(\frac{x-50}{5}\right)^{-2}\right)^{-1}}{x} \tag{4-12}$$

【例 4.4】　设 U 为 1～10 的整数,即 $U = \{1, 2, \cdots, 10\}$,则模糊集合"几个"可以定义为(采用式(4-6)中的求和符号)

$$几个 = \frac{0}{1} + \frac{0}{2} + \frac{0.5}{3} + \frac{0.8}{4} + \frac{1}{5} + \frac{1}{6} + \frac{0.8}{7} + \frac{0.5}{8} + \frac{0}{9} + \frac{0}{10} \tag{4-13}$$

即,5 和 6 隶属于模糊集合"几个"的程度为 1,4 和 7 隶属于模糊集合"几个"的程度为 0.8,3 和 8 隶属于模糊集合"几个"的程度为 0.5,1、2、9、10 隶属于模糊集合"几个"的程度为 0(见图 4-6)。

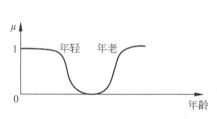

图 4-5　"年轻"和"年老"的隶属度函数

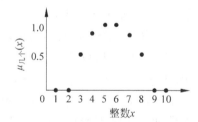

图 4-6　模糊集合"几个"的隶属度函数

2. 模糊集合的一些基本概念

模糊集合的许多概念和术语都是从经典(清晰)集合的基本概念扩展而来的,但有些概念是模糊集合系统所独有的。

定义 4.2　凸模糊集(convex fuzzy set)、支撑集(support)、模糊单值(fuzzy singleton)、交叉点(crossover point)、高度(height)、中心(center)、标准模糊集(normal fuzzy set)、α-截集(α-cut)及投影(projections)的概念定义如下:

论域 U 上模糊集 A 的支撑集是一个清晰集,它包含了 U 中所有在 A 上具有非零隶属度值的元素,即

$$\text{supp}(A) = \{x \in U \mid \mu_A(x) > 0\} \tag{4-14}$$

式中,supp(A)表示模糊集 A 的支撑集。例如,图 4-6 中"几个"模糊集合的支撑集就是这个
$\{3,4,5,6,7,8\}$ 的整数集合。如果模糊集合的支撑集为空,则该模糊集合称为空模糊集。如
果模糊集合的支撑集只包含 U 中的一个点,则该模糊集合称为模糊单值。模糊集的中心可
以定义如下:如果模糊集的隶属度函数达到其最大值的所有点的均值是有限值,则该均值
被定义为模糊集合的中心;如果平均值为正(负)无穷大,则模糊集的中心被定义为达到最
大隶属度值的所有点中的最小(最大)点的值。一些典型模糊集的中心如图 4-7 所示。一个
模糊集的交叉点就是 U 中隶属于 A 的隶属度等于 0.5 的点。

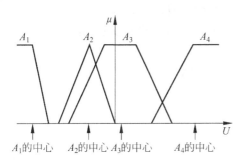

图 4-7 一些典型模糊集的中心

模糊集的高度是指任一点所达到的最大隶
属度值。如果模糊集的高度等于 1,则称为标准
模糊集。

一个模糊集 A 的 α-截集是一个清晰集 A_α,
它包含了 U 中所有隶属于 A 的隶属度值大于等
于 α 的元素,即

$$A_\alpha = \{x \in U \mid \mu_A(x) \geqslant \alpha\} \tag{4-15}$$

假设,当 $\alpha = 0.4$ 时,式(4-10)所示模糊集
(见图 4-4)的 α-截集就是清晰集 $[-0.6, 0.6]$;
而当 $\alpha = 0.8$ 时,式(4-10)所示模糊集的 α-截集就是 $[-0.2, 0.2]$。

当论域 U 为 n 维欧氏空间 R^n 时,凸集的概念可以推广至模糊集合。对于任意 α,当且
仅当模糊集 A 在区间 $(0,1]$ 上的 α-截集 A_α 为凸集时,模糊集 A 是凸模糊集。

引理 4.1 对任意 $x_1, x_2 \in R^n$ 和任意 $\lambda \in [0,1]$,称 R^n 上的模糊集合 A 是凸模糊集,
当且仅当下式成立:

$$\mu_A(\lambda x_1 + (1-\lambda)x_2) \geqslant \min[\mu_A(x_1), \mu_A(x_2)] \tag{4-16}$$

证明: 首先假设 A 是凸模糊集,证明式(4-16)是成立的。

设 x_1、x_2 为 R^n 上的任意点,为保证一般性,假设 $\mu_A(x_1) \leqslant \mu_A(x_2)$,因为 $\mu_A(x_1) = 0$
时式(4.17)必定成立,所以令 $\mu_A(x_1) = \alpha > 0$。由 A 的 α-截集 A_α 是凸集的性质和 x_1,
$x_2 \in A$(因为 $\mu_A(x_2) \geqslant \mu_A(x_1) = \alpha$),可得,对所有 $\lambda x_1 + (1-\lambda)x_2 \in A_\alpha$。因此
$\mu_A(\lambda x_1 + (1-\lambda)x_2) \geqslant \alpha = \mu_A(x_1) = \min[\mu_A(x_1), \mu_A(x_2)]$。

其次,证明在式(4-16)成立的条件下,A 为凸模糊集。

令 α 为 $(0,1]$ 上的任意点,如果 A_α 是空集,则 A 为凸模糊集(因为空集是凸集)。如果
A_α 是非空的,则存在 $x_1 \in R^n$,使得 $\mu_A(x_1) = \alpha$(根据 A_α 的定义)。令 x_2 为 A_α 中的任一
元素,则有 $\mu_A(x_2) \geqslant \alpha = \mu_A(x_1)$。因为根据假设,式(4-16)是成立的,所以对所有 $\lambda \in$
$[0,1]$,有 $\mu_A(\lambda x_1 + (1-\lambda)x_2) \geqslant \min[\mu_A(x_1), \mu_A(x_2)] = \mu_A(x_1) = \alpha$,这表明 $\lambda x_1 +$
$(1-\lambda)x_2 \in A_\alpha$,所以 A_α 是凸集。因为 α 是 $(0,1]$ 上的任意点,所以由 A_α 是凸集可知 A 为
凸模糊集。

令 A 是 R^n 上的一个模糊集,它的隶属度函数为 $\mu_A(x) = \mu_A(x_1, \cdots x_n)$,设 H 为 R^n
中的一个超平面(hyperplane),记 $H = \{x \in R^n \mid x_1 = 0\}$(为简化分析,本节仅分析这个特殊
的超平面,可根据它直接推广到一般的超平面)。若 A 在 H 上的投影为在 R^{n-1} 上的模糊

集合 A_H，其隶属度函数为

$$\mu_{A_H}(x_1,\cdots x_{n.})=\sup_{x_1\in R}\mu_A(x_1,\cdots x_{n.})\tag{4-17}$$

式中，$\sup\limits_{x_1\in R}\mu_A(x_1,\cdots x_{n.})$ 表示当 x_1 在 R 中取值时，函数 $\mu_A(x_1,\cdots x_{n.})$ 的最大值。

3. 模糊集合的运算

下面假设 A 和 B 是定义在同一论域 U 上的模糊集合。

定义 4.3　两个模糊集合 A 和 B 的等价（equality）、包含（containment）、补集（complement）、并集（union）和交集（intersection）的定义如下：

对任意 $x\in U$，当且仅当 $\mu_A(x)=\mu_B(x)$ 时，称 A 和 B 是等价的。对任意 $x\in U$，当且仅当 $\mu_A(x)\leqslant\mu_B(x)$ 时，称 B 包含 A，记为 $A\subset B$。定义集合 A 的补集为 U 上的模糊集合，记为 $\overline{A}$，其隶属度函数为

$$\mu_{\overline{A}}(x)=1-\mu_A(x)\tag{4-18}$$

U 上模糊集 A 和 B 的并集也是模糊集，记为 $A\cup B$，其隶属度函数为

$$\mu_{A\cup B}(x)=\max\left[\mu_A(x),\mu_B(x)\right]\tag{4-19}$$

U 上模糊集 A 和 B 的交集也是模糊集，记为 $A\cap B$，其隶属度函数为

$$\mu_{A\cap B}(x)=\min\left[\mu_A(x),\mu_B(x)\right]\tag{4-20}$$

用"max"表示并集，用"min"表示交集的意图是什么呢？下面给出明确的解释。定义并集的常规方式为：A 和 B 的并集是包含 A 和 B 的"最小"的模糊集合。确切地说，若 C 为任意一个包含 A 和 B 的模糊集合，则它必包含 A 和 B 的并集。接下来说明该定义与式（4-19）等价。

首先根据 $\max[\mu_A(x),\mu_B(x)]\geqslant\mu_A$ 和 $\max[\mu_A(x),\mu_B(x)]\geqslant\mu_B$ 可知，式（4-19）中定义的 $A\cup B$ 包含了 A 和 B。而且，若 C 是任意一个包含 A 和 B 的模糊集合，则有 $\mu_C\geqslant\mu_A,\mu_C\geqslant\mu_B$ 从而有 $\mu_C\geqslant\max[\mu_A,\mu_B]=\mu_{A\cup B}$。于是就验证了式（4-19）中定义的 $A\cup B$ 是包含 A 和 B 的"最小"模糊集合。

同理可以验证，式（4-20）中定义的交集是 A 和 B 所包含的"最大"模糊集合。

【例 4.5】　考虑式（4-7）和式（4-8）所定义的两个模糊集合 D 和 F（见图 4-2），定义 F 的补集 $\overline{F}$ 的隶属度函数（见图 4-8）为

$$\mu_{\overline{F}}(x)=1-\mu_F(x)=1-p(x)\tag{4-21}$$

对比式（4-21）与式（4-8），可以看出 $\overline{F}=D$。这表明，若一辆汽车不是非德国汽车（F 的补集）就是德国汽车。或者确切地说，一辆汽车越不是非德国汽车，就越是德国汽车。F 和 D 的并集 $F\cup D$（见图 4-9）可定义为

$$\mu_{F\cup D}(x)=\max\left[\mu_F,\mu_D\right]=\begin{cases}\mu_F(x) & 0\leqslant p(x)\leqslant0.5\\ \mu_D(x) & 0.5\leqslant p(x)\leqslant1\end{cases}$$
$$\tag{4-22}$$

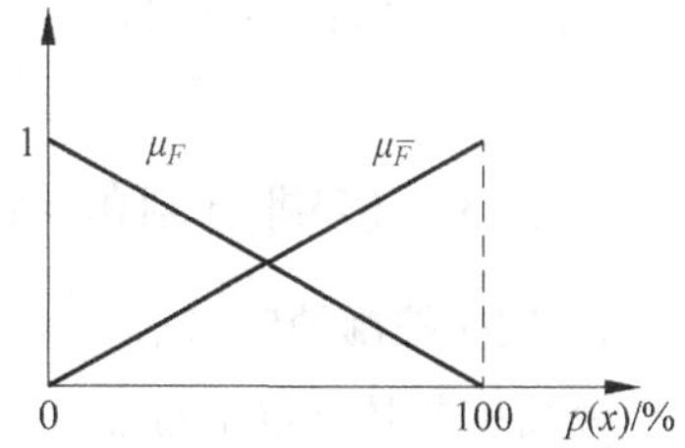

F 和 D 的交集 $F\cup D$（见图 4-10）可定义为

$$\mu_{F\cap D}(x)=\min\left[\mu_F,\mu_D\right]=\begin{cases}\mu_D(x) & 0\leqslant p(x)\leqslant0.5\\ \mu_F(x) & 0.5\leqslant p(x)\leqslant1\end{cases}\tag{4-23}$$

图 4-8　F 和 $\overline{F}$ 的隶属度函数

对于式(4-18)～式(4-20)中所定义的补、并、交运算来说,经典集合中建立的许多基本性质(并非全部)都可以扩展到模糊集合中,具体可见下面引理 4.2。

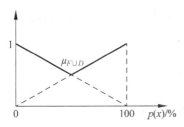

图 4-9　$F \cup D$ 的隶属度函数
注:这里 F 和 D 的定义参考图 4-2

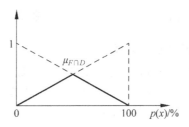

图 4-10　$F \cap D$ 的隶属度函数
注:这里 F 和 D 的定义参考图 4-2

引理 4.2　德·摩根定律(The De Morgan's Laws)对于模糊集合也是成立的。即,假设 A 和 B 是模糊集合,则有

$$\overline{A \cup B} = \overline{A} \cap \overline{B} \tag{4-24}$$

$$\overline{A \cap B} = \overline{A} \cup \overline{B} \tag{4-25}$$

下面仅说明式(4-24)成立,式(4-25)同理可证。

首先,验证下式成立:

$$1 - \max [\mu_A, \mu_B] = \min [1 - \mu_A, 1 - \mu_B] \tag{4-26}$$

要验证上式成立,须分析两种可能情况: $\mu_A \geqslant \mu_B$ 和 $\mu_A < \mu_B$。若 $\mu_A \geqslant \mu_B$,则有 $1 - \mu_A \leqslant 1 - \mu_B$,进而有 $1 - \max [\mu_A, \mu_B] = \min [1 - \mu_A, 1 - \mu_B]$,即式(4-26)成立;若 $\mu_A < \mu_B$,则有 $1 - \mu_A > 1 - \mu_B$,进而有 $1 - \max [\mu_A, \mu_B] = 1 - \mu_B = \min [1 - \mu_A, 1 - \mu_B]$,即式(4-26)成立。因此,式(4-26)是成立的。由定义式(4-18)、式(4-20)及两个模糊集等价的定义可知,式(4-26)成立和式(4-24)成立是等价的。

节点及关联

经典集合和模糊集合

模糊集合基本概念:凸模糊集、支撑集、模糊单值、交叉点、高度、中心、标准模糊集、α-截集,投影。

模糊集合运算:等价、包含、补集、并集、交集。

4.1.3　模糊控制的特点及其应用领域

1. 模糊控制的特点

模糊控制具有以下特点。

(1) 简化系统设计的复杂性,特别适用于非线性、时变、滞后、模型不完全系统的控制。

(2) 它不依赖于被控对象的精确数学模型。

(3) 采用控制法则来描述系统变量间的关系。

(4) 模糊控制器不需要为被控对象建立完整的数学模型。

(5) 模糊控制器是一语言控制器,便于操作人员使用自然语言进行人机对话。

（6）模糊控制器是一种易于控制和掌握的理想非线性控制器。它具有更好的鲁棒性（robustness）、适应性及容错性（fault tolerance）。

2. 模糊控制的应用

近年来，模糊逻辑得到了广泛的应用。根据文献描述，在金融系统和地震预测工程等各个领域有许多相关的应用实例。尤其是模糊控制已经成为模糊集合论应用研究中最活跃、最有效的领域。此外，大量应用实例表明，基于模糊逻辑控制器（fuzzy logic controller，FLC）的系统比传统控制系统具有更好的性能。

1）模糊控制的工业应用

模糊控制在工业生产中的应用已经取得了显著的成果，例如换热过程控制、交通管理、水泥窑、模型车停车和转向、机器人、汽车传动和速度控制、水净化、电梯、电力系统以及核反应控制等。

（1）模糊控制在交流伺服系统中的应用。目前，交流伺服系统越来越广泛地应用于机器人和机械手的关节驱动，以及精密数控机床。主要原因是与直流伺服电机相比，交流伺服电机具有体积小、过载能力强、输出扭矩大、无电刷磨损、无须频繁维护等优点。此外，由于无刷电压降的影响，它可以达到非常低的速度，并具有硬机械特性。对于交流伺服系统的性能要求，从动静特性和质量的角度来看，主要包括：

① 快速跟踪性能好，即系统对输入信号的响应快，跟踪误差小，过渡过程时间短，且无超调（或超调量小），振荡次数少。

② 制动系统输出定位精度高，即定位精度高，与稳态定位值偏差小，定位力矩大。

可以看出，交流伺服系统对控制策略有很高的要求，这是常规传统控制方法（如 PID 控制器）无法满足的。这主要是由于交流电机本身与被控对象存在时变参数、负载扰动、严重非线性、强耦合等不确定性因素。因此，理想的控制策略不仅要满足上述动静态性能，还要抑制各种非线性因素对系统的影响，具有解耦能力和较强的鲁棒性，不需要依赖精确的数学模型等。

（2）自学习模糊控制器及其在液位控制中的应用。对于具有时变参数、非线性和大纯滞后的液位控制系统，采用具有自学习功能的模糊控制，可以根据系统的响应自动建立或修改控制规则，从而使模糊控制器能够不断提高其性能，达到给定的控制目标。

（3）自校正模糊控制器在粮食烘干系统中的应用。粮食干燥技术在国内外发展迅速。其处理方法主要有热风干燥法、热油干燥法和红外干燥法，其中热风干燥法较为成熟。谷物中的水分可分为游离水和胶体结合水。上述干燥方法是加热谷物并蒸发游离水，以降低谷物的含水量。为了满足一定的干燥技术要求，多台干燥设备一般是串联的。谷物干燥过程是一个复杂的工业控制对象。其中，最终谷物含水量需要控制。同时，要保证谷物在干燥过程中的温度不能长时间超过 55℃，否则会破坏谷物中的一些营养物质和再生能力。为了保证整个加工过程的连续性，必须控制每个干燥设备中的谷物料位。由于干燥设备通常是串联工作的，因此影响谷物含水率控制的因素很多，而且这些因素之间存在耦合效应。更重要的是，多个设备的串联运行使系统具有较大的滞后时间，因此很难建立其精确的数学模型。模糊控制方法对被控对象的数学模型要求不高。因此，模糊控制器在粮食干燥过程中的应用具有良好的前景和令人满意的效果。

（4）模糊控制器在造纸生产过程控制中的应用。长网造纸机的典型造纸部分流程如下：打浆车间送来的浓浆在混合箱中用白水混合稀释，形成低浓浆；泥浆中的灰尘和泥浆通过除砂装置去除，并通过网前的盒子扩散到铜网上。纸浆在铜网上自然过滤，形成湿纸。经压榨部脱水后，用两组干燥筒连续干燥，形成含水率为 3%～8% 的纸张，进入施胶辊进行表面施胶；然后在第三组干燥筒中干燥，最后压延成成品纸，然后进行轧制和简单轧制。

纸张含水率(纸中含水率(%))是纸张最重要的质量指标之一。水分过多会导致水分不均匀，容易产生起泡、水斑等纸张病害；如果湿度太低，纸张会变脆，强度会减弱，甚至会断裂。同时，它将消耗更多的蒸汽，并增加能源消耗。利用模糊控制方法，在工艺允许的条件下，将水分控制在国家标准的上限附近，可获得明显的经济效益。例如，年产 6000t 的造纸机，只要含水率提高 2%，年利润近几十万元。

(5) 模糊控制在工业机器人中的应用。工业机器人一般是多关节的，每个关节之间的关系极其复杂，机器人的转动惯量随运动位置的不同而变化。对于机器人这种非线性控制对象，不容易实现高精度、无超调、快速稳定的控制。目前，针对不同的控制目的，有不同的控制策略，如 PID 加前馈控制；在线分解加速控制；非线性补偿控制；最优控制和自适应控制。这些算法大多需要精确的机器人动力学模型。如果系统模型存在较大误差，将对机器人控制系统的动态特性和轨迹跟踪精度产生很大影响。为了提高控制精度，需要有一个精确描述机器人的数学模型，这通常是很难做到的。由于模糊控制不需要对被控对象机器人建立精确的动力学模型，仅通过检测输入输出信号就可以满足机器人的控制要求。

(6) 模糊控制在可编程逻辑控制器中的应用。可编程逻辑控制器(programmable logic controller,PLC)作为自动化系统的重要组成部分，正变得越来越重要，并追求多功能、高性能。

MICREX-F250(以下简称 F250)是 MICREX-F 系列通用 PLC 基础上成功开发的新一代 PLC。它有以下特点：

① 高速处理，包括高速指令处理和提高系统处理能力。

② 高控制功能，包括模糊控制功能和丰富的操作功能。

③ 可扩展性，包括大量网络功能和大容量内存扩展。

④ 高可靠性。

特别是，将模糊控制功能作为 PLC 功能之一，可以简单地将程序控制功能和数据处理功能结合起来。因此，可以实现这样一种先进的控制功能，即人类的"经验和直觉"可以反映在控制中，这是以前的 PLC 和其他控制器无法做到的。

(7) 模糊模型化在抗生素发酵过程的染菌故障诊断中的应用。抗生素发酵是一种纯种培养过程，但有时由于操作不当会污染杂菌。此外，一旦发生细菌污染事故，其后果不仅会消耗培养基中的营养物质，而且杂菌还会代谢一些对抗生素有毒的细菌，或者可以使抗生素失活、降低产量甚至无法获得产品的性质。因此，细菌污染失效的危害是巨大的。然而，只要及时诊断，区分情况并采取措施，细菌感染的影响和损失就可以最小化。

受污染的杂菌种类繁多，原因复杂。因此，借助现有的测量仪器，细菌感染的外部信息可能非常模糊。有必要利用模糊集理论建立细菌感染故障的模糊诊断模型。

(8) 模糊预测及其在天气预报中的应用

模糊预测是近年来基于模糊集理论的一种新的预测方法。实践表明，模糊预测在复杂系统建模中具有独特的优势。然而,传统的模糊预测方法建立的模糊模型比较粗糙,建模过程也很复杂,人为因素也很强。

(9)模糊控制在家电产品中的应用。模糊控制理论的广泛应用已经推广到各种家用电器中。例如,模糊控制技术广泛应用于家用电器,如空调、自动洗衣机、微波炉、电饭煲和吸尘器。其中,高端全自动洗衣机广泛采用高新技术,如:

① 神经元和模糊控制的应用使洗涤方法更加科学,可以根据不同的面料、不同的洗涤量、不同的水温、洗涤剂等条件采用不同的洗涤工艺。

② 使用静音技术,它可以在夜间清洗,而不影响儿童睡眠和成年人休息。

(10)模糊控制在其他领域中的应用。模糊控制理论除了广泛应用于大型工业设备和过程控制领域外,在计算机制造、故障诊断、图像识别等各个领域也得到了越来越广泛的应用。这种独特的应用性是其他控制策略难以与之相比的。

4.2 模糊控制算法

4.2.1 模糊控制算法设计

1. 模糊系统

模糊系统是一个基于知识或规则的系统,其核心是由所谓的"IF-THEN 规则"组成的知识库。模糊 IF-THEN 规则是用表示连续隶属度函数的句子来描述 IF-THEN 形式的语句。例如,如果轿车速度很快,那么施加在加速器上的力很小。这里的"快"和"小"可以用适当的隶属度函数来描述。模糊系统由模糊 IF-THEN 规则组合而成的。

【例 4.6】 关于车速控制器问题。理论上,至少有两种设计方法:第一种是选择传统的 PID 控制器;第二种是模拟驾驶员的智能控制,即将驾驶员采用的规则转换为控制器。在不失去一般性的情况下,这里只讨论第二种方法。在一般环境下,驾驶员通常使用以下 3 种规则驾驶轿车:

(1)如果车速很慢,则向加速器踏板施加很大的力。

(2)如果车速适中,则向加速器踏板施加正常的力。

(3)如果车速很快,则向加速器踏板施加较小的力。

注意:本例中的规则是一种控制指令。在这里,"慢""中""正常大小""快"和"小"也由适当的隶属度函数描述。当然,实际情况可能需要更多的规则。可以根据这些规则构造模糊系统。当模糊系统用作控制器时,它被称为模糊控制器。

【例 4.7】 气球充气问题。想象一下,在宴会上通常需要准备精美的气球作为装饰,你想知道给气球充气时,在气球爆炸前你能充多少空气。那么一些关键变量之间的关系是非常有用的。可以选择气球中的空气量、气球中空气的增加量和表面张力作为关键变量,它们之间的关系可以用以下模糊 IF-THEN 规则来描述:

(1)如果空气量很小,并且增加的幅度很小,那么表面张力会略微增加。

(2)如果空气量很小,且增加量显著增加,则表面张力将显著增加。

(3)如果空气量较大,且增加幅度较小,则表面张力将适度增加。

(4)如果存在大量空气,且增加量显著增加,则表面张力将显著增加。

注意：本例中的规则描述了一个模糊系统，属于人类知识的另一个类别。其中，"较少""轻微"和"显著"可以通过类似于示例4.6中的隶属度函数来描述。

一般来说，构建模糊系统的出发点是从专家那里或基于领域知识获取一组模糊IF-THEN规则，然后将这些规则组合成一个单一的系统。不同的模糊系统有不同的组合原则。常见的模糊系统有3种，即纯模糊系统、TSK(Takagi Sugeno Kang)模糊系统和带有模糊器和解模糊器的模糊系统，分别如图4-11、图4-12和图4-13所示。

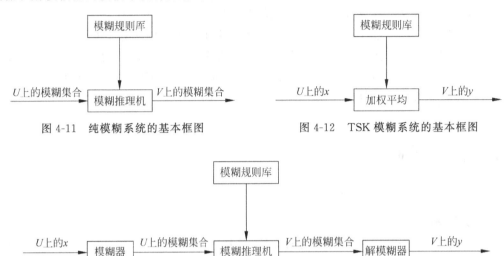

图 4-11　纯模糊系统的基本框图　　　　　图 4-12　TSK 模糊系统的基本框图

图 4-13　具有模糊器和解模糊器的模糊系统的基本框图

从以上内容中可以看到模糊系统的一些优良特性：一方面，模糊系统是由实值向量和实值标量构成的多输入单输出映射(多输出映射可以分解为一组单输出映射)，得到了这些映射的精确数学公式；另一方面，模糊系统是由人类知识以模糊IF-THEN规则的形式组成的基于知识的系统。模糊系统理论的巨大贡献在于它为从知识库到非线性映射的转换提供了一个系统的程序。正是由于这种转变，我们可以将基于知识的系统应用于工程应用(控制、信号处理和通信系统)，就像数学模型和传感器测量一样。这样，最终组合系统的分析和设计将以严格的数学方式进行。

通常，在实际的模糊控制系统中，模糊推理系统的功能等同于模糊控制器的功能。从系统的角度来看，模糊控制器本身就是一个系统。模糊推理系统的结构如图4-14所示。

模糊系统包含应用模糊算法和解决相关模糊性的所有必要部分。它由以下4个基本要素组成。

(1) 知识库：包括模糊集和模糊算子的定义。

(2) 推理单元：根据推理单元执行所有输出计算。

(3) 模糊器：将实际输入值表示为模糊集合。

(4) 解模糊器：将输出模糊集合转换为实际输出值。

知识库包含每个模糊集合的定义，维护一组用于实现基本逻辑(and、or 等)的运算符，并使用规则可靠性矩阵表示模糊规则映射。推理单元与模糊器和解模糊器一起，根据实际输入值计算实际输出值。模糊器将输入表示为模糊集，以便推理单元根据存储在知识库中的规则进行匹配。然后，推理单元计算每个规则的动作强度，并输出一个模糊分布(所有模

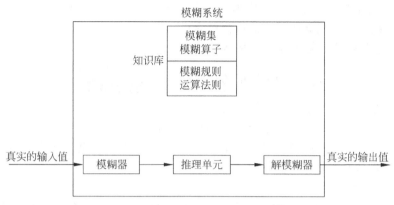

图 4-14　模糊推理系统的结构图

糊输出集的并集),它表示对实际输出的模糊估计。最后,信息被解模糊(压缩)成一个值,这是模糊系统的输出。

这些系统非常复杂,可以用作基本设备模型、控制器或估计器,或表示性能函数,或用作期望的轨迹生成器。它们可以实现一个通用的非线性映射,可以根据系统输入输出的选择来实现许多近似和分类任务。

模糊控制理论是以模糊数学为基础的。它利用模糊集合、模糊关系和模糊推理来模仿人类思维的判断和综合推理,处理和解决传统方法难以解决的问题。模糊控制是智能控制的早期形式。它仿照人类思维,具有模糊性的特点。从广义上讲,模糊控制是将模糊集合理论应用于整个系统的一种控制方法。模糊逻辑系统由模糊处理、模糊推理和非模糊处理三部分组成。因此,它们不同的选择方法会形成不同的模糊逻辑系统。

2. 隶属度函数

1) 隶属度函数的特点

普通集合用特征函数来表示,模糊集合用隶属度函数描述。隶属度函数很好地描述了事物的模糊性。隶属度函数有以下两个特征。

(1) 隶属度函数的取值范围是[0,1],它将仅取两个值(0 或 1)的普通集合特征函数扩展成为可在[0,1]闭合区间上的任意连续取值的模糊集合。隶属度函数 $\mu_A(x)$ 的值越接近 1,元素 x 属于模糊集合 A 的程度就越大。相反,$\mu_A(x)$ 越接近 0,元素 x 属于模糊集合 A 的程度越小。

(2) 隶属度函数可以完全描述模糊集。隶属度函数是模糊数学的范畴。不同的隶属度函数能够描述不同的模糊集合。

有 11 种典型的隶属度函数得到广泛应用,包括双 S 形隶属度函数、联合高斯型隶属度函数、高斯型隶属度函数、广义钟形隶属度函数、Ⅱ 型隶属度函数、双 S 形乘积隶属度函数、S 状隶属度函数、S 形隶属度函数、梯形隶属度函数、三角形隶属度函数和 Z 形隶属度函数。

2) 隶属度函数的确定方法

隶属度函数是模糊控制的应用基础。目前,还没有成熟的确定隶属度函数的方法,主要停留在经验和实验的基础上。通常的方法是先确定粗略的隶属度函数,然后通过"学习"和

"实践"不断调整和改进。遵循这一原则的隶属度函数选择方法如下：

（1）模糊统计法。根据所提出的模糊概念进行调查统计，提出与之对应的模糊集 A，通过统计实验，确定不同元素隶属于 A 的程度，即

$$u_0 \text{ 对模糊集 } A \text{ 的隶属度} = \frac{u_0 \in A \text{ 的次数}}{\text{实验总次数}}$$

（2）主观经验法。当论域是离散型时，可以根据主观认识，结合个人经验、分析和推理，直接给出隶属度。这种确定隶属度函数的方法已被广泛应用。

（3）神经网络法。利用神经网络的学习功能，由神经网络自动生成隶属度函数，并通过网络的学习自动调整隶属度函数的值。

3）模糊关系及运算

描述客观事物之间关系的数学模型称为关系。集合论中的关系准确地描述了元素之间是否存在关联，而模糊集合论中的模糊关系描述了元素之间的关联程度。普通的二元关系是用简单的"是"或"否"来衡量事物之间的关系，所以不能用它来衡量事物之间的关系程度。模糊关系是指多个模糊集的元素之间的关系程度。在概念上，模糊关系是普通关系的推广，普通关系是模糊关系的特例。

4）模糊矩阵

【例 4.8】 设有一组同学 X，$X = \{$张三，李四，王五$\}$，他们的功课为 Y，$Y = \{$英语，数学，物理，化学$\}$。他们的考试成绩见表 4-1。

表 4-1 考试成绩表

功课 \ 姓名	英 语	数 学	物 理	化 学
张三	70	90	80	65
李四	90	85	76	70
王五	50	95	85	80

取隶属度函数 $\mu(u) = \dfrac{u}{100}$，其中 u 为成绩。如果将他们的成绩转化为隶属度，则构成一个 $X \times Y$ 上的一个模糊关系 R，见表 4-2。

表 4-2 考试成绩表的模糊化

功课 \ 姓名	英 语	数 学	物 理	化 学
张三	0.70	0.90	0.80	0.65
李四	0.90	0.85	0.76	0.70
王五	0.50	0.95	0.85	0.80

将表 4-2 写成矩阵形式，得

$$R = \begin{bmatrix} 0.70 & 0.90 & 0.80 & 0.65 \\ 0.90 & 0.85 & 0.76 & 0.70 \\ 0.50 & 0.95 & 0.85 & 0.80 \end{bmatrix} \tag{4-27}$$

该矩阵称为模糊矩阵，其中各个元素必须在 $[0,1]$ 闭区间内取值。

模糊矩阵的运算与模糊关系定义如下。设有 n 阶模糊矩阵 A 和 B，$A=(a_{ij})$，$B=(b_{ij})$，且 $i,j=1,2,\cdots,n$，则定义如下几种模糊矩阵的运算方式：

(1) 相等。若 $a_{ij}=b_{ij}$，则 $A=B$。

(2) 包含。若 $a_{ij}<b_{ij}$，则 $A\subseteq B$。

(3) 并运算。若 $c_{ij}=a_{ij}\vee b_{ij}$，则 $C=(c_{ij})$ 为 A 和 B 的并，记为 $C=A\cup B$。

(4) 交运算。若 $c_{ij}=a_{ij}\wedge b_{ij}$，则 $C=(c_{ij})$ 为 A 和 B 的交，记为 $C=A\cap B$。

(5) 补运算。若 $c_{ij}=1-a_{ij}$，则 $C=(c_{ij})$ 为 A 的补，记为 $C=\overline{A}$。

设 $A=\begin{bmatrix} 0.7 & 0.1 \\ 0.3 & 0.9 \end{bmatrix}$，$B=\begin{bmatrix} 0.4 & 0.9 \\ 0.2 & 0.1 \end{bmatrix}$，则

$$A\cup B=\begin{bmatrix} 0.7\vee 0.4 & 0.1\vee 0.9 \\ 0.3\vee 0.2 & 0.9\vee 0.1 \end{bmatrix}=\begin{bmatrix} 0.7 & 0.9 \\ 0.3 & 0.9 \end{bmatrix} \tag{4-28}$$

$$A\cap B=\begin{bmatrix} 0.7\wedge 0.4 & 0.1\wedge 0.9 \\ 0.3\wedge 0.2 & 0.9\wedge 0.1 \end{bmatrix}=\begin{bmatrix} 0.4 & 0.1 \\ 0.2 & 0.1 \end{bmatrix} \tag{4-29}$$

$$\overline{A}=\begin{bmatrix} 1-0.7 & 1-0.1 \\ 1-0.3 & 1-0.9 \end{bmatrix}=\begin{bmatrix} 0.3 & 0.9 \\ 0.7 & 0.1 \end{bmatrix} \tag{4-30}$$

模糊关系的定义为：设 X、Y 是两个非空集合，则 $X\times Y$ 的一个模糊子集称为 X 到 Y 的一个模糊关系。

5) 模糊关系的合成

所谓的合成是指两种或两种以上的关系形成一种新的关系。模糊关系也有合成运算，可以通过模糊矩阵的合成来实现。

R 和 S 分别为 $U\times V$ 和 $V\times W$ 上的模糊关系，而 R 和 S 的合成是 $U\times W$ 上的模糊关系，记为 $R*S$，其隶属度函数为

$$\mu_{R*S}(u,w)=\bigvee_{v\in V}\{\mu_R(u,v)\wedge\mu_S(v,w)\},\quad u\in U,\quad w\in W \tag{4-31}$$

节点及关联

模糊系统：基于知识或规则的系统，其核心是由所谓的"IF-THEN 规则"组成的知识库。

模糊系统组成：知识库、模糊器、推理单元，解模糊器。

隶属度函数：用于描述模糊集合，是模糊控制的基础。

4.2.2　模糊规则与模糊推理

1. 模糊规则

在日常生活中，变量通常用文字来描述。例如，当"今天气温热"或"今天的温度很高"时，"高"一词用于描述变量"今天的温度"。换句话说，变量"今日温度"的值为"高"。当然，变量"今天的温度"也可以取为 $30.0℃$、$25.0℃$ 等。当一个变量取数值时，有一个契合的数学系统来描述它。当一个变量取语言值时，在经典数学理论中没有形式化系统来描述它。为了提供这样一个形式化系统，引入了语言变量的概念。粗略地说，如果一个变量以自然语

言中的单词为值,则称为语言变量。现在,问题是如何用数学术语描述这些词? 我们可以用模糊集合来解决这个问题。为此,有以下定义:

定义 4.4 如果一个变量能够取普通语言中的词语为值,则称该变量为语言变量。在这里,词语由定义在论域上的模糊集合来描述,变量也是在论域上定义的。

【例 4.9】 轿车速度是一个变量 x,其取值范围为区间 $[0, V_{max}]$,这里,V_{max} 是轿车的最快速度。在 $[0, V_{max}]$ 内定义如图 4-15 所示的 3 个模糊集"慢速""中速""快速"。如果把 x 看作一个语言变量,则它可取"慢速""中速"和"快速"为值,即"x 为慢速""x 为中速""x 为快速"。当然,图 4-15 轿车的速度作为一个语言变量也可取区间 $[0, V_{max}]$ 上的数值为值,如 $x = 50\text{m/h}, 35\text{m/h}$ 等。

定义 4.5 语言变量可以表征为四元组 (x, T, U, M)。其中,x 为语言变量名称;T 是语言变量取值的集合;U 是语言变量 x 的论域,在例 4.9 中,$U = [0, V_{max}]$;M 是研究 x 取值的语义规则,即将 T 中的每个语言值和 U 中的模糊集连接起来的语义规则。由定义可以看出,语言变量某种意义上是数值变量的一种扩展,即允许语言变量取模糊集为值(见图 4-16)。

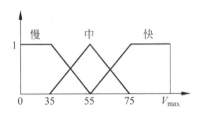

图 4-15 轿车速度

为什么语言变量的概念非常重要? 这是因为语言变量是人类知识表达中最基本的元素。当使用传感器测量变量时,传感器将给出一个值;在征求专家对变量的评估时,专家会给出语言。例如,当使用雷达枪测量轿车速度时,雷达枪会给出以下数字:39m/h、42m/h 等;当有人告诉我们轿车的速度时,他/她通常会说"它速度慢""它速度快"之类的话。因此,语言变量概念的引入将会使自然语言的模糊描述形成精确的数学描述,这是人类知识系统有效嵌入工程系统的第一步。

根据语言变量的概念,我们可以将词语赋给语言变量。在日常生活中,我们常用一个单词以上的词语来描述一个变量。例如,如果将轿车速度看作一个语言变量,则它的值可能为"不慢""非常慢""稍快""差不多中速"等。一般来说,一个语言变量的取值是一个合成术语 $x = x_1 x_2 \cdots x_n$,即为 $x_1 x_2 \cdots x_n$ 串接,可以分成 3 类:

(1) 基本术语,是模糊集合的一个说明性短语。如例 4.9 中,基本术语就是"慢速""中速"和"快速"。

(2) 连接词,"非""且"和"或"。

(3) 限定词,如"非常""稍微""差不多"等。

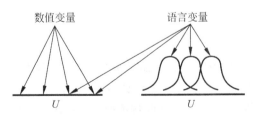

图 4-16 语言变量取模糊集为值

定义 4.6 令 A 为 U 上的一个模糊集合,则非常 A 也是一个 U 上的模糊集合,可用如下隶属度函数定义:

$$\mu_{非常A}(x) = [\mu_A(x)]^2 \tag{4-32}$$

差不多 A 也是 U 上的一个模糊集合,可用如下隶属度函数定义:

$$\mu_{差不多A}(x) = [\mu_A(x)]^{\frac{1}{2}} \tag{4-33}$$

【例 4.10】 令 $U=\{1,2,\cdots,5\}$，则模糊集合"小"可定义为

$$小 = \frac{1}{1} + \frac{0.8}{2} + \frac{0.6}{3} + \frac{0.4}{4} + \frac{0.2}{5} \tag{4-34}$$

然后，由式(4-32)～式(4-34)，可得

$$非常小 = \frac{1}{1} + \frac{0.64}{2} + \frac{0.36}{3} + \frac{0.16}{4} + \frac{0.04}{5} \tag{4-35}$$

$$非常非常小 = 非常(非常小) = \frac{1}{1} + \frac{0.4096}{2} + \frac{0.1296}{3} + \frac{0.0256}{4} + \frac{0.0016}{5} \tag{4-36}$$

$$差不多小 = \frac{1}{1} + \frac{0.8944}{2} + \frac{0.7746}{3} + \frac{0.6325}{4} + \frac{0.4472}{5} \tag{4-37}$$

在模糊系统与模糊控制中，人类知识可以用模糊 IF-THEN 规则来表述。模糊 IF-THEN 规则是一个条件陈述语句，可以表示为 IF⟨模糊命题⟩，THEN⟨模糊命题⟩。

因此，为了理解模糊 IF-THEN 规则，必须首先知道什么是模糊命题(fuzzy propositions)。模糊命题有两种类型：子模糊命题和复合模糊命题。子模糊命题是一个单独的陈述句，如 x 为 A。由子模糊命题通过连接词"且""或"和"非"连接而成的命题称为复合模糊命题，这里"且""或""非"分别表示模糊交、模糊并和模糊补。

在上述陈述句中，x 是语言变量，A 是语言变量 x 的值(也就是说，A 是定义在 x 的论域上的模糊集合)。如例 4.9 中，如果用 x 表示轿车的速度，则有以下模糊命题(前 3 个为子模糊命题，后 3 个为复合模糊命题)：

x 为 S

x 为 M

x 为 F

x 为 S 或 x 非 M

x 非 S 或 x 非 F

$(x$ 为 S 且 x 非 $F)$ 或 x 为 M

这里，S、M 和 F 分别表示模糊集"慢速""中速"和"快速"。

需要注意的是，在复合模糊命题中，子模糊命题是独立的。也就是说，对于上述同一变量 x，x 的取值可能不同。事实上，复合模糊命题中的语言变量通常是不同的。例如，令 x 表示轿车速度，$y=\dot{x}$ 表示轿车的加速度，如果将加速度取值为模糊集合 (L)，则有如下复合模糊命题：

$$x \text{ 为 } F \text{ 且 } y \text{ 为 } L$$

因此，复合模糊命题应该被理解为一种模糊关系。那么，怎样确定这些模糊关系的隶属度函数呢？

(1) 常用模糊交描述连接词"且"。具体地讲，令 x 和 y 分别为定义域 U 和 V 上的语言变量，A 和 B 分别为 U 和 V 为上的模糊集合，则下述复合模糊命题：

$$x \text{ 为 } A \text{ 且 } y \text{ 为 } B$$

可以解释为 $U \times V$ 中的模糊关系 $A \bigcap B$，其隶属度函数为

$$\mu_{A \bigcap B}(x,y) = t[\mu_A(x), \mu_B(x)] \tag{4-38}$$

其中，$t: [0,1] \times [0,1] \rightarrow [0,1]$ 是任意 t-范数。

(2) 常用模糊并描述连接词"或"。例如，下述的复合模糊命题：

$$x \text{ 为 } A \text{ 或 } y \text{ 为 } B$$

可以解释为 $U \times V$ 中的模糊关系 $A \cup B$，其隶属度函数为

$$\mu_{A \cup B}(x,y) = s[\mu_A(x), \mu_B(x)] \tag{4-39}$$

其中，$S: [0,1] \times [0,1] \rightarrow [0,1]$ 是任意 s-范数。

（3）用模糊补表示连接词"非"。即把非 A 用 $\overline{A}$ 来替代。

由于模糊命题是用模糊关系来描述的，因此剩下的关键问题在于如何表达 IF-THEN 的运算规则。在经典命题运算中，表达式 IF p THEN q 可以写成 $p \rightarrow q$。其中"$\rightarrow$"被定义为蕴含关系，如表 4-3 中关于"$\rightarrow$"定义的描述；p 和 q 都是命题变量，其值为真（T）或为假（F）。

表 4-3 "$\rightarrow$"的定义

pq	$p \rightarrow q$	pq	$p \rightarrow q$
TT	T	FT	T
TF	F	FF	T

如果 p 和 q 的值都为真或都为假，则 $p \rightarrow q$ 为真；如果 p 的值为真，否则 q 的值为假，则 $p \rightarrow q$ 为假；如果 p 的值为假，q 的值为真，则 $p \rightarrow q$ 为真。因此，认为 $p \rightarrow q$ 等价于

$$\overline{p} \vee q \text{ 和 } (p \wedge q) \vee \overline{p} \tag{4-40}$$

即都符合真值表（表 4-3）的规律。这里，$\overline{}$、$\wedge$、$\vee$ 和别代表（经典）逻辑运算符"非""与"和"或"。

由于模糊 IF-THEN 规则可以解释为用模糊命题取代了 p 和 q，所以模糊 IF-THEN 规则也可以解释为用模糊补、模糊并和模糊交来分别取代式（4-40）中的 $\overline{}$、$\vee$ 和 $\wedge$ 算子。因为模糊补、模糊并和模糊交算子有很多种，所以文献中提出的模糊 IF-THEN 规则也就有很多种不同的解释。下面列举了其中的一部分。

将 $\overline{p} \vee q$ 改写为 IF $\langle FP_1 \rangle$ THEN $\langle FP_2 \rangle$，用 FP_1 和 FP_2 来分别取代式（4-40）中的 p 和 q，这里 FP_1 和 FP_2 都是模糊命题。假设 FP_1 是一个定义在 $U = U_1 \times U_2 \times \cdots \times U_n$ 上的模糊关系，FP_2 是一个定义在 $V = V_1 \times V_2 \times \cdots \times V_m$ 上的模糊关系，x 和 y 分别是 U 和 V 上的语言变量（向量）。

Dienes-Rescher 含义：把式（4-40）中的逻辑运算符 $\overline{}$ 和 $\vee$ 分别用基本模糊补和基本模糊并取代，就可得到 Dienes-Rescher 含义。具体地讲，模糊 IF-THEN 规则 IF $\langle FP_1 \rangle$ THEN $\langle FP_2 \rangle$，可以解释为 $U \times V$ 中的一个模糊关系 Q_D，其隶属度函数为

$$\mu_{Q_D}(x,y) = \max[1 - \mu_{FP_1}(x), \mu_{FP_2}(y)] \tag{4-41}$$

Lukasiewicz 含义：模糊 IF-THEN 规则 IF $\langle FP_1 \rangle$ THEN $\langle FP_2 \rangle$，可以解释为 $U \times V$ 中的一个模糊关系 Q_L，其隶属度函数为

$$\mu_{Q_L}(x,y) = \min[1 - \mu_{FP_1}(x) + \mu_{FP_2}(y)] \tag{4-42}$$

Zadeh 含义：模糊 IF-THEN 规则 IF $\langle FP_1 \rangle$ THEN $\langle FP_2 \rangle$，可以解释为 $U \times V$ 中的一个模糊关系 Q_Z，其隶属度函数为

$$\mu_{Q_Z}(x,y) = \max[\min(\mu_{FP_1}(x), \mu_{FP_2}(y)), 1 - \mu_{FP_1}(x)] \tag{4-43}$$

2. 模糊推理

经典集合论中经常会遇到假言推理和三段论推理，它们之间的区别在于：

假言推理

$$(A \wedge (A \rightarrow B)) \rightarrow B)$$

三段论推理

$$(((A \rightarrow B)) \wedge (B \rightarrow C)) \rightarrow (A \rightarrow C))$$

换言之,假设推理根据命题的真与假,从蕴含 $A \rightarrow B$ 中推断出命题的真假。例如,A 为 "今天是五月一日",B 为 "今天是劳动节",并且 "五月一日 $\rightarrow$ 劳动节",如果 A 为真,那么 B 也是真的。三段论推理是从两个判断得出第三个判断的一种推理方法,其中一个 $A \rightarrow B$ 必须以 "A 全部是(或没有)B" 的形式出现。在这里,A 的意思是 "对象",B 表示对象的某些 "属性"。例如,"五月一日 $\rightarrow$ 劳动节" $\wedge$ "劳动节 $\rightarrow$ 法定假日" $\rightarrow$ "五月一日 $\rightarrow$ 法定假日"。这里第一个判断提供了一个普遍性准则,即 $A \rightarrow B$(如五月一日 $\rightarrow$ 劳动节),称为 "大前提";第二个判断提出了特殊条件下的情况(如果在我国 "劳动节 $\rightarrow$ 法定假日"),称为 "小前提",这两个前提的黏合,即普遍性准则与特殊情况相符合得出推理;第三个判断(五月一日 $\rightarrow$ 法定假日)称为 "结论"。假设推理和三段论推理属于演绎推理方法。在经典集合论中,上述演绎推理方法相对容易理解。

然而对于模糊集合论,人们的推理(是人类思维的基本形式之一)常常采用一种近似推理的方法,被称为 "模糊推理" 或者 "似然推理"。

模糊推理的结论主要取决于模糊蕴含关系 $\widetilde{R}(x, y)$ 及模糊关系与模糊集合之间的合成运算法则。对于确定的模糊推理系统,模糊蕴含关系 $\widetilde{R}(x, y)$ 一般是确定的,而合成运算法则并不唯一。根据合成运算法则的不同,模糊推理方法又可分为 Mamdani 模糊推理法、Larsen 模糊推理法、Zadeh 模糊推理法等。

1)Mamdani 模糊推理法

Mamdani 模糊推理法是最常用的一种推理方法,其模糊蕴含关系 $\widetilde{R}_{\mathrm{M}}(x, y)$ 定义简单,可以通过模糊集合 $\widetilde{A}$ 和 $\widetilde{B}$ 的笛卡儿积(取小)求得,即

$$\mu_{\widetilde{R}_{\mathrm{M}}}(x, y) = \mu_{\widetilde{A}}(x) \wedge \mu_{\widetilde{B}}(y) \tag{4-44}$$

【例 4.11】　设现有模糊 $\widetilde{A} = \dfrac{1}{x_1} + \dfrac{0.4}{x_2} + \dfrac{0.1}{x_3}$,$\widetilde{B} = \dfrac{0.8}{y_1} + \dfrac{0.5}{y_2} + \dfrac{0.3}{y_3} + \dfrac{0.1}{y_4}$。求模糊集合 $\widetilde{A}$ 与 $\widetilde{B}$ 之间的模糊蕴含关系 $\widetilde{R}_{\mathrm{M}}(x, y)$。

解:根据 Mamdani 模糊蕴含关系的定义,可知

$$\widetilde{R}_{\mathrm{M}}(x, y) = \widetilde{A} \times \widetilde{B} = \begin{bmatrix} 1 \\ 0.4 \\ 0.1 \end{bmatrix} \circ \begin{bmatrix} 0.8 & 0.5 & 0.3 & 0.1 \end{bmatrix} = \begin{bmatrix} 0.8 & 0.5 & 0.3 & 0.1 \\ 0.4 & 0.4 & 0.3 & 0.1 \\ 0.1 & 0.1 & 0.1 & 0.1 \end{bmatrix}$$

$$\tag{4-45}$$

Mamdani 是将典型的极大极小合成运算方法作为模糊关系与模糊集合的合成运算法则。在此定义下,Mamdani 模糊推理过程易于进行图形解释。

现有 $\widetilde{A}^*$ 和 $\widetilde{A}$ 是论域 X 上的模糊集合,$\widetilde{B}$ 是论域 Y 上的模糊集合,$\widetilde{A}$ 和 $\widetilde{B}$ 间的模糊关系为 $\widetilde{R}_{\mathrm{M}}(X, Y)$。

大前提（规则）	IF x 是 $\widetilde{A}$，THEN y 是 $\widetilde{B}$
小前提（事实）	x 是 $\widetilde{A}^{*}$
结论	y 是 $\widetilde{B}^{*} = \widetilde{A}^{*} \circ \widetilde{R}_{M}(x, y)$

其中，最后一行中的"$\circ$"表示合成运算，即模糊关系的 Sup-$\wedge$ 运算。

当 $\mu_{\widetilde{R}_{M}}(x, y) = \mu_{\widetilde{A}}(x) \wedge \mu_{\widetilde{B}}(y)$ 时，有

$$
\begin{aligned}
\mu_{\widetilde{B}^{*}}(y) &= \bigvee_{x \in X} \{\mu_{\widetilde{A}^{*}}(x) \wedge [\mu_{\widetilde{A}}(x) \wedge \mu_{\widetilde{B}}(y)]\} \\
&= \bigvee_{x \in X} \{[\mu_{\widetilde{A}^{*}}(x) \wedge \mu_{\widetilde{A}}(x)] \wedge \mu_{\widetilde{B}}(y)\} \\
&= \omega \wedge \mu_{\widetilde{B}}(y)
\end{aligned}
\tag{4-46}
$$

其中，$\omega = \bigvee_{x \in X} \{[\mu_{\widetilde{A}^{*}}(x) \wedge \mu_{\widetilde{A}}(x)]\}$，称为 $\widetilde{A}$ 和 $\widetilde{A}^{*}$ 的适配度。

假设已知的模糊集合 $\widetilde{A}^{*}$、$\widetilde{A}$ 和 $\widetilde{B}$ 的情况下，Mamdani 模糊推理的结果 $\widetilde{B}^{*}$ 如图 4-17(a) 所示。

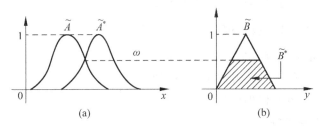

图 4-17　Mamdani 模糊推理结果和削顶法

根据上述的 Mamdani 推理方法可知，想要求得模糊集合 $\widetilde{B}^{*}$，应先求出相应的适配度 ω（即 $\mu_{\widetilde{A}^{*}}(x) \wedge \mu_{\widetilde{A}}(x)$ 的最大值）；然后通过适配度 ω 去求模糊集合 $\widetilde{B}$ 的隶属度函数，这样就可以获得 Mamdani 的推论结果 $\widetilde{B}^{*}$，结论如图 4-17(b) 中的阴影区域。这种方法也被形象地称为削顶法。

对于单前提单规则（即若 x 是 $\widetilde{A}$ 则 y 是 $\widetilde{B}$）的模糊推理过程，假设当给定事实 x 为精确量 x_0 时，基于 Mamdani 推理方法的模糊推理过程如图 4-18 所示。

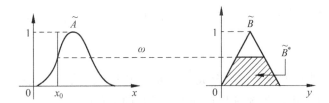

图 4-18　事实为精确量时的单前提单规则推理过程

2）Larsen 模糊推理法

Larsen 模糊推理方法又称为乘积推理法，在学习过程中，它是另一种应用较为广泛运

用的模糊推理方法。Larsen 推理方法与 Mamdani 方法的推理过程存在较强的相似性,两者不同点在于在激励强度的求取与推理合成时用乘积运算取代了取小运算。

大前提(规则)	IFx 是 $\widetilde{A}$, THENy 是 $\widetilde{B}$
小前提(事实)	x 是 $\widetilde{A}^*$
结论	y 是 $\widetilde{B}^*$

与 Mamdani 推理方法一致,首先求得相对应的适配度:

$$\omega = \bigvee_{x \in X}\left[\mu_{\widetilde{A}^*}(x) \wedge \mu_{\widetilde{A}}(x)\right] \tag{4-47}$$

然后将上述求得的适配度与模糊规则作乘积合成运算,即可得

$$\mu_{\widetilde{B}^*}(y) = \omega\mu_{\widetilde{B}}(y) \tag{4-48}$$

假设在给定模糊集合 $\widetilde{A}$、$\widetilde{A}^*$ 和 $\widetilde{B}$ 的情况下,Larsen 模糊推理的结果 $\widetilde{B}^*$ 如图 4-19 所示。

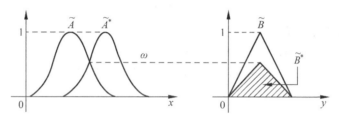

图 4-19　Larsen 模糊推理的推理过程

3) Zadeh 模糊推理法

通过前面的分析可知,模糊关系以及合成运算法则直接决定了模糊推理的结果。相比于上述的 Mamdani 模糊推理法,Zadeh 模糊推理法模糊关系的定义有所不同,但也采用取小合成运算法则。以下给出 Zadeh 具体的模糊关系定义。

假设存在 $\widetilde{A}$ 是 X 上的模糊集合,$\widetilde{B}$ 是 Y 上的模糊集合,两者间的模糊蕴含的模糊关系用 $\widetilde{R}_Z(X,Y)$ 表示,则可以把 $\widetilde{R}_Z(X,Y)$ 定义为

$$\mu_{\widetilde{R}_Z}(x,y) = \left[\mu_{\widetilde{A}}(x) \wedge \mu_{\widetilde{B}}(y)\right] \vee \left[1 - \mu_{\widetilde{A}}(x)\right] \tag{4-49}$$

假设已知模糊集合 $\widetilde{A}$ 和 $\widetilde{B}$ 的模糊关系为 $\widetilde{R}_Z(X,Y)$,又知论域 X 上的另一个模糊集合 $\widetilde{A}^*$,那么通过 Zadeh 模糊推理法得到的结果 $\widetilde{B}^*$ 为:

$$\widetilde{B}^* = \widetilde{A}^* \circ \widetilde{R}_Z(X,Y) \tag{4-50}$$

其中,$\circ$ 表示合成运算,也就是模糊关系的 Sup—$\wedge$ 运算。

$$\mu_{\widetilde{B}^*}(y) = \text{Sup}_{x \in X}\left\{\mu_{\widetilde{A}^*}(x) \wedge \left[\mu_{\widetilde{A}}(x) \wedge \mu_{\widetilde{B}}(y) \vee (1 - \mu_{\widetilde{A}}(x))\right]\right\} \tag{4-51}$$

式中,Sup 表示对后面算式结果取上界。当 Y 为有限论域时,Sup 就是取大运算 $\vee$。

Zadeh 模糊推理法的提出已经有一些历史了,它是提出比较早的一种模糊推理法,但是目前很少采用这种模糊推理法,因为其模糊关系的定义比较烦琐,导致合成运算的过程比较复杂,并且实际意义的表达也不直观。

4）Takagi-Sugeno 模糊推理法

Takagi-Sugeno 模糊推理法是 1985 年日本高木（Takagi）和杉野（Sugeno）提出的，被简称为 T-S 模糊推理法。和其他模糊算法相比，T-S 模糊推理法更加便于建立动态系统的模糊模型，正因如此，其在模糊控制中得到广泛应用。下面给出 T-S 模糊推理过程中典型的模糊规则形式为

$$如果\ x\ 是\ \widetilde{A}\ and\ y\ 是\ \widetilde{B}，则\ z=f(x,y) \tag{4-52}$$

上式表达的是后件（依赖条件而成立的命题）中的精确函数，$\widetilde{A}$ 和 $\widetilde{B}$ 是前件（表示条件的命题）中的模糊集合。

通常来说 $f(x,y)$ 可以是任意函数，例如，输入变量 x 和 y 的多项式，当模糊系统是一阶 T-S 模糊模型时，$f(x,y)$ 是一阶多项式；当 f 是常数时，所得到的模糊推理系统被称为零阶 T-S 模糊模型。其中，零阶 T-S 模糊模型可以看作是 Mamdani 模糊推理系统的一个特例，其中每条规则的后件由一个模糊单点表示（或是一个预先去模糊化的后件）。

节点及关联

模糊规则，语言变量

假言推理，三段论推理，模糊推理

模糊推理：Mamdani 模糊推理法、Larsen 模糊推理法、Zadeh 模糊推理法、Takagi－Sugeno 模糊推理法……

4.2.3　模糊化方法与去（解）模糊化方法

1. 模糊化运算

模糊化运算是将输入空间的观测量映射为输入论域上的模糊集合的方法。在处理不确定信息时模糊化运算具有重要作用。因为模糊控制器是基于模糊集合的方法来对数据进行处理的，所以在模糊控制中，观测到的数据往往是清晰的。因此需要对输入的数据进行模糊化处理。当然输入之前需要对输入量进行尺度变换，使其变换到相应的论域范围，然后才能进行模糊化运算。以下所讨论的模糊化运算中的输入量均假定为已经过尺度变换的量。

以下给出常见的两种模糊化方法。

1）单点模糊集合

如果输入量数据 x_0 是准确的，那么通常需要将输入数据模糊化为单点模糊集合。设该模糊集合用 A 表示，则有

$$\mu_A(X)=\begin{cases}1 & x=x_0\\0 & x\neq x_0\end{cases} \tag{4-53}$$

其隶属度函数如图 4-20 所示

上述的模糊化方法只是在形式上将输入的清晰量转变成了模糊量，而实质上它表示的仍是准确量。这并不是毫无意义的，因为在模糊控制中，当测量数据准确时，采用这样的模糊化方法依然是十分自然和合理的。

2）三角形模糊集合

如果输入量数据存在随机测量噪声的情况,此时模糊化运算会将随机量变换为模糊量。对于输入量数据存在随机测量噪声的情况,我们可以取等腰三角形作为模糊量的隶属度函数,如图 4-21 所示。等腰三角形的顶点相应于该随机数的均值,三角形的底边的长度等于 2σ,σ 表示该随机数据的标准差。将三角形作为隶属度函数的目的主要是考虑其表示方便、计算简单。而另一种常用的方法是取铃形函数作为隶属度函数,即

$$\mu_A(x) = e^{-\frac{(x-x_0)^2}{2\sigma^2}} \tag{4-54}$$

它也就是正态分布的函数。

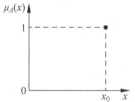

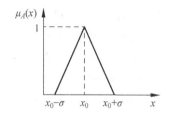

图 4-20　单点模糊集合的隶属度函数　　　图 4-21　三角形模糊集合的隶属度函数

2. 数据库

模糊控制器中的知识库由两部分组成:数据库和模糊控制规则库。数据库中包含了与模糊控制规则及模糊数据处理有关的各种参数,其中包括尺度变换参数、模糊空间分割和隶属度函数的选择等都属于数据库。模糊控制规则库包括了用模糊语言变量表示的一系列控制规则,反映了控制专家的知识和经验。

3. 输入量变换

对于实际的输入量,首先需要对输入量进行尺度变换,将其变换到相应的论域范围。变换的方法包括线性的和非线性的。例如,假设实际的输入量为 $x_0{}^*$,其变化范围为 $[x_{min}{}^*, x_{max}{}^*]$,如果要求的论域为 $[x_{min}, x_{max}]$,若采用线性变换来完成尺度变换,则

$$x_0 = \frac{x_{min} + x_{max}}{2} + k(x_0{}^* - \frac{x_{min}{}^* + x_{max}{}^*}{2}) \tag{4-55}$$

$$k = \frac{x_{max} - x_{min}}{x_{max}{}^* - x_{min}{}^*} \tag{4-56}$$

其中,k 称为比例因子。

同样的,论域既可以是连续的,也可以是离散的。如果论域要求是离散的,则需要将连续的论域离散化或量化。量化也可以是均匀的和非均匀的。表 4-4 和表 4-5 中分别表示均匀量化和非均匀量化的情形。

表 4-4　均匀量化

量化等级	−6	−5	−4	−3	−2	−1	0	1	2	3	4	5	6
变化范围	≤−5.5	(−5.5 −4.5]	(−4.5 −3.5]	(−3.5 −2.5]	(−2.5 −1.5]	(−1.5 −0.5]	(−0.5 0.5]	(0.5 1.5]	(1.5 2.5]	(2.5 3.5]	(3.5 4.5]	(4.5 5.5]	>5.5

表 4-5 非均匀量化

量化等级	−6	−5	−4	−3	−2	−1	0	1	2	3	4	5	6
变化范围	≤−3.2	(−3.2 −1.6]	(−1.6 −0.8]	(−0.8 −0.4]	(−0.4 −0.2]	(−0.2 −0.1]	(−0.1 0.1]	(0.1 0.2]	(0.2 0.4]	(0.4 0.8]	(0.8 1.6]	(1.6 3.2]	>3.2

4. 输入和输出空间的模糊分割

在模糊控制规则中,模糊输入空间由前提的语言变量构成,模糊输出空间由结论的语言变量构成。一组模糊语言名称是每个语言变量的取值,语言名称的集合也就是由它们构成的。每个模糊集合对应一个模糊语言名称。对于每个语言变量而言,其取值的模糊集合具有相同的对应的论域。模糊分割的目的就是要确定对于每个语言变量取值的模糊语言名称的个数,模糊控制精细化的程度由模糊分割的个数决定。这些语言名称通常都具有一定的含义。例如,NB 表示负大(negative big);NM 表示负中(negative medium);NS 表示负小(negative small);ZE 或 0 表示零(zero),PS 表示正小(positive small);PM 表示正中(positive medium);PB 表示正大(positive big)。图 4-22 表示了两个模糊分割的例子,论域均为 $[-1,+1]$,隶属度函数的形状为三角形或梯形。图 4-22(a)所示为模糊分割较粗的情况,图 4-22(b)为模糊分割较细的情况。图中所示的论域为正则化(normalization)的情况,即 $x \in [-1,+1]$,且模糊分割是完全对称的。这里假设尺度变换时已经做了预处理而变换成这样的标准情况。一般情况下,模糊语言名称也可以为非对称和非均匀的分布。

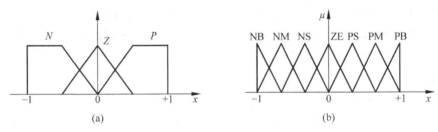

图 4-22　模糊分割的图形表示
(a)粗分；(b)细分

模糊分割的个数也决定了最大可能的模糊规则的个数。例如对于两输入单输出的模糊系统,假设 5 和 4 分别为 x 和 y 的模糊分割数,则 $5 \times 4 = 20$ 为最大可能的规则数。可见,模糊分割数与控制规则数呈正相关,所以模糊分割不可太细,否则需要确定太多的控制规则,这也是很困难的一件事。当然,相反的模糊分割数太小将导致控制太粗略,难以对控制性能进行精心的调整。目前尚没有一个确定模糊分割数的指导性的方法和步骤,仍主要依靠经验和试凑。

5. 完备性

完备性就是指对于任意的输入,模糊控制器均应给出合适的控制输出,数据库或规则库决定了模糊控制的完备性。

在数据库方面,对于任意的输入,如果能找到一个模糊集合,使该输入对于该模糊集合的隶属度函数不小于 ε,则称该模糊控制器满足 ε 完备性。如图 4-22 所示,即为 $\varepsilon = 0.5$ 的情况,它也是最常见的选择。

在规则库方面,模糊控制的完备性对于规则库也有要求,其要求对于所有的输入应确保至少有一个可适用的规则,而且规则的适用度应大于某个数,譬如说 0.8。根据完备性的要求,控制规则数不可太少。

6. 模糊集合的隶属度函数

根据论域为离散和连续的不同情况,隶属度函数的描述也相应地有两种方法。

1) 数值描述方法

对于元素个数为有限个并且论域为离散的情况,模糊集合也可以用向量或者表格的形式来展示的隶属度函数。如表 4-6 给出了用表格表示模糊集合的隶属度函数的一个例子。

表 4-6 数值方法描述的隶属度

元素 隶属度 模糊集合	−6	−5	−4	−3	−2	−1	0	1	2	3	4	5	6
NB	1.0	0.7	0.3	0.0	0.0	0.0	0.0	0.0	0.0	0.0	0.0	0.0	0.0
NM	0.3	0.7	1.0	0.7	0.3	0.0	0.0	0.0	0.0	0.0	0.0	0.0	0.0
NS	0.0	0.0	0.3	0.7	1.0	0.7	0.3	0.0	0.0	0.0	0.0	0.0	0.0
ZE	0.0	0.0	0.0	0.0	0.3	0.7	1.0	0.7	0.3	0.0	0.0	0.0	0.0
PS	0.0	0.0	0.0	0.0	0.0	0.0	0.3	0.7	1.0	0.7	0.3	0.0	0.0
PM	0.0	0.0	0.0	0.0	0.0	0.0	0.0	0.0	0.3	0.7	1.0	0.7	0.3
PB	0.0	0.0	0.0	0.0	0.0	0.0	0.0	0.0	0.0	0.0	0.3	0.7	1.0

表 4-6 中的每一个模糊集合的隶属度函数由上述的其中一行表示。举例如下所示

$$\mathrm{NS}=\frac{0.3}{-4}+\frac{0.7}{-3}+\frac{1}{-2}+\frac{0.7}{-1}+\frac{0.3}{0} \tag{4-57}$$

2) 函数描述方法

对于论域为连续的情况,隶属度常常用函数的形式来描述,最常见的描述方法有铃形函数、三角形函数、梯形函数等。铃形隶属度函数的解析式为

$$\mu_A(x)=\mathrm{e}^{-\frac{(x-x_0)^2}{2\sigma^2}} \tag{4-58}$$

其中,x_0 是隶属度函数的中心值;σ^2 是方差。图 4-23 表示了铃形隶属度函数的分布图。

模糊控制器的性能受隶属度函数的形状的直接影响,当隶属度函数比较窄瘦时,控制较灵敏;当隶属度函数比较宽胖时,控制较粗略和平稳。当隶属度函数可取得较为窄瘦,比较适合误差小时;反之,比较适合误差较大时。

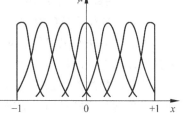

图 4-23 铃形函数描述的隶属度函数

7. 规则库

一系列"IF-THEN"型的模糊条件句构成了模糊控制规则库。条件句的前件为输入和状态,后件为控制变量。

1) 模糊控制规则的前件和后件变量的选择

模糊控制器的输入和输出的语言变量也就是模糊控制规则的前件和后件变量。输出量即为控制量，它比较容易确定。根据要求来确定输入量选什么、选几个、怎么选。误差 e 和它的导数 $\dot{e}$ 是比较常见的输入量，有时还可以包括它的积分 $\int e dt$ 等形式。输入和输出语言变量的选择及其隶属度函数的确定将会直接影响到模糊控制器的性能。现实中主要依靠经验和工程知识来对他们进行选择和确定。

2) 模糊控制规则的建立

模糊控制的核心就是模糊控制规则。因此如何建立模糊控制规则也就成为一个非常关键的问题。下面介绍 4 种建立模糊控制规则的方法。这 4 种建立模糊控制规则的方法之间并不是互相排斥的，相反，若能结合这 4 种方法则可以更好地帮助建立模糊规则库。

(1) 基于专家的经验和控制工程知识。模糊控制规则具有模糊条件句的形式，它建立了前件中的状态变量与后件中的控制变量之间的联系。我们在日常生活中用于决策的大部分信息主要是基于语义的方式而非数值的方式。因此，模糊控制规则是对人类行为和进行决策分析过程的最自然的描述方式。这也就是它为什么采用 IF-THEN 形式的模糊条件句的主要原因。

基于上面的描述，最终的模糊控制规则的形式可以通过如下方式来进行表述，首先通过总结人类专家的经验，再使用适当的语言来加以表述。举一个简单的例子，对人工控制水泥窑的操作手册进行总结归纳，最终建立起了模糊控制规则库。另一种方式是通过向有经验的专家和操作人员咨询，从而获得特定应用领域模糊控制规则的原型。通过这两种方式，再经一定的试凑和调整，可获得具有更好性能的控制规则。

(2) 基于操作人员的实际控制过程。在许多人工控制的工业系统实例中，一般来说用常规的控制方法来对其进行设计和仿真比较困难，因为很难建立基于控制对象的模型。但是熟练的操作人员却能成功地控制这样的系统。事实上，熟练的操作人员有意或无意地使用了一组 IF-THEN 模糊规则来进行控制。但是他们往往并不能用语言明确地将 IF-THEN 模糊规则表达出来，因此我们可以通过记录操作人员实际控制过程时的输入输出数据，并从输入的数据中总结出模糊控制规则。

(3) 基于过程的模糊模型。定量模型或清晰化模型，是指可用微分方程、传递函数、状态方程等数学方法来描述控制对象的动态特性。定性模型或模糊模型，是指可用语言的方法来描述控制对象的动态特性。基于模糊模型，也能建立起相应的模糊控制规律。这样设计的系统是纯粹的模糊系统，它比较适合于采用理论的方法来进行分析和控制，因为控制器和控制对象均是用模糊的方法来描述的。

(4) 基于学习。许多基于学习的模糊控制主要是用来模仿人的决策行为，但他们缺乏根据经验和知识产生模糊控制规则并对它们进行修改的能力，很少具有类似于人的学习功能。Mamdani 于 1979 年首先提出了模糊自组织控制，它是一种具有学习功能的模糊控制。具有分层递阶的结构是该自组织控制的特点，上述的模糊自组织控制包含有两个规则库：第一个规则库是一般的模糊控制的规则库；第二个规则库则是由宏规则组成，它能够根据对系统的整体性能要求来产生并修改一般的模糊控制规则，从而显示了类似人的学习能力。自 Mamdani 的工作之后，近年来又有不少学者在这方面做了大量的研究工作。最典型的学习案例是 Sugeno 的模糊小车,它是具有学习功能的模糊控制车,经过训练后能够自动停靠在目标要求的位置。

8. 模糊控制规则的类型

在模糊控制中,目前主要应用如下两种形式的模糊控制规则。

(1) 状态评估模糊控制规则,其形式为

$$R_1: 如果\ x\ 是\ A_1\ and\ y\ 是\ B_1, \quad 则\ z\ 是\ C_1$$
$$R_2: 如果\ x\ 是\ A_2\ and\ y\ 是\ B_2, \quad 则\ z\ 是\ C_2$$
$$\vdots$$
$$R_n: 如果\ x\ 是\ A_n\ and\ y\ 是\ B_n, \quad 则\ z\ 是\ C_n$$

在现有的模糊控制系统中,大多数情况均采用这种形式。我们前面所讨论的也都是这种情形。

对于更一般的情形,模糊控制规则的后件可以是过程状态变量的函数,即

$$R_i: 如果\ x\ 是\ A_i\cdots and\ y\ 是\ B_i, \quad 则\ z = f(x,\cdots,y)$$

它根据对系统状态的评估按照一定的函数关系计算出控制作用 z。

(2) 目标评估模糊控制规则,其典型形式为

$$R_i: 如果\ [u\ 是\ C_i \rightarrow (x\ 是\ A_i, and\ y\ 是\ B_i)], \quad 则\ u\ 是\ C_i$$

其中,u 是系统的控制量;x 和 y 表示要求的状态和目标或者是对系统性能的评估,因而 x 和 y 的取值常常是"好""差"等模糊语言。对于每个控制命令 C_i,通过预测相应的结果 (x,y),从中选用最适合的控制规则。

进一步解释上面的规则:当控制命令选 C_i 时,如果性能指标 x 是 A_i、y 是 B_i 时,那么选用该条规则且将 C_i 取为控制器的输出。例如,用在日本仙台的地铁模糊自动火车运行系统中,就采用了这种类型的模糊控制规则。列出其中典型的一条如"如果控制标志不改变则火车停在预定的容许区域,那么控制标志不改变"。

采用目标评估模糊控制规则对控制的结果加以预测,并根据预测的结果来确定采取的控制行动。因此它本质上是一种模糊预报控制。

9. 模糊控制规则的其他性能要求

(1) 完备性。对于任意的输入,应确保它至少有一个可适用的规则,而且规则的适用程度应大于一定的要求数,譬如 0.6。

(2) 模糊控制规则数。假设模糊控制器的有 m 个输入,并且每个输入的模糊分级数分别为 $n_1, n_2, \cdots, n_m$,则 $N_{max} = n_1 n_2 \cdots n_m$ 为最大可能的模糊规则数。而实际上很多因素都会对模糊控制规则数造成影响,目前尚无普遍适用的一般步骤。但是总的原则是,在满足完备性的条件下,为了简化模糊控制器的设计和实现,尽可能取较少的规则数。

(3) 模糊控制规则的一致性。模糊控制规则大部分情况都是依靠操作人员的经验,它取决于对多种性能的要求。面对不同的性能指标,这些要求往往互相制约,甚至是互相矛盾的。这就需要按这些指标要求来确定模糊控制不能出现互相矛盾的情况。

10. 模糊推理与去模糊化(清晰化)计算

1) 模糊推理

对于多输入多输出(multiple input multiple output,MIMO)模糊控制器,其规则库具有

如下形式：

$$R = \{R_{\mathrm{MIMO}}^1, R_{\mathrm{MIMO}}^2, \cdots, R_{\mathrm{MIMO}}^n\}$$

其中，

R_{MIMO}^i：如果(x 是 A_i, and$\cdots$and y 是 B_i)，   则(z_i 是 C_{i1}, $\cdots$, z_q 是 C_{iq})

R_{MIMO}^i 的前件是直积空间 $X \times \cdots \times Y$ 上的模糊集合，后件是 q 个控制作用的并，它们之间是相互独立的。所以 R_{MIMO}^i 可以看成是 q 个独立的多输入单输出(multiple input single output, MISO)规则，即

$$R_{\mathrm{MIMO}}^i = \{R_{\mathrm{MIMO}}^{i1}, R_{\mathrm{MIMO}}^{i2}, \cdots, R_{\mathrm{MIMO}}^{iq}\}$$

其中，

R_{MIMO}^{ij}：如果(x 是 A_i, and$\cdots$and y 是 B_i)，   则(z_i 是 C_{ij})

因此只考虑 MISO 子系统的模糊推理问题。

不失一般性，考虑两个输入一个输出的模糊控制器。设已建立的模糊控制规则库为

R_1：如果 x 是 A_1 and y 是 B_1，   则 z 是 C_1

R_2：如果 x 是 A_2 and y 是 B_2，   则 z 是 C_2

$\vdots$

R_n：如果 x 是 A_n and y 是 B_n，   则 z 是 C_n

假设已存在的模糊控制器的输入的模糊量为：x 是 A' and y 是 B'，如果根据模糊控制规则进行近似推理，可以得到输出模糊量 z(用模糊集合 C' 表示)为

$$C' = (A' \text{ and } B') \circ R \tag{4-59}$$

$$R = \bigcup_{i=1}^n R_i \tag{4-60}$$

$$R_i = (A_i \text{ and } B_i) \to C_i \tag{4-61}$$

其中包括了 3 种主要的模糊逻辑运算：合成运算"$\circ$"，and 运算，蕴含运算"$\to$"。

合成运算"$\circ$"通常采用最大-最小或最大-积(代数积)的方法；and 运算通常采用求交(取小)或求积(代数积)的方法；蕴含运算"$\to$"通常采用求交(R_c)或求积(R_p)的方法。

2) 去模糊化(清晰化)计算

也称解模糊化计算。以上通过模糊推理得到的是模糊量，而对于实际的控制则必须为清晰量，因此需要将模糊量转变成清晰量，这就是去模糊化(清晰化)计算的目的所在。以下介绍了几种常见的去模糊化(清晰化)计算方法。

(1) 最大隶属度法。若输出量模糊集合 c' 的隶属度函数只有一个峰值，则取隶属度函数的最大值为清晰值，即

$$\mu_{c'}(z_0) \geqslant \mu_{c'}(z) \qquad z \in Z \tag{4-62}$$

其中，z_0 表示清晰值。若输出量的隶属度函数有多个极值，则取这些极值的平均值为清晰值。

【例 4.12】 假设已知输出量 z_1 的模糊集合为

$$c_1' = \frac{0.1}{2} + \frac{0.4}{3} + \frac{0.7}{4} + \frac{1.0}{5} + \frac{0.7}{6} + \frac{0.3}{7} \tag{4-63}$$

已知 z_2 的模糊集合为

$$c_2' = \frac{0.3}{-4} + \frac{0.8}{-3} + \frac{1}{-2} + \frac{1}{-1} + \frac{0.8}{0} + \frac{0.3}{1} + \frac{0.1}{2} \qquad (4-64)$$

求相应的清晰量 z_{10} 和 z_{20}。

根据最大隶属度法，很容易求得

$$z_{10} = df(z_1) = 5$$

$$z_{20} = df(z_2) = \frac{-2-1}{2} = -1.5$$

其中，df 为清晰化运算符。

（2）中位数法。如图 4-24 所示，采用中位数法是取 $\mu_{c'}(z)$ 的中位数作为 z 的清晰量，即 $z_0 = df(z) = \mu_{c'}(z)$ 的中位数，它满足

$$\int_a^{z_0} \mu_{c'}(z)\mathrm{d}z = \int_{z_0}^b \mu_{c'}(z)\mathrm{d}z \qquad (4-65)$$

换而言之，以 z_0 为分界，$\mu_{c'}(z)$ 与 z 轴之间面积两边相等。

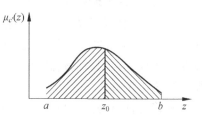

图 4-24　清晰化计算的中位数法

（3）加权平均法。这种方法取 $\mu_{c'}(z)$ 的加权平均值为 z 的清晰值，即

$$z_0 = df(z) = \frac{\int_a^b z\mu_{c'}(z)\mathrm{d}z}{\int_a^b \mu_{c'}(z)\mathrm{d}z} \qquad (4-66)$$

此方法有点类似于重心的计算，所以也被称为重心法。对于论域为离散的情况，则有

$$z_0 = \frac{\sum\limits_{i=1}^n z_i\mu_{c'}(z_i)}{\sum\limits_{i=1}^n \mu_{c'}(z_i)} \qquad (4-67)$$

节点及关联

模糊化运算：将输入空间的观测量映射为输入论域上的模糊集合的算法。例如，单点模糊集合、三角形模糊集合……

去模糊化：最大隶属度法、中位数法、加权平均法……

4.3　模糊控制器

4.3.1　模糊控制器设计步骤

因为模糊控制器的控制规则是基于模糊条件语句描述的语言控制规则，所以模糊控制器又称为模糊语言控制器。

一个模糊控制器的设计应包括以下几项内容：

（1）确定模糊控制器的输入变量和输出变量（即控制量）。

（2）设计模糊控制器的控制规则。

（3）对输入数据进行模糊化和去模糊化（又称清晰化的方法）。

（4）选定模糊控制器的输入变量及输出变量的论域，并确定模糊控制器的参数（如量化因子、比例因子）。

（5）编写模糊控制算法的应用程序。

（6）合理选择模糊控制算法的采样时间。

1. 模糊控制器的结构设计

确定模糊控制器的输入变量和输出变量即是确定模糊控制器的结构设计。在实现过程中，必须深入研究在手动控制过程中，人如何获取输出信息等因素，才能确定究竟选择哪些变量作为模糊控制器的信息量。这是因为模糊控制器的控制规则说到底还是要模拟人的大脑的思维决策方式。

在确定性自动控制系统中，通常将具有一个输入变量和一个输出变量的系统称为单输入单输出系统（single input single output，SISO），而具有多于一个输入/输出变量的系统称为多输入多输出控制系统（multiple input multiple output，MIMO）。在模糊控制系统中，也可以类似地分别定义为单变量模糊控制系统和多变量模糊控制系统。有所不同的是模糊控制系统往往把一个被控制量（通常是系统输出量）的偏差以及偏差变化的变化率、偏差变化作为模糊控制器的输入。因此，从形式上看，这时输入量应该是 3 个，但是人们也习惯于称它为单变量模糊控制系统。

下面以单输入单输出模糊控制器为例，给出几种结构形式的模糊控制器，如图 4-25 所示，其中，E 表示偏差（误差）量，C 表示控制量。一般情况下，一维模糊控制器用于一阶被控对象。这种控制器输入变量只用一个误差（图 4-25(a)），因此它的动态控制性能不佳。所以，目前二维模糊控制器被广泛采用（图 4-25(b)），这种控制器以误差和误差的变化为输入变量，以控制量的变化为输出变量。

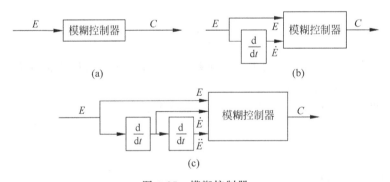

图 4-25　模糊控制器

(a)一维模糊控制器；(b)二维模糊控制器；(c)三维模糊控制器

从理论上讲，模糊控制器的控制越精细，则模糊控制器的维数越高。但是维数过高时，模糊控制规则将会变得过于复杂，控制算法难以实现。这或许是目前人们广泛设计和应用二维模糊控制器的原因所在。

在有的情况下，模糊控制器的输出变量可按两种方式给出。例如，若误差"大"时，则以绝对的控制量输出；而当误差为"中"或"小"时,则以控制量的增量(即控制量的变化)输出。尽管这种模糊控制器的结构及控制算法都比较复杂,但是可以获得较好的上升特性,改善了控制器的动态品质。

2. 精确量的模糊化方法

在确定了模糊控制器的结构之后,下一步就需要对输入量进行采样、量化并模糊化。将精确量转化为模糊量的过程称为模糊化(fuzzification),这个过程也被称为模糊量化。如图 4-26 中经计算机计算出的控制量均为精确量,需经过模糊量化处理后,变为模糊量,以便实现模糊控制算法。

例如,如果把[−6,+6]之间变化的连续量分为 7 个档次,每一个模糊集对应一个档次,这样模糊化过程就相当简单。如果将每一精确量都对应一个模糊子集,就有无穷多个模糊子集,模糊化过程就比较复杂了。

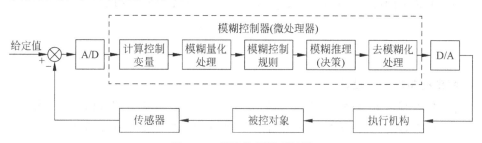

图 4-26　模糊控制原理框图

如表 4-7 所示,在[−6,+6]区间的离散化了的精确量与表示模糊语言的模糊量建立一定关系,这样,就可以将[−6,+6]之间的任意精确量用模糊量 y 来表示。例如,在 −6 附近称为负大,用 NB 表示;在 −4 附近称为负中,用 NM 表示。如果 $y = -5$ 时,这个精确量没有在档次上,再从表 4-7 中的隶属度上选择,由于

$$\mu_{\mathrm{NM}}(-5) = 0.7, \quad \mu_{\mathrm{NB}}(-5) = 0.8, \quad \mu_{\mathrm{NB}} > \mu_{\mathrm{NM}} \tag{4-68}$$

所以 −5 用 NB 表示。

表 4-7　模糊变量隶属度赋值表

语言变量＼隶属度＼量化等级	−6	−5	−4	−3	−2	−1	0	1	2	3	4	5	6
PB	0	0	0	0	0	0	0	0	0	0.1	0.4	0.8	1.0
PM	0	0	0	0	0	0	0	0	0.2	0.7	1.0	0.7	0.2
PS	0	0	0	0	0	0	0	0.9	1.0	0.7	0.2	0	0
O	0	0	0	0	0	0.5	1.0	0.5	0	0	0	0	0
NS	0	0	0.2	0.7	1.0	0.9	0	0	0	0	0	0	0
NM	0.2	0.7	1.0	0.7	0.2	0	0	0	0	0	0	0	0
NB	1.0	0.8	0.4	0.1	0	0	0	0	0	0	0	0	0

如果精确量 x 的实际范围为 $[a,b]$,将 $[a,b]$ 区间的精确变量转换为 $[-6,+6]$ 区间变化的模糊量 y,容易计算出 $y=12\dfrac{\left[x-\dfrac{a+b}{2}\right]}{b-a}$。$y$ 值若不属整数,则可以把它归为最临近于 y 的整数,例如 $4.8\rightarrow5,2.7\rightarrow3,-0.4\rightarrow0$。

应该指出,实际的输入变量(如误差和误差的变化等)都是连续变化的量,通过模糊化处理,把连续量离散为 $[-6,+6]$ 之间有限个整数值的做法是为了使模糊推理合成方便。

一般情况下,如果把 $[a,b]$ 区间的精确量 a,转换为 $[-n,+n]$ 区间的离散量 y——模糊量,其中 n 为不小于 2 的正整数,容易推出

$$y=\frac{2n\left[x-\dfrac{a+b}{2}\right]}{(b-a)} \tag{4-69}$$

对于离散化区间的不对称情况,如 $[-n,+m]$ 的情况,式(4-69)变为

$$y=\frac{(m+n)\left[x-\dfrac{a+b}{2}\right]}{b-a} \tag{4-70}$$

3. 模糊控制规则的设计

设计模糊控制器的关键是控制规则的设计,设计一般包括 3 部分内容:选择描述输入输出变量的词集,定义各模糊变量的模糊子集,建立模糊控制器的控制规则。

1) 选择描述输入输出变量的词集

一般情况下,用一组模糊条件语句来表现模糊控制器的控制规则,在模糊条件语句中描述输入输出变量状态的一些词(如"正大""负小"等)的集合称为这些变量的词集,也称为变量的模糊状态。通常,先研究在日常生活中人和在人机系统中对各种事物的变量的语言描述,来确定如何选取变量的词集。一般来说,人们总是习惯于把事物分为 3 个等级,如运动的速度可分为快、中、慢;事物的大小可分为大、中、小;人的身高可分为高、中、矮;年龄的大小可分为老、中、轻;产品的质量可分为好、中、次(或一、二、三等)。所以,更具人们的习惯,描述模糊控制器的输入、输出变量的状态一般都选用"大、中、小"3 个词汇来。由于人的行为在正、负两个方向的判断基本上是对称的,将大、中、小再加上正、负两个方向并考虑变量的零状态,共有 7 个词汇,即

$$\{正大,正中,正小,零,负小,负中,负大\}$$

一般用英文字头缩写为

$$\{PB,PM,PS,O,NS,NM,NB\}$$

其中 N=Negtive,B=Big,M=Middel,S=Small,O=0,P=Positive。

选择词汇过少,使得描述变量变得粗糙,导致控制器的性能会变坏;选择较多的词汇描述输入、输出变量,可以使制定控制规则方便,但是控制规则相应会变得复杂。一般情况下,都选择上述 7 个词汇,但也可以根据实际系统需要选择其他的语言变量。

选择描述误差的变化这个输入变量状态的词汇时,常常将"零"分为"正零"和"负零",这样的词集变为

$$\{正大,正中,正小,正零,负零,负小,负中,负大\}$$
$$\{PB,PM,PS,PO,NO,NS,NM,NB\}$$

描述输入、输出的词汇都具有模糊特性,可用模糊集合来表示。因此,模糊概念的确定问题就直接转化为求取模糊集合隶属度函数的问题。

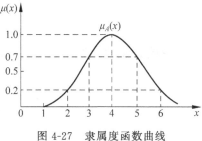

图 4-27 隶属度函数曲线

2) 定义模糊变量的模糊子集

定义一个模糊子集,实际上就是要确定模糊子集隶属度函数曲线的形状。将确定的隶属度函数曲线离散化,可以得到有限个点上的隶属度,便构成了一个相应的模糊变量的模糊子集。如图 4-27 所示的隶属度函数曲线表示论域 X 中的元素 x 对模糊变量 A 的隶属程度,设定

$$x \in X = \{-6, -5, -4, -3, -2, -1, 0, 1, 2, 3, 4, 5, 6\}$$

则有

$$\mu_A(2) = \mu_A(6) = 0.2; \quad \mu_A(3) = \mu_A(5) = 0.7; \quad \mu_A(4) = 1$$

论域 X 内除 $x = 2, 3, 4, 5, 6$ 外各点的隶属度均取为零,则模糊变量 A 的模糊子集为

$$A = \frac{0.2}{2} + \frac{0.7}{3} + \frac{1}{4} + \frac{0.7}{5} + \frac{0.2}{6} \tag{4-71}$$

显然,确定了隶属度函数曲线后,就很容易定义出一个模糊变量的模糊子集。

实验研究结果表明,将人进行控制活动时的模糊概念用正态型模糊变量来描述是适宜的。所以,可以分别给出误差论域 E、误差变化速率论域 R 及控制量论域 C 的 7 个语言值 $(NB, NM, NS, O, PS, PM, PB)$ 的隶属度函数。

对论域 E 而言,设 $0 < e_1 < e_2 < e_3 < e_4$,则有

$$\mu_{PS_e}(x) = \begin{cases} 1 & 0 < x \leqslant e_1 \\ \exp\left[-\left(\dfrac{x - e_1}{\sigma_e}\right)^2\right] & x > e_1 \end{cases} \tag{4-72}$$

$$\mu_{PM_e}(x) = \begin{cases} \exp\left[-\left(\dfrac{x - e_2}{\sigma_e}\right)^2\right] & 0 < x \leqslant e_2 \\ 1 & e_2 \leqslant x \leqslant e_3 \\ \exp\left[-\left(\dfrac{x - e_3}{\sigma_e}\right)^2\right] & x > e_3 \end{cases} \tag{4-73}$$

$$\mu_{PB_e}(x) = \begin{cases} \exp\left[-\left(\dfrac{x - e_4}{\sigma_e}\right)^2\right] & 0 < x \leqslant e_4 \\ 1 & x \geqslant e_4 \end{cases} \tag{4-74}$$

其中,σ 为均方根误差,$\sigma = \sqrt{\displaystyle\sum_{i=1}^{n} \frac{(x - \bar{x})^2}{n}}$,$n$ 为总数。

当 $x < 0$ 时,取 $\mu_{PS_e}(x) = \mu_{PM_e}(x) = \mu_{PB_e}(x) = 0$,而设定

$$\mu_{O_e}(x) = \begin{cases} 0 & x \neq 0 \\ 1 & x = 0 \end{cases} \tag{4-75}$$

$$\mu_{\mathrm{NS}_e}(x) = \mu_{\mathrm{PS}_e}(-x) \tag{4-76}$$

$$\mu_{\mathrm{NM}_e}(x) = \mu_{\mathrm{PM}_e}(-x) \tag{4-77}$$

$$\mu_{\mathrm{NB}_e}(x) = \mu_{\mathrm{PB}_e}(-x) \tag{4-78}$$

对论域 R 而言,设 $0 < r_1 < r_2 < r_3$,则有

$$\mu_{\mathrm{PS}_r}(x) = \begin{cases} 1 & 0 < x \leqslant r_1 \\ \exp\left[-\left(\dfrac{x - r_1}{\sigma_r}\right)^2\right] & x \geqslant r_1 \end{cases} \tag{4-79}$$

$$\mu_{\mathrm{PM}_r}(x) = \exp\left[-\left(\frac{x - r_2}{\sigma_r}\right)^2\right] \quad x > 0 \tag{4-80}$$

$$\mu_{\mathrm{PB}_r}(x) = \begin{cases} \exp\left[-\left(\dfrac{x - r_3}{\sigma_r}\right)^2\right] & 0 < x \leqslant r_3 \\ 1 & x \geqslant r_3 \end{cases} \tag{4-81}$$

其中,σ 为均方根误差,$\sigma = \sqrt{\displaystyle\sum_{i=1}^{n} \frac{(x - \bar{x})^2}{n}}$;$n$ 为总数。

当 $x < 0$ 时,设

$$\mu_{\mathrm{PS}_r}(x) = \mu_{\mathrm{PM}_r}(x) = \mu_{\mathrm{PB}_r}(x) = 0$$

$$\mu_{\mathrm{O}_r}(x) = \begin{cases} 0 & x \neq 0 \\ 1 & x = 0 \end{cases} \tag{4-82}$$

$$\mu_{\mathrm{NS}_r}(x) = \mu_{\mathrm{PS}_r}(-x) \tag{4-83}$$

$$\mu_{\mathrm{NM}_r}(x) = \mu_{\mathrm{PM}_r}(-x) \tag{4-84}$$

$$\mu_{\mathrm{NB}_r}(x) = \mu_{\mathrm{PB}_r}(-x) \tag{4-85}$$

对论域 C 而言,取 $0 < c_1 < c_2 < c_3$,则有

$$\mu_{\mathrm{PS}_c}(x) = \exp\left[-\left(\frac{x - c_1}{\sigma_c}\right)^2\right] x > 0 \tag{4-86}$$

$$\mu_{\mathrm{PM}_c}(x) = \exp\left[-\left(\frac{x - c_2}{\sigma_c}\right)^2\right] x > 0 \tag{4-87}$$

$$\mu_{\mathrm{PB}_c}(x) = \exp\left[-\left(\frac{x - c_3}{\sigma_c}\right)^2\right] x > 0 \tag{4-88}$$

其中,σ 为均方根误差,$\sigma = \sqrt{\displaystyle\sum_{i=1}^{n} \frac{(x - \bar{x})^2}{n}}$;$n$ 为总数。

当 $x < 0$ 时,取

$$\mu_{\mathrm{NS}_c}(x) = \mu_{\mathrm{PS}_c}(-x) \tag{4-89}$$

$$\mu_{\mathrm{NM}_c}(x) = \mu_{\mathrm{PM}_c}(-x) \tag{4-90}$$

$$\mu_{\mathrm{NB}_c}(x) = \mu_{\mathrm{PB}_c}(-x) \tag{4-91}$$

设

$$\mu_{\mathrm{O}_c}(x) = \begin{cases} 0 & x \neq 0 \\ 1 & x = 0 \end{cases} \tag{4-92}$$

上述的论域 E、R、C 上的 7 个模糊变量均假定为正态型模糊变量,其正态函数为

$$F(x) = \exp\left[-\left(\frac{x-a}{\sigma}\right)^2\right] \tag{4-93}$$

其中,隶属度函数曲线的形状直接受参数 σ 的大小的影响,导致不同的控制特性的差异是因为隶属度函数曲线的形状不同。如图 4-28 所示,3 个模糊子集 A、B、C 的隶属度函数曲线形状不同。模糊子集 A 形状尖些,它的分辨率高,其次是 B,最低的是 C。虽然输入误差变量在模糊子集 A、B、C 的支集上变化相同,但是由它们所引起的输出的变化是不同的。容易看出,由 A 引起的输出变化最剧烈,其次是 B,最后是 C。

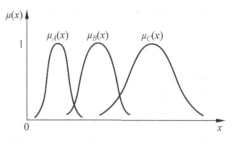

图 4-28　形状不同的隶属度函数曲线

上述分析表明,模糊子集其分辨率较高的隶属度函数曲线形状较尖,控制灵敏度也较高。相反,模糊子集其分辨率较低的隶属度函数曲线形状较缓,系统稳定性较好,控制特性也较平缓。由此得出,在选择模糊变量的模糊集的隶属度函数时,将用低分辨率的模糊集作用在误差较大的区域,将用较高的分辨率的模糊集作用在误差较小的区域,当误差接近于零时,选用高分辨率的模糊集。

上面仅就描述不同的隶属度函数曲线形状的某一模糊变量的模糊子集的问题进行了讨论,下面对同一模糊变量(例如:误差或误差的变化等)的各个模糊子集(如负大、负中、…、零、…、正中、正大)之间的相互关系及其对控制性能的影响问题作进一步分析。

从自动控制的角度,希望一个控制系统在要求的范围内都能够很好地实现控制。模糊控制系统设计时也要考虑这个问题。因此,在选择描述某一模糊变量的各个模糊子集时,要使它们较好地覆盖整个论域。在定义这些模糊子集时,需要指出的是,论域中任何一点对这些模糊子集的隶属度的最大值不能太小,不然在这样的点附近出现不灵敏区,使模糊控制系统的控制性能变坏,甚至造成失控。

应当适当地增加各个模糊变量的模糊子集论域中的元素个数,如一般情况下模糊子集总数通常选 7 个,论域中的元素个数的选择均不低于 13 个。想要模糊子集对论域的覆盖程度较好,应当使论域中元素总数为模糊子集总数的 2~3 倍。

此外,各个模糊子集之间也存在相互影响的情况。如图 4-29 所示,a_1 及 a_2 分别为两种情况下两个模糊子集 A 和 B 的交集的最大隶属度,显然 $a_1 \leqslant a_2$。两个模糊子集之间的影响程度可用 a 值大小来描述:当控制灵敏度较高时,a 值较小;而当模糊控制器鲁棒性

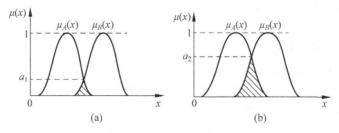

图 4-29　两个隶属度函数曲线的(相交)程度

(robustness)较好时,即控制器具有较好的适应对象特性参数变化的能力,a 值较大。a 值取得过小或过大都是不利的,一般情况下选取 a 值为 $0.4\sim0.8$。a 值过大时会造成两个子集难以区分,使控制的灵敏度显著降低。

3) 建立模糊控制器的控制规则

模糊控制器的控制规则主要依靠的是手动控制策略,而手动控制策略又是人们通过学习、试验以及长期经验积累而逐渐获得的,存储在操作者头脑中的一种技术知识集合。手动控制过程一般操作者对其进行观测,再根据已有的经验和技术知识,进行综合分析并做出控制决策,调整控制作用,从而使系统达到预期的目标。自动控制系统同手动控制的作用中的控制器的作用基本相同,所不同的是控制器的控制决策是基于某种控制算法的数值运算,而手动控制决策是基于操作经验和技术知识。利用模糊集合理论和语言变量的概念,可以把用语言归纳的手动控制策略上升为数值运算,于是可以采用计算机完成这个任务,从而代替人的手动控制,实现所谓的模糊自动控制。

利用语言归纳手动控制策略的过程,实际上就是建立模糊控制器的控制规则的过程。手动控制策略一般都可以用条件语句加以描述,这里系统地归纳一下,以便在建立模糊控制规则中选用。

常见的模糊控制语句及其对应的模糊关系 R 概括如下。

(1) 若 A 则 B(即 if A then B):

$$R = A \times B \tag{4-94}$$

例句 1:若水位偏低,则加大引入水流的阀门。

(2) 若 A 则 B 否则 C(即 if A then B else C):

$$R = (A \times B) + (A \times C) \tag{4-95}$$

例句 2:若水位过高,则加大排出水流的阀门,否则加大引入水流的阀门。

(3) 若 A 且 B 则 C(即 if A and B then C):

$$R = (A \times C) \cdot (B \times C) \tag{4-96}$$

该条件语句还可表述为

若 A 则若 B 则 C(即 if A then if B then C):

$$R = A \times (B \times C) = A \times B \times C \tag{4-97}$$

例句 3:若水位偏低且液面继续下降,则加大引入水流的阀门。

(4) 若 A 或 B 且 C 或 D 则 E(即 if A or B and C or D then E):

$$R = [(A+B) \times E] \cdot [(C+D) \times E] \tag{4-98}$$

例句 4:若水位偏高且液面继续上升,则加大排出水流的阀门。

(5) 若 A 则 B 且若 A 则 C(即 if A then B and if A then C):

$$R = (A \times B) \cdot (A \times C) \tag{4-99}$$

该条件语句还可表述为:

若 A 则 B、C(即 if A then B、C)。

例句 5:若水位刚好合适,则停止加大排出水流的阀门、加大引入水流的阀门。

(6) 若 A_1 则 B_1 或若 A_2 则 B_2(即 if A_1 then B_1 or if A_2 then B_2):

$$R = A_1 \times B_1 + A_2 \times B_2 \tag{4-100}$$

例句 6:若水位偏高,则加大排出水流的阀门;或若水位偏低,则加大引入水流的阀门。

该条件语句还可表述为

若 A_1 则 B_1 否则若 A_2 则 B_2（即 if A_1 then B_1 else if A_2 then B_2）；式同式(4-100)。

下面以手动操作控制水位为例,总结一下手动控制策略,从而给出一类模糊控制规则。

设水位的误差为 E,水位的误差的变化为 EC,引入水流的阀门的变化为 U。假设选取 E 及 U 的语言变量的词集均为

$$\{NB,NM,NS,NO,PO,PS,PM,PB\}$$

选取 EC 的语言变量词集为

$$\{NB,NM,NS,O,PS,PM,PB\}$$

现将操作者在操作过程中遇到的各种可能出现的情况和相应的控制策略汇总如表 4-8 所示。

表 4-8　模糊控制规则表

U EC E	NB	NM	NS	O	PS	PM	PB
NB	PB	PB	PB	PB	PM	O	O
NM	PB	PB	PB	PB	PM	O	O
NS	PM	PM	PM	PM	O	NS	NS
NO	PM	PM	PS	O	NS	NM	NM
PO	PM	PM	PS	O	NS	NM	NM
PS	PS	PS	O	NM	NM	NM	NM
PM	O	O	NM	NB	NB	NB	NB
PB	O	O	NM	NB	NB	NB	NB

下面说明建立模糊控制规则表的基本思想。首先考虑误差为负的情况,当误差为负大时,且误差变化为负,则说明误差有增大的趋势,控制量的变化应当取正大,这样可以尽快消除已有的负大误差并抑制误差变大,达到控制效果。

当误差为负且误差变化为正时,系统本身已有减少误差的趋势,所以应取较小的控制量,这样可以尽快消除误差且又不超调。由表 4-8 可以看出,同理当误差为负大且误差变化为正小时,控制量的变化应当取为正中;若误差变化为正大或正中时,此时控制量变化取为 O 等级,在此情况下控制量不宜增加,否则很容易造成超调,进而产生正误差。

当误差为负中时,控制量的变化选取同误差为负大时相同。此时控制量的变化应该使误差尽快消除。

当误差为负小时,系统接近稳态。若误差变化为负时,为了抑制误差往负方向变化,可以选取控制量变化为正中;若误差变化为正时,应选取控制量变化为负小,因为系统本身有消除负小误差的趋势。

总结上述选取控制量变化的原则:当误差大或较大时,选择控制量以尽快消除误差为主;而当误差较小时,选择控制量要注意防止超调,以系统的稳定性为主要出发点。

误差为正时与误差为负时相类似,相应的符号都要变化,不再赘述。参见表 4-8 给出的控制规则,这模糊控制规则是一类消除误差的二维模糊控制器。

4. 模糊量的判决方法

模糊控制器的输出是一个模糊集,里面包含控制量的各种信息,但被控对象仅能接受一

个精确的控制量,应从中选择哪一个控制量施加到被控对象中去呢?此时就需要进行模糊判决(模糊决策),把模糊量转化为精确量。清晰化就是指把模糊量转换为精确量的过程,又称为去模糊化(defuzzification),或称为模糊判决。具体可参考本书 4.2.3 节中的内容。

在实际模糊控制系统设计中,每一种方法都有各自的优缺点。到底采用哪一种判决方法好,不能一概而论,需视具体问题的特征来选择判决方法。

5. 论域、量化因子、比例因子的选择

1) 论域及基本论域

模糊控制器的输入变量误差、误差变化的实际范围称为这些变量的基本论域。精确量为基本论域内的量。

假设误差的基本论域为 $[-x_e, +x_e]$,误差变化的基本论域为 $[-x_c, +x_c]$。被控对象实际要求的变化范围为模糊控制器输出变量(控制量)的基本论域,设其为 $[-y_u, +y_u]$。控制量的基本论域内的量也是精确量。

误差变量所取的模糊子集的论域为

$$\{-n, -n+1, \cdots, 0, \cdots, n-1, n\}$$

误差变化变量所取的模糊子集的论域为

$$\{-m, -m+1, \cdots, 0, \cdots, m-1, m\}$$

控制量所取的模糊子集的论域为

$$\{-l, -l+1, \cdots, 0, \cdots, l-1, l\}$$

有关论域的选择问题,一般选择误差论域的 $n \geqslant 6$,选择误差变化论域的 $m \geqslant 6$,控制量论域的 $l \geqslant 7$。这是因为语言变量的词集多半选为 7 个(或 8 个),这样能满足模糊集论域中所含元素个数为模糊语言词集总数的 2 倍以上,确保模糊集能较好地覆盖论域,避免出现失控现象。

值得指出的是,从理论上来说把等级细分,即增加论域中的元素个数,控制精度将被提高,但这受到计算机字长的限制,另外也会增大计算量。

关于基本论域的选择,如果事先对被控对象缺乏先验知识,在选择误差及误差变化的基本论域只能做初步调试,进一步确定需要待系统调整时。根据被控对象提供的数据选定控制量的基本论域。

2) 量化因子及比例因子

为了进行模糊化处理,必须将输入变量从基本论域转换到相应的模糊集的论域,这中间须将相应的量化因子乘以输入变量。一般用 K 表示量化因子,误差的量化因子 K_e 及误差变化的量化因子 $K_{\dot{e}}$ 分别由下面两个公式来确定:

$$K_e = n/x_e \tag{4-101}$$

$$K_{\dot{e}} = m/x_{\dot{e}} \tag{4-102}$$

在模糊控制器实际工作过程中,一般误差和误差变化的基本论域选择范围要比模糊论域选择范围小得多,通常情况下,量化因子一般都远大于 1,如 $K_e = 10$,$K_{\dot{e}} = 150$。

此外,控制对象的控制量(精确量)不能直接由每次采样经模糊控制算法给出,必须将其转换到为控制对象所能接受的基本论域中去。由下式确定输出控制量的比例因子:

$$K_u = y_u/l \tag{4-103}$$

由于控制量的基本论域为一连续的实数域,所以,从控制量的模糊集论域到基本论域的变换,可以利用下式计算:

$$y_{uj} = K_u \cdot l_j \tag{4-104}$$

上式中,控制量模糊集论域中的任一元素,或为控制量的模糊集所判决得到的确切控制量由 l_j 表示;控制量基本论域中的一个精确量由 y_{ui} 表示;比例因子由 K_u 表示。

比较量化因子和比例因子,不难看出,两者均是考虑两个论域变换而引出的,但对输入变量而言,量化因子确实具有量化效应,而对输出而言,比例因子只起比例作用。

3) 量化因子及比例因子的选择

设计一个模糊控制器需要考虑两点:有一个好的模糊控制规则;合理地选择模糊控制器输入变量的量化因子和输出控制量的比例因子。实验结果表明,模糊控制器的控制性能很大程度上受量化因子和比例因子的大小及其不同量化因子之间大小的相对关系的影响。

如何确定量化因子和比例因子呢?要考虑的因素主要有两点:所采用的计算机的字长;还要考虑到计算机的输入输出接口中 D/A 和 A/D 转换的精度及其变化的范围,进一步解释即选择量化因子和比例因子要充分考虑与 D/A 和 A/D 转换精度相协调,使接口的转换精度充分发挥,并使其变换范围充分被利用。

系统的动态性能影响很大程度上受到量化因子 K_e 及 $K_{\dot{e}}$ 的大小的控制。如果 K_e 选得较大时,系统的超调也较大,过渡过程也会较长。因为从理论上讲,K_e 增大,相当于缩小了误差的基本论域,增大了误差变量的控制作用,虽然能使上升时间变短,但由于超调过大,使得系统的过渡过程变长。

$K_{\dot{e}}$ 选择越大,系统超调越小,但系统的响应速度变慢。$K_{\dot{e}}$ 对超调的遏制作用十分明显。表 4-9 给出了一组误差量化因子改变时,某单输入单输出模糊控制系统的阶跃响应情况(其中误差变化的量化因子 $K_{\dot{e}} = 150$ 保持不变)。在保持误差量化因子 $K_e = 12$ 的情况下,改变误差变化的量化因子 $K_{\dot{e}}$,对于同一模糊控制系统(被控对象不变),系统响应如表 4-10 所示。

表 4-9　$K_{\dot{e}}$ 不变 K_e 变化对控制性能的影响

序　　号	量化因子 K_e	超调量 $\sigma/\%$	响应时间 t_s/S
1	12	0	6.25
2	15	1.0	6.75
3	20	3.9	8.75
4	30	4.6	9
5	60	5.3	10

表 4-10　K_e 不变 $K_{\dot{e}}$ 变化对控制性能的影响

序　　号	量化因子 $K_{\dot{e}}$	超调量 $\sigma/\%$	响应时间 t_s/S
1	67	11	8.75
2	75	9	8.25
3	85	8.3	8
4	150	0	6.25

对输入变量误差和误差变化的不同加权程度可以通过量化因子 K_e 和 $K_{\dot{e}}$ 的大小来实现,在选择量化因子时也要允分考虑到 K_e 和 $K_{\dot{e}}$ 两者之间也相互影响。

输出比例因子 K_u 作为模糊控制器的总的增益,控制器的输出就受其大小的影响,同时也影响着模糊控制系统的特性。K_u 选择过小会使系统动态响应过程变长,而 K_u 选择过大会导致系统振荡加剧。通过调整 K_u 可以改变被控对象输入的大小。

值得一提的是,比例因子和量化因子的选择并不是唯一的,系统获得较好的响应特性可能会有有几组不同的值。对于比较复杂的被控过程,有时采用一组固定的量化因子和比例因子难以收到预期的控制效果,我们可以采用改变量化因子和比例因子的方法,在控制过程中调整整个控制过程中不同阶段上的控制特性,使其对复杂过程控制收到良好的控制效果。这种形式的控制器称为自调整比例因子模糊控制器。

6. 模糊控制查询表及模糊控制算法流程图

1)模糊控制算法

如表 4-8 所示,一般二维模糊控制器的控制规则可写成下列条件语句形式

$$\text{if } E = A_i \text{ then if } EC = B_j \text{ then } U = C_{ij} (i = 1, 2, \cdots, n; j = 1, 2, \cdots, m)$$

其中,A_i、B_j、C_{ij} 是定义在误差、误差变化和控制量论域 X、Y、Z 上的模糊集。

上述模糊条件语句最终可以用一个模糊关系 R 来描述,即

$$R = \bigcup_{i,j} A_i \times B_j \times C_{ij} \tag{4-105}$$

R 的隶属度函数为

$$\mu_R(x,y,z) = \bigvee_{i=1,j=1}^{i=n,j=m} \mu_{A_i}(x) \wedge \mu_{B_j}(y) \wedge \mu_{C_{ij}}(z) \tag{4-106}$$

式中,$x \in X, y \in Y, z \in Z$。

当误差、误差变化分别取模糊集 A、B 时,输出的控制量的变化 U 根据模糊推理合成规则可得

$$U = (A \times B) \circ R \tag{4-107}$$

U 的隶属度函数为:

$$\mu_u(z) = \bigwedge_{x \in X, y \in Y} \mu_R(x,y,z) \wedge \mu_A(x) \wedge \mu_B(y) \tag{4-108}$$

假设 X、Y、Z 论域分别为 $x = \{x_1, x_2, \cdots, x_n\}$、$Y = \{y_1, y_2, \cdots, y_m\}$、$Z = \{z_1, z_2, \cdots, z_l\}$,则 X、Y、Z 上的模糊集分别为一个 n、m 和 l 元的模糊向量,而描述控制规则的模糊关系 R 为一个 $n \times m$ 行 l 列的矩阵。根据采样得到的误差 x_i、误差变化 y_j,相应的控制量变化 u_{ij} 可以由它们计算出来,对所有 X、Y 中元素的所有组合全部计算出相应的控制量变化值,可写成矩阵 $(u_{ij})_{n \times m}$。将这个矩阵制成表,这个表称为查询表,也称为控制表。查询表可以将其存于计算机内存中,由计算机事先离线计算好,在实时控制过程中,根据模糊量化后的误差变化值及误差值,直接参考查询表以获得控制量的变化值 u_{ij},u_{ij} 再乘以比例因子 k_u,即可作为输出去控制被控对象。

2)模糊控制算法流程图

计算机的程序可以实现模糊控制器的控制算法。这种计算机的程序一般包括两个部分:一个是计算机在模糊控制过程中在线计算输入变量(误差、误差变化),并将它们模糊化

处理,查找查询表后再作输出处理的程序;另一个是计算机离线计算查询表的程序,属于模糊矩阵运算。

单变量二维模糊控制器模糊查询表算法流程图如图 4-30 所示。显然,这种控制算法程序简单,计算机易于实现。

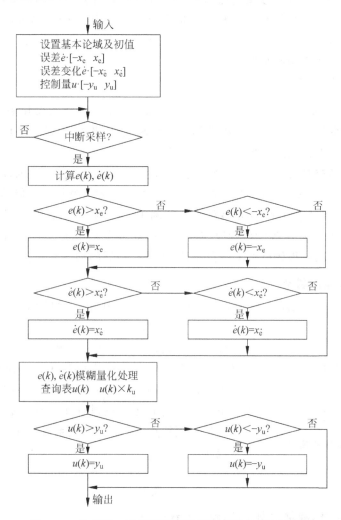

图 4-30　单变量二维模糊控制器模糊查询表算法流程图

4.3.2　模糊控制器的结构

与确定性控制系统类似,模糊控制系统也可划分成单变量模糊控制和多变量模糊控制。

1. 单变量模糊控制器

在单变量模糊控制器(single variable fuzzy controller,SVFC)中,可以将其输入变量的个数定义为模糊控制的维数,如图 4-25 所示。

1) 一维模糊控制器

如图 4-25(a)所示,受控变量和输入给定值的偏差通常被选择为一维模糊控制器的输入变量。因为图中只用了偏差值，过程中的动态特性难以显现出来，因此，所获得的系统动态性能是不尽如人意的。一阶被控对象通常用这种一维模糊控制器。

2）二维模糊控制器

如图 4-25(b)所示，受控变量值和输入给定值的偏差（误差）E 和偏差（误差）变化 $\dot{E}$ 通常被选择为二维模糊控制器的两个输入变量，因为它们能够比较精确得显示受控过程中的输出量的动态特性，因此，相较一维控制器，二维模糊控制器在控制效果上要好得多，是目前采用较为广泛的一类模糊控制器。

3）三维模糊控制器

如图 4-25(c)所示，系统偏差量 E、偏差变化量 $\dot{E}$、偏差变化的变化率 $\ddot{E}$ 是三维模糊控制器的 3 个输入变量。因为三维模糊控制器结构较复杂，推理运算时间长，因此，基本只有在对动态特性的要求特别高的场合使用三维模糊控制器。

以上 3 类模糊控制器的输出变量均选择了受控变量的变化值。之所以大多选择二维控制器，是因为选择的模糊控制器维数越高，系统的控制精度也就越高。但是如果维数选择太高，模糊控制规则就过于复杂，实现也就愈发的困难。在偏差 E"大"时，以控制量的值为输出；而当偏差 E"小"或"中等"时，则以控制量的增量为输出，这样可以对模糊控制器的输出量进行分段选择可以获得较好的上升段特性，改善控制器的动态品质。

2. 多变量模糊控制器

一个多变量模糊控制器(multiple variable fuzzy controller，MVFC)所采用的模糊控制器具有多变量结构，如图 4-31 所示。

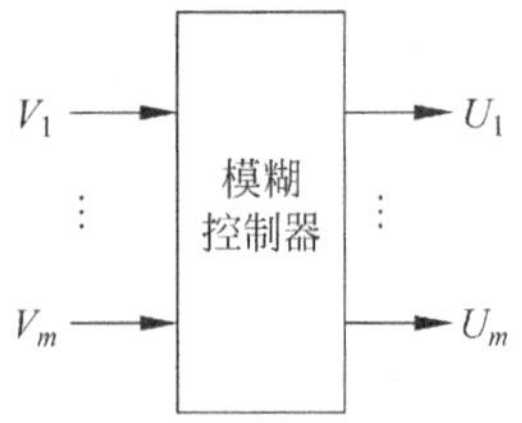

图 4-31　多变量模糊控制器

如果直接设计一个多变量模糊控制器是非常困难的，不过可以将一个多输入多输出(MIMO)的模糊控制器分解成若干个多输入单输出(MISO)的模糊控制器，这样就能采用单变量模糊控制方法进行设计了。这是通过利用模糊控制器本身的解耦特点，通过模糊关系方程求解，在控制器结构上实现解耦。

节点及关联

确定控制系统，模糊控制系统，控制系统……
单变量控制，多变量控制

4.4　模糊控制仿真应用实例

4.4.1　MATLAB 与 Simulink

1. 使用 MATLAB 模糊控制工具箱

MATLAB 模糊控制工具箱为模糊控制器的设计提供了一种非常便捷的途径，借助它我们就不需要进行复杂地模糊化、模糊推理及去模糊化运算，只需要设定相应参数，就可以很快得到所需要的控制器,而且修改也非常方便。下面根据模糊控制器的设计步骤,一步步利用 MATLAB 工具箱设计模糊控制器。

　　首先在 MATLAB 的命令窗口(command window)中输入 fuzzy,回车后会出现一个窗口,如图 4-32 所示。

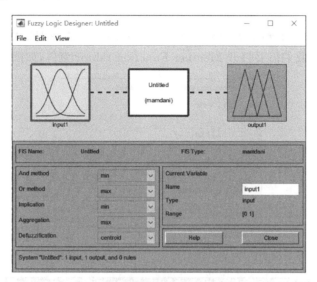

图 4-32　模糊推理系统编辑器

　　下面都是在这个窗口中进行模糊控制器的设计。

　　(1) 确定模糊控制器结构：根据具体的系统确定输入、输出量。

　　如图 4-33 所示,这里可以选用标准的二维控制结构,即输入为误差 e 和误差变化 ec,输出为控制量 u。注意：这里的变量还都是精确量。相应的模糊量为 E、EC 和 U,可以选择增加输入(add variable)来实现双入单出控制结构,如图 4-33 所示。

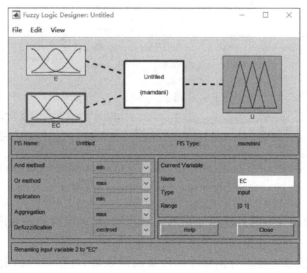

图 4-33　输入(add variable)

（2）输入输出变量的模糊化：把输入输出的精确量转化为对应语言变量的模糊集合。

首先需要确定好描述输入输出变量语言值的模糊子集，例如{NB,NM,NS,O,PS,PM,PB}，并确认好输入输出变量的论域。例如，我们设定误差 E（此时为模糊量）、误差变化 EC、控制量 U 的论域均为{−3,−2,−1,0,1,2,3}，紧接着再为模糊语言变量选取相应的隶属度函数。

我们在模糊控制工具箱中的 Member Function Editor（隶属度函数编辑器）中即可完成这些步骤。第一步，我们需要打开 Member Function Editor 窗口，如图 4-34、图 4-35 所示。

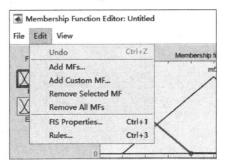

图 4-34　打开 Member Function Edit 窗口

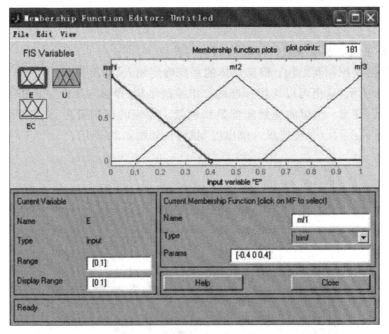

图 4-35　Member Function Edit 窗口

第二步，我们分别设置输入输出变量的论域范围，并对应添加隶属度函数。以 E 为例，定义论域范围为[−3,3]，并添加 7 个隶属度函数，如图 4-36 所示。

接下来就是根据设计要求分别修改这些隶属度函数，包括对应的语言变量和隶属度函数类型，如图 4-37 所示。

（3）模糊推理决策算法设计：根据模糊控制规则进行模糊推理，并决策出模糊输出量。

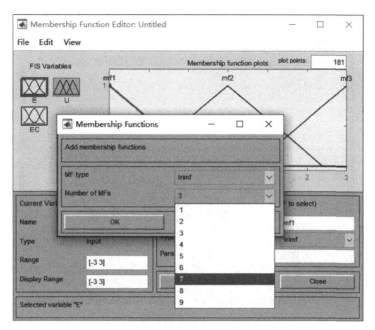

图 4-36　添加隶属度函数的个数为 7

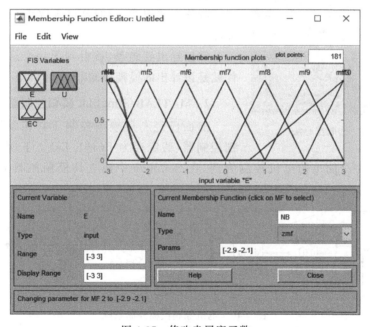

图 4-37　修改隶属度函数

第一步要明确模糊规则,即专家经验。以这个二维控制结构以及相应的输入模糊集为例,可以确定 49 条模糊控制规则(通常来说,很多规则都是现成的),如图 4-38 所示。

利用模糊推理规则编辑器(Rule Editor)完成规则制定后,会形成一个模糊控制规则矩阵,只需要对模糊输入量按照相应的模糊推理算法进行计算,就能得出模糊输出量。

(4)最后再对输出模糊量进行解模糊:模糊控制器的输出量是一个模糊集合,只需要

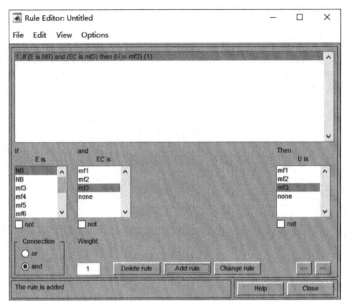

图 4-38 制定模糊控制规则

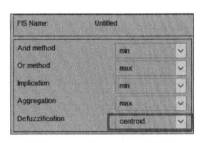

图 4-39 选取重心法

通过去模糊化方法就可以判决出一个确切的精确量。去模糊化方法很多,我们这里选取重心法进行解模糊,如图 4-39 所示。

然后导出到磁盘,就得到了一个.fis 文件,这个文件就是设计出的模糊控制器。

2. MATLAB/Simulink 模糊控制器应用实例 1

前面已经利用模糊控制工具箱设计好了一个模糊控制器(假定存为 fuzzy1.fis)。下面对这个控制器进行检验。以一个简单的电机控制为例,在 Simulink 中建立其模糊控制系统,如图 4-40 所示。

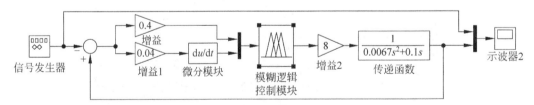

图 4-40 电机控制模糊控制系统

在使用这个控制器之前,需要通过 readfis 指令将 fuzzy1.fis 加载到 MATLAB 的工作空间,例如:myFLC=readfis('fuzzy1.fis'),这样就在工作空间中创建好了一个叫 myFLC 的结构体,之后在模糊逻辑控制器模块(Fuzzy Logic Controller)中将参数设为 myFLC。

现在不难看到,模糊控制器的输入和输出均有一个比例系数,这个系数称为量化因子和比例因子,它反映的是模糊论域范围与实际范围之间的比例关系。例如,模糊控制器输入输出的论域范围均为[−4,4],而实际误差的范围是[−10,10],误差变化率范围是[−100,

100]，控制量的范围是[−32,32]，那么就可以计算出量化因子和比例因子分别为 0.4、0.04、8。它们的选取对于模糊控制器的控制效果影响很大，因此要根据实际情况进行选取。

接下来设定好仿真步长，比如设置步长为 10ms，之后就可以运行了。但是运行后，产生了这样一个错误：

```
MinMax blocks do not accept 'boolean' signals. The input signal(s) of block 'test_fuzzy/Fuzzy
Logic Controller/FIS Wizard/Defuzzification1/Max (COA)' must be one of the MATLAB 'uint8',
'uint16', 'uint32', 'int8', 'int16', 'int32', 'single', or 'double' data types
```

这个是很多人在做模糊控制的时候都遇到过的一个情况，在这里提供两个解决办法：

(1) 在 Defuzzification1 模块中的比较环节后面加入一个数据类型转换模块，并将 boolean 转化为 double 型；或者直接双击比较模块，选中 show additional parameters，将输出数据类型改为 specify via dialog，然后选择 uint(8)即可。在仿真的过程用会发现很多地方都存在这个问题，因此选用这种方法就必须一个一个去修改。

(2) 直接在 simulation parameters→advanced 将 boolean logic signals 选为 off。

以上问题解决后就可以继续进行仿真了。例如给出一个方波信号，就可以得到仿真曲线如下图 4-41 所示。

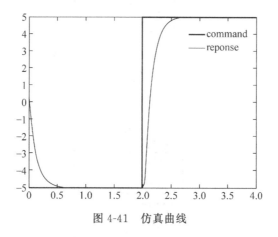

图 4-41　仿真曲线

3. MATLAB/Simulink 模糊控制器应用实例 2

对于一个三阶系统 $\dfrac{b_0 s^2 + b_1 s + b_2}{s^3 + a_1 s^2 + a_2 s + a_3}$，其中 a,b 的值可自由设定，并且该系统具有非线性环节，如图 4-42 所示。

依据上述条件设计一个模糊控制器：

(1) 用 MATLAB 仿真，得出仿真结果；

(2) 通过改变 a、b 值，分析其对仿真结果的影响；

(3) 改变隶属度函数，从仿真结果图分析隶属度函数、模糊化对系统的影响。

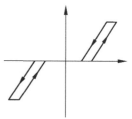

图 4-42　非线性环节

解：

(1) 取 $b_0 = 0, b_1 = 0, b_2 = 1.5, a_1 = 4, a_2 = 2, a_3 = 0$，在 Simulink 里建模，如图 4-43 所示。

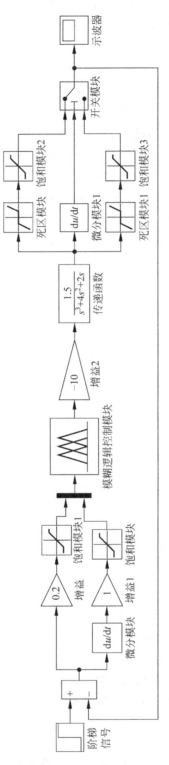

图 4-43 模糊控制器建模

（2）用 GUI 建立 FIS。设定 E 和 EC 分别为系统输出误差和误差的变化量，U 为控制输出，则编辑其隶属度函数如图 4-44～图 4-47 所示。

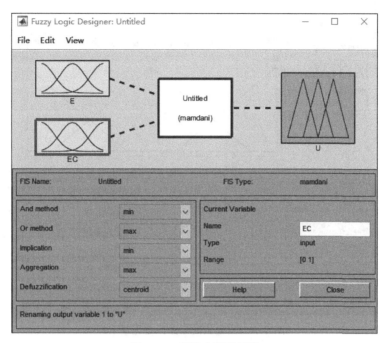

图 4-44　编辑隶属度函数

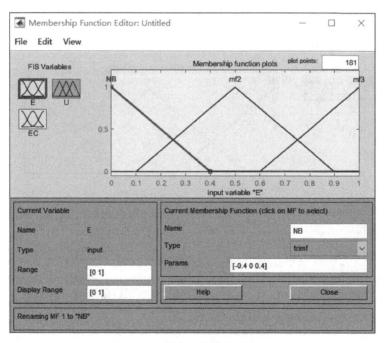

图 4-45　设定系统输出误差 E

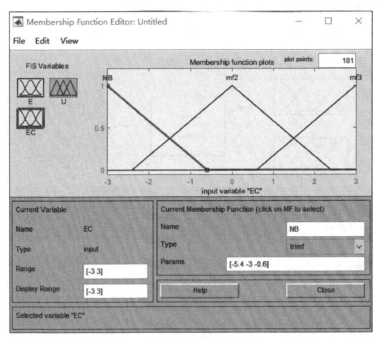

图 4-46　设定系统误差的变化量 EC

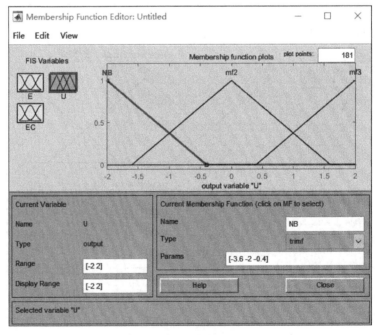

图 4-47　设定系统控制输出 U

编辑模糊推理规则,如表 4-11 所示。

表 4-11　模糊推理规则表

U E	EC NB	NM	NS	ZO	PS	PM	PB
NB	PB	PB	PB	PM	PM	PS	ZO
NM	PB	PB	PM	PM	PS	ZO	NS
NS	PB	PM	PM	PS	ZO	NS	NM
ZO	PM	PM	PS	ZO	NS	NM	NM
PS	PM	PS	ZO	NS	NM	NM	NB
PM	PS	ZO	NS	NM	NM	NB	NB
PB	ZO	NS	NM	NM	NB	NB	NB

得出仿真结果如图 4-48 所示。

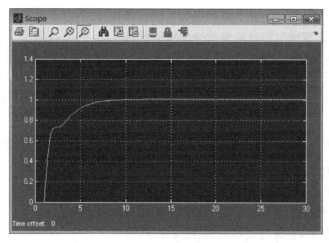

图 4-48　仿真结果

节点及关联

MATLAB,OCTAVE, SCILAB, PYTHON……

4.4.2　模糊控制与传统 PID 的结合

在 Simulink 环境下对 PID 控制系统进行建模是非常便捷的,而模糊控制系统与 PID 控制系统的结构除控制器外基本相同。

下面通过一个例子介绍模糊控制与 PID 控制相结合的控制系统。模型 sltank. mdl——使用模糊控制器对水箱水位进行控制。

假定水箱有一个进水口和一个出水口,可以通过控制一个阀门对流入的水量(即水位高度)进行控制,但水流出的速度取决于出水口的半径(定值)和水箱底部的压力(随水箱中的水位高度变化)。该系统中具有很多的非线性特性。

设计目标是一个进水口阀门控制器,要求能够根据水箱水位的实时测量结果对进水口阀门进行相应控制,使水位满足特定要求(即特定输入信号)。一般情况下,选择水位偏差(理想水位和实际水位的差值)及水位变化率作为控制器的输入,进水阀打开或关闭的速度作为控制器输出的结果。

在 MATLAB 中进行仿真,会得到一个水箱模型的仿真动画窗口(见图 4-49)。该动画是通过一个 S 函数"animtank. m"实现的。从动画中可以看出,系统的实际水位跟随要求的水位信号变化,如图 4-50 所示。

如果对 S 函数的实现感兴趣,可以通过输入命令 open animtank(或 edit animtank)来查看"animtank. m"文件。

通过 Simulink 编辑窗口左侧的菜单栏可以看到,水箱仿真系统包括了水箱子模型、阀门子模型及 PID 控制子模型 3 个部分。在菜单中单击,或者右键单击它们,并在弹出菜单中选择"look under mask",就可以看到这些模块实现的细节结构,如图 4-51、图 4-52 所示。

在这里,我们可以在已经建立好的模型上进行修改,先不考虑具体的系统模型的构造问题,先体验一下模糊逻辑与仿真环境结合使用的优势。

我们可以直接使用仿真模型系统中的水箱模块、阀门模块以及动画仿真显示模块,在这里我们重点考虑与模糊推理系统设计问题相关的模糊系统变量 tank(即 MATLAB 的模糊逻辑推理系统)。我们需要对模糊系统 tank 进行编辑了,只需要在 MATLAB 命令窗口中输入命令 fuzzy tank 即可。

简单修改一下,我们可以直接利用系统里已经编辑好的模糊推理系统,在它的基础上进一步的修改。如果需要学习模糊工具箱与仿真工具的结合运用,可以采用与 tank. fis 中输入输出变量模糊集合完全相同的集合隶属度函数定义,对模糊规则进行一些改动。对于这个问题,根据经验和直觉很显然可以得到如下的模糊控制规则:

If 水位误差小 then 阀门大小不变(权重 1)

If 水位低 then 阀门迅速打开(权重 1)

If 水位高 then 阀门迅速关闭(权重 1)

这相当于在原有的模糊系统模型上减少两条模糊规则,从而得到的新的模糊推理系统。

改动完成后进行仿真,观察示波器模块,可以得到系统水位变化,如图 4-53 所示:

从图 4-53 所示的仿真控制结果曲线中可以看出,上述由 3 条模糊规则组成的模糊控制系统的结果并不理想,因此可以再增加如下两条模糊控制规则:

If 水位误差小且变化率为负 then 阀门缓慢关闭(权重 1)

If 水位误差小且变化率为正 then 阀门缓慢打开(权重 1)

系统的输出变化曲线如图 4-54 所示。

从图 4-54 可以看出,在增加了模糊控制规则后,系统的动态特性得到较大改善,不但具有较短的响应时间,而且超调量也很小。可以用 Surfview tank 命令来显示模糊控制系统的输出曲面,如图 4-55 所示。

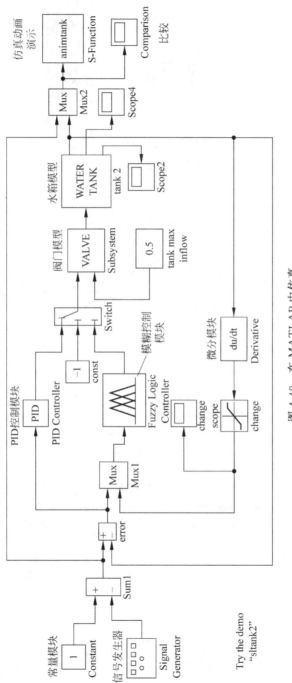

图 4-49 在 MATLAB 中仿真

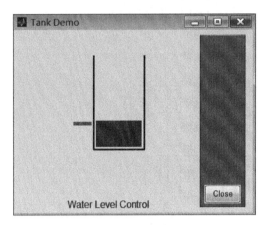

图 4-50 仿真动画

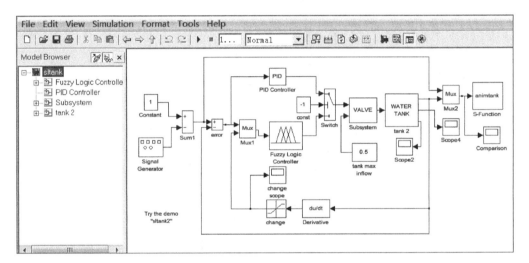

图 4-51 细节结构

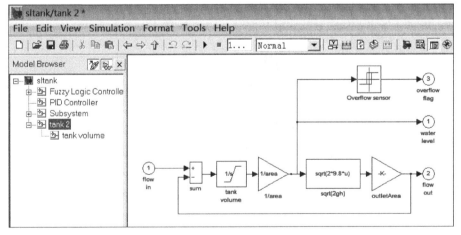

图 4-52 细节结构

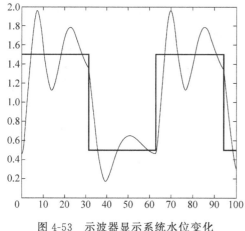

图 4-53　示波器显示系统水位变化

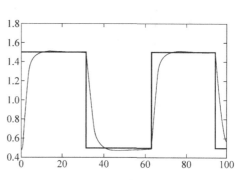

图 4-54　系统的输出变化曲线

在这个例子中,还可以用传统的 PID 控制方法与模糊逻辑推理控制进行比较。在水箱仿真环境主界面中将控制方法选择开关中间的 const 模块的值由－1 改为 1,此时,系统将会用传统的 PID 控制方法进行控制,如图 4-56 所示。

学习示例模型是学习 MATLAB 仿真工具的一个快速有效的方法,如果想快速学习使用 MATLAB 仿真工具来设计模型,可以先试着看懂这些模型和模块的功能以及搭建过程,这是相当有帮助的。

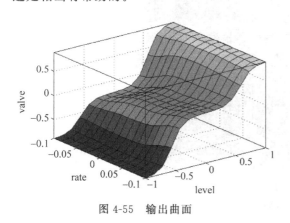

图 4-55　输出曲面

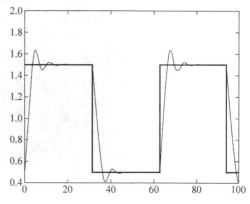

图 4-56　PID 控制方法系统的输出变化曲线

下面以模型 Shower. mdl 的结构做参考,以方便读者更好地理解和学习这个例子。

Shower. mdl 模型是一个淋浴温度及水量调节的模糊控制系统的仿真,此模糊控制器的输入变量分别是水流量和水温,输出变量分别是对热水阀和冷水阀的控制方式。这个问题是一个典型的经验查表法控制示例,是 Mamdani 型系统(MATLAB 模糊控制工具箱里的模糊推理系统有 Mamdani 或 Sugeno 两种类型),它的模糊控制矩阵存为磁盘文件 shower. fis。

这个仿真模型的输出是用示波器来表示的,如图 4-57 所示。

通过示波器上的图形可以清楚地看到水温和水流量跟踪目标要求的性能,如图 4-58～图 4-63 所示。

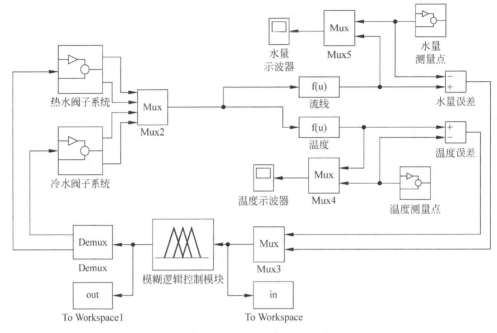

图 4-57　仿真模型

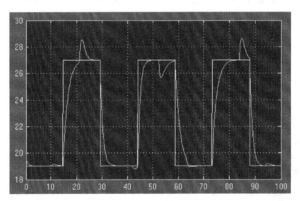

图 4-58　水温示波器

（图片来源：MATLAB 示例）

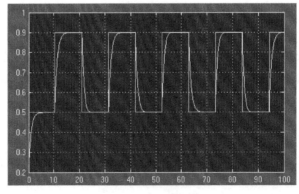

图 4-59　水流量示波器

（图片来源：MATLAB 示例）

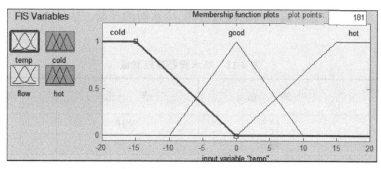

图 4-60　水温偏差区间模糊划分及隶属度函数

（图片来源：MATLAB 示例）

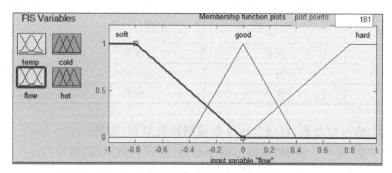

图 4-61　水流量偏差区间模糊划分及隶属度函数

（图片来源：MATLAB 示例）

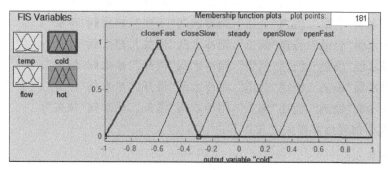

图 4-62　输出对冷水阀控制策略的模糊划分及隶属度函数

（图片来源：MATLAB 示例）

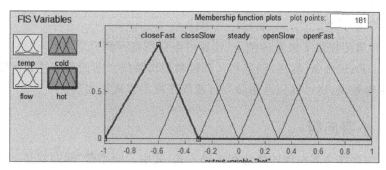

图 4-63　输出对热水阀控制策略的模糊划分及隶属度函数

（图片来源：MATLAB 示例）

输入变量水温与流速的偏差与输出热水阀、冷水阀的控制方法的经验表格如表 4-12 及表 4-13 所示。

表 4-12　热水阀经验控制板

流速 水温	偏　缓	合　适	偏　急
偏冷	快开	慢开	慢关
合适	慢开	不变	慢关
偏热	慢开	慢关	快关

表 4-13　冷水阀经验控制表

流速 水温	偏　缓	合　适	偏　急
偏冷	慢开	慢关	快关
合适	慢开	不变	慢关
偏热	快开	慢开	慢关

根据这两个输出控制表,可以产生 9 条模糊控制规则,如下:

(1) 如果水温"偏冷"、流速"偏缓",则冷水阀"慢开"、热水阀"快开";
(2) 如果水温"偏冷"、流速"合适",则冷水阀"慢关"、热水阀"慢开";
(3) 如果水温"偏冷"、流速"偏急",则冷水阀"快关"、热水阀"慢关";
(4) 如果水温"合适"、流速"偏缓",则冷水阀"慢开"、热水阀"慢开";
(5) 如果水温"合适"、流速"合适",则冷水阀"不变"、热水阀"不变";
(6) 如果水温"合适"、流速"偏急",则冷水阀"慢关"、热水阀"慢关";
(7) 如果水温"偏热"、流速"偏缓",则冷水阀"快开"、热水阀"慢开";
(8) 如果水温"偏热"、流速"合适",则冷水阀"慢开"、热水阀"慢关";
(9) 如果水温"偏热"、流速"偏急",则冷水阀"慢关"、热水阀"快关"。

系统的模糊推理运算相关定义如下:

```
AndMethod = 'min'
OrMethod = 'max'
ImpMethod = 'min'
AggMethod = 'max
DefuzzMethod = 'centroid'
```

MATLAB 里还提供了大量的例子,读者可以自行打开研究学习。

通过 MALTAB 命令(程序)创建和计算模糊逻辑系统。前面介绍过如何使用图形化工具建立模糊逻辑系统,也可以完全用命令行或程序段的方式来实现。

4.4.3　小费问题

实际生活中存在许多模糊的概念和逻辑方式,其中,"给小费"问题就是一个可以用模糊逻辑来分析的经典例子。图 4-64 表示的是一个关于饭店的服务质量和顾客所给小费之间

的关系图,左边表示饭店的服务质量,作为输入；右边表示顾客所给的小费,作为输出,两者
是有一定逻辑关系的。

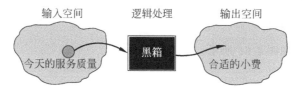

图 4-64　服务质量和小费映射关系图

如图 4-64 所示,黑箱代表着一种映射规则,可以将服务质量映射到小费。这个黑箱就
是这一逻辑关系的核心部分,它可以理解为各种不同的逻辑,例如专家系统、模糊逻辑、神经
网络、微分方程、线性逻辑、多维表格查询或者随机选择器等。在上述表达的问题中,模糊逻
辑被证明是最优的。

举一个简单的例子,在国外的饭馆中,很多人都需要给服务员小费。下面通过小费问题
来说明模糊逻辑的作用。

小费问题的核心就是：给多少小费是"合适"。简单来看,假定用从 0 ～10 的数字代表
服务的质量(10 表示非常好,0 表示非常差),小费应该给多少? 这里还考虑到问题的背
景——经调查,在美国平均的小费是餐费的 15％,但具体多少随服务质量而变。

首先考虑最简单的情况,即顾客总是多给总账单的 15％作为小费。MATLAB 程序如
下,所得图形如图 4-65 所示。

```
service == 0: 0.2: 10;                              % 服务质量
tip = 0.15 + zeros(size(service));                 % 小费
plot(service,tip,'k - ');                          % 绘制关系图
line( service,tip,'LineWidth'; 2,'Color',[00 1]);
xlabel( 'service','FontSize',12);
ylabel('tip','FontSize',12);
plotedit on;
```

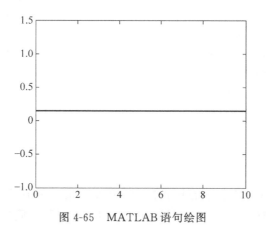

图 4-65　MATLAB 语句绘图

但是这样计算并没有考虑服务质量,所以需要在方程中加一个新的量,让小费从 5％
(服务差)到 25％(服务好)变化。现在的关系方程如下：

tip = 0.20/ 10 * service + 0.05

将图 4-66 的 MATLAB 程序中的第二条语句加以修改：

tip = 0.20/10 * service + 0.05;　　　　　　　　　　　　% 小费

此时所得的图形如图 4-66 所示。

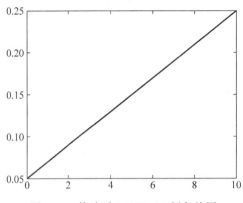

图 4-66　修改后 MATLAB 语句绘图

可以看到，虽然是简单的线性关系，但这样的结果已经基本能够说明服务质量对小费有一定的影响。如果考虑顾客所给的小费也应当能反映食物的质量，那么问题就在原来的基础上扩展为：给定两个 $0\sim10$ 的数字分别代表服务和食物的质量（10 表示非常好，0 表示非常差），这时小费与它们之间的关系应该怎样反映出来呢？

假设是二元线性关系，即

tip = 0.20/20 * (service + food) + 0.05;

用下列 MATLAB 语句可绘出图 4-67：

```
service = 0: 0.5: 10;                           % 服务质量
food = [0: 0.5: 10];                            % 食物质量
tip = 0.20/20 * (ones(size(food))) * service ...
    + food * ones(size(servic))) + 0.05;        % 小费
surf(service, food, tip);
xlabel('service', 'FontSize', 12);
ylabel('food', 'FontSize', 12);
zlabel('tip', 'FontSize', 12);
set(gca, 'box'; 'on');
plotedit on;
```

可以看到，如果不考虑服务质量因素比食物质量因素对于小费的支付占有更大的比重，上面的关系图形已经能够反映一些实际情况了。假如希望服务质量占小费的 80%，而食物仅占 20%。这里可以设定权重因子：

```
servRatio = 0.8;
tip = servRatio * (0.20/ 10 * service + 0.05) + (1 - servRatio) * (0.20/ 10 * food + 0.05);
```

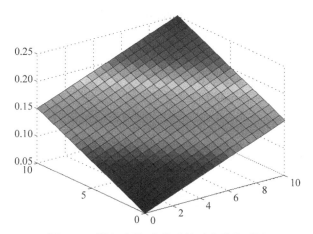

图 4-67　服务质量、食物质量对小费关系图

用下列 MATLAB 语句可绘出图 4-68：

```
servRatio = 0.8;                                    % 服务比例因子
service =  = 0: 0.5: 10;                            % 服务质量
food = [0: 0.5: 10];                                % 食物质量
tip =  0.20/10 * (servRatio * ones(size(food)) * service...
 + (1 - servRatio) * food * ones( size(service))) + 0.05;      % 小费
surf(service, food, tip);
xlabel('service','FontSize',12);
ylabel('food','FontSize',12);
zlabel('tip','FontSize',12);
set( gca, 'box', 'on');
plotedit on;
```

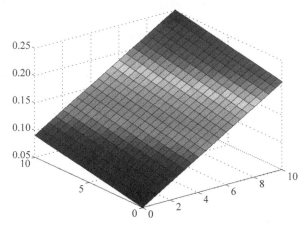

图 4-68　加入权重因子的关系图

与实际情况进行对比,可以看出,这个结果还是有所差异的,正常来说,顾客给的小费都是 15％,当然只有服务的特别周到或特别恶劣的时候这个小费的比例才有所改变。因此,还是希望在图形中间部分的响应可以平坦一些,在图形的两端(服务好或坏)有凸起或凹陷。

这时服务与小费是分段线性的关系。例如,用如下的 MATLAB 语句绘出的图 4-69 的情况:

```
if service < 3,
tip = (0.10/3) * service + 0.05;
elseif service < 7,
tip = 0.15;
elseif service < = 10,
tip = (0.10/3) * (service - 7) + 0.15;
end
```

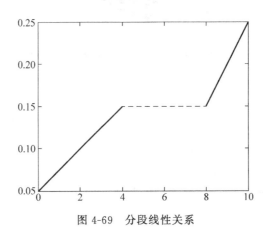

图 4-69　分段线性关系

图 4-69 没有考虑食物质量的影响,加入这个因素后,扩展为三维的,有如下结果:

```
servRatio = 0.8;
if service < 3,
tip = ((0.10/3) * service + 0.05) * servRatio + (1 - servRatio) * (0.20/10 * food + 0.05);
elseif service < 7,
tip = (0.15) * servRatio + (1 - servRatio) * (0.20/10 * food + 0.05);
else
tip = ((0.10/3) * (service - 7) + 0.15) * servRatio + (1 - servRatio) * (0.20/10 * food + 0.05);
end
```

用下列 MATLAB 语句可绘出图 4-70:

```
servRatio = 0.8;                        % 服务比例因子
service =   = 0:0.5:10;                 % 服务质量
food = [0:0.5:10];                      % 食物质量
service1 = 0 * service;
for(i = 1 :length(service))
if service(i)< 3,
service1(i) = (0. 10/3) * service(i) + 0.05;
elseif service(i)< 7,
service1(i) = 0.15;
elseif service(i)< = 10,
```

```
service 1(i) = (0.10/3) * (service(i) − 7) + 0.
end
tip = servRatio * ones(size( food)) *  service1...
 + (1 − servRatio) * (0.20/10 *  food * ones(size(service)) + 0.05); % 小费
surf('service','food',tip);
xlabel( 'service','FontSize',12);
ylabel('food','FontSize';12);
zlabel('tip','FontSize',12);
set(gca,'box','on');
plotedit on;
```

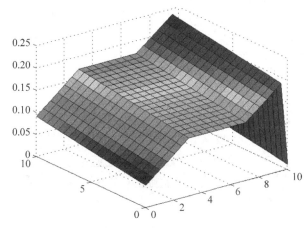

图 4-70　加入食物质量因素的三维图

　　观看现在的结果,效果已经好了很多,不过可以看出,程序已经越来越长,函数也越来越复杂,如果后期需要修改或者增加新的规划又或者需要检查问题已经越来越不便了。相对于程序员的思维,不了解过程的人员是不容易了解的。

　　模糊系统已经可以很好地与人类的自然语言相结合。对于小费的问题,如果直面问题,将问题简化,可以得出 3 条规则:

　　(1) 当服务很差的时候,小费比较少;

　　(2) 当服务比较好的时候,小费中等;

　　(3) 当服务非常好的时候,小费比较高。

　　如果把食物对小费的影响考虑进来,可以增加下面两条规则:

　　(4) 当食物很差时,小费比较少;

　　(5) 当食物很好时,小费比较高。

　　上述 5 条规则不分先后顺序,如果在没有特殊要求的情况下,可以认为这些规则的重要性(权重)是相同的。当然,在一些条件下各条规则的重要性也可以是不同的。

　　此外,我们可以把服务和食物的质量结合起来,总结 3 条规则:

　　(1) 当服务差或食物差的时候,小费少;

　　(2) 当服务好的时候,小费中等;

　　(3) 当服务很好或食物好的时候,小费高。

得到上述 3 条模糊逻辑系统的推理规则后,只要再给出其中的模糊变量(例如"服务差""服务好""服务非常好"等概念)的定义和表示,就建立了该问题的一个完整的模糊推理系统的方案。这个系统的核心就是上述 3 条规则以及相关模糊变量的定义。

使用 MATLAB 图形化工具,可以方便地建立起模糊控制系统,有关结果如图 4-71~图 4-76 所示。

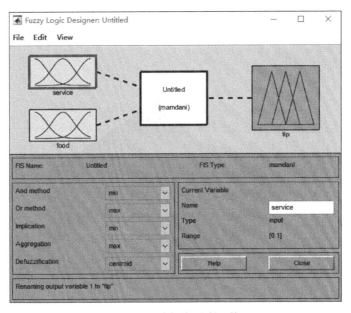

图 4-71　编辑隶属度函数

(图片来源:MATLAB 示例)

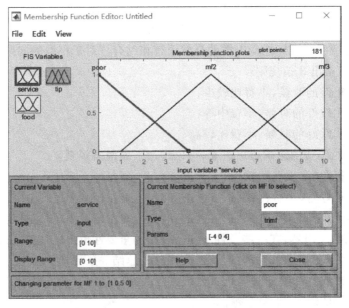

图 4-72　设定系统输入误差

(图片来源:MATLAB 示例)

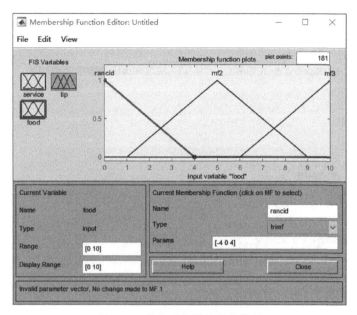

图 4-73　设定系统误差的变化量

（图片来源：MATLAB 示例）

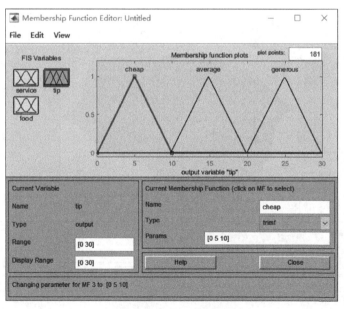

图 4-74　设定系统控制输出

（图片来源：MATLAB 示例）

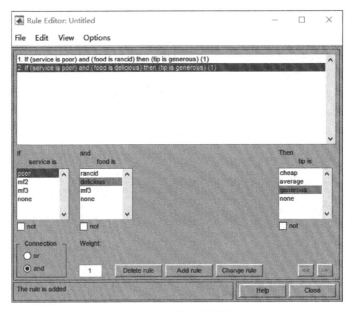

图 4-75　加入模糊控制规则

（图片来源：MATLAB 示例）

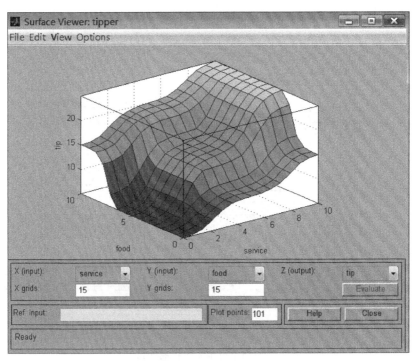

图 4-76　展示三维图

（图片来源：MATLAB 示例）

4.5 本章小结

本章主要讲解了模糊控制的概述和算法、模糊控制器以及模糊控制仿真应用实例。

概述部分主要介绍了模糊控制的发展历程、经典集合论与模糊集合论之间的区别和联系,以及模糊控制的特点与实际中的应用,可以让读者对模糊控制的发展历程与实际应用有一个初步的了解。

算法部分主要讲解了模糊控制算法的设计、模糊规则与模糊推理以及去模糊化,可以让读者深入了解、学习模糊控制。

模糊控制器主要讲解了模糊控制器的设计步骤、模糊控制器的结构和模糊化方法以及去模糊化方法,从而让读者加深对模糊控制器的了解。

模糊控制仿真应用实例主要介绍了 MATLAB 与 Simulink 和模糊控制与传统 PID 的结合,通过实例分析,让读者可以通过编程实现小程序的运行。

习题

1. 确定"矮人""高度正常人""高人"的合理的隶属度函数。

2. 将下面的表达式用模糊集合表达:

(1) 努力学习的学生;

(2) 拔尖的学生;

(3) 聪明的学生。

3. 考虑一下定义在区间 $U=[0,10]$ 上的模糊集合 F、G 和 H,其隶属度函数为

$$\mu_F(x)=\frac{x}{x+2}, \quad \mu_G(x)=2^{-x}, \quad \mu_H(x)=\frac{1}{1+10(x-2)^2}$$

确定下面每个模糊集合的隶属度函数的数学公式和隶属度函数的图形:

(1) $\bar{F}$、$\bar{G}$、$\bar{H}$;

(2) $F\cup G$,$F\cup H$,$G\cup H$;

(3) $F\cap G$,$F\cap H$,$G\cap H$;

(4) $F\cup G\cup H$,$F\cap G\cap H$;

(5) $F\cap\bar{H}$,$\overline{G\cap H}$,$\overline{F\cup H}$。

4. 确定习题 3 中的模糊集合 F、G 和 H 在 (1)$\alpha=0.3$,(2)$\alpha=0.5$,(3)$\alpha=0.9$,(4)$\alpha=1$ 时的 α 截集。

5. 令模糊集合 A 为定义在封闭平面 $U=[-1,1]\times[-3,3]$ 上的模糊集,其隶属度函数为

$$\mu_A(x_1,x_2)=\mathrm{e}^{-(x_1^2+x_2^2)}$$

分别确定 A 在超平面 $H_1=\{x\in U|x_1=0\}$ 和 $H_2=\{x\in U|x_2=0\}$ 上的投影。

6. 证明排中律(the excluded middle)对于模糊集合是不成立的,即当 F 是模糊集时,$F \cup \overline{F} = U$ 不成立。

7. 证明两个凸模糊集的交集是凸模糊集。请回答,两个凸模糊集的并集是不是凸模糊集?

8. 假设由 3 条规则经模糊推理得出的蕴含模糊集合如图 4-77 所示,试用下述解模糊方法求出其精确输出值:

(1) 最大隶属度法;

(2) 重心法;

(3) 加权平均法。

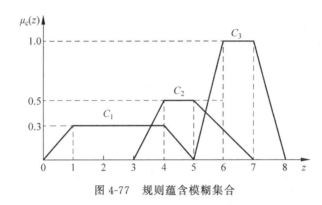

图 4-77　规则蕴含模糊集合

参考文献

[1]　诸静,等.模糊控制原理与应用[M].北京:机械工业出版社,2001:405.

[2]　刘金琨.智能控制[M].北京:电子工业出版社,2017:38.

[3]　刘曙光,魏俊民,竺志超.模糊控制技术[M].北京:中国纺织出版社,2001:62.

[4]　KOVAČIĆ Z,BOGDAN S.模糊控制器设计理论与应用[M].北京:机械工业出版社,2010:18.

[5]　王立新.模糊系统与模糊控制[M].北京:清华大学出版社,2003:02.

[6]　周超,曹春平,孙宇.利用 GS 优化 SM-SVM 的滚动轴承故障诊断方法研究[J].机械设计与制造.2020(6).

[7]　付玉敏.基于 MATLAB 软件开发的滑动轴承性能计算工具[J].机械制造.2020(5).

[8]　冯诗韵,王飞儿,俞洁.基于 Matlab 软件自动化求取参数的 HEC-RAS 模型构建[J].环境科学学报.2020(2).

[9]　朱本铄,裴鑫,姜茜,吴利伟.基于 MATLAB 对 PP/PLA 复合材料薄膜均匀性评估方法[J].材料科学与工程学报.2020(1).

[10]　王友刚,葛超波,曹富龙.基于 MATLAB 的混凝土泵车稳定性研究[J].工程机械.2019(12).

[12]　张萍.基于 MATLAB 的汽车牌照自动识别技术研究[J].自动化技术与应用.2019(11)

[13]　任黎丽,徐海燕.基于 MATLAB 间断照射雷达信号仿真技术研究[J].宇航计测技术.2019(3).

[14]　朱鹏程,吴庆和,陈吉安,等.基于神经网络与 MATLAB 软件的双折线卷筒参数研究[J].机械制造.2019(2).

[15]　程静,王维庆,何山.基于 KF-PP 分析的风电轴承故障模式识别[J].可再生能源.2018(9).

［16］　阳平,夏小华.基于 MATLAB GUI 的红外图像坏元检测软件[J].兵器装备工程学报.2018(8).

［17］　张文卿,谭宇硕,刘旭光.基于 MATLAB 神经网络工具箱的字符识别[J].机电产品开发与创新.2006(6).

［18］　蔡立,徐鑫.MATLAB 神经网络工具箱在非线性系统建模中的应用[J].机电工程技术.2008(2).

［19］　温浩,赵国庆.基于 MATLAB 神经网络工具箱的线性神经网络实现[J].电子科技.2005(1).

［20］　张珍,李雷.基于 MATLAB 的神经网络的仿真[J].长沙通信职业技术学院学报.2007(1).

［21］　胡莹.MATLAB 在自动测试系统中的应用及仿真分析[J].电子测试.2014(1).

［22］　孙召瑞,贾友军,房玉胜,等.MATLAB 神经网络工具箱在故障诊断中的应用[J].兰州工业高等专科学校学报.2004(4).

［23］　刘晔,夏建生.MATLAB 下神经网络工具箱的开发和应用[J].微型机与应用.2000(4).

［24］　刘国春,费强,赵武云,等.基于 MATLAB 遗传算法优化工具箱的应用[J].机械研究与应用.2014(2).

［25］　高峰,卢尚琼,于芹芬.应用 MATLAB 设计人工神经元网络控制系统[J].贵州大学学报(自然科学版).2002(3).

［26］　周欣然,刘卫国,陈德池.MATLAB 神经网络工具箱在过程辩识中的应用[J].长沙铁道学院学报.2003(2).

第5章

深度学习

5.1 深度学习概述

5.1.1 人工智能简介

1. 人工智能的定义

人工智能(AI)的基本概念是在 1956 年被提出来的,在这一年以马文·明斯基为首的学者们逐步形成了一套自上而下的人工智能研究方法,为人工智能后续的迅速发展提供了方向。2016 年,AlphaGo 在围棋比赛中战胜了韩国顶级棋手李世石,人工智能开始席卷全球。Stuart J. Russell 在《人工智能:一种现代的方法》中列出了 8 种常用教科书中关于人工智能的定义,如表 5-1 所示。

表 5-1 按 4 种类型划分的部分人工智能定义[1]

类人类思考的系统	理性地思考的系统
新的令人激动的努力,要使计算机能够思考……从字面上的完整意思是:有头脑的机器。(Haugeland,1985)	通过对计算模型的使用来进行心智能力的研究。(Charniak 和 McDermott,1985)
(使之自动化)与人类的思维相关的活动,诸如决策、问题求解、学习等活动。(Bellman,1978)	对使得知觉、推理和行动成为可能的计算的研究。(Winston,1992)
类人类行动的系统	理性地行动的系统
一种技艺,创造机器来执行人需要智能才能完成的功能。(Kurzweil,1990)	计算智能是对设计智能化智能体的研究。(Poole 等,1998)
研究如何让计算机能够做到那些目前人比计算机做得更好的事情。(Rich 和 Knight,1991)	AI……关心的是人工制品中的智能行为。(尼尔森,1998)

综合诸多定义,Stuart 最终将人工智能定义为类人类行为,类人类思考、理性地思考、理性地行动,以哲学、数学、经济学、神经科学、心理学、计算机工程、控制论、语言学为基础的学科。人工智能是一门研究、开发用于模拟、延伸和扩展人的智能的理论、方法、技术及应用系统的新兴的技术科学。人工智能的研究是具有高度技术性和专业性的,涉及的学科范围极广。目前人工智能学科主要的研究内容包括机器学习和知识获取、自动推理和搜索方法、自然语言处理、智能机器人等方面。人工智能的主要应用领域有问题求解、逻辑推理与定理证

明、自然语言处理、智能信息检索技术、专家系统等。

2. 人工智能的发展历程

人工智能的发展经历了 4 个阶段,分别是萌芽阶段、形成阶段、发展阶段和成熟阶段。20 世纪 40—50 年代,是人工智能的萌芽阶段。Warren McCulloch 和 Walter Pitts(1943)汲取了基础生理学知识和脑神经元功能、对命题逻辑的形式化分析、图灵的计算理论 3 种资源,提出了一种简化的用于智能的人工神经元模型,成为神经网络的开山之作。

20 世纪 50—60 年代,人工智能处于形成阶段。1956 年夏天,在美国达特茅斯学院举行的第一次人工智能研讨会上,John McCarthy 等提出了"人工智能"的概念,因此达特茅斯学院也成为了人工智能领域的正式诞生地。1969 年开展的国际人工智能联合会议(International Joint Conferences On Artificial Intelligence,IJCAI)成为了人工智能发展史上一个重要的里程碑。

20 世纪 70—90 年代早期,人工智能处于发展阶段。在这个时期,许多国家都开展了人工智能的研究,涌现了大量的研究成果。1970 年,第一个拟人机器人 WABOT-1 在日本早稻田大学诞生,它拥有移动肢体和与人交谈的能力;1972 年,法国马赛大学学者 A. Comerauer 提出并且实现了逻辑程序设计语言 PROLOG;1981 年,伟博斯提出了神经网络反向传播算法,该算法提出了多层感知机模型;1986 年,Quinlan 提出了当今依旧被广泛使用的"决策树"模型。在 70 年代初,人工智能领域遭遇瓶颈,计算机内存和处理速度的缺陷限制了人工智能实际问题的解决。

20 世纪 90 年代末期至今,人工智能进入了成熟阶段。Vapnik 和 Cortes 在 1995 年正式提出了支持向量机(SVM)。最初的支持向量机是基于线性判别函数,并借助凸优化技术,以解决二分类问题。支持向量机有很卓越的性能,很快成为人工智能领域的热点。1998 年,Yann LeCun 设计的 LetNet-5 卷积神经网络模型用于手写数字的识别。2006 年,神经网络研究领域的领军者 Hinton 提出了神经网络的深度学习算法,使得神经网络的能力有了极大的提高。2011 年,苹果公司发布了 Apple iOS 操作系统的虚拟助手 Siri,Siri 使用自然语言用户界面来帮助人类用户观察、回答和推断事务。2016 年,Deep Mind 的 AlphaGo 程序,其围棋水平已经能够超过人类的顶尖水平。自此,人工智能的大门逐步打开,人类在不断探索人工智能的未来。

3. 人工智能与深度学习的关系

人工智能技术在应用层面一般包括机器学习、神经网络、深度学习等。机器学习作为人工智能的重要分支,通过数据分析获得数据规律,最终将这些规律用于预测和判断未知数据。神经网络是机器学习的一种重要算法,它奠定了深度学习的发展基础,也使得深度学习成为了人工智能极其重要的技术之一。深度学习是机器学习的一个重要分支,能够显著提升问题的处理效率,它可以借助 GPU 以及分布式计算,在保障质量的前提下有效提升计算效率。人工智能、机器学习、深度学习的包含关系如图 5-1 所示:

机器学习是人工智能的核心,其应用遍及人工智能的各

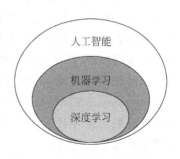

图 5-1　人工智能、机器学习、
深度学习的关系

个领域。深度学习是机器学习的一部分,是机器学习研究的一个新领域,推动了机器学习的发展,并拓展了人工智能的领域范围。概括来讲,人工智能是为机器赋予人的智能,机器学习是一种实现人工智能的方法,而深度学习是一种实现机器学习的技术。

5.1.2 深度学习简介

1. 深度学习的定义

深度学习是一种以人工神经网络为架构,对数据进行表征学习的算法。深度学习的优点是用非监督或半监督的特征学习和分层特征提取高效算法来代替手工获取特征。在人工智能发展的早期,对于人类智力来讲非常困难的问题,计算机可以很容易解决,但是人工智能却不能很容易解决对于人类来说非常简单的但是很难形式化描述的问题,比如识别图像中的人脸等。针对这些问题,深度学习成为了非常有效的解决方案,它可以使计算机从经验中进行学习,并且根据层次化的概念体系来理解世界。

深度学习强调从海量的数据中进行学习,解决海量数据中存在的数据冗杂、维度灾难等传统机器学习难以解决的问题。深度学习在搜索技术、数据挖掘、机器学习、机器翻译、自然语言处理、多媒体学习、语音、推荐和个性化技术、智能辅助驾驶、人脸解锁以及其他相关领域都取得了很多成果。深度学习能够使机器模仿视听和思考等人类的活动,解决了很多复杂的模式识别难题,使得人工智能相关技术取得了很大进步。

2. 深度学习的发展史

最早的神经网络技术可以追溯到 1943 年,从 1943 年至今,深度学习的发展历程可以分为 3 个阶段,分别是起源阶段、发展阶段和爆发阶段。

1943—1969 年是深度学习的起源阶段。1943 年,Warren McCulloch 和 Walter Pitts 受人类大脑启发提出了最早的神经网络数学模型,这种模型后来也被称为 McCulloch-Pitts Neuron 结构。该模型采用简单的线性加权的方式来模拟人类神经元处理信号。1949 年,基于无监督学习的 Hebb 学习规则的提出,使得网络能够提取训练集的统计特性,从而把输入信息按照它们的相似程度划分为若干类。1957 年,Frank Rosenbla 提出了前馈式人工神经网络"感知器",其本质上是一种线性模型,可以对输入的训练集数据进行二分类,并且能够在训练集中自动更新权重。感知器的出现对神经网络的发展具有里程碑式的意义。

20 世纪 80 年代末到 90 年代末是深度学习的发展阶段。20 世纪 80 年代末,分布式特征表达和反向传播算法的提出,使得第二代神经网络开始兴起。分布式特征表达的核心思想是现实世界中的概念可以用多个神经元共同定义表示,同一个神经元也可以参与多个不同概念的表达。分布式特征表达加强了模型的表达能力,神经网络也因此从宽度的方向走向了深度的方向,即深度神经网络。与感知器不同的是,深度神经网络可以很好地解决线性不可分问题。随着反向传播(back Propagation,BP)算法和长短期记忆网络(long short-term memory,LSTM)等的提出,自然语言处理、机器翻译、时序预测等问题的处理取得了很好的效果。90 年代末,在计算资源的限制下,训练深层神经网络较为困难,这使得人工神经网络进入了瓶颈期。

2006 年至今是深度学习的爆发期。2006 年,Geoffrey Hinton 和 Ruslan Salakhutdinov 提出了深层网络训练中梯度消失问题的解决方案:通过无监督的学习方法逐层训练算法,再使用有监督的反向传播算法进行调优。该方法在学术圈引起了巨大反响,至此也开启了深度学习在学术界和工业界的浪潮。

5.2　深度学习理论基础

5.2.1　线性代数

深度学习本质上是通过数据映射规律,映射的过程就是数据在"空间"中的变换,其中大量运用到线性代数中的理论知识,线性代数是深度学习的理论基石。

1. 基本概念

1) 标量

标量是只有大小,没有方向的物理量,通常用小写的变量名称表示。

2) 向量

向量指具有大小和方向的量,n 维向量是由 n 个数组成的有序数组 $(a_1, a_2, \cdots, a_n)$,其中 a_i 为该向量的分量。

3) 矩阵

矩阵是一个有序的二维数组,可以有多个行和列。它有两个索引,第一个指向行,第二个指向列。矩阵中的每个元素由这两个索引确定。通常用大写黑体字母表示矩阵:$A \in R^{m \times n}$,它表示矩阵有 m 行 n 列元素。

$$例如 \ A = \begin{bmatrix} a_{11} & a_{12} & a_{13} & \cdots & a_{1n} \\ a_{21} & a_{22} & a_{23} & \cdots & a_{2n} \\ a_{31} & a_{32} & a_{33} & \cdots & a_{3n} \\ \vdots & & & & \\ a_{m1} & a_{m2} & a_{m3} & \cdots & a_{mn} \end{bmatrix}, 可以记做 \ A = (a_{ij})_{m \times n}, 表示一个 \ m \ 行 \ n \ 列的$$

矩阵。

4) 张量

张量是指排列在一个规则网格上由多维数组中的元素构成的物理量。张量有 3 个指标:第一个指标指向行,第二个指标指向列,第三个指标指向轴。在几何代数中定义张量是基于向量和矩阵的推广,因此可以将标量视作零阶张量,矢量视作一阶张量,矩阵就是二阶张量。张量是深度学习框架中的一个核心组件,深度学习后续的运算和优化算法都是在张量的基础上进行的。

2. 矩阵

1) 矩阵转置

主对角线是矩阵从左上角到右下角的对角线,矩阵的转置就是将矩阵沿着主对角线进

行翻转,记做 A^T 或 A'。例如矩阵 $A = \begin{bmatrix} 1 & 2 & 0 \\ 3 & -1 & 4 \end{bmatrix}$ 的转置为 $A^T = \begin{bmatrix} 1 & 3 \\ 2 & -1 \\ 0 & 4 \end{bmatrix}$。

特别地,如果向量是单列矩阵,那么它的转置就是单行矩阵,标量可以看成是单元素矩

阵,因此标量的转置就是它本身,即 $a = a^T$。

2) 行列式

行列式是将一个 n 行 n 列的矩阵 A 映射成为一个标量,记做 $\det(A)$ 或者 $|A|$。行列式可以看作是有向面积或体积的概念在一般的欧几里得空间中的推广。

行列式是解线性方程组的一种算式。假设矩阵 $A = (a_{ij})_{n \times n}$,那么 A 的行列式为

$$|A| = \begin{vmatrix} a_{11} & a_{12} & a_{13} & \cdots & a_{1n} \\ a_{21} & a_{22} & a_{23} & \cdots & a_{2n} \\ a_{31} & a_{32} & a_{33} & \cdots & a_{3n} \\ \vdots & & & & \\ a_{n1} & a_{n2} & a_{n3} & \cdots & a_{nn} \end{vmatrix} = \sum_{j_1 j_2 \cdots j_n} (-1)^{\tau(j_1 j_2 \cdots j_n)} a_{1j_1} a_{2j_2} \cdots a_{nj_n} \quad (5\text{-}1)$$

式中,$\tau(j_1 j_2 \ldots j_n)$ 是排列 $j_1 j_2 \cdots j_n$ 的逆序数。

3) 矩阵的迹

在线性代数中,方阵 A 的迹记做 $\operatorname{tr}(A)$,定义为对角线元素之和。即

$$\operatorname{tr}(A) = \sum_{i=1}^{n} a_{ii} = a_{11} + a_{22} + \cdots + a_{nn} \quad (5\text{-}2)$$

4) 矩阵的加法

矩阵的加法是指两个相同大小的矩阵相加,产生一个新的具有相同大小的矩阵。比如两个 $m \times n$ 阶的矩阵 A 和 B,其加法标记为 $A + B = C$,矩阵 C 的大小为 $m \times n$。矩阵 C 内的各元素都是矩阵 A 和 B 内相对应元素相加后的值。例如,$\begin{bmatrix} 1 & 3 \\ 1 & 2 \end{bmatrix} + \begin{bmatrix} 0 & 2 \\ 1 & 2 \end{bmatrix} = \begin{bmatrix} 1 & 5 \\ 2 & 4 \end{bmatrix}$。

向量和矩阵相加 $C = A + b$,表示矩阵 A 的每一行和向量 b 相加。

5) 矩阵的乘法

设矩阵 $A = (a_{ij})_{m \times k}$,矩阵 $B = (b_{ij})_{k \times n}$,标记 $C = AB$,C 为矩阵 A 与 B 的乘积,矩阵 C 的大小为 $m \times n$,其中矩阵 C 的第 i 行第 j 列元素可以表示为:$(AB)_{ij} = \sum_{k=1}^{p} a_{ik} b_{kj} = a_{i1} b_{1j} + a_{i2} b_{2j} + \cdots + a_{ip} b_{pj}$。例如:

$$A = \begin{bmatrix} a_{11} & a_{12} & a_{13} \\ a_{21} & a_{22} & a_{23} \end{bmatrix}, \quad B = \begin{bmatrix} b_{11} & b_{12} \\ b_{21} & b_{22} \\ b_{31} & b_{32} \end{bmatrix},$$

$$C = AB = \begin{bmatrix} a_{11}b_{11} + a_{12}b_{21} + a_{13}b_{31} & a_{11}b_{12} + a_{12}b_{22} + a_{13}b_{32} \\ a_{21}b_{11} + a_{22}b_{21} + a_{23}b_{31} & a_{21}b_{12} + a_{22}b_{22} + a_{23}b_{32} \end{bmatrix}$$

矩阵乘法满足以下性质:

(1) 分配律,即 $(A + B)C = AC + BC$,$C(A + B) = CA + CB$;

(2) 结合律,即 $A(BC) = (AB)C$;

(3) 不可交换,即 $AB \neq BA$;

(4) 乘积的转置,即 $(AB)^T = B^T A^T$;

(5) 数乘的结合性,即 $k(AB) = (kA)B = A(kB)$。

6）单位矩阵

主对角线元素全部为 1,其余位置的元素全部为 0 的方阵定义为单位矩阵,例如 $I =$
$\begin{bmatrix} 1 & 0 & 0 \\ 0 & 1 & 0 \\ 0 & 0 & 1 \end{bmatrix}$ 是一个三阶单位矩阵。通常将 n 阶的单位矩阵记为 I_n, $\forall X \in \mathbf{R}^n, I_n X = X$,
$I_n \in \mathbf{R}^{n \times n}$。

7）逆矩阵

对于解析式 $AX = b$ 的解 X,需要借助逆矩阵来求解。将矩阵 A 的逆矩阵记做 A^{-1},矩阵的逆满足:$A^{-1}A = I_n$。如果矩阵 A^{-1} 存在,那么解析式 $AX = b$ 的解为:$A^{-1}AX = I_n X = X = A^{-1}b$。

8）矩阵的特征值

设 A 是 n 阶方阵,$A = (a_{ij})_{n \times n}$,如果存在数 λ 和非零 n 维列向量 x,使得 $Ax = \lambda x$ 成立,则称数 λ 是矩阵 A 的一个特征值或者本征值,向量 x 称为 A 的特征向量。

若有 $Ax = \lambda x$(x 不为零),可以将其写成 $(A - \lambda I)x = 0$,要求得特征值和特征向量,即方程 $(A - \lambda I)x = 0$ 有非零解,而该方程有非零解的充分必要条件是系数行列式 $|A - \lambda I| = 0$,即 $|\lambda I - A| = \begin{pmatrix} \lambda - a_{11} & \cdots & -a_{1n} \\ \vdots & \ddots & \vdots \\ -a_{n1} & \cdots & \lambda - a_{nn} \end{pmatrix} = \lambda^n + a_1 \lambda^{n-1} + \cdots + a_{n-1} \lambda^1 + a_n = 0$,其中 $a_1, a_2, \cdots$
a_n 为系数。

将 $|\lambda I - A| = 0$ 称为 A 的特征方程,$|\lambda I - A| = 0$ 的根称为 A 的特征根(或特征值)。若 λ 是 $|\lambda I - A| = 0$ 的 n_i 重根,则称 λ 为矩阵 A 的 n_i 重特征值(根)。

特征值和特征向量满足以下性质:

若矩阵 $A = (a_{ij})_{n \times n}$ 的所有特征根为 $\lambda_1, \lambda_2, \cdots, \lambda_n$(包括重根),则

$$\lambda_1 + \lambda_2 + \cdots + \lambda_n = \sum_{i=1}^{n} a_{ii} \tag{5-3}$$

$$\lambda_1 \lambda_2 \cdots \lambda_n = |A| \tag{5-4}$$

其中,$|A|$ 为矩阵 A 的行列式。

(1)若矩阵 A 可逆,且 λ 是其逆矩阵的一个特征值,P 为其逆矩阵的特征向量,那么 $\frac{1}{\lambda}$ 是 A 的一个特征根,P 是其对应的特征向量。

(2)若 λ 是矩阵 A 的一个特征根,P 为对应的特征向量,则 λ^m 是 A^m 的一个特征根,P 仍为 A^m 对应的特征向量。

(3)若 $\lambda_1, \lambda_2, \cdots, \lambda_m$ 是矩阵 A 的 m 个互不相同的特征值,P_j 是 λ_j 对应的特征向量,$j = 1, 2, \cdots, m$,则 $P_1, P_2, \cdots, P_m$ 线性无关,即矩阵不同特征值的特征向量之间是线性无关的。

下面介绍几种特殊的矩阵:

(1)对角矩阵。如果一个矩阵除了主对角线的元素不为零之外,其余元素全部为零,那

么这种矩阵称为对角矩阵,例如 $\begin{bmatrix} \lambda_1 & & & \\ & \lambda_2 & & \\ & & \ddots & \\ & & & \lambda_n \end{bmatrix}$,将对角矩阵简记为:$\boldsymbol{A} = \mathrm{diag}(\lambda_1,$ $\lambda_2, \cdots, \lambda_n)$。

(2) 正交矩阵。如果矩阵 $\boldsymbol{A} = (a_{ij})_{n \times n}$ 有 $\boldsymbol{A}\boldsymbol{A}^{\mathrm{T}} = \boldsymbol{I}$,其中 $\boldsymbol{A}^{\mathrm{T}}$ 表示矩阵 $\boldsymbol{A}$ 的转置,$\boldsymbol{I}$ 表示单位矩阵,那么矩阵 $\boldsymbol{A}$ 称为正交矩阵。

(3) 相似矩阵。假设矩阵 $\boldsymbol{A} = (a_{ij})_{n \times n}$,矩阵 $\boldsymbol{B} = (b_{ij})_{n \times n}$,如果存在一个 n 阶可逆矩阵 $\boldsymbol{P}$,使得 $\boldsymbol{P}^{-1}\boldsymbol{A}\boldsymbol{P} = \boldsymbol{B}$,则称矩阵 $\boldsymbol{A}$ 与矩阵 $\boldsymbol{B}$ 相似,记做 $\boldsymbol{A} \sim \boldsymbol{B}$。

(4) 实对称矩阵。如果矩阵 $\boldsymbol{A}$ 的所有元素都是实数,且与转置后的矩阵 $\boldsymbol{A}^{\mathrm{T}}$ 是相等的,则称矩阵 $\boldsymbol{A}$ 为实对称矩阵。

(5) 奇异矩阵。如果矩阵 $\boldsymbol{A}$ 是方阵,且列向量之间是线性相关的,那么称该方阵 $\boldsymbol{A}$ 是奇异的。

9) 特征分解

特征分解又称谱分解,是使用最广泛的矩阵分解之一,即将矩阵分解成一组特征向量和特征值。

对于矩阵 $\boldsymbol{A} = (a_{ij})_{n \times n}$,若存在 λ 使得 $\boldsymbol{A}\boldsymbol{\alpha} = \lambda\boldsymbol{\alpha}$,其中 $\boldsymbol{\alpha}$ 为 $\boldsymbol{A}$ 的特征向量,λ 为 $\boldsymbol{A}$ 的特征值,基于分解的特征向量和特征值,可以将矩阵 $\boldsymbol{A}$ 分解为

$$\boldsymbol{A} = \boldsymbol{V}\mathrm{diag}(\lambda)\boldsymbol{V}^{\mathrm{T}} \tag{5-5}$$

其中,$\boldsymbol{V}$ 为 $n \times n$ 阶的特征向量矩阵;$\mathrm{diag}(\lambda)$ 为特征值构成的对角矩阵。

10) 奇异值分解

奇异值分解不要求矩阵为方阵。假设矩阵 $\boldsymbol{A}$ 为 $m \times n$ 阶的矩阵,那么 $\boldsymbol{A}$ 的奇异值分解为

$$\boldsymbol{A} = \boldsymbol{U}\boldsymbol{\Sigma}\boldsymbol{V}^{\mathrm{T}} \tag{5-6}$$

其中,$\boldsymbol{U}$ 是 $m \times m$ 阶矩阵;$\boldsymbol{\Sigma}$ 是除了主对角元素之外其他元素均为零的 $m \times n$ 阶矩阵,$\boldsymbol{\Sigma}$ 的主对角线每个元素都称为奇异值;$\boldsymbol{V}$ 是 $n \times n$ 阶矩阵。因为矩阵 $\boldsymbol{U}$ 和 $\boldsymbol{V}$ 满足 $\boldsymbol{U}^{\mathrm{T}}\boldsymbol{U} = \boldsymbol{I}$,$\boldsymbol{V}^{\mathrm{T}}\boldsymbol{V} = \boldsymbol{I}$,所以矩阵 $\boldsymbol{U}$ 和 $\boldsymbol{V}$ 被称为酉矩阵。

3. 线性相关和生成子空间

1) 线性相关

对于 R^n 中的一组向量 $\{\boldsymbol{\alpha}_1, \boldsymbol{\alpha}_2, \cdots, \boldsymbol{\alpha}_p\}$,如果向量方程

$$k_1\boldsymbol{\alpha}_1 + k_2\boldsymbol{\alpha}_2 + \cdots + k_p\boldsymbol{\alpha}_p = 0 \tag{5-7}$$

只在 $k_1 = k_2 = \cdots = k_p = 0$ 的条件下成立,那么称该向量组是线性无关的。若存在不全为零的一组数 $k_1, k_2, \cdots, k_p$,使得

$$k_1\boldsymbol{\alpha}_1 + k_2\boldsymbol{\alpha}_2 + \cdots + k_p\boldsymbol{\alpha}_p = 0 \tag{5-8}$$

则称该向量组是线性相关的。

对于矩阵 $\boldsymbol{A} = \begin{bmatrix} \boldsymbol{\alpha}_1 & \boldsymbol{\alpha}_2 & \cdots & \boldsymbol{\alpha}_p \end{bmatrix}$,其中 $\boldsymbol{\alpha}_1, \boldsymbol{\alpha}_2, \cdots, \boldsymbol{\alpha}_p$ 为矩阵 $\boldsymbol{A}$ 的列向量,矩阵方程 $\boldsymbol{A}\boldsymbol{x} = 0$ 可以写为

$$x_1\boldsymbol{\alpha}_1 + x_2\boldsymbol{\alpha}_2 + \cdots + x_p\boldsymbol{\alpha}_p = 0 \tag{5-9}$$

A 的各列之间的每一个线性相关关系对应方程组 $Ax=0$ 的一个非零解。由此可见,当且仅当方程组 $Ax=0$ 仅有零解时,矩阵 A 的各列向量之间是线性无关的。

2) 子空间

$\mathbf{R}^n$ 中的一个子空间是 $\mathbf{R}^n$ 中一个集合 H,子空间 H 具有以下性质:

(1) 零向量属于子空间 H;

(2) 对于子空间 H 中的任意向量 u 和 $v,u+v$ 属于子空间 H;

(3) 对于子空间 H 中的任意向量 u 和标量 c,向量 cu 属于子空间 H。

通过以上性质可以发现,子空间对于加法和数乘是封闭的。需要特别注意的是,$\mathbf{R}^n$ 是它本身的子空间,只含有零向量的子空间,称为零子空间。

设向量 $\alpha_1,\alpha_2,\cdots,\alpha_p$ 属于 $\mathbf{R}^n$,$\alpha_1,\alpha_2,\cdots,\alpha_p$ 的所有线性组合是 $\mathbf{R}^n$ 的子空间,称空间 $\{\alpha_1,\alpha_2,\cdots,\alpha_p\}$ 为由 $\alpha_1,\alpha_2,\cdots,\alpha_p$ 生成(或张成)的子空间。

4. 范数

范数是将向量映射到非负值的函数。简单来说,向量 x 的范数是原点到 x 的距离,在机器学习中通常通过范数来衡量一个矩阵或者向量的大小。将 L^p 范数定义为

$$\|x\|_p = \left(\sum_i |x_i|^p\right)^{\frac{1}{p}} \tag{5-10}$$

1) L^0 范数

$$\|x\|_0 = \sqrt[0]{\sum_i |x_i|^0} \tag{5-11}$$

严格来讲,L^0 不属于范数,在实际应用中,通常采用以下定义:

$$\|x\|_0 = \#(i), x_i \neq 0 \tag{5-12}$$

表示向量中所有非零元素的个数。

2) L^1 范数

$$\|x\|_1 = \sum_i |x_i| \tag{5-13}$$

L^1 范数等于向量中所有元素的绝对值之和,也称为曼哈顿距离。

3) L^2 范数

L^2 范数称为欧几里得范数,表示原点到向量 x 的欧式距离,通常将 L^2 范数简记为 $\|x\|$。

5. 伪逆

1) 左逆

如果矩阵 A 是一个列满秩的矩阵,那么 A 的各个列向量之间是线性无关的,A 的秩 $r(A)=n$。因此当 $m \geqslant n$ 时,A 的零空间($\{x \mid Ax=0\}$)只有零向量,并且 $Ax=b$ 有唯一解($m=n$ 时)或无解($m>n$ 时)。

对于列满秩矩阵来说,对称矩阵 A^TA 是一个 $n \times n$ 的满秩方阵,A^TA 可逆,此时有

$$(A^TA)^{-1}A^TA = I \tag{5-14}$$

将 $(A^TA)^{-1}A^T$ 定义为 A 的左逆。

2）右逆

如果矩阵 A 是一个行满秩的矩阵，那么 A 的各个行向量之间是线性无关的，A 的秩 $r(A)=m$。因此当 $m \le n$ 时，A 的左零空间只有零向量，当 $m < n$ 时 $Ax=b$ 有无数解。

对于行满秩矩阵来说，对称矩阵 AA^T 是一个 $m \times m$ 的满秩方阵，AA^T 可逆，此时有

$$AA^T(AA^T)^{-1}=I \qquad (5\text{-}15)$$

将 $A^T(AA^T)^{-1}$ 定义为 A 的右逆。

3）单侧逆与线性方程组

（1）设 $A \in \mathbf{R}^{m \times n}$ 是左可逆的，$B \in \mathbf{R}^{n \times m}$ 是 A 的一个左逆矩阵，则线性方程组 $AX=b$ 有形如 $X=Bb$ 解的充要条件是

$$(I_m - AB)b = 0 \qquad (5\text{-}16)$$

若上式成立，则方程组有唯一解：

$$X=(A^TA)^{-1}A^Tb \qquad (5\text{-}17)$$

（2）设 $A \in \mathbf{R}^{m \times n}$ 是右可逆的，则线性方程组 $AX=b$ 对任何 $b \in \mathbf{R}^m$ 都有解，且对 A 的任意一个右逆矩阵 A_R^{-1}，$X=A_R^{-1}b$ 是其解。特别地，$X=A^T(AA^T)^{-1}b$ 是方程组 $AX=b$ 的一个解。

4）广义逆矩阵方程

设 A 是 n 阶非奇异矩阵，则存在唯一的逆矩阵 A^{-1}，它具有如下性质：

$$AA^{-1}=I, A^{-1}A=I$$

$$AA^{-1}A=A, A^{-1}AA^{-1}=A^{-1}$$

设 $A \in \mathbf{C}^{m \times n}$，若矩阵 $X \in \mathbf{C}^{n \times m}$ 满足以下方程组：

$$\begin{cases} AXA=A \\ XAX=X \\ (AX)^H=AX \\ (XA)^H=XA \end{cases}$$

则称 X 为 A 的 Moor-Penrose 伪逆，记为 A^+。

5.2.2 概率论与信息论

概率论是用来描述不确定性的数学工具，很多机器学习算法都是通过样本的概率信息来推断和构建模型的。信息论最初是研究如何量化一个信号中包含信息的多少，在机器学习中通常利用信息论的一些概念和结论描述不同概率分布之间的关系。

1. 概率论

1）随机变量

随机变量是表示随机试验各种结果的实值单值函数，包括离散型随机变量和连续型随机变量。随机事件数量化则可以用数学的方法来研究随机现象。例如，某一时间内公共汽车站上等车的乘客人数、电话交换台在一定时间内收到的呼叫次数以及灯泡的寿命等，都是随机变量的实例，在机器学习中，每个样本的特征取值和标签值都可以看作是一个随机变量。

2）概率分布

概率分布是描述随机变量或一簇随机变量在每一个可能取值的状态的可能性大小，用

以表示随机变量取值的概率规律。描述不同类型的随机变量有不同的概率分布形式。

离散型随机变量的概率分布常常用分布列表示。一般来说,如果离散型随机变量的可能取值为 $a_i,(i=1,2,\cdots,m)$,则有相应于 a_i 的概率 $P(X=a_i)=p_i$,所有取值及其概率写成表格形式即为该随机变量的分布列,也称为分布律。

分布列 $\{p_i\}$ 具有如下性质:

(1) p_i 的定义域必须是随机变量 X 的所有可能取值的集合;

(2) 对所有的 X,有 $0\leqslant p_i\leqslant 1$;

(3) $\sum p_i=1$。

当随机变量 X 是连续型变量时,用概率密度函数 $f(x)$ 和概率分布函数 $F(x)$ 来描述其分布。其中,$F(x)=\int_{-\infty}^{x}f(x)\mathrm{d}x$ 。如果一个函数 f 是其概率密度函数,必须满足以下条件:

(1) f 的定义域必须是 X 所有可能状态的集合;

(2) 对所有的 X,$f(x)\geqslant 0$;

(3) $\int f(x)\mathrm{d}x=1$。

多个随机变量的概率分布称为联合概率分布。例如,二元联合概率分布 $F(X=x,Y=y)$ 表示随机变量 X 取值为 x 和随机变量 Y 取值为 y 同时发生的概率,简写为 $F(x,y)$。

3) 边缘概率

边缘概率是指概率论的多维随机变量中只包含其中部分变量的概率分布。对于离散型随机变量 X 和 Y,已知其联合分布为 $P(X=x,Y=y)$,常采用求和法来计算边缘概率 $P(x)$ 或 $P(y)$:

$$\forall x \in X,P(X=x)=\sum_{y}P(X=x,Y=y)$$

$$\forall y \in Y,P(Y=y)=\sum_{x}P(X=x,Y=y)$$

对于连续型随机变量,则为

$$p(x)=\int p(x,y)\mathrm{d}y \tag{5-18}$$

$$p(y)=\int p(x,y)\mathrm{d}x \tag{5-19}$$

4) 条件概率

条件概率是在给定其他事件发生的情况下某个事件发生的概率,如 $P(X=x|Y=y)$ 表示在随机变量 Y 取值为 y 的情况下,X 取值为 x 的概率,记为 $P(x|y)$,计算式为

$$P(X=x \mid Y=y)=\frac{P(X=x,Y=y)}{P(Y=y)} \tag{5-20}$$

5) 相互独立和条件独立

(1) 相互独立:如果 $\forall x\in X,y\in Y$,

$$P(X=x,Y=y)=P(X=x)P(Y=y) \tag{5-21}$$

那么称随机变量 X 和 Y 是相互独立的。

(2) 条件独立:如果 $\forall x \in X, y \in Y, z \in Z, P(X=x,Y=y \mid Z=z)=$

$P(X=x|Z=z)P(Y=y|Z=z)$，那么称随机变量 X 和 Y 是关于随机变量 Z 条件独立的。

6）期望、方差和协方差

（1）期望：数学期望是试验中所有可能结果的概率乘以其结果的总和，它反映随机变量平均取值的大小。对于离散型随机变量，其所有可能取值 x_i 与对应的概率 $P(x_i)$ 乘积之和称为离散型随机变量的数学期望，记为 $E(X)$，有

$$E(X)=x_1 P(x_1)+x_2 P(x_2)+\cdots+x_n P(x_n) \tag{5-22}$$

对于连续型随机变量，则称积分的值 $\int_{-\infty}^{\infty} xf(x)\mathrm{d}x$ 为随机变量的数学期望，记为

$$E(X)=\int_{-\infty}^{\infty} xf(x)\mathrm{d}x \tag{5-23}$$

（2）方差：随机变量或一组数据离散程度的度量。概率论中方差用来度量随机变量和其数学期望之间的偏离程度，表示为

$$\mathrm{Var}(X)=E(X-E(X))^2 \tag{5-24}$$

（3）协方差：衡量的是两个随机变量的总体误差。期望值分别为 $E(X)$ 和 $E(Y)$ 的两个随机变量 X 和 Y 之间的协方差 $\mathrm{Cov}(X,Y)$ 定义为

$$\mathrm{Cov}(X,Y)=E[(X-E(X))(Y-E(Y))] \tag{5-25}$$

2. 信息论

信息论的概念是由数学家和电气工程师 C. E. Shannon 提出的，对深度学习和人工智能的发展具有非凡的意义。信息论作为应用数学的分支，主要研究的是对一个信号能够提供信息的多少进行量化。

1）信息熵

信息熵是对随机变量不确定性的度量。如果一个随机变量 X 的可能取值为 $X=\{x_1, x_2,\cdots,x_n\}$，其概率分布为 $P(X=x_i)=p_i(x_i)$，$i=1,2,\cdots,n$，则随机变量 X 的熵定义为

$$H(X)=-\sum_{i=1}^{n} P(x_i)\log P(x_i)=\sum_{i=1}^{n} P(x_i)\log\frac{1}{P(x_i)} \tag{5-26}$$

2）联合熵

两个随机变量 X 和 Y 的联合分布可以形成联合熵，定义为联合自信息的数学期望，它是二维随机变量 (X,Y) 的不确定性的度量，用 $H(X,Y)$ 表示：

$$H(X,Y)=-\sum_{i=1}^{n}\sum_{j=1}^{n} P(x_i,y_j)\log P(x_i,y_j) \tag{5-27}$$

3）条件熵

在随机变量 X 发生的前提下，随机变量 Y 发生新带来的熵，定义为 Y 的条件熵，用 $H(Y|X)$ 表示。在已知随机变量 X 的条件下，随机变量 Y 的条件熵为

$$H(Y\mid X)=-\sum_{x,y} P(x,y)\log P(y\mid x) \tag{5-28}$$

4）相对熵

相对熵，又称为 KL 散度（kullback-leibler divergence）或者信息散度，是两个概率分布间差异的非对称度量。在信息论中，相对熵等价于两个概率分布的信息熵的差值。相对熵是最大期望算法等一些优化算法的损失函数。在优化算法中，参与计算的一个概率分布是真实分布，另一个是拟合分布，用相对熵表示拟合真实分布时产生的信息损耗。在机器学习

中,一般用 p 表示真实分布,用 q 表示预测分布,相对熵定义为

$$KL(p \parallel q) = \sum_{i=1}^{n} p(x_i) \log(p(x_i)/q(x_i)) \tag{5-29}$$

通过以上公式可以看出来,拟合分布和真实分布越接近,KL 散度越小,相对熵越小。

5) 交叉熵

对相对熵进行展开:

$$KL(p \parallel q) = \sum_{i=1}^{n} p(x_i) \log(p(x_i)/q(x_i))$$

$$= \sum_{i=1}^{n} p(x_i) \log p(x_i) - \sum_{i=1}^{n} p(x_i) \log q(x_i) \tag{5-30}$$

观察上式可以发现,第一项可以写为真实分布的信息熵,由此可得

$$KL(p \parallel q) = -H(p) + \left(-\sum_{i=1}^{n} p(x_i) \log q(x_i)\right) \tag{5-31}$$

由于第一项真实分布的信息熵为恒定值,所以在机器学习中只需要优化最后一项,即交叉熵

$$H(p, q) = -\sum_{i=1}^{n} p(x_i) \log q(x_i) \tag{5-32}$$

在机器学习训练模型时,输入数据与标签常常是已经确定的,那么真实概率分布 $P(x)$ 也就确定了,所以此时信息熵是一个常量。由于 KL 散度的值表示概率分布 $p(x)$ 与预测概率分布 $q(x)$ 之间的差异,值越小表示预测的结果越好,所以需要最小化 KL 散度,而此时 KL 散度是一个常量(信息熵)加上交叉熵,因此在机器学习中常常使用交叉熵作为损失函数来优化算法。

5.2.3 正则化

机器学习中一个核心问题是设计一个不仅在训练集上误差小,而且在新样本上泛化能力好的算法。许多机器学习算法都需要采取相应的策略来减少测试误差,通常将这些策略统称为正则化。由于强大的拟合能力容易导致神经网络出现过拟合现象,因此需要使用不同形式的正则化策略对其进行优化。正则化通过对算法进行调整,旨在减小泛化误差。目前在机器学习中有很多正则化策略。

1. 偏差、方差

偏差是模型在样本上的输出与真实值之间的误差,即模型的准确性,反映出算法的拟合能力。方差是模型每一次输出结果与模型输出期望之间的误差,即模型的稳定性,反映出预测的波动情况。

假设在实际训练一个模型 $f(x)$ 时,训练集 D 是从真实分布 $p_r(x, y)$ 上独立同分布地采样出来的有限样本集合,不同训练集会得到不同的模型。令 $f_D(x)$ 表示在训练集 D 学习到的模型,一个机器学习算法(包括模型以及优化算法)的能力可以用不同训练集上的模型的平均性能来评价。

对于单个样本 x,由不同训练集 D 得到的模型 $f_D(x)$ 和最优模型 $f^*(x)$ 的期望差

距为

$$E_D\left[(f_D(x)-f^*(x))^2\right]$$
$$=E_D\left[(f_D(x)-E_D[f_D(x)]+E_D[f_D(x)]-f^*(x))^2\right]$$
$$=\underbrace{(E_D[f_D(x)]-f^*(x))^2}_{(bias,x)^2}+\underbrace{E_D\left[(f_D(x)-E_D[f_D(x)])^2\right]}_{variance,x} \tag{5-33}$$

其中,第一项为偏差,体现一个模型在不同训练集上的平均性能与最优模型的差异,可以用来衡量一个模型的拟合能力;第二项是方差,体现一个模型在不同训练集上的差异,可以用来衡量一个模型是否容易过拟合。

2. 参数范数惩罚

机器学习中常使用的正则化策略是限制模型的能力,即参数范数惩罚方法。最常用的参数范数惩罚方法是 L_0,L_1,L_2 范数惩罚。

1) L_0 范数惩罚

一个考虑所有参数的模型,即使对训练数据预测得很好,但是对测试数据就不一定了。因此真正重要的参数可能并不多,且参数变少可以使整个模型获得更好的可解释性。由此可知,稀疏的参数可以防止过拟合,因此用 L_0 范数(非零参数的个数)来做正则化项可以防止过拟合。由于 L_0 范数很难优化求解(NP 难问题),因此通常采用 L_1、L_2 范数惩罚。

2) L_1、L_2 范数惩罚

许多正则化方法(神经网络、线性回归、逻辑回归)通过对目标函数 J 添加一个参数范数惩罚 $\Omega(\theta)$,限制模型的学习能力。将正则化后的目标函数记为 $\tilde{J}$:

$$\tilde{J}(\boldsymbol{\omega};X,y)=J(\boldsymbol{\omega};X,y)+\alpha\Omega(\boldsymbol{\omega}) \tag{5-34}$$

其中,$\alpha\in[0,+\infty]$是衡量参数范数惩罚程度的超参数,$\alpha=0$ 表示没有正则化,α 越大对应正则化惩罚越大;X、y 为训练样本和相应标签;$\boldsymbol{\omega}$ 为权重系数向量;J 为目标函数;$\Omega(\boldsymbol{\omega})$即为惩罚项,不同的 Ω 函数对权重$\boldsymbol{\omega}$的最优解有不同的偏好,因而产生不同的正则化效果。常用的 Ω 函数有两种,分别是 L_1 范数和 L_2 范数,相应的正则化方法称为 L_1 正则化和 L_2 正则化。此时有

$$L_1:\Omega(\boldsymbol{\omega})=\parallel\boldsymbol{\omega}\parallel_1=\sum_i|\omega_i| \tag{5-35}$$

$$L_2:\Omega(\boldsymbol{\omega})=\parallel\boldsymbol{\omega}\parallel_2^2=\sum_i\omega_i^2 \tag{5-36}$$

3) L_1、L_2 正则化来源推导

从带约束条件的优化求解来推导 L_1、L_2 正则化。对于模型权重系数$\boldsymbol{\omega}$求解是通过最小化目标函数 J 来实现的:

$$\min_{\boldsymbol{\omega}}J(\boldsymbol{\omega};X,y)$$

通常情况下,模型的复杂度可以通过 VC 维(Vapnik-Chervonenkis dimension)来衡量,而模型的 VC 维与系数$\boldsymbol{\omega}$的个数呈线性关系,即$\boldsymbol{\omega}$越多,VC 越多,模型越复杂。因此很自然地通过减少系数$\boldsymbol{\omega}$的数量来限制模型的复杂度,即让系数$\boldsymbol{\omega}$向量中的一些元素为 0 或者限制$\boldsymbol{\omega}$中非零元素的个数,因此可以在原优化问题中加入约束条件[2]:

$$\min_{\omega} J(\boldsymbol{\omega} ; X, y)$$
$$\text{s.t.} \parallel \boldsymbol{\omega} \parallel_0 \leqslant C \tag{5-37}$$

其中，$\parallel \cdot \parallel_0$ 表示向量中非零元素的个数，这个问题是一个 NP 问题，求解困难，因此可以稍微放宽约束条件。为了达到近似效果，可以不严格要求某些权重$\boldsymbol{\omega}$ 为 0，只需要接近 0 即可。从而可以用 L_1、L_2 来近似 L_0 范数，即

$$\min_{\omega} J(\boldsymbol{\omega} ; X, y)$$
$$\text{s.t.} \parallel \boldsymbol{\omega} \parallel_1 \leqslant C \tag{5-38}$$

或

$$\min_{\omega} J(\boldsymbol{\omega} ; X, y)$$
$$\text{s.t.} \parallel \boldsymbol{\omega} \parallel_2 \leqslant C \tag{5-39}$$

为了后续处理方便，可以对 $\parallel \boldsymbol{\omega} \parallel_2$ 进行平方，此时只需要调整 C 的取值即可。利用拉格朗日算子法，可以将上述带约束的最优化问题转换为不带约束项的优化问题，构造拉格朗日函数：

$$L(\boldsymbol{\omega}, \alpha) = J(\boldsymbol{\omega} ; X, y) + \alpha(\parallel \boldsymbol{\omega} \parallel_1 - C)$$

或

$$L(\boldsymbol{\omega}, \alpha) = J(\boldsymbol{\omega} ; X, y) + \alpha(\parallel \boldsymbol{\omega} \parallel_2^2 - C) \tag{5-40}$$

其中，$\alpha > 0$。假设 α^* 为 α 的最优解，则对拉格朗日函数求最小化等价于

$$\min_{\omega} J(\boldsymbol{\omega} ; X, y) + \alpha^* \parallel \boldsymbol{\omega} \parallel_1$$

或

$$\min_{\omega} J(\boldsymbol{\omega} ; X, y) + \alpha^* \parallel \boldsymbol{\omega} \parallel_2^2 \tag{5-41}$$

可以看出，上式与 $\min \tilde{J}(\omega ; X, y)$ 等价。

因此可以认为 L_1 正则化等价于在原优化目标函数中增加约束条件 $\parallel \boldsymbol{\omega} \parallel_1 \leqslant C$，$L_2$ 正则化等价于在原优化目标函数中增加约束条件 $\parallel \boldsymbol{\omega} \parallel_2^2 \leqslant C$。

3. 数据增强

在训练深层神经网络过程中，增加训练样本量可以减少过拟合问题，但需要花费较多资源，此时通过数据增强技术来增加训练样本量，可以有效避免过拟合问题。目前数据增强主要应用于图像数据，其方法为通过对图像进行转变、引入噪声等生成新的训练数据。常用的增强方法有：

（1）翻转，即将图像沿着水平或者垂直方向随机翻转一定角度；

（2）旋转，即将图像按顺时针或者逆时针方向随机旋转一定角度；

（3）缩放，即将图像按一定的比例放大或缩小；

（4）平移，即将图像沿水平或者垂直方向平移一定的步长；

（5）加噪声，即加入随机噪声。

4. Dropout

2012 年，Hinton 提出了 dropout 方法。当一个复杂的神经网络在较小的数据集上训练时，容易造成过拟合问题，为了防止过拟合，dropout 方法以一定的概率随机丢弃一部分神

经元来简化神经网络。因此从本质上看,dropout 就是在正常的神经网络上给每一层神经元加了一道概率流程米随机丢弃某些神经元,以达到防止过拟合的目的。

节点及关联

线性代数:标量,向量,矩阵,张量,范数……

概率论:随机变量,概率分布,边缘概率,条件概率,期望,方差,协方差……

信息论:信息熵,联合熵,条件熵,相对熵,交叉熵……

正则化:偏差,方差,参数范数惩罚,数据增强,Dropout……

5.3 神经网络基础

5.3.1 感知器与异或学习

1. 感知器背景

随着计算机技术的进步,人们希望它也能类似人类,对外界输入的信息做出处理,并通过学习找出信息中的规律,使计算机对新数据具有判别能力。20 世纪 50 年代,美国学者 F. Rosenblatt 首次提到感知器(perceptron)。感知器是目前基础的人工神经网络,标志着生物具备的学习行为在计算机中得以实现。感知器被视为早期的神经网络单元,可实现一些逻辑运算,适用于简单的分类问题。

2. 感知器原理

在介绍感知器之前,首先介绍超平面。所谓超平面,是指 n 维欧式空间中,余维数为 1 的线性子空间。比如在二维空间中,其超平面是一维线;在三维空间中,其超平面是二维平面。简言之,多维空间中的超平面即平面之直线、空间之平面做推广。在感知器中,超平面就是其对输入值进行分类的标准。

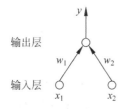

图 5-2 两个输入神经元的感知器

感知器包括两层神经元:输入层和输出层。如图 5-2 所示,输入层神经元负责接收信息,再将信息传送到输出层。输出层神经元是"功能型"神经元,可通过"激活函数"处理信息再产生神经元的输出。

感知器模型是一个二分类的线性分类模型,旨在使实值空间上的输入值,通过运算后输出为两种类别(1 或 −1)。从几何角度来讲,感知器的目标就是在特征空间中找到一个超几何平面 S(即 $\boldsymbol{\omega}^{\mathrm{T}}\boldsymbol{X}+b$),将特征空间划分成两个部分,分布在两个部分的点表示"正"和"负"。

从数学角度,感知器模型定义如下:

设输入空间 $\boldsymbol{X} \in \mathbf{R}^n$,输出空间 $\boldsymbol{Y} \in \{-1,1\}$,由输入空间到输出空间的"激活函数"为

$$f(\boldsymbol{X}) = \mathrm{sign}(\boldsymbol{\omega}^{\mathrm{T}}\boldsymbol{X} + b) \tag{5-42}$$

其中,$\boldsymbol{X}$ 是输入向量;$\boldsymbol{\omega}$、b 是模型参数,$\boldsymbol{\omega} \in \mathbf{R}^n$ 是输入向量的权值,$b \in \mathbf{R}$ 叫做偏置。

$f(x) = \mathrm{sign}(x)$ 是符号函数,即

$$f(x) = \text{sign}(x) = \begin{cases} +1, & x \geqslant 0 \\ -1, & x < 0 \end{cases}$$

它是一类阶跃函数，但是由于阶跃函数具有不连续、不光滑的性质，在实际中，最常用到的激活函数是 Sigmoid 函数，如图 5-3 所示。

3. 感知器算法

感知器模型常用于线性可分数据集。线性可分即指存在一个超平面，能够使数据集中正例点和负例点完全划分到超平面两侧。为了找出这样的平面，就要确定感知器模型中的参数 $\boldsymbol{\omega}$ 和 $\boldsymbol{b}$。

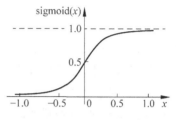

图 5-3　Sigmoid 函数[3]

感知器在判断点的类型时，往往会产生误分类点，因此需要定义一个损失函数，使这些误分类点到超平面的总距离极小化。在输入空间 $\mathbf{R}^n$ 中，某一点 $\boldsymbol{x}_0$ 到超平面 S 的距离可表示为：

$$\frac{1}{\parallel \boldsymbol{\omega} \parallel} \mid \boldsymbol{\omega} \boldsymbol{x}_0 + \boldsymbol{b} \mid \tag{5-43}$$

其中，$\parallel \boldsymbol{\omega} \parallel$ 是 $\boldsymbol{\omega}$ 的 L_2 范数。

由于距离是非负的，对于误分类点 $\boldsymbol{x}_i$ 来说，其到超平面的距离为

$$-\frac{1}{\parallel \boldsymbol{\omega} \parallel} \boldsymbol{y}_i (\boldsymbol{\omega} \boldsymbol{x}_i + \boldsymbol{b}) \tag{5-44}$$

其中，y_i 为目标变量，取值为 $+1$ 或 -1。

假设超平面 S 的误分类点的集合为 M，则所有误分类点到超平面 S 的总距离为

$$-\frac{1}{\parallel \boldsymbol{\omega} \parallel} \sum_{x_i \in M} \boldsymbol{y}_i (\boldsymbol{\omega} \boldsymbol{x}_i + \boldsymbol{b}) \tag{5-45}$$

不考虑 $\dfrac{1}{\parallel \boldsymbol{\omega} \parallel}$，就得到感知器学习的损失模型。

若给定训练集 $T = \{(x_1, y_1), (x_2, y_2), \cdots, (x_n, y_n)\}$，$\text{sign}(\boldsymbol{\omega}^{\mathrm{T}} \boldsymbol{X} + \boldsymbol{b})$ 的损失函数定义为

$$L(\boldsymbol{\omega}, \boldsymbol{b}) = -\sum_{x_i \in M} \boldsymbol{y}_i (\boldsymbol{\omega} \boldsymbol{x}_i + \boldsymbol{b}) \tag{5-46}$$

如果没有误分类点，感知器模型的损失函数值为 0。误分类点越少，误分类点与超平面的距离就越小，那么损失函数越小。因此，感知器的学习过程转化为求感知器模型损失函数极小的过程，具体算法如下：

给定训练集 $T = \{(x_1, y_1), (x_2, y_2), \cdots, (x_n, y_n)\}$，求解参数 $\boldsymbol{\omega}$、$\boldsymbol{b}$，使得下面的损失函数极小化：

$$\min_{\boldsymbol{\omega}, \boldsymbol{b}} L(\boldsymbol{\omega}, \boldsymbol{b}) = -\sum_{x_i \in M} \boldsymbol{y}_i (\boldsymbol{\omega} \boldsymbol{x}_i + \boldsymbol{b}) \tag{5-47}$$

4. 感知器学习过程

感知器学习规则为梯度下降法，通过不断更新参数 $\boldsymbol{\omega}$ 和 $\boldsymbol{b}$，极小化目标函数 $L(\boldsymbol{\omega}, \boldsymbol{b})$。假设误分类点集合 M 是固定的，损失函数 $L(\boldsymbol{\omega}, \boldsymbol{b})$ 的梯度如下：

$$\nabla \boldsymbol{\omega} = \frac{\partial L(\boldsymbol{\omega}, \boldsymbol{b})}{\partial \boldsymbol{\omega}} = -\sum_{x_i \in M} \boldsymbol{y}_i \boldsymbol{x}_i \tag{5-48}$$

$$\nabla b = \frac{\partial L(\boldsymbol{\omega}, \boldsymbol{b})}{\partial \boldsymbol{b}} = -\sum_{x_i \in M} \boldsymbol{y}_i \tag{5-49}$$

若随机给定一个误分类点 $(\boldsymbol{x}_i, \boldsymbol{y}_i)$，则梯度为 $\nabla \boldsymbol{\omega} = -\boldsymbol{y}_i \boldsymbol{x}_i$，$\nabla \boldsymbol{b} = -\boldsymbol{y}_i$，对参数 $\boldsymbol{\omega}$ 和 $\boldsymbol{b}$ 的更新如下：

$$\boldsymbol{\omega} \leftarrow \boldsymbol{\omega} - \eta \nabla \boldsymbol{\omega} = \boldsymbol{\omega} + \eta \boldsymbol{y}_i \boldsymbol{x}_i \tag{5-50}$$

$$\boldsymbol{b} \leftarrow \boldsymbol{b} - \eta \nabla \boldsymbol{b} = \boldsymbol{b} + \eta \boldsymbol{y}_i \tag{5-51}$$

其中，$\eta(0<\eta<1)$ 是步长，也称为学习率。这样通过对参数不断进行更新与迭代，就能将损失函数不断减小，在线性可分数据集中，其损失函数减小直至为 0。直观上的解释，可看到在感知器学习算法中，当有一点被误分类时，通过不断更新参数 $\boldsymbol{\omega}$ 和 $\boldsymbol{b}$，使分离超平面不断得到调整与移动，直到超平面将该误分类点完全分类正确。

感知器学习算法总结如下：

Step1　输入训练数据集 $T = \{(x_1, y_1), (x_2, y_2), \cdots, (x_n, y_n)\}$，$\boldsymbol{x}_i \in X$，$\boldsymbol{y}_i \in \{-1, 1\}$，输入学习率 $\eta(0<\eta<1)$；

Step2　选取参数初始值 $(\boldsymbol{\omega}_0, \boldsymbol{b}_0)$；

Step3　在训练集中随机选择样本 $(\boldsymbol{x}_i, \boldsymbol{y}_i)$；

Step4　若该点为误分类点，即 $\boldsymbol{y}_i(\boldsymbol{\omega} \boldsymbol{x}_i + \boldsymbol{b}) \leqslant 0$，则更新参数 $\boldsymbol{\omega}$ 和 $\boldsymbol{b}$，有

$$\boldsymbol{\omega} \leftarrow \boldsymbol{\omega} - \eta \nabla \boldsymbol{\omega} = \boldsymbol{\omega} + \eta \boldsymbol{y}_i \boldsymbol{x}_i$$

$$\boldsymbol{b} \leftarrow \boldsymbol{b} - \eta \nabla \boldsymbol{b} = \boldsymbol{b} + \eta \boldsymbol{y}_i$$

Step5　转至 Step3，直至训练集中没有误分类点。

5. 与或非问题、线性可分问题

感知器被视为一种最简单形式的神经网络模型，能很容易实现与、或、非等逻辑运算，如表 5-2 所示。

表 5-2　激活函数为阶跃函数的逻辑运算

x_1	x_2	逻辑值 y		
		与	或	非
0	0	0	0	1
1	0	0	1	0
0	1	0	1	0
1	1	1	1	0

例如，在感知器模型中，输入变量是一个二维向量 $\boldsymbol{X} = (x_1, x_2) \in \{0, 1\}$，输出为

$$y = \text{sign}(\boldsymbol{\omega}^{\text{T}} \boldsymbol{X} + b) = \text{sign}(\omega_1 x_1 + \omega_2 x_2 + b) \tag{5-52}$$

与：令 $\omega_1 = \omega_2 = 1, b = -2$，则 $y = \text{sign}(x_1 + x_2 - 2)$，仅在 $x_1 = x_2 = 1$ 时，$y = 1$；

或：令 $\omega_1 = \omega_2 = 1, b = -0.5$，则 $y = \text{sign}(x_1 + x_2 - 0.5)$，在 $x_1 = 1$ 或 $x_2 = 1$ 时，$y = 1$。

以上逻辑运算结果均是感知器经过有限次迭代得到的，可知感知器在与、或、非逻辑运算中，能找到一个超平面将数据集完全划分正确。事实上，逻辑运算与、或、非问题均是线性可分问题，感知器的学习过程一定会收敛，从而找到一个合适的分离超平面，将其完全分开，但学习算法存在多种解，这与初值的选择、训练数据选择顺序等有关。

6. 异或问题、非线性可分问题

感知器对线性可分数据集有着良好的判别性能,且感知器在学习过程中一定会收敛,但也常出现感知器学习过程难以稳定下来的情况,即无法求得一个合适的超平面将数据集分开。常见的是感知器无法处理"异或"问题。

"异或"是数学运算符的一种,其运算法则可概括为:两个值不同,则其异或结果为"1";两个值相同,则其异或结果为"0",如表 5-3 所示。

表 5-3 异或运算

x_1	x_2	异或值 y
1	1	0
0	0	0
1	0	1
0	1	1

所谓"异或"问题,是指由于感知器结构比较单一,除输入层外只有一层功能型神经元,其学习能力非常有限,因此我们须考虑包含更多层神经元的感知器,来解决非线性可分的问题。

节点及关联

感知器是早期的神经网络单元,可实现一些逻辑运算,适用于简单的分类问题,常用于线性可分数据集。

5.3.2 前馈神经网络

1. 前馈神经网络结构

在前馈神经网络中,输入层神经元首先收到信息,再传递给下一层神经元,信息传送持续到输出层。输入层神经元只能接收信号和输出,不对信号做处理,功能型神经元则会对接收的信号进行处理再输送到下一层神经元。整个前馈神经网络中没有反馈,能通过简单的有向无环图来表示。

前馈神经网络的起始部分为输入层,最后一层即输出层,其余的部分称为隐藏层(隐层)。相邻的两层神经元之间是全部联系的,每一层内的神经元间没有联系,非相邻层的神经元之间也无跨层联系。"前馈"一词并不是说神经元之间的信息传输只有一个方向,而是指其网络拓扑结构无回路。

2. RBF 神经网络

RBF 网络的全称是径向基函数(radial basis function)神经网络,是比较常见的单隐层前馈神经网络。该神经网络隐层神经元的激活函数是径向基函数,最终的输出为一实值,输出层的实质工作是对隐层输出的线性组合。假设隐层的神经元有 l 个,w_i 为隐层第 i 个神经元对应的权重,μ_i 为隐层第 i 个神经元对应的中心,$\rho(x, \mu_i)$ 为激活函数,即样本数据到中心 μ_i 的欧氏距离,常用的径向基函数有

$$\rho(\boldsymbol{x}, \boldsymbol{\mu}_i) = \mathrm{e}^{-\beta_i \| \boldsymbol{x} - \boldsymbol{\mu}_i \|^2} \tag{5-53}$$

对输入层输入一个 n 维向量 $\boldsymbol{x}$，那么 RBF 网络可通过下式表示：

$$f(\boldsymbol{x}) = \sum_{i=1}^{l} w_i \rho(\boldsymbol{x}, \boldsymbol{\mu}_i) \tag{5-54}$$

RBF 网络的训练过程比较简单，首先要通过随机采样、聚类等方法确定隐层神经元中心 $\boldsymbol{\mu}_i$，然后利用反向传播(BP)算法求出未知参数 w_i 和 β_i。RBF 网络的一个特点是能够以任意的精度逼近指定的连续函数。

节点及关联

前馈神经网络中没有反馈，能通过简单的有向无环图来表示。由输入层、隐藏层(隐层)和输出层构成。

5.3.3 神经网络训练

1. BP 算法

神经网络学习的本质是通过训练数据集，调整神经元的权值和偏置。在多层神经网络的学习方法中，最突出的是反向传播(BP)算法。由于 Sigmoid 函数应用更广，故以此作为神经元的激活函数来介绍 BP 算法。图 5-4 描述了一个单隐层前馈神经网络。

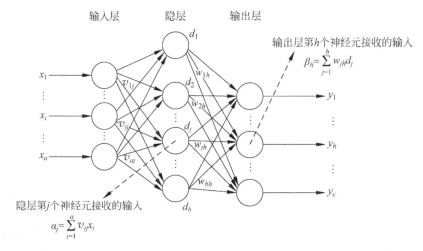

图 5-4 单隐层前馈神经网络图示

该神经网络的输入层包含 a 个神经元，隐层包含 b 个神经元，输出层包含 c 个神经元。输入层到隐层的权重共有 ab 个，隐层到输出层的权重共有 bc 个、偏置有 b 个，输出层的偏置有 c 个，因此，这个单隐层神经网络的待求参数共有 $(a+c+1)b+c$ 个。输入层第 i 个神经元与隐层第 j 个神经元之间的权重用 v_{ij} 表示，隐层第 j 个神经元与输出层第 h 个神经元的权重用 w_{jh} 表示。隐层第 j 个神经元的偏置用 γ_j 表示，输出层第 h 个神经元的偏置用 θ_h 表示。利用以上符号，记隐层第 j 个神经元收到的信息输入为 $\alpha_j = \sum_{i=1}^{a} v_{ij} x_i$，输出层第

h 个神经元收到的信息输入为 $\beta_h = \sum_{j=1}^{b} w_{jh} d_j$,其中 d_j 是隐层第 j 个神经元的信息输出。

给出一个训练集 $T = \{(x_1, y_1), (x_2, y_2), \cdots, (x_m, y_m)\}$,其中 $x_i \in \mathbf{R}^a$, $y_i \in \mathbf{R}^c$,每当输入一个 a 维实值向量,网络会输出一个 c 维实值向量。以 Sigmoid 函数作为激活函数,使用训练数据中的 (x_k, y_k) 。假设该神经网络的输出为 $\hat{y}_k = (\hat{y}_1^k, \hat{y}_2^k, \cdots, \hat{y}_c^k)$,即

$$\hat{y}_h^k = f(\beta_h - \theta_h) \tag{5-55}$$

故神经网络关于 (x_k, y_k) 的均方误差为

$$E_k = \frac{1}{c} \sum_{h=1}^{c} (\hat{y}_h^k - y_h^k)^2 \tag{5-56}$$

BP 算法也是迭代学习算法,每次迭代都会更新待求参数。对假设权重参数 v 的更新如下:

$$v \leftarrow v + \eta \Delta v \tag{5-57}$$

接下来以隐层第 j 个神经元与输出层第 h 个神经元的权重 w_{jh} 为例,对权重参数的迭代更新进行公式推导。

具体采用梯度下降法,BP 算法以负梯度方向不断更新参数,给出一个学习率 η ,则有

$$\Delta w_{jh} = -\eta \frac{\partial E_k}{\partial w_{jh}} \tag{5-58}$$

信号是从输入层传到隐层,隐层传送到输出层,最后由输出层神经元输出,因此很容易理解权重 w_{jh} 最先对输出层的信号输入 β_h 产生影响, β_h 构成了输出值 $\hat{y}_h^k$,最后 $\hat{y}_h^k$ 影响到误差 E_k 。所以对于 ∇w_{jh} ,有

$$\frac{\partial E_k}{\partial w_{jh}} = \frac{\partial E_k}{\partial \hat{y}_h^k} \cdot \frac{\partial \hat{y}_h^k}{\partial \beta_h} \cdot \frac{\partial \beta_h}{\partial w_{jh}} \tag{5-59}$$

由 β_h 的构成可知

$$\frac{\partial \beta_h}{\partial w_{jh}} = d_j \tag{5-60}$$

选取 Sigmoid 函数作为激活函数,此函数具有良好的求导性质,即

$$f'(x) = f(x)(1 - f(x)) \tag{5-61}$$

为了计算方便,记

$$l_h = -\frac{\partial E_k}{\partial \hat{y}_h^k} \cdot \frac{\partial \hat{y}_h^k}{\partial \beta_h} \tag{5-62}$$

结合 Sigmoid 函数的求导性质,有

$$-\frac{\partial E_k}{\partial \hat{y}_h^k} \cdot \frac{\partial \hat{y}_h^k}{\partial \beta_h} = -(\hat{y}_h^k - y_h^k) f'(\beta_h - \theta_h) = \hat{y}_h^k (1 - \hat{y}_h^k)(y_h^k - \hat{y}_h^k) \tag{5-63}$$

最终可以得到反向传播算法中权重 w_{jh} 的更新式:

$$\Delta w_{jh} = \eta l_h d_j \tag{5-64}$$

运用类似的计算方法,可以得到 BP 算法中更多参数的更新式:

$$\Delta \theta_h = -\eta l_h \tag{5-65}$$

$$\Delta v_{ij} = \eta e_j x_i \tag{5-66}$$

$$\Delta \gamma_j = -\eta e_j \tag{5-67}$$

其中，

$$e_j = -\frac{\partial E_k}{\partial d_j} \cdot \frac{\partial d_j}{\partial \alpha_j} = -\sum_{h=1}^{c} \frac{\partial E_k}{\partial \beta_h} \cdot \frac{\partial \beta_h}{\partial d_j} f'(\alpha_j - \gamma_j)$$

$$= \sum_{h=1}^{c} w_{jh} l_h f'(\alpha_j - \gamma_j) = d_j(1-d_j) \sum_{h=1}^{c} w_{jh} l_h \tag{5-68}$$

对于学习率 $\eta \in (0,1)$ 的选择需要谨慎，通过以上参数更新式可知，学习率直接影响到各参数的更新迭代。学习率不宜过大，否则会产生振荡；学习率也不宜过小，否则会收敛太慢。必要时可使用不同的学习率代入到参数的更新式中。

2. BP 算法步骤

反向传播算法的流程如下：

Step1　输入训练数据集 $T = \{(x_1, y_1), (x_2, y_2), \cdots, (x_m, y_m)\}$，输入学习率 $\eta(0 < \eta < 1)$；

Step2　选取权重参数和偏置参数的初始值；

Step3　在训练集中随机选择样本 (x_k, y_k)；

Step4　计算样本的输出值 $\hat{y}_h^k$；

Step5　根据更新式计算输出层第 h 个神经元的梯度 l_h；

Step6　根据更新式计算隐层第 j 个神经元的梯度 e_j；

Step7　根据更新式计算所有权重和偏置；

Step8　循环迭代过程，直至满足所需要求。

反向传播算法旨在使给定训练数据集的累积误差最小，但是要注意对于误差"最小"的理解。权重参数和偏置参数在理论上可以取遍参数空间的所有值，因此必定可以达到误差最小的目标，但是在一定参数取值范围的限制下，可以达到该参数范围内的累积误差"极小"，而非整个参数空间意义下的"全局最小"。

3. 深度学习导引

机器学习促进了现代社会许多方面的发展进步，如基础的网络搜索、频繁的网络社交、热门的电子商务等，它越来越多地出现在智能电子产品中，识别图像中的关键内容、语音转换为可视文字、给用户推送感兴趣的内容等都是机器学习的结果，这些应用程序在很大程度上依赖于深度学习技术。深度学习善于利用含有复杂结构或多重非线性变换的多层机制对冗杂数据抽象化，目标在于建立、模拟和最终实现人类学习过程的神经网络。深度神经网络是多重非线性变换的载体，不少人将深度学习作为深度神经网络的代名词，将深度学习称为多隐层和非线性变换的结合。

一般的线性分类模型只能解决简单的线性分类问题，当出现"异或"问题时，线性模型则无能为力，所以需结合使用非线性变换。

对于输入层和输出层来说，隐藏层的设计利于学习训练，隐藏层可以视为处理和输出的工具。神经网络在学习过程中，需要关注隐藏层如何提取数据特征以及优化若干参数。隐藏层是数据特征的提取者和传送者，把特征向量经过特定变换后传送到下一层，其中每一个神经元都带有特征数据向前传输。最能体现"深度"二字的位置就在隐藏层，为了能够处理更复杂的问题，神经网络往往需要增加隐藏层数或增加隐藏层的神经元个数，以此增强神经网络的学习能力。一般来说，增加隐藏层数比增加隐藏层的神经元个数能更高效地解决问题,但这样也为网络的学习增加了负担,更多的处理步骤、更多的未知参数,并且过度拟合与不能收敛的问题也必须要考虑在内。

假设建立一个能将图像分类的系统。首先收集大量的图像数据,每种类型都标有类别。在学习时,机器会读取图像并以向量的形式完成输出。由于希望某种关注的类别在其中得分最高,因此要计算一个目标函数,该函数用来计算输出分数与期望分数之间的误差。机器通过更新内部的可调参数,来减少此误差。这些可调参数即为权重,均为实数。权重是机器输入、输出功能的关键因素,在一个典型的深度学习模型中,或许会有成千上万个可调权重,以及庞大的数据集合,集合中包含用来训练机器学习的实例。

为了精确地调整权重等参数,深度学习算法尤其重视梯度向量的计算。对于权重参数,如果梯度向量命令权重变化,且误差也产生一定变化,随后权重会以相反的方向继续调整。面对实际问题,大多数研究人员会用随机梯度下降(stochastic gradient descent,SGD)算法,该算法会显示若干实例的输入向量、计算输出误差、计算实例的平均梯度,最终调整相关的权重。对训练数据中的许多小样本集重复此过程,直到目标函数的平均值不再下降。与更复杂的优化算法相比,这个简单的程序通常能快速找到一组优秀的权重参数。

5.4　卷积神经网络

5.4.1　基本概念与相关知识

卷积神经网络是受视觉系统的结构启发而发展起来的。美国神经生理学家 Hubel 和瑞典医学家 Wiesel 在 1958 年的猫视觉皮层实验中,首次观察到了初级视皮层的神经元对运动的边缘刺激敏感,并定义了简单和复杂细胞,发现了视功能柱结构,由此卷积神经网络发展起来了。

近几年,卷积神经网络作为最重要的网络模型之一,已经在很多领域被广泛地使用,比如人脸识别、物体识别、推荐系统、图像分割等。这些领域解决的问题并不相同,但是卷积神经网络的用途一样,相当于一个特征提取器,能够自动地从大规模的数据中学习特征,然后将该结果向更多的数据泛化。因此,这些应用都是建立在卷积神经网络对图像进行特征提取的基础上进行的。

卷积神经网络属于深层网络,其基本组成包括输入层、卷积层、池化层和全连接层,下面以图像信息处理为例说明各部分的作用和关系。

1. 输入层

在图像识别领域,输入层在卷积神经网络中的主要任务是读取图像信息。图片是以像素值的方式被存储在计算机里的,一般灰度图像的像素值被放在一个二维数组(矩阵)中,彩色图像的像素值被放在一个三维数组(张量)中。在进行运算之前,需要把卷积神经网络的输入值标准化,这样可以提高算法的效率和学习性能。

2. 卷积层

卷积层在卷积神经网络中用于特征提取,它是卷积神经网络中最重要的一层。卷积层中的计算是把输入的矩阵与一个卷积核进行卷积乘加操作,首先对图像中的一个特征进行局部感知,然后多次卷积对局部特征进行综合的操作,从而得到想要的全局信息,所得结果再经过激励函数的变换后,得到一个新的特征图。

3. 池化层

池化层在卷积神经网络中的主要任务是对输入的特征图进行压缩和抽象,是一种降采样的形式,降采样是降低特定信号采样率的过程,主要目的有两个:①使图像符合显示区域的大小;②生成对应图像的缩略图。在实现压缩特征、提取主要特征的同时,又可以使特征图变得更小,提高网络计算的效率。

4. 全连接层

全连接层的形式和前馈神经网络的形式相同,也叫做多层感知机(multilayer perceptron,MLP)。经过多个卷积层和池化层,得到一个包含主要特征且信息较少的特征图,使用一个或多个全连接层整合卷积层和池化层上具有分类性质的信息。全连接层连接所有特征,这一层上的每个神经元都和它上一层的所有神经元完全连接,然后将输入值送给分类器,得到每个分类类别对应的概率值。

节点及关联

卷积神经网络属于深层网络,其基本组成及主要功能:

输入层:数据输入

卷积层:特征提取

池化层:降采样

全连接层:多层感知机

5.4.2 卷积及其核心概念

1. 卷积

卷积(convolution)是一种积分变换的数学方法,是对两个实变函数的一种数学运算,广泛应用于图像滤波技术中。对图像数据和滤波器做内积运算就是卷积。卷积常用星号表示。

如果卷积的变量是序列 $x(n)$ 和 $h(n)$,则卷积的计算为

$$y(n) = \sum_{i=-\infty}^{\infty} x(i)h(n-i) = (x*h)(n) \tag{5-69}$$

如果卷积的变量是函数 $x(t)$ 和 $h(t)$,则卷积的计算为

$$y(t) = \int_{-\infty}^{\infty} x(p)h(t-p)\,\mathrm{d}p = (x*h)(t) \tag{5-70}$$

在卷积神经网络中,卷积的第一个参数变量通常称为输入,第二个参数变量通常称为卷积核。经常出现在多个维度上进行卷积运算,如把二维的图像作为输入:

$$y(n,m) = \sum_{i=-\infty}^{\infty}\sum_{j=-\infty}^{\infty} x(i,j)h(n-i,m-j) = (x*h)(n,m) \tag{5-71}$$

卷积是可交换的,因此上式可等价地写为

$$y(n,m) = \sum_{i=-\infty}^{\infty}\sum_{j=-\infty}^{\infty} x(n-i,m-j)h(i,j) = (h*x)(n,m) \tag{5-72}$$

2. 图像识别中的卷积

一般灰度图像放在一个二维数组(矩阵)中,把跟输入层进行卷积运算的矩阵叫卷积核,

$$\begin{bmatrix} -1 & -1 & -1 \\ 0 & 0 & 0 \\ 1 & 1 & 1 \end{bmatrix} \quad \begin{bmatrix} -1 & 0 & 1 \\ -1 & 0 & 1 \\ -1 & 0 & 1 \end{bmatrix}$$

　　(a)　　　　　　(b)

图 5-5　滤波器提取特征示例

(a)水平边缘滤波器;(b)垂直边缘滤波器

也叫滤波器,一般都是 3×3 或 5×5 的矩阵。它的主要功能是提取特征,不同的滤波器提取出来的特征不同。比如,常用的用于提取水平边缘的滤波器和用于垂直边缘的滤波器如图 5-5 所示。

通过垂直边缘滤波器和水平边缘滤波器对图 5-6(a)所示的输入层进行卷积,就能检测到图中的垂直边缘和水平边缘,分别见图 5-6(b)和图 5-6(c)。

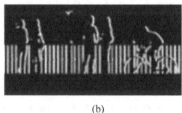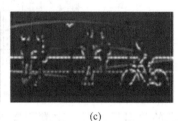

　　　　(a)　　　　　　　　　　　(b)　　　　　　　　　　　(c)

图 5-6　用垂直边缘滤滤器和水平边缘滤波器对输入图像进行卷积处理

除了常用的垂直滤波器和水平滤波器,还有其他滤波器,比如 Sobel 滤波器和 Scharr 滤波器,如图 5-7 所示。

检测垂直边缘 $\begin{bmatrix} -1 & 0 & 1 \\ -2 & 0 & 2 \\ -1 & 0 & 1 \end{bmatrix}$ 检测水平边缘 $\begin{bmatrix} -1 & -2 & -1 \\ 0 & 0 & 0 \\ 1 & 2 & 1 \end{bmatrix}$

(a)

检测垂直边缘 $\begin{bmatrix} -3 & 0 & 3 \\ -10 & 0 & 10 \\ -3 & 0 & 3 \end{bmatrix}$ 检测水平边缘 $\begin{bmatrix} -3 & -10 & -3 \\ 0 & 0 & 0 \\ 3 & 10 & 3 \end{bmatrix}$

(b)

图 5-7　Sobel 滤波器和 Scharr 滤波器

(a)Sobel 滤波器;(b)Scharr 滤波器

滤波器中的数字越大,代表对应位置越亮。把从左到右(从上到下)由亮到暗的边界叫做正边(图 5-8(a));相反的,把从左到右(从上到下)由暗到亮的边界叫做负边(图 5-8(b))。

一般照片的输入层是非常大的,而常用的滤波器只有 3×3 或者 5×5 的大小,一次卷积只能提取局部的特征信息,因此为了提取全局信息,通过滑动的方式让输入层与滤波器进行卷积运算,每次滑动的长度叫做步长,如图 5-9 所示。

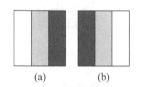

　　(a)　　　　　(b)

图 5-8　正边和负边

(a)正边;(b)多边

设输入图的大小为 $n \times n$,滤波器的大小为 $f \times f$,步长为 s,则输出的特征图的大小为 $\left(\dfrac{n-f}{s}+1\right) \times \left(\dfrac{n-f}{s}+1\right)$。在进行卷积运算的时候,输出的特征图总会变小,并且处于边

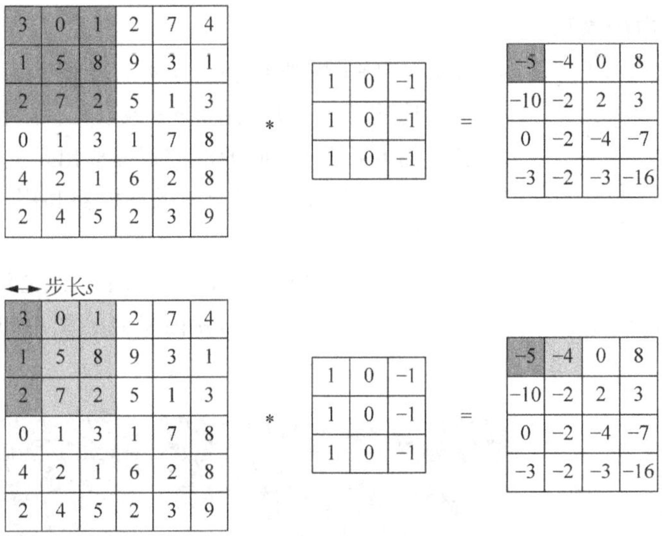

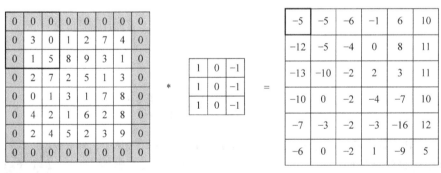

图 5-9　卷积运算步长示意图

缘的数据只进行一次卷积操作,这会导致部分信息缺失。填充(padding)的方式可以很好地解决这个问题。所谓填充,就是用 0 填充输入层的外围一周以扩大输入层,又不会加入新的信息。

1) Valid 卷积

Valid 卷积即上述不填充的卷积方式。

2) Same 卷积

填充后的输入层进行卷积操作后得到的特征输出层的大小与填充前的输入层的大小一样,如图 5-10 所示。

图 5-10　Same 卷积

设填充层数为 p,那么输出的特征图大小为 $\left(\dfrac{n+2p-f}{s}+1\right) \times \left(\dfrac{n+2p-f}{s}+1\right)$。

3) 三维立体的卷积运算

RGB 图像的像素存储在三维的张量里,同样运用卷积进行特征提取,与二维输入层不同的是三维立体输入层多了深度,也叫通道。值得注意的是,滤波器的通道个数要与输入层保持一致,输出层是一个二维向量,而输出层的通道个数是由滤波器的个数决定的。图 5-11 体现了 6 个滤波器的输出特征图合成。

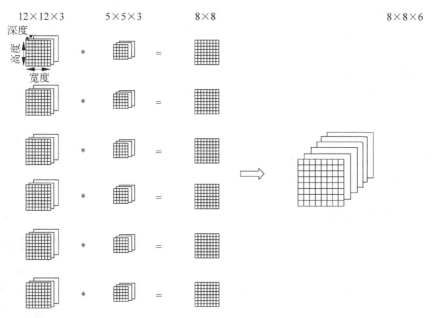

图 5-11　6 个滤波器的输出特征图合成

5.4.3　池化

池化这一思想来自视觉机制,目的是增大感受野。感受野是指一个像素对应在原图上的区域的大小,感受野的增加对于模型能力的提升是有很大帮助的。池化有两种:最大池化和平均池化。

1. 最大池化

最大池化是选取一个区域中的最大值,最大值往往包含一个图像最突出的特征,这些特征形成图像的纹理,因此可以认为最大值可以保留图像的纹理特征,如图 5-12 所示。

2. 平均池化

平均池化是选取一个区域的均值,均值往往能反映图像整体的特征,这些特征形成图像的整体背景,因此可以认为均值可以较好地保留图像的背景信息,如图 5-13 所示。

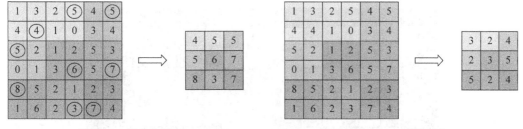

图 5-12　最大池化　　　　　　　　　图 5-13　平均池化

池化的过程不断地抽象了区域的特征而不关心特征所在的位置,因此池化在一定程度上增加了平移不变性。通过池化层,数据会不断减少,导致参数个数变少,同时可以降低计算量,防止数据出现过拟合。所以卷积神经网络中会经常将卷积层和池化层结合起来运用,往往会每隔固定数量的卷积层插入池化层。现在最常用的池化层是 2×2 的方块,步长设定为 2,即每隔 2 个元素划分一个 2×2 方块,然后取每个方块中的最大值,这样的池化方式可以明显地减少数据量。

综上所述,池化层有如下 3 个功效:

(1) 特征不变形。对数据进行池化操作是为了明确数据是否存在某些特征,而不是直接寻找这些特征的具体位置。

(2) 特征降维。对数据进行池化操作相当于对数据进行降维,从中找出最突出的特征,同时又减少了数据,使得下一层的输入维度变小,从而减少参数个数,降低计算量。

(3) 在一定程度上防止过拟合,更方便优化。

5.4.4 图像处理案例

利用卷积神经网络识别图 5-14 所示图片里的字母是"X"还是"O"。[5]

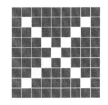

图片在计算机内部以像素值的方式被储存,如图 15-15 所示。

虽然这两张图的像素值无法一一对应,但是也存在着某些共同点,比如图 5-16 中框线中的内容。

图 5-14　待识别的字母

从输入图 5-15 中提取如下 3 个特征,如图 5-17 所示。

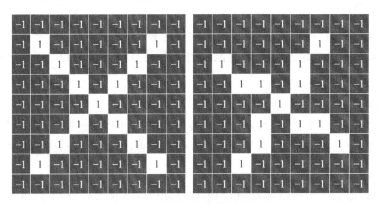

图 5-15　像素值方式储存示意图

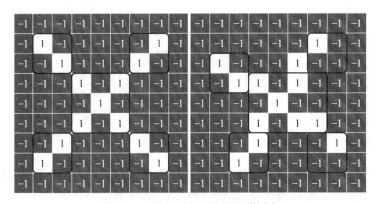

图 5-16　图 5-15 中两张图的共同点

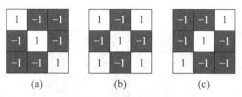

图 5-17　对特征进行局部配对

(a) 特征 1；(b) 特征 2；(c) 特征 3

以这 3 个特征矩阵作为滤波器进行卷积运算即可提取特征，如图 5-18 所示。

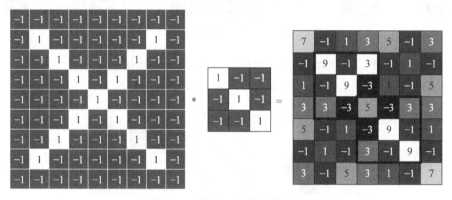

图 5-18　特征 1 卷积运算过程

对特征 1 进行卷积运算，得到一个特征图，这个特征图是特征 1 从原始图像中提取出来的特征。其中的值越大，表示原始图对应位置和特征 1 的匹配度越高；越小，表示对应位置和特征 1 越不匹配；等于零，则说明没有联系。分别以特征 2 和特征 3 进行卷积运算得到特征图如图 5-19 所示。

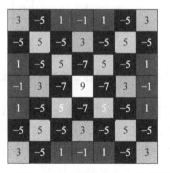 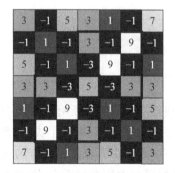

图 5-19　分别以特征 2 和特征 3 进行卷积运算所得到的特征图

运用卷积层对原始图像进行卷积，产生的是一组线性的激活响应。非线性激活层是对前面所得到的结果进行一次非线性的激活响应。在神经网络中用到最多的非线性激活函数就是 ReLU 函数，定义如下：

$$f(x) = \max(0, x) \tag{5-73}$$

即保留所有大于 0 的值，小于 0 的值都用 0 代替。因为卷积后产生的特征图中的值越大表示与该特征越关联，越小（尤其是负值）表示越不关联，而进行特征提取时，为了使得数据更少,操作更方便,就直接舍弃掉那些不相关联的数据,因此得到特征图如图5-20所示。

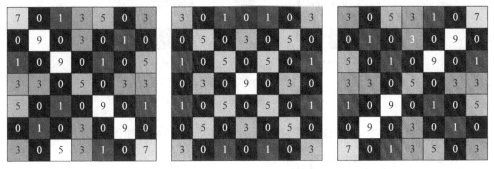

图 5-20　基于 ReLU 函数调整后的 3 个特征图

再进行池化操作,为更好地保留纹理特征,选择用最大池化。

设超参数 $f=2,s=2$,经过一次池化的特征图如图5-21所示。

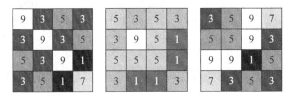

图 5-21　经过一次池化的特征图

再进行一次最大池化,得到的特征图如图5-22所示。

将特征图二维矩阵展开成一维向量,如图5-23所示。

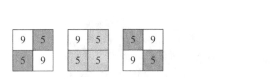

图 5-22　经过两次池化的特征图　　　　图 5-23　将特征图二维矩阵展开成一维向量

最后用全连接层对之前的所有操作进行总结,输出分类概率。这个案例中只需要判别这个字母是 X 还是 O,因此只有两个类别,现在只需要通过 softmax 函数得到 3 个特征属于这两个类别的概率是多少即可。将所有的值都除以 9,即为属于类别 X 的概率值。从结果看出,这些特征均以更大概率属于 X,因此判别图5-14上的字母是 X。

5.5　循环神经网络

5.5.1　序列数据简介

在大数据时代,序列数据的应用越来越广泛,所谓序列数据,即指有顺序之分或前后之分的数据。例如,时间序列数据、文本数据、声音数据等都属于序列数据,都需考虑各个数据点的位置,在序列中甚至第一个数据对最后一个数据仍有影响和作用。所以对于序列数据,在某种意义上希望计算机能像人类大脑一样具有记忆功能,能实现推理与预测。例如,考虑下列文本数据:"I am Chinese, so I love China."假如我们接收到的信息只有"I am Chinese, so I love _____",那么我们能够联想到横线部分是"China",这即是人脑的功能之一。随着科技发展,计算机也能实现这一点。

在众多数据类型中,使得序列数据区别于其他数据的主要原因是其有确定的顺序与位置,数据之间是相互依赖的并非独立。因此之前介绍的 BP 神经网络或卷积神经网络都不再适用,因为它们显示的每个输入均被独立处理,在输入之间不保留任何状态,没有办法将输入数据前后联系起来。那么计算机在利用神经网络进行判别的时候,怎样才能将之前的数据进行存储和利用呢? 为了更好地处理序列数据,提出了循环神经网络(recurrent neural network,RNN)的概念。

5.5.2 循环神经网络理论

在介绍 RNN 理论之前,先来讨论序列数据中的概率问题。以时间序列 $\{X_1, X_2, \cdots, X_{T-1}, X_T\}$ 为例,在时间序列数据中,下一时刻发生的概率是取决于上一时刻的,如 X_2 的发生取决于 X_1,X_3 的发生取决于 X_2……,直观上将会得到如下的概率形式:

$$P(X_1, X_2, \cdots, X_{T-1}, X_T) = P(X_1) P(X_2 \mid X_1') P(X_3 \mid X_2') \cdots P(X_T \mid X_{T-1}')$$

$$(5\text{-}74)$$

这里的 X_i' 不再是原始数据中单个的 X_i,即每一个数据前一时刻的发生又取决于更早的时刻。具体来说,X_i 的前一时刻 X_{i-1} 又依赖于 $X_{i-2}, X_{i-3}, \cdots, X_1, (i = 2, 3, \cdots, T)$,因此,式(5-74)可写为

$$P(X_1, X_2, \cdots, X_T)$$
$$= P(X_1) P(X_2 \mid X_1) P(X_3 \mid X_2, X_1) \cdots P(X_T \mid X_{T-1}, X_{T-2}, \cdots, X_1) \quad (5\text{-}75)$$

到目前为止学习的神经网络中(如 BP 神经网络、卷积神经网络),网络只能通过层层相传的方式,从输入层到输出层完成相应工作。但随着越来越多数据类型的出现以及对序列数据的大量应用,如果计算机通过神经网络能够完成上述概率公式所展示的类似工作,则会更加便捷。RNN 实现了这一目标,它可将当前输入的前几期数据以某种方式存储起来,并作用于下一期。RNN 工作示意图如图 5-24 所示。

可以看到,RNN 的基本结构为:输入层、隐藏层和输出层。RNN 在隐藏层多了一个循环的箭头,这意味着隐藏层的输入来源可能有两个,且该隐藏层的作用可认为是记忆储存,它可以对序列的数据提取特征,然后再转为输出。在隐藏层中,RNN 展开示意图如图 5-25 所示。

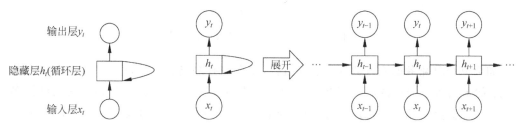

图 5-24 RNN 工作示意图   图 5-25 单层 RNN 展开示意图

在单隐藏层的 RNN 展开图中,可以看到时刻 t 的输入不仅取决于当前的输入 x_t,还需把上一时刻在隐藏层作用后的结果 h_{t-1} 纳入考虑,如图 5 26 所示。

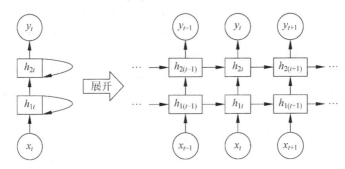

图 5-26　多层 RNN 展开示意图

多隐藏层的 RNN 与之类似,每一层都取决于上一层的输入与前一时刻在隐藏层中的输出。在第一隐藏层中,同单层 RNN 一样,时刻 t 的输入取决于 x_t 和上一时刻在第一隐藏层中的输出 $h_{1(t-1)}$;在第二隐藏层中,时刻 t 的输入取决于第一层的输出 h_{1t} 和上一时刻在第二隐藏层中的输出 $h_{2(t-1)}$。可以看出,在隐藏层中,相邻时间会产生信息流动,这种信息流动使得神经网络对过去事件具有了记忆功能,且通常以循环的形式显示,这也是循环神经网络名称的由来。

对于 RNN 的工作流程,以单层 RNN 为例,回顾最初构建神经网络的想法:人们希望计算机也能够具有人脑的学习能力,而人脑是以一种循序渐进的方式处理信息的,不仅要保证对同种类型信息的判断方式保持一致,还要保证在过去信息的基础上,随着新信息的传入而不断进行更新。因此,对于神经网络,权值的更新过程就显得非常重要。类似卷积神经网络,将参数共享机制应用到 RNN 中,沿时间维度实现权值共享:由于 RNN 常用于解决自然语言处理、文本问题等,而在处理这类数据时,无法将所有序列规范为相同长度,考虑到参数共享使得模型能够扩展到不同形式的样本,这样在进行泛化时可以很好地处理训练过程中没有见过的序列形式。综上,RNN 的每层网络在每个时间步中共享相同的权重,不需要分别学习每个位置的所有规则,这有利于在大样本的训练和泛化过程中减少权重或参数个数。

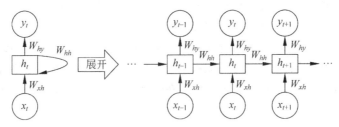

图 5-27　加权重的单层 RNN 示意图

如果只是单纯考虑输入数据的线性组合,那么在有些场合下线性模型的表达能力是不够的;如果引入非线性的激活函数来处理输入值的线性组合,神经网络就可应用到更多的模型中。在分类问题中,通过激活函数可使非线性可分数据转化为线性可分数据,更有利于机器实现训练和泛化过程。

在经典的 RNN 中,通常采用 tanh 函数作为输入层到隐藏层的激活函数:

$$\tanh(x) = \frac{e^x - e^{-x}}{e^x + e^{-x}} \tag{5-76}$$

为了更便捷、快速地学习用语习惯,通过设置激活函数来计算下一个字符或单词出现的概率大小,概率大者更符合常理,因此在输出层,采用的激活函数为 softmax 函数,它能使 RNN 有着更好的学习和预测能力,可以把任意 K 维实数向量"压缩"到另一 K 维向量中,使得每一个向量的元素取值都在$(0,1)$之间,元素之和为 1。K 维实数向量中第 i 个元素 x_i 的压缩公式为

$$S_i = \frac{e^{x_i}}{\sum e^{x_i}} \tag{5-77}$$

综上,RNN 的基本模型如下:

设输入的序列数据为$\{x_1, x_2, \cdots, x_t, \cdots, x_T\}$,其中 $x_t(t=1,2,\cdots,T)$是向量,则

$$z_t = W_{xh} \cdot x_t + W_{hh} \cdot h_{t-1} + \gamma \tag{5-78}$$

$$h_t = \tanh(z_t) \tag{5-79}$$

$$y_t = \mathrm{softmax}(W_{hy} \cdot h_t - \theta) \tag{5-80}$$

其中,W_{xh} 为输入层 x_t 到隐藏层 h 的权重矩阵;W_{hh} 为循环过程中的权重矩阵;W_{hy} 为隐藏层 h 到输出层 y_t 的权重矩阵;θ,γ 为偏置项。

RNN 的训练过程也是基于梯度下降法进行的。

节点及关联

循环神经网络主要用于处理序列数据,其基本组成包括:输入层,单/多隐藏层,输出层。
Tensorflow, pytorch, keras, caffe

5.5.3　梯度计算

在神经网络中,人们通常希望训练结果逼近真实结果,因此产生了损失函数的概念:$L = \sum(\hat{y}_i - y_i)^2$,这样的损失函数尽可能小。即利用训练值与真实值的差距来衡量此时神经网络训练的好坏,若训练结果不好,则通过更新权重参数来达到最优。由于 RNN 输出采用的是 softmax 函数,输出结果为概率值,为了使预测目标概率尽可能大,即其预测结果的对数值尽可能大,那么其负对数的值就要尽量小,而目标是使损失函数尽可能小,所以从 softmax 函数结果形式出发,在 RNN 中采用对数函数作为其损失函数 $L(\hat{y}_i - y_i)$,即交叉熵函数:

$$L(\hat{y}_i - y_i) = \sum L_t = -\sum y_t \ln \hat{y}_t, \quad 其中 L_t = -y_t \ln \hat{y}_t \tag{5-81}$$

RNN 是处理序列数据的方法,面对这样一个"权值共享、多个误差"的网络,要怎样才能进行参数更新呢?因此结合梯度下降法,通常采用基于时间的反向传播算法(back propagation through time,BPTT)。

以单层 RNN 为例,见图 5-27 首先回顾 RNN 工作流程,即其前向传播过程:设输入的序列数据为$\{x_1, x_2, \cdots, x_t, \cdots, x_T\}$。

为了更好地介绍 RNN 中梯度计算过程,暂时不考虑偏置项,在整个前向传播和后向传播过程中可能会用到的公式如下:

$$z_t = W_{xh} \cdot x_t + W_{hh} \cdot h_{t-1} + \gamma \tag{5-82}$$

$$h_t = \tanh(z_t)$$

$$o_t = \hat{y}_t = \text{softmax}(W_{hy} \cdot h_t + \theta) \tag{5-83}$$

$$L_t = -y_t \ln \hat{y}_t$$

$$\text{Loss} = L(\hat{y}_i - y_i) = \sum L_t = -\sum y_t \ln \hat{y}_t \tag{5-84}$$

RNN 梯度计算历程如图 5-28 所示。

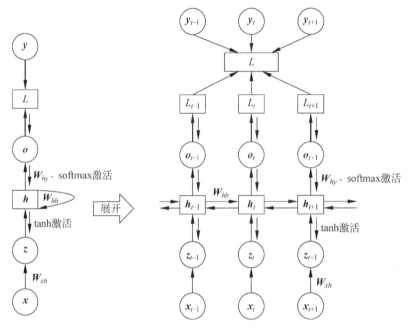

图 5-28　RNN 梯度计算历程

图 5-28 中可以直观地看到各变量、各层级之间的关系，这样便于对梯度计算过程中链式求导的理解。根据梯度下降与链式法则，各参数梯度如下：

$$\frac{\partial L}{\partial L_t} = 1$$

$$\nabla W_{hy} = \frac{\partial L}{\partial W_{hy}} = \sum_{t=1}^{T} \frac{\partial L}{\partial L_t} \cdot \frac{\partial L_t}{\partial o_t} \cdot \frac{\partial o_t}{\partial W_{hy}} = \sum_{t=1}^{T} \frac{\partial L_t}{\partial o_t} \cdot h_t^{\mathrm{T}}$$

$$\nabla h_T = \frac{\partial L}{\partial h_T} = \frac{\partial L}{\partial L_T} \cdot \frac{\partial L_T}{\partial o_T} \cdot \frac{\partial o_T}{\partial h_T} = W_{hy}^{\mathrm{T}} \cdot \sum_{t=1}^{T} \frac{\partial L_T}{\partial o_T}$$

$$\nabla h_t = \frac{\partial L}{\partial h_t} = \frac{\partial L}{\partial L_t} \cdot \frac{\partial L_t}{\partial o_t} \cdot \frac{\partial o_t}{\partial h_t} + \frac{\partial L}{\partial z_{t+1}} \cdot \frac{\partial z_{t+1}}{\partial h_t} = W_{hy}^{\mathrm{T}} \cdot \frac{\partial L_t}{\partial o_t} + W_{hh}^{\mathrm{T}} \cdot \frac{\partial L}{\partial z_{t+1}}$$

$$\nabla W_{hh} = \frac{\partial L}{\partial W_{hh}} = \frac{\partial L}{\partial o} \cdot \frac{\partial o}{\partial W_{hh}} = \sum_{t=1}^{T} \frac{\partial L_t}{\partial o_t} \cdot \frac{\partial o_t}{\partial h_t} \cdot \frac{\partial h_t}{\partial z_t} \cdot h_{t-1}^{\mathrm{T}}$$

$$\nabla W_{xh} = \frac{\partial L}{\partial W_{xh}} = \frac{\partial L}{\partial o} \cdot \frac{\partial o}{\partial W_{xh}} = \sum_{t=1}^{T} \frac{\partial L_t}{\partial o_t} \cdot \frac{\partial o_t}{\partial h_t} \cdot \frac{\partial h_t}{\partial z_t} \cdot X_t^{\mathrm{T}}$$

$$\tag{5-85}$$

一旦获得各节点的梯度,就可利用 $W \leftarrow W + \eta \nabla W$ 进行参数更新,一直迭代下去,直到平均损失 $\text{Loss} = \dfrac{1}{T} \sum_{t=1}^{T} (\hat{y}_i - y_i)^2$ 达到最小。

BPTT 算法为 RNN 中参数更新提供了解决方案,但该算法也带来了一些新的问题。在上面梯度的计算中可以看到权重梯度与权重本身 W 有关,如果在 RNN 中设置多个隐藏层,各层权值之间就会有前后联系,在求梯度时,权值间可能会有连乘情况出现,若权重 W 很小,连乘会导致梯度是一个接近于零的数,会造成梯度消失;反之,若权重 W 很大,连乘结果会越来越大,最后导致梯度是一个超大的数,会造成梯度爆炸。针对梯度爆炸和梯度消失的问题,可以采用权重的正则化来约束权重参数的大小,也可采用梯度裁剪的方法或长短期记忆(LSTM)网络来解决这类问题。

5.5.4 长短期记忆网络

RNN 善于进行短期记忆,不擅长进行长期记忆,随着时间步的加长,最先出现的词由于不断迭代,在后面出现或再次被利用的概率会变得越来越小,也可能会导致梯度爆炸或梯度消失问题。由于 RNN 在不断迭代中会"遗忘"掉前方的信息,使得其无法对后面的信息进行推断。针对这一问题,Hochreiter 和 Schmidhuber 在 1997 年提出了长短期记忆(long short time memory,LSTM)网络,专门用来解决较长序列判断问题或梯度消失问题。LSTM 网络是 RNN 的一种"升级"后的神经网络,它构造了一个结构,使之能在当前时刻携带或运输很久以前的信息,这个结构就好似一个传送带,在任何时刻信息都可以完好无损地"跳上"传送带,运输到后面的时间点以供使用;或相反地,不需要该信息时,又可完好无损地"跳下来"。LSTM 保存了信息,避免在处理过程中旧的信息逐渐消失。图 5-29 展示了 LSTM 是如何在"轨道"上运行的,其中 σ 表示 sigmoid 函数。

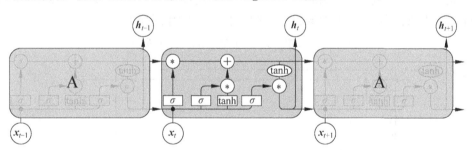

图 5-29 LSTM 展开图:带"轨道"的简单 RNN[6]

把 LSTM 在每个时刻的构建模块称为"记忆细胞",LSTM 中的记忆细胞相当于 RNN 的隐藏层。在每一个记忆细胞中设置了一种被称为"门"的结构,这种结构可以为细胞单元删除或添加信息,从而来选择序列中哪些信息能通过。LSTM 主要有 3 个门:遗忘门(forget gate)、输入门(input gate)和输出门(output gate)。图 5-30 展示了 LSTM 细胞单元结构。

可以看到,LSTM 相比于经典 RNN 多了参数 $C^{(t)}$,它是对上一时刻 $C^{(t-1)}$ 进行修正得到的,可将其视为细胞信息。除此之外,还可看到细胞单元中的信息流动是由相应结构(即"门")控制的。

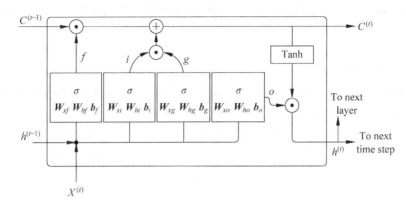

图 5-30 LSTM 细胞单元结构图[7]

对符号运算、参数等定义如下：

⊙表示按元素相乘；

⊕表示按元素相加；

$X^{(t)}$ 表示在时刻 t 的输入值；

$h^{(t-1)}$ 表示时刻 $t-1$ 的隐藏层值；

W_{km} 表示相应的权值大小；

b_k 表示相应的偏置项；

σ 表示 sigmoid 函数。

在长序列信息中，为有效地记忆信息，需要对信息进行整理，扔掉一些无用信息，这有助于信息的更新。因此，LSTM 通过"遗忘门"对上一阶段隐藏层的信息 $h^{(t-1)}$ 和该时刻的输入 $X^{(t)}$ 进行加工，即利用 sigmoid 函数进行激活，将会得到一个$(0,1)$之间的数值，来判断对信息保留多少或丢弃多少，见图 5-31。"遗忘门"(f_t)的作用如下：

$$f_t = \sigma(W_{xf}X^{(t)} + W_{hf}h^{(t-1)} + b_f)$$

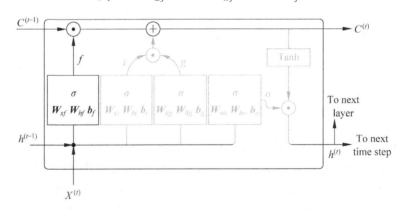

图 5-31 LSTM 细胞单元中"遗忘门"结构[7]

同时，上一阶段隐藏层的信息 $h^{(t-1)}$ 和该时刻的输入 $X^{(t)}$ 还需通过"输入门"(input gate)的操作来确定哪些信息需要更新，如图 5-32 所示。在这一阶段，还需要一个"输出节点"，也叫做"候选细胞"，用来记忆或存储可能会被用于细胞更新的信息。"输入门"(i_t) 和

"候选细胞"(g_t)如下：

$$i_t = \sigma(W_{xi}X^{(t)} + W_{hi}h^{(t-1)} + b_i) \tag{5-86}$$

$$g_t = \tanh(W_{xg}X^{(t)} + W_{hg}h^{(t-1)} + b_g) \tag{5-87}$$

有时，候选细胞 g_t 也记做 $\tilde{c}_t$。

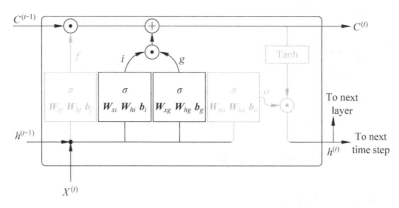

图 5-32　LSTM 细胞单元中"输入门"结构[7]

此时，有了"遗忘门"和"输入门"的作用，就可以更新细胞信息了。LSTM 主要是通过两步来进行细胞信息更新的："遗忘门"(f_t) 选择旧细胞信息 $C^{(t-1)}$ 中的一部分；"输入门"(i_t) 添加候选细胞 (g_t) 中存储的新信息的一部分，从而得到新细胞信息 $C^{(t)}$。过程如下：

$$C^{(t)} = (C^{(t-1)} \odot f_t) \oplus (i_t \odot g_t)$$

由上式可以看到，"遗忘门"是对过去某些细胞信息的丢弃，"输入门"是对当前某些信息的保留。为了更好地解释上式的含义，考虑极端的情况：若通过"遗忘门"后，f_t 取值为 0，则 LSTM 需要把过去的记忆全部丢掉；若 f_t 取值为 1，则 LSTM 需要把过去的记忆全部保留。输入门 i_t 也是同理。若考虑更极端的情况：若 f_t 取值为 1，i_t 取值为 0，则 LSTM 可以对过去的信息毫无完损地进行保留，这也解释了为什么 LSTM 能够捕捉长期记忆。

LSTM 的细胞单元中还有一个门叫做"输出门"，用以判断在更新细胞状态后要输出哪些特征，或者说细胞存储的信息是否需要传递到该时刻隐含状态 $h^{(t)}$ 中，如图 5-33 所示。过程如下：

$$o_t = \sigma(W_{xo}X^{(t)} + W_{ho}h^{(t-1)} + b_o) \tag{5-88}$$

$$h^{(t)} = o_t \odot \tanh(C^{(t)}) \tag{5-89}$$

尽管 $C^{(t)}$ 中包含了过去和当前的一些复杂信息，但"输出门"依然有权利决定这个复杂信息是否要应用到下一时刻 $h^{(t)}$，或者 $C^{(t)}$ 是否将这个复杂信息存储到自身。

上述是 LSTM 网络的算法结构。虽然 LSTM 比较复杂、待求的参数较多，但如今的开源机器学习平台 TensorFlow 已经可以实现结构复杂的数据计算等，这使定义 LSTM 细胞单元变得较为容易。当下，与 LSTM 功能差不多的门控循环单元(gated recurrent unit, GRU)方法也十分流行。与 LSTM 相比，GRU 去除掉了细胞状态，使用隐藏状态来进行信

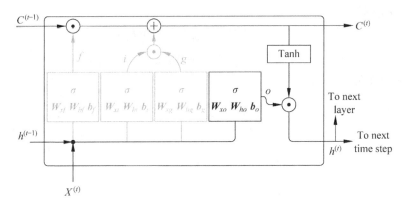

图 5-33　LSTM 细胞单元中"输出门"结构[7]

息的传递,它只包含两个门：更新门和重置门。

5.5.5　文本学习案例

序列数据在生活中有很多应用,例如文本处理、语言翻译等。图 5-34 展示了序列数据在 RNN 中输入和输出关系的几种类别。

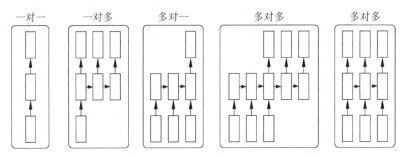

图 5-34　序列数据输入和输出不同关系类别[8]

通过循环神经网络可实现一对一、一对多、多对一、多对多的输入与输出。例如,一对多的含义为：在图片识别中,输入的是一个图片,但输出的是一个描述此图片的句子。来看一个简单的例子[9],通过一个单层 RNN 对"a""b""c""d""e"序列进行训练,并希望通过输入"b""c""d""e",可以输出"a"。

首先,在计算之前要将字符数字化,对每一个字母进行 $1-k$ 的编码,使之成为一个向量。通常在计算机中采用独热向量编码,即向量中只有一个 1,其余都为 0,通过 1 的位置差异来区分各个字母。对"a""b""c""d""e"的编码分别为

$$a = (1,0,0,0,0)；b = (0,1,0,0,0)；c = (0,0,1,0,0)；$$
$$d = (0,0,0,1,0)；e = (0,0,0,0,1)$$

然后,对该序列进行训练,初始化权值,再利用 TensorFlow 实现对序列的训练。首先随机生成各参数 W_{xh}、W_{hh}、W_{hy}、b_h、b_y。在这里,将 W_{xh} 设置成一个 5×3 的矩阵；W_{hh} 设置成一个 3×3 的矩阵；W_{hy} 设置成一个 3×5 的矩阵；b_h 设置成一个 3 维向量；b_y 设置成一个 5 维向量。

由图 5-35 可以看到各权值的初始化值。

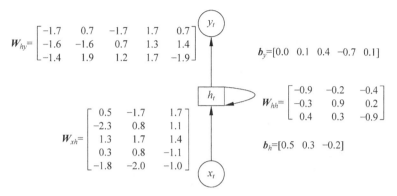

图 5-35　初始化各权值的 RNN

下面计算当输入 $b=(0,1,0,0,0)$ 时,RNN 如何进行计算得到输出值。

$$\boldsymbol{h}_t = \tanh(\boldsymbol{x}_t \boldsymbol{W}_{xh} + \boldsymbol{h}_{t-1} \boldsymbol{W}_{hh} + \boldsymbol{b}_h)$$

$$= \tanh\left(\begin{bmatrix} 0 & 1 & 0 & 0 & 0 \end{bmatrix} \cdot \begin{bmatrix} 0.5 & -1.7 & 1.7 \\ -2.3 & 0.8 & 1.1 \\ 1.3 & 1.7 & 1.4 \\ 0.3 & 0.8 & -1.1 \\ -1.8 & -2.0 & -1.0 \end{bmatrix} + \begin{bmatrix} 0.5 & 0.3 & -0.2 \end{bmatrix}\right)$$

$$= \tanh\left(\begin{bmatrix} -2.3 & 0.8 & 1.1 \end{bmatrix} + \begin{bmatrix} 0.5 & 0.3 & -0.2 \end{bmatrix}\right)$$

$$= \tanh\left(\begin{bmatrix} -1.8 & 1.1 & 0.9 \end{bmatrix}\right)$$

$$= \begin{bmatrix} -0.9 & 0.8 & 0.7 \end{bmatrix}$$

$$\boldsymbol{y}_t = \text{softmax}(\boldsymbol{h}_t \boldsymbol{W}_{hy} + \boldsymbol{b}_y)$$

$$= \text{softmax}\left(\begin{bmatrix} -0.9 & 0.8 & 0.7 \end{bmatrix} \cdot \begin{bmatrix} -1.7 & 0.7 & -1.7 & 1.7 & 0.7 \\ -1.6 & -1.6 & 0.7 & 1.3 & 1.4 \\ -1.4 & 1.9 & 1.2 & 1.7 & -1.9 \end{bmatrix} + \right.$$

$$\left. \begin{bmatrix} 0.0 & 0.1 & 0.4 & -0.7 & 0.1 \end{bmatrix}\right)$$

$$= \text{softmax}\left(\begin{bmatrix} -0.7 & -0.5 & 3.3 & 0.0 & -0.7 \end{bmatrix}\right)$$

$$= \begin{bmatrix} 0.02 & 0.02 & \mathbf{0.91} & 0.03 & 0.02 \end{bmatrix}$$

softmax 函数的输出值为概率,概率越大越有可能将其输出。由上面的结果可以看出,输出 a 的概率为 0.02,输出 b 的概率为 0.02,输出 c 的概率为 0.91,输出 d 的概率为 0.03,输出 e 的概率为 0.02,因此,在此初始化权值条件下,输入 b 后最有可能输出 c。

上述介绍的是 RNN 一步输入与输出的计算,但整个 RNN 最准确的输出是根据最小化损失函数得到最佳的权值,再来计算最后的输出,所以利用 BPTT 法训练后得到的权值如图 5-36 所示。

根据训练得到更新后的权值计算每一个循环步骤中的 h_t,最后计算并输出结果。

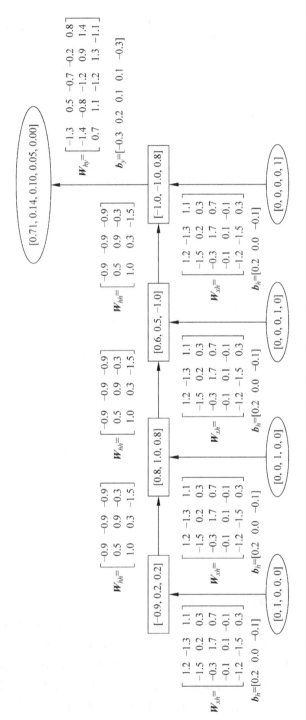

图 5-36 循环神经网络计算过程

$$\boldsymbol{h}_{t1} = \tanh(\boldsymbol{x}_t \boldsymbol{W}_{xh} + \boldsymbol{h}_{t-1} \boldsymbol{W}_{hh} + \boldsymbol{b}_h)$$

$$= \tanh\left(\begin{bmatrix} 0 & 1 & 0 & 0 & 0 \end{bmatrix} \cdot \begin{bmatrix} 1.2 & -1.3 & 1.1 \\ -1.5 & 0.2 & 0.3 \\ -0.3 & 1.7 & 0.7 \\ -0.1 & 0.1 & -0.1 \\ -1.2 & -1.5 & 0.3 \end{bmatrix} + \right.$$

$$\left. \begin{bmatrix} 0 & 0 & 0 \end{bmatrix} \cdot \begin{bmatrix} -0.9 & -0.9 & -0.9 \\ 0.5 & 0.9 & -0.3 \\ 1.0 & 0.3 & -1.5 \end{bmatrix} + \begin{bmatrix} 0.2 & 0.0 & -0.1 \end{bmatrix}\right)$$

$$= \tanh\left(\begin{bmatrix} -1.5 & 0.2 & 0.3 \end{bmatrix} + \begin{bmatrix} 0 & 0 & 0 \end{bmatrix} + \begin{bmatrix} 0.2 & 0.0 & -0.1 \end{bmatrix}\right)$$

$$= \tanh\left(\begin{bmatrix} -1.3 & 0.2 & 0.2 \end{bmatrix}\right) = \begin{bmatrix} -0.9 & 0.2 & 0.2 \end{bmatrix}$$

$$\boldsymbol{h}_{t2} = \tanh(\boldsymbol{x}_t \boldsymbol{W}_{xh} + \boldsymbol{h}_{t-1} \boldsymbol{W}_{hh} + \boldsymbol{b}_h)$$

$$= \tanh\left(\begin{bmatrix} 0 & 0 & 1 & 0 & 0 \end{bmatrix} \cdot \begin{bmatrix} 1.2 & -1.3 & 1.1 \\ -1.5 & 0.2 & 0.3 \\ -0.3 & 1.7 & 0.7 \\ -0.1 & 0.1 & -0.1 \\ -1.2 & -1.5 & 0.3 \end{bmatrix} + \right.$$

$$\left. \begin{bmatrix} -0.9 & 0.2 & 0.2 \end{bmatrix} \cdot \begin{bmatrix} -0.9 & -0.9 & -0.9 \\ 0.5 & 0.9 & -0.3 \\ 1.0 & 0.3 & -1.5 \end{bmatrix} + \begin{bmatrix} 0.2 & 0.0 & -0.1 \end{bmatrix}\right)$$

$$= \tanh\left(\begin{bmatrix} -0.3 & 1.7 & 0.7 \end{bmatrix} + \begin{bmatrix} 1.1 & 1.1 & 0.5 \end{bmatrix} + \begin{bmatrix} 0.2 & 0.0 & -0.1 \end{bmatrix}\right)$$

$$= \tanh\left(\begin{bmatrix} 1.0 & 2.8 & 1.1 \end{bmatrix}\right) = \begin{bmatrix} 0.8 & 1.0 & 0.8 \end{bmatrix}$$

同理,可计算输入"d"后循环层 $\boldsymbol{h}_{t3}$ 的值为 $\begin{bmatrix} 0.6 & 0.5 & -1.0 \end{bmatrix}$;输入"$e$"后循环层 h_{t4} 的值为 $[-1.0, -1.0, 0.8]$。有了循环层传递过来的 $\boldsymbol{h}_{ti}$ 之后,就可根据激活函数 softmax 计算出最后的输出结果了。

$$\boldsymbol{y}_t = \text{softmax}(\boldsymbol{h}_t \boldsymbol{W}_{hy} + \boldsymbol{b}_y)$$

$$= \text{softmax}\left(\begin{bmatrix} -1, & -1, & -0.8 \end{bmatrix} \cdot \begin{bmatrix} -1.3 & 0.5 & -0.7 & -0.2 & 0.8 \\ -1.4 & -0.8 & -1.2 & 0.9 & 1.4 \\ 0.7 & 1.1 & -1.2 & 1.3 & -1.1 \end{bmatrix} + \right.$$

$$\left. \begin{bmatrix} -0.3 & 0.2 & 0.1 & 0.1 & -0.3 \end{bmatrix}\right)$$

$$= \text{softmax}\left(\begin{bmatrix} 3.0 & 1.4 & 1.0 & 0.4 & -3.4 \end{bmatrix}\right)$$

$$= \begin{bmatrix} \mathbf{0.71} & 0.14 & 0.10 & 0.05 & 0.00 \end{bmatrix}$$

由计算结果可以看到,在输出结果 $\boldsymbol{y}_t$ 中,字母"a"位置的概率值为 0.71,均大于其他位置的输出概率,因此在输入"b""c""d""e"后,序列会输出"a",这也是我们预期的结果。

循环神经网络的应用还有很多,在这里只是举了一个简单的例子供读者理解,此外还可以利用诗歌或歌词等来进行训练,这样计算机还可进行写诗、写歌词等很多有趣的操作。

5.6 本章小结

本章主要介绍了深度学习的基本知识,从人工智能、机器学习和深度学习的关系入手介绍了深度学习的发展,并概述了学习深度学习理论所需要的基础知识,包括线性代数、概率论与信息论以及正则化等;随后从神经网络基础、卷积神经网络以及循环神经网络层面介绍了深度学习的核心方法,通过具体案例给出其分析过程供读者理解。

习题

1. CNN 是什么? CNN 有哪些关键层?
2. CNN 的卷积核是单层的还是多层的?
3. Sigmoid、tanh、ReLU 这 3 个激活函数有什么缺点或不足? 有没改进的激活函数?
4. 分析式(5-58)中的学习率取值对神经网络训练的影响。
5. 在神经网络中,有哪些办法可以防止过拟合?
6. CNN 中 padding(填充)的作用是什么?
7. 梯度消失和梯度爆炸的问题是如何产生的以及如何解决?
8. 简述 LSTM 如何实现长短期记忆功能。
9. 深度学习中有什么加快收敛和降低训练难度的方法?

参考文献

[1] RUSSELL S J. NORWING P. 人工智能:一种现代方法[M].殷建平,祝恩,刘越,译.北京:清华大学出版社,2013.

[2] GOODFELLOW I,BENGIO Y,COURVILLE A. Deep Learning[M]. The MIT Press,2016.

[3] 周志华. 机器学习[M].北京:清华大学出版社,2016.

[4] https://www.bilibili.com/video/av710347566/.

[5] 卷积神经网络 CNN 完全指南[DB/OL]. https://zhuanlan.zhihu.com/p/28173972,2017-7-28.

[6] COLAH. Understanding LSTM Networks.[DB/OL]. http://colah.github.io/posts/2015-08-Understanding-LSTMs/,2015-08-27.

[7] RASCHKA S. Python Machine Learning [M]. Packt Publishing,2014.

[8] KARPATHY A. The Unreasonable Effectiveness of Recurrent Neural Networks [DB/OL]. http://karpathy.github.io/2015/05/21/rnn-effectiveness/,2015-5-21.

[9] 曹健. 人工智能实践:TensorFlow 笔记[OL],2018.

[10] 李航. 统计学习方法[M].北京:清华大学出版社,2018.

[11] 比吉奥伊 P,蒙特亚努 M C,卡里曼 A,等. 卷积神经网络[P].爱尔兰:201680082541.0,2018-

10-23.

[12] 周飞燕,金林鹏,董军.卷积神经网络研究综述[J].计算机学报,2017(6)：1229-1251.

[13] 谢宝剑.基于卷积神经网络的图像分类方法研究[D].合肥：合肥工业大学,2015.

[14] 卢宏涛,张秦川.深度卷积神经网络在计算机视觉中的应用研究综述[J].数据采集与处理,2016(1)：1-17.

[15] 吴正文.卷积神经网络在图像分类中的应用研究[D].成都：电子科技大学,2015.

[16] CHOLLET F. Deep Learning with Python [M]. Manning,2018.

[17] GRAVES A,FERNANDEZ S. GOMEZ F J, et al. Connectionist temporal classification：Labelling unsegmented sequence data with recurrent neural nets[C]. In ICML'06：Proceedings of the 23rd International Conference on Machine Learning,2006：369-376.

[18] HOCHREITER S,SCHMIDHUBER J. Long Short-Term Memory [J]. Neural Computation,1997,9(8)：1735-1780.

[19] LUCCI S,KOPEC D. 人工智能[M]. 林赐,译. 北京：人民邮电出版社,2018.

[20] 阿斯顿•张,李沐,扎卡里•C.立顿,等.动手学深度学习[M].北京：人民邮电出版社,2019.

[21] 斋藤康毅.深度学习入门基于 Python 的理论与实现[M].陆宇杰,译.北京：人民邮电出版社,2018.

[22] BISHOP C M. Pattern Recognition and Machine Learning[M]. Springer,2011.

[23] https://www.cnblogs.com/tornadomeet/archive/2012/06/24/2560261.html?from=www.mlhub123.com.

[24] https://github.com/bat67/awesome-deep-learning-and-machine-learning-questions.

本章的完成得到了国家自然科学基金(71571198、71971228)的支持。

第6章

知识工程

6.1 知识工程概述

当今社会信息技术快速发展，劳动方向趋于智力运用，新兴学科也随之涌现，知识工程便是其一。知识工程主要是利用计算机来建造和使用知识系统，充分发挥知识的作用。知识工程最早的定义是使用人工智能的原理和方法构造专家系统的一门工程性学科。随着计算智能和商务智能的出现，知识工程的定义已逐渐演变为利用计算机智能（人工智能、计算智能和商务智能）构造各类高性能的知识系统，其中专家系统只是知识系统的一种类型。因此，知识工程的具体定义为：知识工程是以知识为处理对象，研究知识系统的知识表示、处理和应用的方法和开发工具的学科。

知识工程是利用计算机智能（广义的人工智能）技术去开发知识系统，比人工智能等具有更强的实用性。具体来说，知识系统包括专家系统（expert system，ES）、知识库系统（knowledge-base system，KBS）、智能决策系统（intelligence decision system，DIS）等。其中，专家系统是利用专家知识解决特定领域问题的计算机程序系统。知识库系统是把知识以一定的结构存入计算机，进行知识的管理和问题求解，实现知识的共享。智能决策系统即智能化决策支持系统（decision support system，DSS），是指由数据库、模型库、知识库、人机交互等组成的系统，以解决半结构化决策问题，提高科学决策的水平。可见，知识工程是人工智能、计算智能、商务智能和认知科学等多学科交叉发展的结果。

知识工程的研究使广义人工智能学科发生了重大改变，它实现了广义人工智能从理论研究走向实际应用、从一般推理策略探讨转向运用专门知识的重大突破。其主要研究知识获取、知识表示、推理策略以及开发方法和环境。为了使计算机能运用专家的知识解决问题，首先要获取知识，包括经验知识和书本知识，采用一定的形式表示知识，建立知识库。基于现有知识并通过推理来求解问题。知识工程的目标是构造具有良好的体系结构，并易于使用和维护的知识系统，具体的研究内容包括以下3个方面：

（1）基础研究。基础研究包括知识工程中基本理论和方法的研究，如关于知识本质、分类、结构和效用的研究，关于知识表示方法（用于人理解）和语言文法（用于计算机存储）的研究，关于知识获取和学习方法的研究，关于知识推理和控制机制的研究，关于推理解释和接口模型的研究，以及关于认知模型的研究等。

（2）开发研究。开发研究是指对实际知识系统的开发，强调建造知识系统过程中的实际技术问题，以知识系统的实用化和商品化为最终目标。开发研究包括实用知识获取技术，知识系统体系结构，实用知识表示方法和知识库结构，实用推理和解释技术，实用知识库管理技术，知识系统调试、分析与评价技术，知识系统的硬件环境等。

（3）环境研究。环境研究主要是为开发研究提供一些良好的工具和手段。好的环境可以缩短知识系统的研制周期，提高知识系统的研制质量，使知识系统的研制从个人手工作坊的单点式转变为工业化生产的批量式，从而加速知识系统的商品化进程。环境研究包括知识工程的基本支撑硬件和软件、知识工程语言（知识描述语言和系统结构构造语言）、知识获取工具系统骨架工具和知识库管理工具等。

6.1.1 知识工程发展历史

1956 年，Shanmon、Mocarthy、Minsky、Simon、Newell 等知名学者齐聚达托姆斯大学，举行了一次会议（称为达托姆斯会议）。在本次会议上，他们将用计算机实现智能的研究领域命名为人工智能（artificial intelligence，AI），并开始了有关人工智能的先驱性研究，这意味着机器智能的探索性研究已开始了萌芽。[1]在该会议之前，计算机主要被使用于猜谜和游戏。

20 世纪 60 年代初期，在猜谜和游戏研究的基础上，产生了针对搜索技术的研究。其中，关于通用问题求解的研究较为盛行，并以通用问题求解器（general problem solver，GPS）为代表。在 60 年代中期，定理证明和机器人行动规划编制课题等则成为了主要研究方向。1965 年，Robinson 提出了归结原理，加快了这一领城的研究步伐。同年，Feigenbaum 和生理学家 J. Lederber 合作，利用光谱与分子结构关系规则表示知识，研制了世界上第一个专家系统 DENDRAL，能够从光谱仪提供的信息中推断分子结构。同期研制成功了诸如 PROSPECTOR 系统、MYCIN 系统等专家系统，为引入知识工程的理论体系奠定了基础。[2]时至 60 年代后半期，Newell 于 1967 年提出了产生式系统，Ouillian 于 1968 年提出了语义网络。[3-4]至此，由知识表示的基础性研究初具规模，深层次认识论的研究逐步展开。

20 世纪 70 年代初，出现了 Winograd 的自然语言理解系统 SHRDLU。自然语言理解和知识表示成为这一时期的主要研究内容。1973 年，Colmerauer 提出了建立在逻辑基础上的人工智能用语言 Prolog，显示了替代 LISP 人工智能用语言的可能性。从 70 年代中期到后半期，知识表示的理论研究迎来了蓬勃发展。1974 年，以 Minsky 提出的框架理论为代表的新知识表现形式理论广泛流行，有关知识工程基础研究的成果开始逐步积累。70 年后半期，利用知识解决实际问题的专家系统陆续开发，人工智能的应用性研究进入了历史高潮。

基于专家系统的成功应用，人工智能的理论研究人员和应用实践者都希望能够在基于知识的应用系统上，诸如专家系统、机器学习系统和自然语言处理系统，采用新的研究方法和技术，这也意味着知识工程的产生土壤已经形成。[5]知识工程的概念最早是美国斯坦福大学的 E. A. Feigenbaum 教授于 1977 年第五届人工智能会议上首先提出的。[2]他在 The art of artificial intelligence：Themes and case studies of knowledge engineering 一文中提出："知识工程是人工智能的原理和方法，对那些需要专家知识才能解决的应用难题提供求解手段。恰当运用专家知识的获取、表达和推理过程的构成与解释，是设计基于知识的系统的重要技术问题。"这类以知识为基础的系统,就是通过智能软件构建的专家系统。[6]

为了便于理解知识工程的发展历史,图 6-1 所示的研究范例和研究概论刻画了 60 年来从人工智能到知识工程各主要发展阶段的研究内容及其特征。

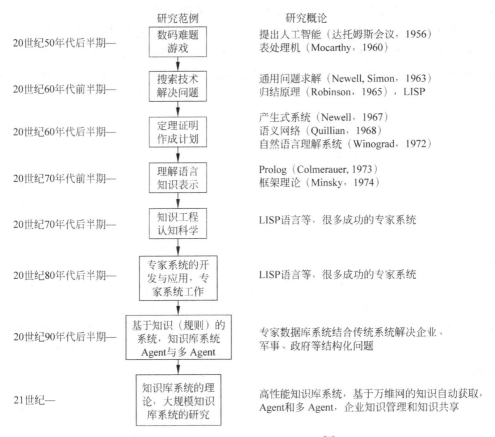

图 6-1　从人工智能到知识工程[5]

到了 20 世纪 80 年代中期以后,具有应用导向的专家系统集中出现并且逐步商业化。其中一个典型的例子是卡内基梅隆大学和 DEC 公司合作开发 R1(又称 XCON),用来依据客户需求,配置适合的计算机系统。1980 年,LISP 机器问世并批量生产。1982 年,日本政府宣布开发以 Prolog 作为核心语言的第五代计算机。1983 年,IntelliCorp 公司推出 KEE(结合多样知识表示与推理方法的专家系统建构工具),随后大量专家系统建构工具逐步进入市场,如 ART 和 Knowledge Craft。在 1984 年 8 月全国第五代计算机专家会议上,中国科学院计算技术研究员史忠植提出:"知识工程是研究知识信息处理的学科,提供开发智能系统的技术,是人工智能、数据库技术、数理逻辑、认知科学、心理学等学科交叉发展的结果。"1985 年,NASA 开发推出 CLIPS 专家系统工具。1988 年,Gallant 提出以类神经网络为基础的专家系统架构。1989 年,日本知识工程领域专家潜心研发第六代计算机,借助类神经网络理论与技术突破人工智能的众多瓶颈。

20 世纪 90 年代以后,大量专家系统被广泛应用于各行业,知识工程的理论和技术方法也日益更新。由于数据库理论和技术思想的发展和成熟,对知识库的研究起了很大的促进作用,如知识库系统的知识获取、知识维护、知识使用和知识传播等,也使得知识工程主要研究领域之一——专家系统的研究有了新课题:专家数据库系统。同时,由于网络发展和技术的成熟,分布式人工智能也成为了研究热点,专家系统的开发与应用从单一的应用场景走向了多应用领域相结合的崭新方向,趋向于提升综合求解能力。此外,知识工程的理论和技术也取得了新的突破,如 20 世纪 90 年代后期提出的数据挖掘及知识发现,为知识表示、知识自动获取研究开辟了新的研究领域。

到了 21 世纪,知识自动获取、知识库系统的理论与技术、分布式知识库系统的应用成为研究的主要内容。以美国国防部、航空航天局和能源部为首,组织实施了多项重大研究,如美国国防部的高性能知识库(high performance knowledge base,HPKB)。在我国,国家"863"高科技计划发展导向始终将知识库系统的研究作为智能计算机的重要课题。由此可见,数据挖掘及知识发现的研究将继续深入,基于 Internet 的分布式知识库系统的开发工具和应用也将持续开展。

从以上知识工程的历史进程可以发现,知识工程发展到如今已是一门综合性很强的学科,综合了计算机技术、数据库技术、网络技术和人工智能技术,主要研究知识获取、知识维护、知识使用、知识传播的理论方法和技术,以及在各行业工程实践系统中运用这些理论方法和技术,即基于知识系统解决实际问题。[5]

6.1.2　知识系统的结构

知识工程的目标是构建知识系统,知识系统的结构包括基本结构、元知识和领域知识组合而成的系统结构、多层知识组合而成的系统结构、多智能主体(multi-agent)系统结构 4 种。知识系统的基本结构一般包含以下 4 个部分:

(1)知识库。由事实和规律两类知识组成,其中知识存在不同的表示形式。

(2)推理子系统。对知识库中的知识进行推理,且不同的知识表示形式存在不同的推理方式。

(3)人机接口。将用户的要求输入推理子系统中,并将推理的结果进行解释说明后输出给用户。

(4)知识获取子系统。把专家的知识经过整理并形式化后,输入知识库中。一般的专家系统采用这种结构形式。

知识表示的概念由麻省理工大学人工智能实验室的戴维斯(R. Davis)于 1976 年提出,而元知识则定义为关于知识的知识,即关于领域知识说明、使用的知识。元知识系统可看成是由元知识和领域知识两级知识组合而成的系统,其中知识系统利用元知识进行高层推理,指导领域知识的运行。领域知识系统就是通常意义上的专家系统,可利用领域知识解决问题。

多层知识组合而成的系统结构,至少包括表层、深层系统。表层系统包含各领域中知识和经验性、判断性知识;深层系统包含原理性知识和常识。这两个层次的关系是:表层知识直接用于解决问题;深层知识用于弥补表层知识的不足,即在用表层知识不能解决和说明问题时,再使用相关的深层知识,完成进一步补充说明。

Minsky 在 *society of mind* 一书中提出了 Agent,认为 Agent 是具有智能的个体,具有社会交互性和智能性。多 Agent 经协商后可得到原问题的最优解。多 Agent 系统(multi-agent system,MAS)一般采用自下而上的设计方法,首先定义各分散自主的 Agent,其次研究 Agent 之间智能行为的协调,最后完成实际问题的求解。各 Agent 之间主要是协作关系,也会形成竞争甚至对抗关系。[2] 随着互联网(internct)和万维网(world wide web,WWW)的出现与发展,多 Agent 系统研究已逐步成为分布式人工智能研究的热点。

6.1.3 知识工程的核心问题

1. 知识定义与分类

1) 知识的定义

由于知识是一个内涵丰富、外延广泛的概念,对于知识的定义,不同学科的说法各有不同,同时知识又是一个不断发展的概念,不同历史时期人们对它的理解也会有所不同,因此知识较难达成公认的定义。国内外学者曾经从多个角度给出过知识的多种定义。[7-11]

首先,从认识论的角度可对知识给出如下几种定义:古代哲学家柏拉图把知识定义为"经过证实的正确的认识";《辞海》认为从本质上说,知识属于认识范畴;《汉语大词典》对知识的解释是人类认识自然和社会的成果或结晶;《现代汉语词典》把知识定义为"人们在社会实践中所获得的认识和经验的总和",这种观点认为人类认识经验的总和就是知识,这是传统而且普遍的知识定义。有学者认为,知识是对意识的反映,是对经过实践证明的客体在社会人的意识中相对正确的反映;也有学者认为知识是观念的总和,是人对自然、社会、思维现象与本质的认识的观念的总和。

其次,从本体论角度对知识给出的定义为:知识是生命物质同非生命物质相互作用所产生的一种特殊资源。知识是大自然进化到一定阶段所造成的文明资源。马克思主义哲学认为,知识的本质在于它是从社会实践中总结出来的,社会实践是一切知识的基础和检验知识的标准。

最后,有学者尝试从经济学角度出发将知识定义为人类劳动的产品,是具有价值与使用价值的人类劳动产品。知识是人类理解并改变自然的杠杆。知识是一种生产要素,是一种无形资产。中国国家科技领导小组办公室在《关于知识经济与国家基础设施的研究报告》中将知识经济中的知识定义为:知识乃是经过人的思维整理过的信息、数据、形象、意象、价值标准以及社会的其他符号化产物,不仅包括科学技术知识(这是知识中的重要组成部分),还包括人文社会科学的知识,商业活动、日常生活和工作中的经验和知识,人们获取、运用和创造知识的知识,以及面临问题作出判断和提出解决方法的知识。

此外,以信息论为基础可将知识定义为同类信息的累积,是为有助于实现某种特定的目的而抽象化和一般化的信息,是浓缩的系统化的信息,是用于解决问题的结构化信息。同时也有学者认为,知识是主体对一系列相关信息所产生的反应,知识存在于人脑中而不存在于信息集合之中。[12] 近年来,有专家从人工智能的角度给出了知识的定义:Feigenbaum 定义知识是信息经过加工整理、解释、挑选和改造而形成的;Bernstein 定义知识是由某一特定域的表达式、关系和过程构成的。《人工智能辞典》定义知识是人们对客观世界的规律性的认识。

综上可见,知识是对信息进行加工,得到如表达式、关系等规律性的信息;是对信息进行浓缩,找出事物中存在的规律。[2] 我国知识管理国家标准综合多种定义,将知识定义为"通过学习、实践或探索所获得的认识、判断或技能"。

上面列举的各种知识定义,反映了从不同角度对知识的理解。同时,上述定义也说明了以下几点：①知识是高级的信息，知识要从大量的信息中提炼出精华；②知识是全人类共同创造并长期积累的，是属于全人类共有的，生产知识化必然导致经济全球化。③知识是系统化的，知识不能杂乱无章，必须有条有理并形成体系，同时在知识体系中，各学科互相渗透。④知识是优化的，人类在认识客观世界和改造客观世界的过程中，会受到历史局限性的影响，而随着对问题认识的不断深化，知识也不断优化，随着社会的不断发展，生产力中的知识含量不断增加，进而达到"知识经济社会"。[13]

此外，从语言学、社会学和逻辑学等学科出发，还可以获得其他的知识定义。上述这些定义有利于日后有关知识系统的讨论，但是它涉及的面较广，必须和后面要阐述的知识性质与特点以及分类相结合来理解。[12]

2）知识的分类

按照不同的分类法，可将知识分成不同的类型，从不同侧面加深对知识本质、来源以及用途的理解。

（1）按照领域划分，知识可分为自然知识、社会知识与思维知识。

（2）按照获得途径划分，分为经验知识和理论知识两大类。其中，经验知识是人们在长期生产生活中通过感官体验获得的、有使用价值的知识，包括各种手工技艺、服务经验、生活经验、人际交往经验等；经验知识是人们在生产生活中反复实践、逐渐提炼总结事物形态与活动技巧而获得的，需要在工作和生活中反复体会。

（3）按照来源划分，包括本能知识和人的常识。其中，本能知识是人们在生存过程中逐步获得和积累，并通过遗传留给后代的知识，本能知识随着社会进化而缓慢增长，从而使得整体来看人类一代比一代强。常识的来源包括人们无数次实践所获得的经验和直觉，被绝大多数人认可并世代相传，且经过实践验证过的科学知识。[12]

（4）按照知识运用与管理划分，包括显性（言传性）与隐性（意会性）、主观和客观、个人与组织 3 类。

① 显性知识也称为言传性知识，是指可以用语言文字表达的知识，在书籍、杂志、报纸、设计文件、图纸等载体中包含的就是这一类知识。由于科学技术的发展，记录和表达的方式也越来越多，如文字、语言、数据、图形、图像、视频等，除书刊、图纸外，磁带、磁盘、光盘等都是新的物质载体。对一个企业来说，设计图纸、工艺文件、手册、管理规程、数据库与计算机程序等，都是宝贵的知识资源。这些资源由于可以用语言文字传递、交流和保存，其作用和影响是比较明显的。由于这类知识可以编码输入计算机，也有人称之为可编码的知识（codified knowledge）。隐性知识由于包含经验、技巧、诀窍，是要靠实践摸索和体验来获得的，可意会而不可言传，因此也称为意会性知识。国外学者常引用哲学家波兰尼对这类知识的研究成果[14]，他曾提出过一个基本原理——人们所了解的总是比说出来的多。

② 主观和客观分类法涉及知识的形态，是指知识的存在形式和表述形式，包括知识的外部形式（外部功能状态）和内部构造。当知识发展到一定水平时，其形态就会发生分化，形成独立的知识形态。根据知识的存在形态可将其分成主观知识与客观知识两种类型。[15] 主观知识是指存在于人脑中的知识，而客观知识则存在于各种载体，如书刊、电子存储介质中的知识。这种分类法与之前提到的隐性和显性知识在原则上是相近的。

③ 个人知识与组织（群组、企业）知识是从本体论维度来分类的，由于知识的产生来自人们的实践与认识，因此离开个人，组织将无法产生知识。在实际经济活动中，组织也具有

属于自身的知识,其表现形态为企业所掌握的技术、专利、生产和管理规程,有的已嵌入了产品与服务之中。组织知识是将个人产生的知识与其他人交流而形成并结晶于组织的知识网络之中的知识。个人只能获得与生成专门领域的知识,而在创新活动中,需要掌握各种知识转化为生产力,这时就需要组织知识。[12]

按照人工智能中的知识分类,包括事实性知识、过程性知识、规则性知识、启发式知识、实例性知识以及元知识等。针对该知识分类的具体说明如下:

(1) 事实性知识一般采用叙述语句形式,例如,汽车制造属于离散制造业,更换工装卡具需要损耗时间,等等。在制造执行系统中,若事实性知识具有单一属性,一般采用"变量的取值"表示;若事实性知识是多属性的,则以"数据库中记录"形式表示。知识工程中,事实是问题求解的已知条件、中间结果或结论。

(2) 过程性知识通常用以刻画做某件事的过程,使人或计算机可以参照执行,例如,标准作业流程(standard operation procedure,SOP)就是常见的过程性知识。标准作业流程一般是按产品的制造过程编制的,体现了产品的加工步骤。

(3) 规则性知识也称产生式规则(production rule),规则描述为"IF〈前提〉THEN〈结果〉",即规则通常由两部分组成:一部分是前提(前件),另一部分是结论(后件)。前提部分是执行该规则时必须满足的条件,也称为先决条件,只有前提部分成立,规则的结论才会成立。有些规则由3部分组成:"IF〈前提〉THEN〈结论〉ELSE〈结论〉"。其中,ELSE部分表示如果不满足前提部分所列的先决条件时该执行的动作。

(4) 启发式知识是指对指导整个问题求解过程很有帮助的经验法则、技术或知识。有些实际制造系统优化问题,由于现场条件与约束十分复杂,根本不存在有效的寻优算法;另外有些实际制造系统优化问题,即便有相应的算法,但由于运行时间过长或占用存储空间过多而无法实际运行。因此,人们常采用某种搜索策略,根据启发式知识,逐步试探性地求出问题的最佳解或近似最佳解,该类方法称为启发式技术。启发式技术在人工智能中占有特殊重要的地位,但是启发式技术本身的效果和效率也有待于深入开发,这也是知识工程的主要课题之一。

(5) 实例性知识表示对一个事物的整体描述,如已发生的大量产品制造实例或大批的观测工业数据均属于典型的实例性知识。通常来讲,在制造系统中人们感兴趣的一般不是单个实例本身,而是在大批实例后面隐藏的规律性知识。

(6) 元知识也称为关于知识的知识,即对领域知识进行描述、说明和使用的知识。在专家系统中,利用元知识可告知用户系统能解决什么问题,不能解决什么问题,利用元知识指导系统如何运行和推理。元知识通常以控制知识的形式出现。[2]

2. 知识层次与表示

1) 知识的层次

知识的层次包含以下几个具体类别:"本能"是指人和动物生而有之的条件反射能力,"经验"是在实践中、在多次条件反射的经历中所积累的初级知识,"理论"是对经验进行系统化抽象化而提炼出来的中级知识,"方法论"是关于解决某种类型问题的通用方法和思路,是更抽象化的综合性高级知识。举例来看,本能是天生的,如工人触摸到高温的工件会缩手,遇到强光刺激会闭眼。对比来看,知识则是需要学习和积累的,从本能上升为经验,再上升为理论,最后上升为方法论,是一个不断学习、总结、积累、提高的过程。方法论是人们所总结出的能够解决某类问题"通用方法和思路"的高级知识。[13]

2）知识的表示

人类之间互相交往都是用自然语言形式描述和表达的，而要让计算机能够理解和推理，就必须将自然语言知识形式化和数字化，变成计算机能使用的形式。知识表示（knowledge representation）是知识工程和人工智能研究中的核心课题。知识表示是利用计算机能够接受并进行处理的形式化方式（如符号）来表示人类的知识，这样才能使知识方便地在计算机中存储、检索、使用和修改。经过历年来人工智能学者的研究，现已成功运用知识表示的主要形式有数理逻辑、产生式规则、语义网络、框架、剧本和本体。[2]

3. 知识获取与存储

1）知识的获取

知识获取是将某种知识源（如人类专家、教科书、数据库等）的专门知识转换为计算机中的知识而采用的表示形式。这些专门知识是关于特定领域的特定事实、过程和判断规则，而不包括有关领域的一般性知识或普遍性的常识性知识。一般情况下，知识获取需要知识工程师（分析员）与专家配合，共同来完成工作。早期的人工智能中所采用的知识都是手工处理的，知识工程师往往把专家知识和推理结合到整个程序中，而不是把知识和推理过程分开。手工处理知识要求知识工程师必须具备该领域内足够多的知识，以便和专家有共同语言，因为知识工程师所掌握的专业知识远比专家要少，而专家和初学者讨论有关专业问题涉及的基本词汇，在问题求解时往往不适用。

知识系统一般把知识与推理过程分开，将知识集中导入知识库中。而知识工程师的工作是帮助专家建立知识系统，重点在于知识获取。因此知识工程师需要与专家充分配合，以便扩充和改进知识系统。知识工程师最困难的任务是帮助专家完成知识的转换，构造领域知识，并对领域概念执行统一化和形式化。知识获取是构造知识系统的"瓶颈"，只有完整、一致的知识库才能构建知识系统。知识系统中的推理原理比较成熟，相对容易实现，因此知识获取是构造知识系统的关键和主要工作。[2]

2）知识的存储

知识存储是指将有价值的知识经过选择、过滤、加工和提炼后，按照一定的规则保存在适当媒介内，以利于需求者更为便利、快速地使用，并随时更新和重组其内容和结构的活动。[16]在知识管理的过程中，知识库的建立正是知识存储的集中体现，借助于数据转换为知识的过程，将有价值的知识有目的性地存储至机构库或数据库中，以备知识共享、知识交流与知识创新应用。因此，知识存储成为知识服务的前提，知识存储的数量、种类、格式、知识元、标引方法等直接影响知识服务的内容、方法、模式、平台等。[17]

4. 知识与生产力的关系

生产力是由劳动资料、劳动对象和劳动力三者结合构成的。根据历史发展进程来观察生产力的发展，可以发现，从古代简单的手工劳动方式，到经过机器与电力相结合的现代生产方式，以及正走向以智能工具为主体的现代生产方式，生产力的上述三要素都是十分必要的，而且知识对这 3 种生产力要素的作用和影响越来越显著。

在劳动资料、劳动工具方面，古代石质工具的磨制成功，在选材、磨削、加工角度等方面，开始积累了经验、产生了知识；动力机械与工具机的发明与应用，是科学技术知识作用的结果;工业经济时代的特点是机器制造机器,如今基于计算机的智能机械的出现与推广应用,使得新经济时代特点变成机器控制机器,这都是知识深入发展与应用的成果。就劳动者而言,由于科学的普及与教育、培训的实施,劳动者的知识水平逐步提高。劳动者不再单纯凭借简单的体力劳动从事生产,而是将基于知识的脑力劳动和体力劳动相结合,将新型劳动能力应用于生产实践。特别在高新技术产业,以及应用高新技术改造过的现代化传统产业的生产环节,劳动者更多的是运用知识监督和控制生产过程。针对生产力中的劳动对象要素,由于科学技术的发展,人类不但可以更加有效地利用现有自然资源,而且能不断发现和加工出新的材料、制造出新的产品,因此劳动对象的范围也在不断扩展。

从上述几个方面来看,在现代化的生产要素中的劳动资料和劳动对象(除天然物)都包含知识外化的成分,通过掌握知识劳动者的劳动,即可生产出富含知识的产品。如果从系统的角度来考察生产力,可以认为生产力系统包含两类生产力要素:一类是物质生产力要素,包括劳动者、劳动资料、劳动对象;另一类是知识生产力要素,包含科学技术、管理、教育、信息等,其中一部分知识要素是和劳动者无法分离的(包括人的体验、直觉、创造力)。在生产过程中,劳动者所具备的基本技能和技术属于经验性知识,而新设计、新设备、新工艺和新的经营管理方法则是理论性知识的直接应用或转化。知识作为生产力不仅表现在生产过程中知识的直接应用,而且还包括知识成果,即知识物化了的产品的应用(知识的间接应用)。

在生产物质产品的同时,我们也创造了知识产品,可以说现代化的物质生产是在知识产品的指导下同步进行的。但从历史情境来看,知识的产生经历了从个体研究到集体协作,并逐渐社会化的过程。而社会对知识的需求,反映为市场对知识生产的推动,同时也构成了一定的制约。不但形成了经济的知识化,也形成了知识的经济化,两者相互融合,形成新的经济阶段,即知识经济时代。此外,知识也具有延续性,某项知识产品(新发明、新工艺等)一旦出现,提升物质生产到一定水平之后,生产力就维持在这一水平,直到下一次知识产生促进作用、将生产力水平提升至更高水平。同时,由于知识的可扩散性,一个地区的知识可扩散到另一个地区,使其生产力水平也相应提高。[12]

节点及关联

知识定义与分类:事实性知识、过程性知识、规则性知识、启发式知识、元知识……

知识层次与表示:本能,经验,方法论,数理逻辑、产生式规则、语义网络、框架……

知识获取与存储:知识工程师,手工、半自动、自动知识获取,数据库,知识库……

知识与生产力的关系:知识,劳动资料,劳动对象,劳动力

6.2 知识表示

6.2.1 知识表达方式分类

知识表示是研究用机器表示知识可行的、有效的、通用的原则和方法,即把人类知识形式化为机器能够处理的数据结构,表示为知识的描述和约定。知识表示是智能系统的重要

基础,是人工智能中最活跃的研究领域之一。

知识表示方式主要包含两大类:陈述性表示和过程性表示。陈述性表示方式强调知识的静态特性,即描述事物的属性及其相互关系;过程性表示方式则强调知识的动态特性,即表示推理和搜索等运用知识的过程。目前知识的表示有多种不同的方法,主要包括逻辑方法、产生式方法、语义网络方法等。知识表示方法的多样性,表明知识的多样性和人们对其认识的多样性。在实际当中选择和建立合适的知识表示方法,可以从下面几个方面考虑:①知识的表示能力,要求能够正确、有效地将问题求解所需要的各类知识表示出来;②知识的可理解性,所表示的知识应易懂、易读;③便于知识的获取,使智能系统能够渐进地增加知识、逐步进化,同时在吸收新知识的同时,应便于消除新老知识间的矛盾,保持知识的一致性;④知识的易搜索性,表示知识的符号结构和推理机制应支持对知识库的高效搜索,使智能系统能够快速感知事物间的关系和变化,易于从知识库中搜索相关知识;⑤知识的易推理性,需便于从已有知识中获得需要的答案和结论。

目前,许多知识表达方式已作为建立知识库的基本技术被提出来,包括产生式规则、框架、语义网络和逻辑。由于每种知识表达方式存在各自的优缺点,意味着不存在满足所有要求的表达方式。知识库建立的水平很大程度上决定了专家系统的性能,而它本身又受到知识表达方式的制约,因此选择合适的知识表达方式是建立专家系统的关键点之一。[18]

6.2.2 规则表示

1. 产生式表示

产生式系统(production system)的概念,最早是由帕斯特(E. Post)于 1943 年提出的产生式规则得来的,他用这种规则对符号串做替换运算。1965 年,美国卡内基梅隆大学的两位教授艾伦·纽厄尔(Allen Newell)和赫伯特·西蒙(Herbert Alexander Simon)利用这种原理建立了人类的认知模型。同年,斯坦福大学设计第一个专家系统 DENDRAL 时,就采用了产生式系统结构。产生式系统是目前已建立的专家系统中知识表示的重要手段之一,如 MYCIN、CLIPS/JESS 系统。在产生式系统中,把推理和行为的过程用产生式规则表示,又称为基于规则的系统。[18]

产生式规则知识广泛和流行的重要原因在于:首先,产生式规则的知识表示形式易于理解;其次,产生式规则基于逻辑推理中的演绎推理,保证了推理结果的正确性;最后,产生式规则所连成的推理树(知识树)可以是多棵树,树的宽度反映了实际问题的范围,树的深度反映了问题的难度,这也增强了专家系统解决实际问题的能力。产生式规则知识表示为用 IF/THEN 子句构成的知识表示形式,即如果条件(前提或者前件)成立,那么一些行为(结果或结论或推论)将发生。每一个规则都有前提条件(一个或多个 IF 子句),只有当所有前提条件都满足时结论(一个或多个 THEN 子句)才为真。如果一个规则有多个 IF 子句,可用 AND/OR 逻辑操作符连接起来。IF 子句是多个知识构造块的"与"和"或"的连接,THEN 子句也由多个知识构造块组成。[18]

规则元素(rule element)是产生式规则的基本构成元素,不可再分,它具有相同、单一、固定的结构特点,可按照特定的关系生成产生式规则。具体方法如下:①利用逻辑"或"的等价转换关系将产生式规则转换为只包含单一逻辑"与"关系的规则集;②利用节点分离法消除相互关联规则间的关系;③将规则拆分为规则元素形式;④将所有不相同的规则元素存入规则元素表中；⑤将规则元素表中的规则元素之间的连接关系存入规则关系表,重新组合成原规则。[19]

产生式规则具有如下特点：[18]

(1) 相同的条件可得到不同的结论。例如：

$$A \rightarrow B, \quad A \rightarrow C$$

(2) 不同的条件可得到相同的结论。例如：

$$A \rightarrow G, \quad B \rightarrow G$$

(3) 条件之间可以通过"与"($\wedge$)或"或"($\vee$)连接。例如：

$$A \wedge B \rightarrow G, A \vee B \rightarrow G(相当于 A \rightarrow G, B \rightarrow G)$$

(4) 一条规则的结论可为另一条规则的条件。例如：

$$C \wedge D \rightarrow F, F \wedge B \rightarrow Z$$

2. 产生式规则知识的推理

产生式规则知识的推理是从事实出发,运用相关知识逐步推理得到目标的过程。产生式规则知识推理时,需在大量的规则知识中搜索,找到所需的规则知识。这种搜索方式的代价远远超过了对规则知识的匹配(假言推理),从而使其构成推理机中的重要组成部分。该推理过程是同时执行搜索和匹配。其中,匹配是利用已知的结论完成一条规则的假言推理,该规则需通过搜索规则库获得,已知的事实来源于向用户的提问,或来自假言推理的结论。搜索和匹配可能会出现成功或者不成功,不成功的匹配将会触发搜索的回溯,重新经由其他路径执行搜索。推理中的搜索和匹配过程,如果进行跟踪并显示,就形成了向用户说明的解释机制。好的解释机制不显示失败的路径。

产生式规则的知识推理有正向和反向两种模式,推理前需要把已知的事实放入事实库中,推理后得到的结论也要放入事实库中。正向的推理是逐条搜索规则库,对每一条规则的前提条件,检查事实库中的存在性。若前提条件中各子项在事实库中并非全部存在,则放弃该条规则;反之,若各子项在事实库中全部存在,则会执行该条规则,并把结论存储于事实库中。反复执行上面的步骤,直至推理出目标为止,并放入事实库中。

反向的推理是从目标开始,寻找以此目标为结论的规则,并判定该条规则的前提条件,若其中某子项是其他规则的结论时,再查找此结论的规则,重复上述过程直到能够完全判定某个规则的前提条件。按此规则的前提条件判断("是"或"否")得出结论,由此回溯到上一个规则的推理,直至目标的判断。规则库中的各条规则均存在彼此关联。按逆向推理思想,把规则的结论放在上层,规则的前提放在下层,规则库的总目标(它是某些规则的结论)作为根节点,按此原则从上向下展开,连接成一棵树。这棵树称为推理树或知识树,它把规则库中的所有规则都加以连接。由于连接时有"与"关系和"或"关系,从而构成了"与或"推理树。下面通过示意图展示推理树,其为逆向推理树,是以目标节点为根节点展开的。[2]

首先假定目标为 A,且满足如下的规则集：

$$(B \wedge C) \vee D \rightarrow A, \quad E \vee (F \wedge G) \rightarrow B, \quad H \rightarrow C, \quad I \wedge J \rightarrow D$$
$$K \wedge M \rightarrow E, \quad N \vee P \rightarrow F, \quad O \wedge Q \rightarrow G, \quad R \vee S \rightarrow I, \quad T \wedge U \rightarrow J$$

按照逆向推理可画出推理树如图 6-2 所示。

产生式规则的主要优点为：[2]

(1) 在一些特殊的情况下，产生式规则对于用户是透明的，并且会自动解释在该种情况下使用的规则；

(2) 产生式规则在运行过程中，可在不中断的情况下支持研发者或者用户对其中的规则进行修改，从而使产生式规则具有良好的用户体验；

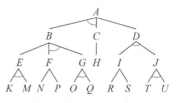

图 6-2　规则集逆向推理树

(3) 当有新的知识需要添加到系统中时，不必考虑这些新的知识和系统之间的适应问题，只需简单地将这些知识导入系统中即可，然后再添加一些新的规则，从而使得系统获得新知识或者以往经验。

为提高产生式系统的效率，可对系统进行结构化处理。通过结构化处理之后的产生式系统称为结构化产生式系统。结构化产生式系统和非结构化系统的实例如图 6-3 所示，图中对应的产生式规则已经被分成了各种类型。[20]

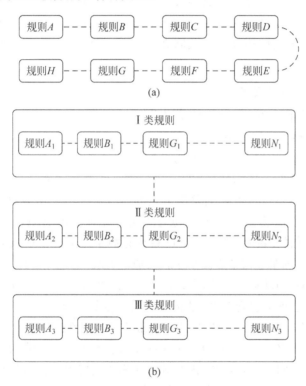

图 6-3　两类典型的产生式系统

(a)非结构化产生式系统；(b)结构化产生式系统

产生式规则系统适用于表征因果关系的系统知识，能够很好地表示各类知识间的规则，表示的形式与我们求解问题时使用的逻辑思维很相似。这样的表达方式使人易于理解，目前也已被很多知识系统采用。

6.2.3　语义网表示

语义网(semantic network)是奎廉(Qillian J. R.)在 1968 年研究联想记忆时提出的一

种心理学模型,该模型认为记忆是由概念间的联系实现的。在知识系统中,语义网可用于描述物体概念与状态及其之间的关系。语义网是由节点和节点之间的弧组成的,节点表示概念(事件、事物),弧表示它们之间的关系。在数学上语义网是一张有向图,与逻辑表示法对应。[18]

1. 语义网的概念和结构

语义网是通过概念及其语义关系来表达知识的一种有向网络图。有向图的节点表示各种事物、概念、情况、属性、动作和状态等;弧表示节点之间各种语义关系,指明它所连接的节点之间的某种语义关系。语义网中的节点和弧必须带有标识,以便区分各不同对象以及对象之间的不同关联。因此,语义网主要包含事件以及事件之间的关联。[18]从结构上看,语义网一般由一些基本的语义单元构成,这些最基本的语义单元可由三元组表示为

(节点1,弧,节点2)

若 A、B 表示两个节点,R 表示 A 和 B 之间的某种语义关系,则该语义单元可以对应表示为如图 6-4 所示的网络。当把多个基本网元用相应的语义联系关联在一起时,就可以得到一个语义网。

图 6-4 基本语义网网元结构

2. 语义网的常用语义联系

语义网可以描述事物间多种复杂的语义关系。在实际使用中,人们可根据自己的实际需要进行定义,下面给出一些常用的语义联系。

(1) 类属关系:具有共同属性的不同事物间的分类关系、成员关系或实例关系。它体现的是"具体与抽象""个体与集体"的层次分类。在类属关系中,最主要特征是属性的继承性,处在具体层的节点可继承抽象层节点的所有属性。常用的类属关系有 ISA,含义为"是一个",表示一个事物是另一个事物的实例。有时也用 AKO (a-kind-of)、AIO(an-instance-of)等。在类属关系中,具体层节点除具有抽象层节点的所有属性外,还可增加自己的个性,甚至还能够对抽象层节点的某些属性加以更改。例如,所有的动物都具有能运动、会吃等属性。而鸟类作为动物的一种,除具有动物的这些属性外,还具有会飞、有翅膀等个性。

(2) 聚集关系:也称为包含关系,是指具有组织或结构特征的"部分与整体"之间的关系。它和类属关系的最主要区别是聚集关系一般不具备属性的继承性。常用的聚集关系有 Part-of、Member-of,含义为"是一部分",表示一个事物是另一个事物的一部分。

(3) 相似关系:不同事物在形状、内容等方面相似或接近。常用的相似关系有 Similar-to,含义为"相似",表示某一事物与另一事物相似。

(4) 推论关系:从一个概念推出另一个概念的语义关系。常用的推论关系有 Reasoning-to,含义为"推出",表示某一事物推出另一事物。例如,"产品质量好"可推出"制造系统质量控制体系出色"。

(5) 因果关系:由于某一事件的发生而导致另一事件的发生。通常用 Causality 联系,表示两节点间的因果关系。

(6) 占有关系:事物或属性之间的"具有"关系。常用的占有关系有 Have,含义为"有",表示一个节点拥有另一个节点所表示的事物。

(7) 组成关系:一对多的联系,用以表示某一事物由其他一些事物构成,通常用

Composed-of 联系表示。Composed-of 联系所连接的节点间的属性不具有继承性。

(8) 时间关系和位置关系：在描述一个事物时，经常需要指出发生的时间、位置等。时间关系是指不同事件在其发生时间方面的先后次序关系，节点间的属性不具有继承性。位置关系是指不同事物在位置方面的关系，节点间的属性也不具有继承性。

上述列举的 8 种类型的语义联系中，最灵活的因素是 ISA 链，在使用语义网络进行知识表示时，可根据需要随时对事物间的各种联系进行人为定义，这里不再赘述。语义网的一个重要特性是属性继承，凡用有向弧连接起来的两个节点即有上位与下位关系。例如，"汽车制造"是"离散制造"的下位概念，又是"发动机制造"的上位概念。所谓"属性继承"，指的是凡上位概念具有的属性均可由下位概念继承。在属性继承的基础上，可以方便地进行推理是语义网的优点之一。

语义网表示方法还有如下优点：结构性好，具有联想性和自然性。由节点和弧组成的网络结构，抓住了符号计算中符号和指针这两个本质，且具有记忆心理学中关于联想的特性。然而，试图用节点代表世界上的所有事物，用弧代表事物间的任何关系，由于其过于简单而受到限制。与逻辑系统相比，语义网能表示各种事实和规则，具有结构化的特点；逻辑方法把事实与规则当作独立的内容处理，语义网则从整体上进行处理；逻辑系统有特定的演绎结构，而语义网不具有特定的演绎结构；语义网推理是知识的深层次推理，是知识的整体表示与推理。[18]

6.2.4 框架表示法

作为理解视觉、自然语言对话以及其他复杂行为的基础，1975 年美国麻省理工学院明斯基(Minsky M.)教授提出了框架理论。明斯基指出当一个人遇到新的情况(或其看待问题的观点发生实质性变化)时，他会从记忆中选择一种结构，即"框架"。框架表示法是一种适应性强、概括性高、结构化良好、推理方式灵活，又能把陈述性知识与过程性知识相结合的知识表示方法。它是一种理想的知识结构化表示方法。相互关联的框架连接起来组成框架系统，或称为框架网络。不同的框架网又可通过信息检索网络组成更大的系统，代表一块完整的知识。框架理论把知识看作是相互关联的成块组织，它与把知识表示为独立的简单模块有很大的不同。

1. 框架结构

通常框架有一个框架名，指出所表达知识的内容。一个框架设若干个槽，用来说明该框架的具体性质。每个槽设有槽名，有对应取值称为槽值，即表示该属性的值。在较为复杂的框架中，槽还可进一步区分层次，槽的下面可设几个侧面，每个侧面又可有各自的取值。所以框架是一种多层数据结构，框架下层的槽可看成子框架，子框架本身还可以进一步分层。一般框架的结构如下所示：[18]

FRAME〈框架名〉

槽名$_1$：侧面名$_{11}$　　值$_{11}$

　　　　侧面名$_{12}$　　值$_{12}$

　　　　$\vdots$　　　　$\vdots$

　　　　侧面名$_{1m}$　　值$_{1m}$

$$槽名_2：侧面名_{21} \quad 值_{21}$$
$$侧面名_{22} \quad 值_{22}$$
$$\vdots \qquad \vdots$$
$$侧面名_{2m} \quad 值_{2m}$$
$$槽名_k：侧面名_{k1} \quad 值_{k1}$$
$$侧面名_{k2} \quad 值_{k2}$$
$$\vdots \qquad \vdots$$
$$侧面名_{km} \quad 值_{km}$$
$$约束：约束条件_1$$
$$约束条件_2$$
$$\vdots$$
$$约束条件_n$$

2. 框架网络

框架之间相互有联系,主要表现在纵向和横向两个方面。纵向联系是指层次的结构,即各框架之间通过 ISA 链表现框架之间特殊与一般的继承关系;此外,框架中的槽值还可表示框架间的关系,形成框架之间的横向联系[18],如图 6-5 所示。

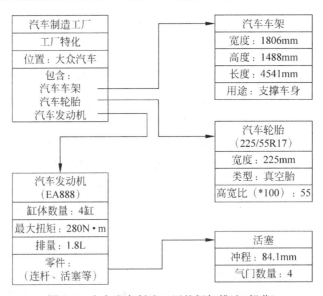

图 6-5　大众汽车制造工厂的框架描述(部分)

框架(以及面向对象系统)为我们提供了一种组织工具,利用其可以将实体表示为结构化的对象,对象可以带有命名槽和相应的值。因此可以把框架或模式看成是一种简单的复合体。框架在很多重要方面扩展了语义网,通过框架更容易层次化地组织知识。在网络中,所有概念被表示为同一层上的节点和弧。框架系统支持类继承,一个类框架的槽和默认值可通过类/子类和类/成员层次继承。只要没有其他的信息可以使用,那么默认值便被赋给所选择的槽。

当创建类框架的实例时,系统会尽可能填写它的各个槽,采用的方法可以通过向用户查询、从类框架中接受默认值,或者执行某个过程或程序来得到实例值。和语义网的情况一样,槽和默认值可以跨类/子类层次继承。框架表示法最突出的特点是它善于表达结构性的知识,能够把知识的内容结构关系及知识间的联系表示出来,因此它是一种结构化的知识表示方法。框架表示法的知识单位是框架,而框架是由槽组成的,槽又可分为若干侧面,这样就可把知识的内部结构显式地表示出来。

框架表示法通过赋予槽值为另一个框架的名称来实现框架间的联系,建立起表示复杂知识的框架网络。在框架网络中,下层框架可以继承上层框架的槽值,也可进行补充和修改,这样不仅减少了知识的冗余,且较好地保证了知识的一致性。框架表示法体现了人们在观察事物时的思维活动,当遇到新事物时,通过从记忆中调用类似事物的框架,并将其中某些细节进行修改、补充,就形成了对新事物的认识,这与人们的认识活动是一致的。框架表示法提出后得到了广泛应用,因其在一定程度上体现了人们的心理反应,同时又适用于计算机处理。1976 年 Lenat 开发的数学专家系统 AM,1980 年 Stefik 开发的专家系统 UNITS,1985 年田中等开发的 PROLOG 医学专家系统开发工具 APES 等,都采用框架作为知识表示的基础。[18]

6.2.5　逻辑表示法

1. 数理逻辑

人工智能的重要理论基础是数理逻辑,也称符号逻辑。数理逻辑是用符号和数学方法研究人的思维形式及其规律的科学。逻辑学的基础研究是形成概念、做出判断、进行推理。概念是反映事物的特有属性和它的取值,例如,木门制造是批量加工的过程,产品检验结果为优秀。概念是用语言来表达,如生产线、生产节拍、在制品库存等。语言又由名词、动词、形容词、数词、代词等实词及介词、连词等虚词组合来表达概念。判断是对概念的肯定或否定,其本身又存在真假,即判断是对或错,判断有全称肯定/否定判断和特称肯定/否定判断。推理是从一个或几个判断推出一个新判断的思维过程。

数理逻辑中的符号表示是知识表示的重要方法,利用逻辑公式,人们能描述对象、性质、状况和关系。数理逻辑是以命题逻辑和谓词逻辑为基础,研究命题、谓词及公式的真假值。数理逻辑用形式化语言(逻辑符号语言)进行精准(无歧义)的描述,用数学的方式进行研究。例如,用 $\wedge$ 表示"与", $\vee$ 表示"或", $\rightarrow$ 表示"如果…那么…"等。

1) 命题逻辑

命题分为简单命题和复合命题。简单命题是基本单位;复合命题是由简单命题通过联结词组合而成的。命题逻辑研究复合命题所具有的逻辑规律和特征,它能够把客观世界的各种事实表示为逻辑命题并验证其真假。例如:

(1) 如果汽油车生产可以引入制造执行系统,那么电动车也可引入制造执行系统。

p:汽油车生产可引入制造执行系统,g:电动车生产可引入制造执行系统,它们的关系用 $\rightarrow$(蕴含)表示,即 $p \rightarrow q$。

(2) 制造过程无异常,警报灯不亮;制造过程有异常,警报灯亮。

p:制造过程有异常,q:警报灯亮,它们的关系表示为:$(p \rightarrow q) \wedge (\sim p \rightarrow \sim q)$ 或 $p \leftrightarrow q$。

在命题逻辑中,有 5 种关系:$\wedge$(与);$\vee$(或);$\sim$(非);$\rightarrow$(如果……那么……,即蕴含);$\leftrightarrow$(等价,即当且仅当)。这 5 种关系称为联结词,它们之间有优先关系,从高到低有 $\sim$、$\wedge$、$\vee$、$\rightarrow$、$\leftrightarrow$。同级联结词,先出现者优先。

定义 1 由命题($p,q,r\cdots$)或用联结词($\sim$、$\wedge$、$\vee$、$\rightarrow$、$\leftrightarrow$)连接的命题,组合而成的公式称为合适公式。其中,命题逻辑的公式有:

(1) 析取交换律
$$p \vee q \leftrightarrow q \vee p \tag{6-1}$$

(2) 合取交换律
$$p \wedge q \leftrightarrow q \wedge p \tag{6-2}$$

(3) 析取结合律
$$(p \vee q) \vee r \leftrightarrow p \vee (q \vee r) \tag{6-3}$$

(4) 合取结合律
$$(p \wedge q) \wedge r \leftrightarrow p \wedge (q \wedge r) \tag{6-4}$$

(5) $\vee$ 对 $\wedge$ 的分配律
$$p \vee (q \wedge r) \leftrightarrow (p \vee q) \wedge (p \vee r) \tag{6-5}$$

(6) $\wedge$ 对 $\vee$ 的分配律
$$p \wedge (q \vee z) \leftrightarrow (p \wedge q) \vee (p \wedge r)) \tag{6-6}$$

(7) 双重否定
$$p \leftrightarrow \sim\sim p \tag{6-7}$$

(8) 德摩根律 1
$$\sim (p \vee q) \leftrightarrow \sim p \wedge \sim q \tag{6-8}$$

(9) 德摩根律 2
$$\sim (p \wedge q) \leftrightarrow \sim p \vee \sim q \tag{6-9}$$

(10) 蕴含转换 1
$$(p \rightarrow q) \leftrightarrow \sim p \vee q \tag{6-10}$$

(11) 蕴含转换 2
$$(p \rightarrow q) \leftrightarrow (\sim q \rightarrow \sim p) \tag{6-11}$$

(12) 等价转换 1
$$(p \leftrightarrow q) \leftrightarrow (p \rightarrow q) \wedge (q \rightarrow p) \tag{6-12}$$

(13) 等价转换 2
$$(p \leftrightarrow q) \leftrightarrow (\sim p \leftrightarrow \sim q) \tag{6-13}$$

(14) $\wedge$ 转 $\vee$
$$(p \wedge q) \leftrightarrow \sim (\sim p \vee \sim q) \tag{6-14}$$

定义 2 公式的标准形式称为范式,有两种基本范式:合取范式和析取范式。合取范式是一些简单析取式的合取式。即该合取式中,其子命题都是简单析取式。一般形式为 $a_1 \wedge a_2 \wedge \cdots \wedge a_n$,其中每个 a_i 是简单合取。例如:

(1) $(\sim p \vee q) \wedge (p \vee \sim q)$。

(2) $(p \vee q \vee r) \wedge (p \vee \sim q \vee r) \wedge (p \vee \sim q \vee \sim r)$。

析取范式是一些简单合取式的析取式。即该析取式中,其子命题都是简单合取式。一般形式为 $a_1 \vee a_2 \vee \cdots \vee a_n$,其中每个 a_i 是简单合取。例如:

(1) $(p \wedge q) \vee (p \wedge r)$。

(2) $(p \wedge \sim p \wedge q) \vee (p \wedge q \wedge r \wedge \sim r)$。

2）谓词逻辑

谓词逻辑是对简单命题的内部结构作进一步分析。在谓词逻辑中,把反映某些特定个体的概念称为个体词,而把反映个体所具有的性质或若干个体之间所具有的关系称为谓词。对谓词逻辑的研究主要为研究一阶谓词逻辑。

定义 3　在谓词 $p(x_1, x_2, \cdots, x_n)$ 中,如果个体 x_i 都是一些简单的事物,则称 p 是一阶谓词。若有些变元本身就是一阶谓词,则称 p 为二阶谓词。在谓词逻辑中,需要考虑到一般与个别、全称和存在,并引入"全称"和"存在"两个量词。

全称量词:表示对所有的或对任一个,用 $\forall$ 表示。

存在量词:表示至少存在一个,用 $\exists$ 表示。

定义 4　由单个谓词或由连接词($\sim$、$\wedge$、$\vee$、$\rightarrow$、$\leftrightarrow$)连接的多个谓词中或含有($\forall x$)或($\exists x$)的谓词,以及其组合公式称为谓词逻辑的合适公式。

定义 5　谓词公式范式有以下两个:

(1) 前束范式,指谓词公式中一切量词都未被否定的处于公式的最前方,且其管辖域为整个公式,例如 $(\forall x)(\exists y)(p(x,y) \rightarrow q(x,y))$。

(2) $\exists$-前束范式,也称司柯林(Skolem)范式,是指所有存在量词都在全称量词之前的前束范式。

3）命题逻辑归结原理

原理 1　公式转换为子句型

归结原理使用反证法来证明语句,即归结是从结论的非导出已知语句的矛盾。利用命题逻辑公式和谓词逻辑公式,将逻辑表达式转换为合取范式、前束范式,再转换为子句。子句定义为由文字的析取组成的公式,这里只讨论命题逻辑的归结原理。将公式转换为子句型的过程如下:

(1) 消去蕴含符号 $\rightarrow$。即用 $\sim A \vee B$ 替换 $A \rightarrow B$。

(2) 用德摩根律缩小 $\sim$ 的辖域,让 $\sim$ 进入括号内。即用 $\sim A \vee \sim B$ 代替 $\sim(A \wedge B)$,用 $\sim A \wedge \sim B$ 代替 $\sim(A \vee B)$。

(3) 把公式化成合取范式。可以反复应用分配律,把任一公式化成合取范式。例如:

$$A \vee (B \wedge C) \leftrightarrow (A \vee B) \wedge (A \vee C)$$

(4) 消去连接词符号 $\wedge$。在合取范式中,每一个合取元,取出成为一个独立子句。用子句集来代替原来子句的合取($\wedge$)。每个子句实际上是文字的析取。例如:

$$(A \vee B) \wedge (C \vee D) \leftrightarrow \{A \vee B, C \vee D\}$$

原理 2　归结过程

归结过程针对母子句型子句进行归结,以生成一个新子句。归结时,对一个子句以"正文字"形式出现,一个以"负文字"形式出现,归结后就删除这两个"正负文字",合并剩下的文字。若最后产生空子句,则存在矛盾;若没有产生空子句,就继续执行后续文字。

以命题逻辑中的归结为例,对公理集 F、命题 S 的归结过程如下:

(1) 把 F 的所有命题转换成子句型。

(2) 把否定 S 的结果转换成子句型。

(3) 重复下述归结过程,直到找出一个矛盾或不能再归结。

① 挑选两个子句,称为母子句。其中一个母子句含 L,另一个母子句含 $\sim L$。

② 对这两个母子句作归结,结果子句称为归结式。从归结式中删除 L 和 $\sim L$,得到所有文字的析取式。

③ 若归结式为空子句,则矛盾已找到;否则原归结式加入该过程中的现有子句集。[2]

2. 推理的种类

推理可分为演绎推理、归纳推理和类别推理。其中,演绎推理是指从一般现象到个别(特殊)现象的推理。目前专家系统的研究基本上属于演绎推理范畴。演绎推理的核心是假言推理,是指以假言判断为前提,对该假言判断的前件或后件的推理。

(1) 肯定式:

$$p \to q, \quad p \vdash q \text{ 或 } \frac{p \to q, p}{q}$$

(2) 否定式:

$$p \to q, \quad \neg p \vdash \neg q \text{ 或 } \frac{p \to q, \neg q}{\neg p}$$

(3) 三段论:

$$p \to q, \quad q \to r \vdash p \to r$$

注:符号 $\vdash$ 表示"推出",$\neg$ 表示"不是"。横线上方为条件,下方为结论。

归纳推理是指从个别(特殊)现象到一般现象的推理。人能够从许多个别事物的认识中概括出这些事物的共同特点,得出一般性认识,从而使人们获得新的知识。目前,机器学习和数据挖掘中采用的方法属于归纳推理。

(1) 数学归纳法:用逻辑形式表达为

$$A \text{ 包含 } B_1, B_2, \cdots$$

$$\frac{B_1 \text{ 真}, B_n \to B_{n+1}}{A \text{ 真}}$$

这种推导是严格的,结论是确实可靠的。

(2) 枚举归纳推理:观察得到某一类事物的部分分子具有某种属性,而且没有遇到相反的情况,于是得出该类事物均具有这种属性的一般性结论。其推理形式为

$$\left. \begin{array}{l} S_1 \text{ 是 } P \\ S_2 \text{ 是 } P \\ \vdots \\ S_n \text{ 是 } P \end{array} \right\}$$

$$\frac{S_1 \cdots S_n \text{ 是 } S \text{ 类事件中的部分分子,而且没有遇到相反事例}}{\text{所以}, S \text{ 类事物都是 } P}$$

枚举归纳推理的结论是或然的,它的可靠程度是和事例数量相关的。

类比推理是从个别(特殊)现象到个别(特殊)现象的推理。类比推理是由两个(或两类)事物在某些属性上相同,进而推断它们在另一个属性上也可能相同的推理。类比推理的一般推理形式为

$$\frac{A \text{ 事物有 } abcd \text{ 属性}, B \text{ 事物有 } abc \text{ 属性(或 } a'、b'、c' \text{ 相似属性)}}{\text{所以}, B \text{ 事物也有可能有 } d \text{ 属性(或 } d' \text{ 相似属性)}}$$

类比推理的结论带有或然性。若相类比事物的相同属性和推理的结论属性之间的联系越是

带有必然性,结论的可靠程度就越高。机器学习与数据挖掘中的方法,基本采用了枚举归纳推理和类比推理。[2]

6.3　知识获取

6.3.1　知识获取的来源

知识获取是指从人类专家、书籍、文件、传感器、计算机文件等获取知识,它可能是特定领域或特定问题的解决程序,也可能是一般知识或者是元知识解决问题的过程。[21]知识系统获取知识可通过多种方法,并来自多种信息源,如通过与专家会谈、观察专家的问题求解过程、利用智能编辑系统、应用机器学习中的归纳程序、使用文本理解系统等方式,获取人类专家的知识或将其转换成所需要的形式,也可从经验数据、实例、出版物、数据库以及网络信息源中获取各种知识[22]。

1. 网络

在当前互联网环境下,知识获取又有其新的特点。互联网是人类有史以来所面对的最大的信息海洋,其中的信息具有数量巨大、形式多样、动态变化、矛盾知识普遍存在等特点。要从中获取知识,就需要搭建从数据搜集、整理到知识抽取的整套知识获取理论和技术。互联网上的信息源形式多样,既有结构化的数据库中数据,又有半结构化的 HTML 页面,还有无结构的文本和图片等数据。因此,根据不同的数据形式,必须运用相应的知识获取技术,才能有效获得所需要的知识。对于存储在传统数据库系统中的结构化数据,从中发现知识的技术称为数据挖掘。数据挖掘技术在数据库领域已经有了广泛研究,并取得了多项成果。而针对互联网上的半结构化数据和文本数据,Web 挖掘、文本挖掘以及自然语言处理等技术则发挥了较大的作用。[32]

结构化数据是可以由二维表结构进行逻辑表达和实现的数据。图 6-6 为结构化数据示例。结构化数据常常存储于关系型数据库中,且严格遵循有关数据格式和规范。结构化数据在存储时,一般以行为单位,一列数据表示一个实体信息,且每一行的数据属性完全相同,例如数字、符号等都属于结构化数据。可见,结构化数据的存储特征给数据的查询和修改工作带来了便利。然而结构化数据的扩展性较差,倘若需要增加某个字段,就需要变更整个表结构。而如果增加的字段较多,表结构的变更则会变得十分困难。

非结构化数据主要是指没有固定结构的数据,且数据结构较不规则和完整。非结构化数据的类型较为多样,既可以是文本数据,也可以为非文本数据。在存储非结构化数据时,需要进行整体存储,且多采用二进制的存储格式,例如图像、声音等都属于非结构化的数据形式。由于非结构化数据的字段具有多变性,因此处理和分析非结构化数据就显得十分困难。

工件	加工时间/s
A-1	20
A-2	30
A-3	40

图 6-6　结构化数据示例

半结构化数据属于结构化数据的一种,是介于完全结构化数据和完全无结构化数据之间的一种数据,其虽不像结构化数据那样完全符合关系型数据库的数据模型结构,但却包含许多标记,这些标记可以有效地分割语义元素,并且能对字段和记录进行分层。因此半结构化数据又被称为自描述的结构,对于同一类的实体而言,它可以有多种属性,且属性的种类也可不同。即便这些属性被加以组合,其相应的组合顺序也无关紧要。例如,XML和 JSON 都属于常见的半结构化数据类型,针对这两种半结构化数据类型的解释如下所示。

1) XML 技术

XML 主要指一种可扩展标记的语言,其主要由万维网联盟(World Wide Web Consortium,W3C)推出,目的是约束和规范信息存储和传递的行为。XML 技术可以允许用户根据自己的使用需求,来自主建立相应的标记集合,以确保实现对数据的描述。因此,对于同一现实的实体而言,每个使用者都可以建立符合自己要求的 XML 数据显示格式。其中,一个 XML 文档通常包含文件头和文件体两个部分。而文件头一般由 XML 声明和 DTD 文件类型声明两部分组成。而 XML 文件体中的内容必须由多个嵌套的 XML 格式构成,每个 XML 文件都应有且仅有一个根元素,且所有的元素都必须被根元素的起始标记和结束标记所包含。XML 技术通常有如下几个特征:

(1) 可扩展性。在识别 XML 文件时,往往都是通过识别 XML 文件的标识集合进行的。但 XML 格式的数据标识并非一成不变,每个使用者都可以根据自己的使用需求来进行个性化定义,建立一套属于自己的 XML 标签,以此实现对 XML 数据的构建。

(2) 自描述性。由于 XML 文档里包含了相应的标识集合,因此具有较强的自描述性。

(3) 灵活性。对于 XML 文件标记集合的定义,每一个使用者都可根据自己的使用需求随意定义一套标记集合,因此 XML 数据具有较强的灵活性。

2) JSON 技术

JSON 的全称为 JavaScript Object Notation,是一种常见的半结构化数据格式,并不是一种编程语言。由于许多语言对于 JSON 都有针对性的解析器和序列化器,因此就给 JSON 数据的存储、解析和搜索提供了方便。其中,JSON 语法可以表示为 3 种类型:简单值、对象和数组。对于简单值而言,JSON 数据的表示方法往往与 JavaScript 语言十分相似,既可以表示字符串、数组,也能表示布尔值和空指针(null)。但与 JavaScript 语言不同的是,JSON 不能表示未定义(undefined),而在对简单值进行表示时,通常使用双引号来表示 JSON 字符串。

对象作为一种较为复杂的数据类型,常表现为一组无序的键值对,而每个键值对中既可以为简单值,也可为复杂数据类型的值。JavaScript 语言在表示对象时,通常会先声明变量再进行存储;而 JSON 数据格式不同,其没有声明变量的概念,且在对象表示后,由于它不是一个语句,末尾不用再添加分号。对于对象的属性必须用双引号表示,这样才能有效地区分 JSON 数据类型的属性值。运用 JSON 表示数组时,通常与 JavaScript 语言表示方法类似,但 JSON 数据表示形式一般不具有变量和分号。JSON 数据格式还可表示更为复杂的数据类型,即将数组与对象结合起来,既可以在数组中表示多个对象,又可在对象中表示数组。由于 JSON 数据格式具有较强的灵活性,且能表示多种类型的数据值,故其在数据存储以及表示中得到了广泛应用,尤其是在前后端数据传输时应用最为广泛。[33]

2. 专家

人类专家形成的知识通常包括两大类:一类是书本知识,它可能是专家在校读书求学时所获,也可能是专家从杂志、书籍里自学而来的;然而,仅仅掌握了书本知识的学者还不足以称为专家,专家最为宝贵的知识,是他凭借多年的实践积累得到的经验,而这正是他最具魅力的知识瑰宝。在人工智能研究里,这类知识称为启发式知识。[23]

在创新驱动发展的战略背景下,企业面临着巨大的转型升级压力,技术创新成为企业转变发展方式、提升企业经济效益的重要途经。但是,随着经济环境的不断变化以及企业的自身发展,企业技术创新能力不足的问题日益凸显,并已经成为阻碍企业进一步发展的瓶颈所在。提高企业的技术创新能力,增强企业的发展潜力,是当前企业生存和发展的焦点。

创新的第一要素是人才,提高企业技术创新能力最关键的因素也是人才,包括企业内部人才和相应的外部人才。然而目前的情况是,很多企业内部人才储备不足,由于资金短缺,在人才竞争方面也处于劣势。在内部人才缺乏的情况下,企业在发展过程中如遇到技术难题,往往会寻求外部专家的帮助。[24]

除了内外部的专家,产学研合作也是企业获取知识的一个途径。产学研合作是指企业、高校、科研院所等机构通过组织网络构建和项目协同,实现跨组织知识、人才、资源交互和新价值创造的活动行为。产学研合作作为一种合作活动,必然涉及合作的范围广度和交互深度问题。由此引致产学研合作深度概念的产生,以度量合作的紧密程度。产学研深度合作是通过增进产学研合作主体的交互频率、知识和资源交互的充分程度,形成深度合作、依赖关系。[25]产学研合作发挥知识溢出效应,可以提升企业自身的创新能力。高校和科研机构掌握了大量的技术信息和科技知识,而其中许多属于"隐性知识",需要面对面的交流才能发生知识的溢出和转移。因此,企业与高校和科研机构在合作过程中的正式或非正式交流,都会加速高校和科研机构的知识向企业溢出。一方面,通过产学研合作的知识溢出,可以引导企业创新方向、培养企业科研人才,从而提升企业自身的创新能力,这有助于企业提升其创新水平和创新质量;另一方面,产学研合作过程中异质性知识的相互溢出与融合,可以有效提升企业创新的知识宽度,从而为企业取得突破性的创新成果增加知识储备。[26]

3. 书籍与文件

书籍是指用文字、图画和其他符号,在纸质材料上记录各种知识,清楚地表达思想;并制装成卷册的著作物,成为传播知识和思想、积累人类文化的重要工具。书籍是人类文明进步的重要标志之一,20 世纪以来,书籍已成为传播知识、科学技术和保存文化的主要工具之一。随着科学技术的快速发展,知识传播手段也日益丰富,音频、图像等新兴工具逐渐兴起,但书籍的作用,仍是其他传播工具或手段所不可替代的。[27]

工具性是工具书的基本属性,不同类型的工具书对一般书籍知识元素的选取、处理深度、处理方法和手段均存在不同,从而使得书的功能也各不相同。例如,类书、丛书虽同属资料型工具书,但类书将同类型知识归为一类,弱化了知识间的相互关系,特别是上下文的语境,却有利于专门研究,查一本书就相当于查了很多相关的书。而丛书同样按类编排,却是整书收录,提供书籍的整体,降低了选书的难度,通过丛书的书目,可较易查找符合某分类标准的书。根据上述对工具书的分类,从字、词、句到章节、篇目、整部书,从文字到图、表、数字,有的分类注重知识的内容,有的分类按知识的意义载体归类,但工具书的类型、编制入口,几乎包括了书籍物理形态和抽象形态的所有元素。工具书不仅有众多类型,每类工具书也有很多品类,即便是同一种类型的工具书其数量也十分可观。类型的多样化,使工具书从内容到形式都体现出很强的层次性,不仅有一般书籍的工具书,还有工具书的工具书,如书籍目录。

同时书籍的层次性也体现出了知识的逻辑性,知识内容既有垂直的连续,又有水平的交叉、互补、包容、平行等各种关系,表现为工具书在传播知识过程中的组合匹配。此外,无论是如类书般资料性强的工具书,还是如图表、书目、字辞典等功能性较突出的工具书,都同时具有书籍的所有特性,尤其是知识性。一本书的产生有其历史和生命周期,不同类型书籍的产生、发展也是动态的。在不同时空背景下,书籍无论在类型上还是功能上都有不同的表现,并按着各种方式组合在一起,构成传播知识的一个个载体群。[28]

4. 传感器

在国家标准 GB/T 7665—2005《传感器通用术语》中,传感器(transducer/sensor)被定义为:"能感受被测量并按照一定的规律转换成可用输出信号的器件或装置,通常由敏感元件和转换元件组成。敏感元件(sensing element),是指传感器中能直接感受或响应被测量的部分;转换元件(transducing element),是指传感器中将敏感元件感受或响应的被测量转换成适于传输或测量的电信号部分。当输出为规定的标准信号时,转换元件则称为变送器(transmitter)。"传感器可按原理、被测量、材料、工艺、对象、应用等进行分类,基于同一种传感器原理或同一类技术,可制作多种工业传感器。

传感器按测量对象类型可分为物理量、化学量、生物量三大类传感器,通常按具体测量指标,主要包括位移、压力、力、速度、温度、流量、气体成分、离子浓度等传感器。我国现行国家标准也是按被测量对象进行分类,这种分类方式无论从使用者选用还是产品水平评价上都便于统一标准。按转换原理分类,传感器可分为物理传感器、化学传感器和生物传感器。按工作机理分类,传感器可分为结构型(空间型)和物性型(材料型)两大类,其中结构型传感器是依靠传感器结构参数的变化实现信号变换,从而检测出被测量,它的再分类常根据能源种类进行,如机械式、磁电式、电热式等;物性型传感器是利用某些材料本身的物性变化来实现被测量的变换,其主要是以半导体、电介质、磁性体等作为敏感材料的固态器件,它的再分类主要按其物性效应进行,如压阻式、压电式、压磁式、磁电式、热电式、光电式、电化学式等。按能量种类分类,传感器包括机、电、热、光、声、磁等。按有无电源供电分类,分为无源传感器和有源传感器。按对检测对象是否激励分类,分为主动传感器和被动传感器。按信号处理的形式或功能分类,可分为集成传感器、智能传感器和网络化传感器。

按所使用的敏感材料,可以将传感器分为陶瓷传感器、半导体传感器、金属材料传感器、高分子或电子聚合物传感器、光纤传感器、复合材料传感器等。按加工工艺,可分为厚薄膜传感器、MEMS传感器、纳米传感器等。按传感测量对象,可分为地震传感器、图像传感器、心电传感器、呼吸传感器、脉搏传感器、烟雾传感器、气体传感器、水质传感器、血糖传感器、轮胎传感器等。按应用领域,可分为汽车传感器、机器人传感器、家电传感器、环境传感器,气象传感器、海洋传感器等。[29]

图 6-7 和图 6-8 分别为二维悬浮式气体传感器和温度传感器。

随着新技术革命的到来,世界开始进入信息时代。在利用信息的过程中,首先要解决的是信息获取的准确性、可靠性,而传感器是获取自然和生产领域中信息的主要途径与手段。例如在现代工业生产尤其是自动化生产过程中,需要用各种传感器来监视和控制生产过程中的参数,使设备工作在正常或最佳状态,并使产品质量达到最优,因此现代化生产的基础

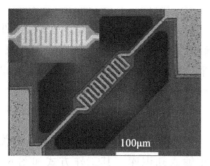

图 6-7　二维悬浮式气体传感器[30]

图 6-8　温度传感器

即为众多优良的传感器。在基础科学研究中,传感器更具有突出的地位,随着现代科学技术的发展,开拓了众多新兴领域,例如在宏观上要观察上千光年的茫茫宇宙,微观上要观察小到飞米的粒子世界,纵向上要观察长达数十万年的天体演化,短到毫秒的瞬间反应。此外,还出现了对深化物质认识,开拓新能源、新材料等具有重要作用的各种极端技术研究,如超高温、超低温、超高压、超高真空、超强磁场、超弱磁场等。显然,要获取大量人类感官无法直接获取的信息,必须使用相应的传感器。许多基础科学研究的障碍就在于对象信息的获取存在困难,而一些新机理和高灵敏度检测传感器的出现,通常会促进该领域内研究的突破,传感器的发展推动了边缘学科的发展。

传感器早已渗透至工业生产、宇宙探测、海洋开发、环境保护、资源调查、医学诊断、生物工程甚至文物保护等极为广泛的领域。可以说,从茫茫太空到浩瀚海洋,以至各种复杂工程系统,几乎每一个现代化项目,都离不开各式各样的传感器。[31]

节点及关联

知识来源:网络、专家、书籍、文件、传感器……

6.3.2　知识获取方法

知识获取是把用于问题求解的领域知识从某些知识源提炼出来,转化为计算机内部的表示方式存入知识库的过程。潜在的知识源包括领域专家、书本、数据库、专门操作人员以及普通工人的经验等。知识获取需要做以下工作:从知识源抽取知识,转换知识的表示形式,知识输入(即把知识经编辑、编译导入知识库),知识检测。在完成这些工作,并为系统建立了健全完善的知识库后,方可满足求解问题的需要。[34]从不同角度出发,知识获取方法有不同的分类,下面是几种常见的分类方法:

(1) 按照知识系统本身在知识获取中的作用,可以将知识获取分为主动式和被动式两大类。主动式知识获取,也称为知识的直接获取,是指知识处理系统根据领域专家的数据与资料,利用诸如归纳程序之类的软件工具直接自动获取或产生知识,并导入知识库中。被动式知识获取,也称为知识的间接获取,是指间接通过中间人并采用知识编辑器之类的工具,把知识传授给知识处理系统。

(2) 按知识获取的自动化程度,可以将知识获取分为人工型知识获取、半自动型知识获取和自动型知识获取 3 种。

（3）按知识获取的策略或机理，可以将知识获取分为死记硬背式知识获取，条件反射式知识获取，类比学习，教学式（或传授式）知识获取，指点传授学习与演绎式知识获取，归纳式知识获取，解释式知识获取，反馈修正式知识获取，类比和联想式知识获取，外延式知识获取等。[22]

1. 人工型知识获取

人工型知识获取将知识获取分两步进行：首先由知识工程师从领域专家或有关技术文献处获取知识，然后再用某种知识编辑软件将知识输入知识库。其工作方式如图 6-9 所示。

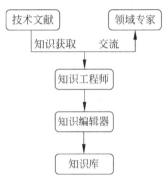

图 6-9　人工知识获取方式

专家系统建造过程中人工模式是较为普遍的一种知识获取方式。在该模式中，知识工程师的作用至关重要。通常领域专家不熟悉知识处理方式，难以按专家系统的要求抽取并表示自己所掌握的知识；而专家系统的设计及建造者虽然熟悉系统的知识处理方式，但不掌握专家知识。因此需要知识工程师作为中介桥梁，既能从领域专家或有关文献中获得专家系统所需要的知识，又熟悉知识处理方式，能把获得的知识用合适的知识表示模式或语言进行表达。实际上，知识工程师的工作多数都由专家系统的设计及建造者担任，其主要任务包括：与领域专家进行交谈，阅读有关文献，获取专家系统所需要的原始知识；对获得的原始知识进行分析、整理、归纳，形成用自然语言表述的知识条款，并交领域专家审查；用知识表示语言表示出多次交流后确定的知识，并用知识编辑器进行编辑输入。

知识编辑器其实是一种用于知识编辑和输入的软件，通常是在建造专家系统时根据实际需要编制。一般来说，其主要功能包括：把用某种模式或语言表示的知识转换成计算机可识别的内部形式，并输入到知识库中；检测知识输入中的语法错误，并报告错误的性质与位置，以便知识工程师修正；检测知识的一致性等，报告产生错误的原因及位置，以便知识工程师咨询领域专家意见进行修正。

例如，专家系统 MYCIN 对人工知识获取方法的研究也起到了重要作用。MYCIN 用产生式作为表示知识的模式，并用 LISP 语言表示每条规则，其知识获取通过以下几步完成：①知识工程师通过交互方式向专家系统输入规则的前提条件、结论以及规则强度；②系统将其翻译为 LISP 语言的表示形式，再用英语进行描述，以供知识工程师或领域专家检查正确与否；③若存在错误，则由知识工程师与领域专家协商修改，再重复以上工作，直到正确为止；④对于新规则，则与知识库中已有规则进行一致性检查，如发现不一致，及时报告请知识工程师及领域专家修正；⑤将正确的规则输入知识库。至此，以上规则的输入已经完成，若还有其他规则，则重复循环上述过程。[22]

2. 半自动知识获取

半自动获取方式介于人工型获取方式和自动获取方式之间，是指利用某种专门的知识获取系统（如知识编辑软件），采取提示、指导或问答的方式，帮助专家提取、归纳有关知识，并自动记入知识库中。表 6-1 概括了获取知识的一些技术。[22]

表 6-1 从领域专家抽取知识的技术[22]

方　　法	描　　述
现场观察	观察专家如何解决工作中的实际问题
问题讨论	探索解决特定问题所需的数据、知识及过程类型
问题描述	请专家为领域中的每类答案描述出其问题原型
问题分析	给专家一系列实际问题去求解，探求专家推理的每一步基本原理
问题精华	请专家给出一系列问题，然后使用从访问中获取的规则进行解答
系统检查	请专家检查和评价原型系统的规则和控制结构
系统验证	把专家和原型系统所解答的问题交给其他领域的专家加以验证

3. 自动知识获取

自动知识获取是指系统自身具有获取知识的能力，它不仅可以直接与领域专家进行对话，从专家提供的原始信息中"学习"到专家系统所需要的知识，而且还能从系统自身的运行实践中总结、归纳出新的知识，并发现知识中可能存在的错误，实现不断地自我完善，建立起性能优良的知识库。其工作方式如图 6-10 所示。

自动知识获取至少应具备识别语言、文字、图像的能力。专家系统中的知识主要来源于领域专家以及有关的文献资料、图像等，为了实现知识的自动获取，需要系统能与领域专家直接对话，能阅读相关的文献资料，因此系统应具有识别语音、文字及图像的能力，以直接获得专家系统所需的原始知识，为知识库的建立奠定基础。自动知识获取也应具有理解、分析、归纳的能力。领域专家所提供的知识通常适用于处理具体问题，但不能直接输入知识库，因此需要进行分析、归纳、提炼、综合，从中抽取出专家系统所需要的知识后，才能输入知识库。在人工知识获取中，

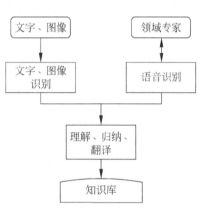

图 6-10 自动知识获取方式

这一工作是由知识工程师完成的，而在自动知识获取中，则由系统取代了相应工作。自动知识获取具有从运行实践中学习的能力，在知识库初步建成投入使用后，随着应用的深入，知识库的不完备性就会逐渐显现。此时知识的自动获取系统应能从运行实践中不断学习，总结经验教训，产生新的知识，纠正可能存在的错误，实现知识库的自我完善。[22]

1) 机器学习

机器学习是知识系统利用各种学习方法来获取知识，是一种高级的、全自动化的知识获取方法。机器学习具有从实践中学习的能力，能不断进行知识库的积累、修改和扩充。所谓机器学习，就是计算机能模拟人的学习行为，自动地通过学习获取知识和技能，不断改善性能，实现自我完善。它主要围绕学习机理研究、学习方法研究和面向任务研究三个方面进行。

将机器学习系统按学习能力分类，是自适应学习系统的传统分类方法。学习能力的主要标志在于对外界监督指导或教师的依赖程度，它把学习系统分为四类：一是有监督的学习系统（示教式学习系统），需要人作为教师，进行示教、监督和训练，在学习结束后才能投入

工作,也称为"离线"学习系统;二是无监督的学习系统(自学式学习系统),不需要人监督或示教,机器本身在运行过程中自动获取知识,用评价标准代替人为监督环节,或称"在线"学习系统;三是半监督式学习系统,可以处理部分标记的训练数据,通常是大量未标记数据和少量的标记数据;四是强化学习的学习系统,能够观察环境,做出选择,执行操作,并获得回报(reward),或以负面回报的形式获得惩罚。该算法必须自行学习最好的策略(policy),从而随着时间推移获得最大的回报,策略代表智能体在特定情况下应该选择的操作。

机器学习系统是根据人工智能的学习原理与方法,应用知识表达、知识存储、知识推理等技术,设计具有知识获取功能,并能逐步改善其性能的系统,又称为人工智能学习系统。机器学习系统可以采取示教式或自学式,进行离线或在线学习。在学习过程中可采用强记、指导、示例、类比等各种方法,进行奖惩式、演绎式、归纳式、联想式学习,并根据所采用的学习方法设计系统的学习环节。为了能够获取知识、改善性能,机器学习系统要求知识库具有增加、删除、修改、更新的功能。而在示例式学习系统中,还需要有相应的人机接口,以便机器向示教者学习,获取知识信息。

学习系统的具体结构往往因具体任务的不同而有所不同,但是可以根据学习的一般特征提出一个统一的模式作为一般结构,如图 6-11 所示。

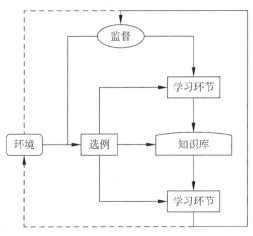

图 6-11　学习系统的一般结构

图中包含环境与知识库两个主要部分,两者分别代表外界信息来源与知识(信息学习成果),它们通过工作环节与学习环节相互作用,而这两个环节分别对知识信息与外界信息进行处理。环境、知识库、学习环节与工作环节构成了学习系统必要的组成部分。在工作环节与学习环节之间必须有反馈,这是学习系统的重要特征。此外还有两个重要而非必需的信息处理环节,即简单环节与选例环节,这两个环节的工作通常是由人作为教师或教练员来完成的。[22]

2) 基于案例的推理(学习)

基于案例推理的学习作为一种认知模式,在认知过程中强调具体的、已有的经验对个人学习的重要性,在支持学习的方法上与建构主义的学习理论其实是一致的。基于案例推理的学习支持系统主要是通过为学习者提供经过教师和专家编排整理的案例资源,帮助学习者创造并记录新的案例,其中好的案例又可供其他的学习者学习,促进学习者的反思、讨论、不断尝试,从而完全理解学习的内容。[35]

　　案例推理(case-based reasoning,CBR),也称为基于案例的推理,是一种类比推理,它关注如何根据以往的经验来做出推理。具体来说,是在面临一个新问题的时候,依靠以前曾处理过的老问题的经验来对眼前的问题做出反应。案例推理中的"案例"通常指的是一个问题情境,简单地理解,就是指过去遇到过的问题及对该问题的处理情况。CBR 是一种朴素又自然的推理方式,其主要特点是通过使用已有的经验来解决新的问题,更多地用于结构不良的领域中。结构不良领域的特点是概念的复杂性、实例的不规则性、情景的变化性、多种表征之间的相互关联性。事实上,CBR 是在结构不良领域中占有重要地位的推理方式。[35]

　　CBR 是伴随着认知心理学研究而发展起来的一种技术,它模拟了人类认知新事物的过程,利用了过往的经验知识来解决新的问题,从而避免了基于规则推理系统在知识获取上的瓶颈问题。与基于规则的专家系统相比,CBR 的推理机制模仿人的思维方式,直接利用过去的经验和知识,而不必从头做起。与专家系统复杂的推理过程相比,CBR 的推理过程容易实现,且可以节省时间。与基于规则的专家系统相比,CBR 中的知识主要是过去解决类似问题的处理方法和经验,不需要对所用知识建立模型或规则,因此避免了专家系统中获取知识的瓶颈问题,且专家系统对知识表述规则化困难,开发周期较长。CBR 采用增量学习方式,是一个不断学习的过程。随着系统的运行,案例库的规模在不断增长,新的案例会被存储进案例库中,以作为未来决策的可用经验。CBR 系统基于类比推理,可通过获取新案例来学习不同领域的新知识,问题求解的范围得以扩大,尤其适用于形式化未完全、信息数据不完整或经验占主导地位的领域。由于 CBR 系统提供给用户的解答是先前具体的案例,因此其结果更易于被用户理解和接受。

　　CBR 是一种有别于基于规则的推理,利用过去成功或失败的案例进行相似检索推理的过程。在 CBR 的推理过程模型中,被广泛接受的是由 Aamodt 和 Plaza 提出的 4R 循环:Retrieve(提取)、Reuse(重用)、Revise(改编)、Retain(保存)。

　　目前,关于 CBR 的研究得到了广泛的关注与认可。然而在 CBR 模型的发展过程中仍然存在一些不足:CBR 的 4R 模型在认知机理上的孤立性限制了其智能水平的提高;CBR 的懒惰学习机制决定了其创造性思维能力不强;缺乏一套系统化的理论和方法来建立 CBR 的动态学习模型。目前,上述问题限制了 CBR 求解质量和推理性能的提高。因此,对 CBR 开展进一步分析研究十分必要。[36]

　　案例库是用来存储过去案例的存储空间,案例以一定的存储方式存储在案例库中,这种存储方式必须包含案例的主要因素、环境条件及案例的基本特征与主要参数值。但是案例的表现形式没有统一的格式与方法,它主要根据具体问题类型来分析确定。CBR 的典型过程是:首先按照一定的方式向系统描述问题案例;其次从案例库中检索出与当前问题相似度最高的案例,若该案例与当前案例完全匹配,则输出该案例的解决方案,否则修正该解决方案,形成当前问题的求解;最后对当前案例的求解进行评价,并将新的案例添加到案例库中,为以后问题的求解所使用。[37]

　　3)数据挖掘

　　知识发现(knowledge discovery in database,KDD)被认为是从数据中发现有用知识的整个过程。数据挖掘被认为是 KDD 过程中的一个特定步骤,它是用专门算法从数据中抽取的模式(pattern)。KDD 的完整定义为(Favvad、Piatetsky-Shapiror 和 Smyth,1996):从数据集中识别出有效的、新颖的、潜在有用的,以及最终可被人理解的模式的高级处理过程。其中,"数据集"是事实 F(数据库元组)的集合;"模式"是用语言 L 表示的表达式 E,它所描述的数据是集合 F 的一个子集 F_E,它比枚举所有 F_E 中的元素更简单;"有效的、新颖的、潜在有用的,以及最终可被人理解"是指发现的模式有一定的可信度,应该是新的,将来有实用价值,能被用户所理解。KDD 过程如图 6-12 所示。

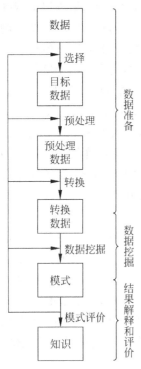

图 6-12　KDD 过程图

KDD 的过程可以概括为 3 个部分,即数据准备(data preparation)、数据挖掘(data mining)及结果解释和评价(interpretation & evaluation)。其中,数据准备又可分为 3 个子步骤:数据选择(data selection)、数据预处理(data preprocessing)和数据转换(data transformation)。数据选择的目的是确定发现任务的操作对象,即目标数据(target data),它是根据用户的需要从原始数据库中选取的一组数据。数据预处理一般包括消除噪声、推导计算缺值数据、消除重复记录等。数据转换的主要目的是完成数据类型转换。例如,把连续型数据转换为离散型数据,以便于符号归纳;或是把离散型数据转换为连续型数据,以便于神经网络计算,即从初始属性中找出真正有用的属性,以减少数据挖掘时要考虑的属性个数。[2]

数据挖掘的对象主要是关系数据库、数据仓库,这是典型的结构化数据。随着技术的发展,数据挖掘对象逐步扩大到半结构化或非结构化数据,包括文本数据、多媒体数据以及 Web 数据等。[22] 数据挖掘阶段首先要确定挖掘的人物或目的,如数据分类、聚类、关联规则发现或序列模式发现等。确定了挖掘任务后,需要确定挖掘算法的种类。选择实现算法需要考虑两个因素:一是根据数据的不同特点,使用与之相关的算法来挖掘;二是要考虑用户或实际运行系统的要求,有些用户可能希望获取描述型的(descriptive)、容易理解的知识(采用规则表示的挖掘方法显然要好于神经网络之类的方法),而另有些用户希望获取预测准确度尽可能高的预测型(predictive)知识。选择了挖掘算法后,就可以实施数据挖掘操作,以获取有用的模式。

节点及关联(自动知识获取)

机器学习:监督学习,无监督学习,半监督学习,强化学习……

基于案例的推理(学习):基于案例的推理,基于规则的推理,案例库……

数据挖掘:知识发现,数据准备,数据挖掘,结果解释和评价,关系数据库,数据仓库,半结构化或非结构化数据

6.3.3　知识获取的流程

知识获取的主要步骤包括识别、概念化、形式化、实现和测试 5 个阶段。①识别阶段:在该阶段,知识获取是领域专家和知识工程师合作的过程,专家把知识通过容易接受的方式

教给知识工程师。知识主要是针对解决实际问题而言的,知识工程师和领域专家需要密切配合以定义要解决的问题。②概念化阶段:专家对问题的原始性描述、解决问题方式的解释以及对问题求解的推理,在经过几次重复的说明后,与知识工程师达成共识,得到对问题的确切描述。③形式化阶段:专家和知识工程师必须从各种途径获得建立知识系统所需的知识。对专家来说,这主要包括以往解决问题的经验、书本上的知识及一些应用实例。④实现阶段:对于知识工程师而言,主要包括解决类似问题的经验和建立知识系统所需的有关方法、表达及工具。⑤测试阶段:该阶段用若干实例来测试知识系统,以确定知识库和推理结构中的不足之处。通常造成错误的原因在于输入/输出特性、推理规则、控制策略或考核案例等方面。其中,输入/输出特性错误主要反映在数据获取和结论输出方面对用户来说问题可能很难理解、不明确或表达不清、对话功能不完善等。推理规则错误最主要的地方在于推理规则集,规则可能不正确、不一致、不完全或者遗漏。控制策略问题主要表现在搜索方式及时间效果上,如搜索顺序不当等。考核案例的不当也会造成失误,例如,某些问题超出了知识库知识的范围等。测试中发现的错误需要进行修改,包括概念的重新形式化、表达方式的重新设计、调整规则及其控制结构等,直到获得期望结果。[2]

6.3.4　知识储存与管理

1. 知识库系统及其组成

知识库系统是指能利用人类所掌握的各种现有知识进行推理、联想、学习和问题求解的智能计算机信息系统。知识库系统操纵和管理的对象是知识。在人工智能领域里,将数据表示为特定实例(事实)信息,知识表示为一般(抽象)概念信息。因此知识库除数据外,更包含处于高层次的抽象信息,它是表示规则、经验的信息。

知识库是知识的集合,它包含了知识和它的存储场所。存储知识的场所有两种含义:一是逻辑含义,即知识的逻辑结构或称为知识的模式;二是物理结构,指存储知识的计算机硬件。知识库中的知识由概念、事实和规则组成,其中概念与事实相当于(关系)数据库中的数据。例如,在工厂员工管理系统的数据库表中,工号、姓名、年龄、车间名称等表示属性值,也就是概念,而员工记录(系别、姓名、年龄)为元组建立了"车间名称""姓名""年龄"之间的联系即事实。关系数据库的数据包括属性值与元组,属性值表示概念,元组表示事实。由于概念一般都包括在事实中间,认为事实包括了概念,因此实际中知识库应包括事实与规则两部分。知识库拥有大量的知识,包括大量的事实性知识和大量的规则性知识,其中规则分为用于逻辑推演的演绎性规则和用于对事实做检验的完整性约束规则两类。

知识库系统包括信息、软件、硬件及相关人员,有时也简称为知识库。知识库系统储存着大量的知识信息,存储知识的场所即为知识库。知识库系统的软件包括以下内容:

(1) 知识库管理系统,是知识库系统的主要软件,用来定义、获取、操纵及控制知识库中的知识;

(2) 知识库开发环境及工具,有的知识库系统还提供用于开发知识库应用的软件工具和环境,方便用户应用,加快开发进程;

(3) 服务性程序,是为帮助用户能够更好地使用知识库提供的一些实用化程序,如系统开发指南、系统开发实例、系统故障分析等;

(4) 其他软件,包括为方便扩展系统功能而提供知识库系统的宿主语言,以及提供计算功能、控制功能等方面的软件。

硬件是知识库系统的基本物质基础。由于知识库系统所含知识量大、软件庞大，要求系统的 CPU 主频速度高、内存容量大。硬盘是知识库系统软件和知识的驻留场所，要求容量大，通道传输速率高。针对外部设备而言，除要求配置良好的计算机主机外，还要有较为先进的外部设备，如语音、图像的输入/输出设备等，以便进行人机交互的工作。由于知识库系统是一个人机合作的系统，目前大量的工作还需要由有一定专业知识的工程师来完成。

2. 知识库系统的构建

1）知识库的构建原则

知识库构建可以以属性为基础，其特点是便于形成知识节点与数据子类的对应关系，从而为定向知识发现奠定基础。同样，知识库也可根据逻辑结构构建，在相应的论域内，以属性为基础将规则库类化为若干规则子库，每一规则子库与知识发现数据库相对应。此外，知识库系统还可依据物理结构构建。①总知识库的结构：总知识库存储各个知识子库的信息，包括知识子库 ID、知识子库名称、知识子库语言命令个数、规则数量、对应的数据字典、对应的挖掘数据库名称等。②知识子库的结构：从知识库所管理对象及要实现的功能分析，最直观的想法是建立一个反映知识节点间关系的二维数组，它的第一维是组成规则的全部知识节点，第二维是组成规则的全部知识终节点，二维数组的每一个元素都包含相应规则的信息，如关联规则可以包括支持度（support，SUP）、可信度（con fidence，CF）、充分性因子（likelihood of sufficiency，LS）等。

2）知识库存储方式的选择

构建知识库要解决的关键问题是知识的存储，存储方式将直接影响知识库的管理与推理。为了满足数据库与知识库的协同，最简单的方法是知识库也用数据库的方式来存储。下面具体分析几种数据库技术的优缺点，来帮助选择合适的存储方式。

（1）利用程序代码创建自己的数据库：通过利用数据结构（元数据）来创建数据库，一般需要把元数据嵌入源代码中，必须编写一些代码，从而将对象存储和检索到每一个需要进行永久化的类中。

（2）OLE（object linking and embedding）结构存储：OLE 结构存储是一种存储层次结构，使磁盘以及其他存储介质以上的文件能够一层一层地分解为小的存储结构或流，这些存储结构或流可以保存在单一的磁盘文件中。

（3）记录管理程序（Btrieve）：市场上的记录管理程序可以简化应用程序的存储工作，它在应用程序以及数据文件之间提供了一个隔离层。换句话说，应用程序并不直接操作数据文件，应用程序与 Btrieve 对话，Btrieve 再与数据文件对话。

（4）桌面数据库（FoxPro 与 Access）：它是一类数据库软件，可提供标准数据库管理系统（database management system，DBMS）功能，例如数据定义、查询、安全以及维护等。桌面数据库是专门为在个人计算机上运行而设计的。

（5）关系数据库服务器（Oracle 与 SQLServer）：它在某些方面与桌面数据库类似。元数据库服务器有自己的编辑语言、解释程序和数据类型，也集成数据和元数据。

（6）对象数据库：最原始的数据库技术应用仅仅是在数据文件中存储初始数据（比特和字节），不存储元数据。桌面和关系数据库则一起存储数据和元数据，使得数据文件为可自解释型的。对象数据库则更进一步,它在数据文件中存储数据以及对该数据进行操作的代码。市场上销售的一些对象数据库提供了很多功能,但对象数据库技术还不是一种比较完善的数据库技术。

3. 知识库的组织与管理

知识库的质量直接关系到整个系统的性能和效率,因此知识库涉及知识的组织与知识的管理。知识的组织决定了知识库的结构;知识的管理包括知识库的建立、删除、重组及维护,知识的录入、查询、更新、优化等,以及知识的完整性、一致性、冗余性检查和安全保护等方面的工作。

1) 知识库的组织

当把获取的知识送入知识库的时候,面临的主要问题是如何物理地安排这些知识,并建立起逻辑上的联系,这一工作称为知识的组织。知识的组织方式一方面依赖于知识的表示模式,另一方面也与计算机系统提供的软件环境有关,在系统软件比较丰富的计算机系统中,可有较大的选择余地。原则上可用于数据组织的方法都可以用于对知识的组织,例如顺序文件、索引文件、散列文件等。但究竟选择哪种组织方式,要视知识的逻辑表示形式以及对知识的使用方式而定。一般来说,在确定知识的组织方式时应遵守相对的独立性,在进行知识推理时,应能保证这一要求的实现,不会因为知识的变化而对推理机产生影响。在推理过程中,对知识库进行搜索是一项高频工作,而组织方式又与搜索直接相关,它直接影响到系统效率。因此,在确定知识的组织方式时,要充分考虑到将来要采用的搜索策略,使两者能够密切配合,以提高搜索的速度。

知识库建成后,对它的维护与管理是一项经常性的工作。知识的组织方式应便于检测知识中可能存在的冗余、不一致、不完整之类的错误;便于向知识库增加新的知识、删除错误知识以及对知识进行修改。知识通常都是以文件形式存储在外部存储介质上的,只有当用到时才输入到内存中来。因此知识在使用过程中需要频繁地进行内、外交换,知识的组织方式应便于这种交换,以提高系统运行的效率。把多种表示模式有机地结合起来是知识表示中常用的方法。知识的组织方式应能对这种多模式表示的知识实现存储,从而便于对知识的利用。知识库一般需要占用较大的存储空间,其规模一方面取决于知识的数量,另一方面也与知识的组织方式有关。因此,在确定知识的组织方式时,存储空间的利用问题也应作为考虑的一个因素,在存储空间比较紧张的情况下更应如此。

2) 知识库的管理

知识库的管理是指在系统投入运行后,且知识库已经初步完成的情况下而进行的组织、管理与维护的活动。知识库运行较长时间后,由于知识的不断增加、删除和修改使知识的物理组织受损,从而影响了知识库的存储空间、运行效率和存取效率,如知识库应用环境发生变化、知识的观点发生变化、增加了新的应用、知识有较大的增减、知识表示模式不恰当、知识库的组织方式不恰当等。为了改变这种状态,就需要对知识库重新组织,即修改知识表示模式并重新组织原始知识库的知识,以适应新的结构和变化。

对知识库的增、删、改将使知识库的内容发生变化,如果将其变化情况及知识的使用情况记录下来,将有利于评价知识的性能、改善知识库的组织结构,达到提高系统效率的目的。为了记录知识库的发展变化情况,需要建立知识库发展史库。[22]

> **节点及关联**
>
> 知识库系统：知识，知识库，数据库，数据仓库，计算机信息系统，计算机硬件系统……

6.4　智能制造中的知识工程

制造业是国民经济的主体，是立国之本、兴国之器、强国之基。习近平总书记在党的十九大报告中号召"加快建设制造强国，加快发展先进制造业"。他指出："要以智能制造为主攻方向，推动产业技术变革和优化升级，推动制造业产业模式和企业形态根本性转变，以'鼎新'带动'革故'，以增量带动存量，促进我国产业迈向全球价值链中高端。"

智能制造涵盖制造业数字化、网络化、智能化，是我国制造业创新发展的重要抓手，也是我国制造业转型升级的主要路径。21 世纪以来，以互联网、云计算、大数据等为代表的新一代信息技术飞速发展，并且集中体现在新一轮科技革命的核心技术——新一代人工智能技术的战略性突破。新一代人工智能技术与先进制造技术的深度融合而形成的新一代智能制造技术，是新一轮工业革命的核心驱动力。新一代智能制造的突破和广泛应用将重塑制造业的技术体系、生产模式、产业形态，实现第四次工业革命。新一轮科技革命和产业变革正与我国加快转变经济发展方式形成历史性交汇，其中智能制造是一个关键的交汇点。中国制造业要抓住这个历史机遇，创新引领高质量发展，实现向世界产业链中高端的跨越发展。

当前，正是我们的党和国家大力倡导"创新"的关键时刻，最为迫切需要的是实现创新的方法，而知识工程为全国所有企事业单位实施创新提供了具体有效的方法和途径。知识工程要解决的就是两大问题：一是对历史知识的积累、传承和重用；二是实施基于知识的创新。

6.4.1　数字员工

数字员工是人力资源积累与成长过程中必然出现的一个特定的分支群体。从以蒸汽机为代表的第一次工业革命开始到开启智能化时代的"工业 4.0"，每次工业革命都释放了社会生产力的潜能，固有的生产和经营方式被打破，生产效率得以提升；每次工业革命的重大变革都出现了新的动能、新生事物。在第一次工业革命中，大量的机器取代了手工，同时催生了大量职业分化的专业工人，社会发展更加迅猛。智能化时代的"工业 4.0"时代出现的数字员工也遵循了这一客观规律与历史的发展轨迹。因为数字员工最大的效能与效用就是提升单人的能量输出、大规模地替代人力。在奔赴中国特色的社会主义现代化建设伟大事业征途中，数字员工会渗入诸多行业中成长并被选用，并可能会取代大量低端人才，为更多的高端的复合型人才提供长远的发展方向和宽阔的就业场景，拓展人力资源成长的思维空间，多样化和优化的人才配置中数字员工的占比会飙升，助力实现中华民族伟大复兴和社会经济高质量的发展提速加码。

1. 石油企业的数字员工

数字员工管理平台在石油企业信息化建设中有着重要的意义，其关键目标是企业管理运转的全面信息化，关键手段是通过新的并且可靠的技术来实现一个管理平台系统，将石油企业的员工用信息化的手段有机地连接起来。数字员工管理平台旨在井场监控系统的支撑下，快速、实时、准确地获取各种生产数据，将所得数据进行加工、存储、分析、统计，并且利用图表化的方式将数据直观地展示给石油企业员工，使得员工可以足不出户地查看远在千里之外的生产设备的数据信息，大大提高了企业员工的工作效率，节约了人力成本，提高了异常情况的处理速度。同时，数字员工管理平台整合石油企业流程、员工交流等原有的线下的与企业运转相关的业务行为，更新原有的工作、交流模式，不仅可以提高运转效率，还能大大减少人力、物力的成本，极大提高生产、办公和学习的效率。

数字员工管理平台是连接持有不同终端(包括移动终端和 Web 终端)企业员工的平台，为其提供办公、交流等服务。平台在满足普通员工工作的同时，还需要企业管理者对员工的工作任务、考核等方面进行管理，平台管理者对平台的内容、人事变动进行有效管理。所以，该平台将使用者的角色分为企业管理者、平台管理者和技术人员，并为其提供不同的操作权限。在功能方面，为了满足 PC 终端的用户能够观察到井区设备的数据，平台需提供油水井数据的图表展示；为了提高任务派发的效率，减少出错概率，平台需提供工单派发、接收、反馈的功能；为了减少员工获取新闻等内容的时间，平台也需具有提供新闻、公告的功能；同时，为了方便员工考核和成绩查询，平台需具有员工考核和成绩查询的功能；平台管理者需要对平台账号进行管理，方便新人快速地进入并使用平台。该平台的功能如图 6-13 所示。

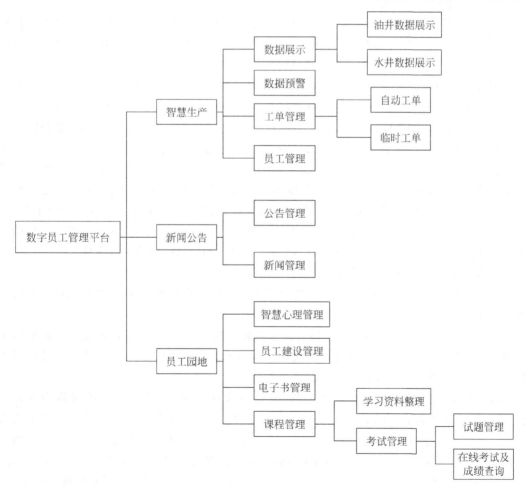

图 6-13　数字员工功能模块图

平台网络拓扑如图 6-13 所示。平台包含一个应用服务器、一个数据库服务器和一个数据库备份服务器,移动终端和 Web 终端均可通过网络对应用服务器进行访问。应用服务器提供生产、办公、学习等方面的服务,数据库服务器和数据库备份服务器存储各个功能模块的数据。

2. 银行的数字员工

1)产生背景

2019 年 8 月,中国人民银行首次发布全国性的《金融科技(FinTech)发展规划(2019—2021 年)》,要求深入了解新一代人工智能的基本特点,全方位掌握人工智能的运行业态,综合运用各种渠道的数据资源、不同的算法模型等人工智能核心资产,积极引导人工智能技术在金融业务发展中深度融合。要根据不同经营场景、金融业务质态持续创新、改进智能金融服务和产品,主动开发相对成熟的人工智能技术在精准营销、服务客户、融资授信、管理资产、识别身份、风险控制等业务单元的应用路径和做法,设计集合全流程、全过程的智能金融服务模式,充分展示金融服务中的个性、主动以及智慧化的愿景,力促数据驱动、跨界融合、人机协同、共创分享的智能经济一路前行。这既是人工智能近期的愿景描绘,也是作为人工智能一员的数字员工的发展未来的趋势性展望,同时提供了数字员工生存与发展的政策备书。

2)数字银行员工的概念

数字银行员工是相对于自然人员工而言的,实质上是模仿自然人的机器人,承接了自然人本应从事的工作,与自然人一起共同合成一个单位的人力资源整体。数字银行员工有两种存在形式:一是计算机中自动运转的软件机器人,二是具有实物形态的服务型机器人。数字银行员工与传统意义上的信息系统是有较大差别的,它已经不是纯物资形态的屏幕、设备或逻辑程序,而是可以有很强的自我学习能力,能不断成长的具有自然人的一些特征,甚至有温度情感表现的载体,由传统意义上的自然人工作的简单工具上升为大数据时代、智能时代人类经营管理的助手、帮手,甚至是一些方面可以独立完成工作目标任务的主管。数字银行员工是商业银行人力资源的一个组成部分,与自然人员工一起构成了生产力中最活跃的组成部分,是不断推进商业银行改革、业务流程优化的最重要的驱动力量之一。数字银行员工本质上是深度结合了实际业务需求与自动化技术、人工智能技术的软件与硬件的集成;是机器人流程自动化技术、识别语音、机器学习、处理自然语言技术、认知计算等人工智能业务与技术高度融合且具有复杂结构与一定的逻辑思维和计算能力等的复合体。

3)数字银行员工的发展阶段

数字银行员工伴随着人工智能、大数据等新一代信息技术的发展而发展,其成长经历大致可分为 3 个阶段:

(1)简单模仿阶段(2018 年以前)。这一阶段的特征是数字员工通常表现为简单的服务型实体机器人,模仿人的行为、语音,执行简单的脚本、宏命令、接口工具,能够完成业务中的部分工作,替银行业务人员分摊一定的工作量。

(2)流程自动化阶段(2018—2020 年)。这一阶段的特征是数字员工既可以由业务人员主导,配合业务人员完成工作,也能够自主完成整个流程,实现全流程自动化。协助式或完全自主式的数字员工,可以根据企业的需求去进行引入和配置,这时数字员工已经开始引入如光学字符识别(optical character recognition,OCR)、自然语言处理(natural language processing,NLP)、计算机视觉(computer vision,CV)、机器学习等人工智能的前沿技术,完成许多复杂的场景。

（3）认知决策自动化阶段（2021年起），这一阶段的特征是伴随着快速发展的人工智能技术，数字员工将认知、决策等技能融合到自身中，不仅提高了自身的"员工素养"，在未来更多复杂、非规则性的场景同样可以应对自如。

无论是将数字员工作为业务人员的更加"聪明"的助手，去帮助业务人员提高自身的能量输出，还是用数字员工大规模替代人工提高生产力，数字银行员工必将成为金融机构发展的重要力量。

4）数字与自然人银行员工的优劣比较

数字银行员工的工作必然是高效的。以目前社会中最常见的数字员工——流程自动化机器人为例，一个流程自动化机器人可以实现 $7 \times 24h$ 的全天候无休工作，且始终能保持高质量、高速度的工作处理状态；数字员工脑存储的信息量十分巨大，且有自我学习能力，对各种数据能够精准、快速计算。能够替代人工处理大量重复、规则性事务，将人力资源解放出来投入到更高附加价值的工作中去。

数字银行员工具有很强大的非人力所能具有的能力。机器学习技术为数字银行员工提供了"大脑"，能让数字员工在处理复杂、不规则的业务中不断学习，提高自身的能力和适用性；OCR、CV、人脸识别等计算机视觉技术则为数字员工提供了"眼睛"，配合大脑能够将非结构数据结构化；NLP自然语言处理技术则能够将数字员工的大脑、眼睛串联起来进行认知计算，实现跟人类更加高效、准确地沟通；语音识别技术则为数字员工装上了"耳朵"，能够通过更加便捷的语音交互方式提供服务，提高沟通效率；机器人流程自动化则是数字员工的"双手"，帮助机器人执行决策，保证数据操作的零失误率，是数字银行员工稳定工作的有效保障；数据分析、数据自动化等技术则为数字员工提供了向前走的"双腿"，能够在不断积累下来的数据中不断发展优化自身的同时，为企业在确定或实现发展战略规划目标中提供强大的数据支撑。数字员工的能力有着良好的拓展性和极佳的发展潜力。

数字银行员工的工作必然是可控、易监督管理的，不存在沟通上的障碍。因为数字银行员工的本质是"软件"，因此可以在引入数字银行员工时对需要监管、设控的环节进行跟踪追溯。数字银行员工主要根据自然人设计而运行，在运行过程中完全按照运行规则形成结果，数字银行员工比普通银行业务人员有着更高的实时反馈能力。数字员工不需要花费招聘与人力成本，仅需要开发成本和有限的硬件采购成本，一次投入即可长期使用。商业银行发展初期引入的数字员工，往往都是为了解决企业当前的痛点，因此会有极好的绩效数据，这个阶段的绩效分析往往直观地以业务人员的绩效作为比对。此外，数字员工还可以适应商业银行全流程岗位，是多面手员工。

5）数字员工在商业银行各部门的场景分析

在实践工作中，商业银行可以先从业务部门的实际痛点入手，选取合适的场景，采用数字员工衔接系统断点，通过人机协作模式进行有效调度，实现业务前、中、后台一体化。具体来讲，数字员工可以在下列工作岗位承担任务：在商业银行的运营管理部门引入账户管理数字员工，实时对接工信、网信、公安、监管部门，实现结算账户的事前、事中、事后全生命周期管理。数字银行员工前期可以实时对客户进行远程身份核验，完善信用调查，降低授信风险；中期帮助业务人员精确录入贷款信息，对接风控、监管系统；后期可以帮助或替代客户经理完成贷后管理流程，设计出完整的授信业务综合解决方案。数字银行员工可全天候在支付系统、银联、外管局等各系统间，实时进行对账、清算等工作，在提高数据准确性和效率的同时，也可以提升用户满意度。数字银行员工在总账管理、税务申报、财务审计等业务中已有大量成熟的应用案例。例如，德勤的"小勤人"在增值税发票管理业务中，只需要 3～4h，便能完成一个财务人一天的工作；南京迪普思的财税数字员工，活跃在多家银行的财税岗位上，帮助财务人员将精力从烦琐的工作中释放出来，投入到沟通和分析工作中去。从苏格兰皇家银行的数字银行"Cora"，到各个银行推崇的"智能客服"，数字员工丰富了银行的客服服务场景，从过去的线下服务、电话客服、视频客服迈向一体化的智能客服，大幅缩短了响应时间，节省了大量客服成本的同时，也为客户带去了极佳的用户体验。[42]

3. 其他行业中的数字员工

IBM 与新西兰灵魂机器公司共同研发的数字员工基于 IBM Watson 的知识系统，能够自主学习，还能用自然语言与人交流和互动，对语义的理解准确度高达 95%。该数字员工的知识系统由虚拟神经系统构成，可广泛应用于汽车销售服务业、工业软件销售业、金融顾问等。当客户需要选购汽车时，以 Watson 为基础的知识系统会计算性价比，挑选满足需求的套件，还可根据购买者的财务状况，协助决定是购买或是租赁，并打造量身的租赁方案。当客户需要采购工业设计软件时，该数字员工可扮演总部在美国旧金山的巨头级工业软件 Autodesk 公司的客服，甚至还可以拓展业务至更多岗位，如软件工程师。当客户需要办理金融业务时，该数字员工可扮演苏格兰皇家银行一位数字银行家，不仅能够识别出客户的外貌，还能叫出客户的姓名，了解顾客的个性和喜好，能记住上次与顾客的对话，比真人客户代表更加亲切而熟悉，成为顾客全心信赖的银行顾问。

数字员工是大数据时代人类的最佳助手，数字员工的主要技术包括自适应机器人技术、机器学习系统、自然语言处理技术、情绪识别、预测性分析和增强智能等。数字员工具有海量精准记忆，能够高效、低失误率地处理海量数据和复杂的问题。在与人的沟通中，一名优秀的人类客服员工会有 20% 左右的语义内容丢失，但数字员工的语义捕捉率可高达 95%。在商业决策中，数字员工具有更宽广的视野和更深厚的知识储备，一切基于数据，摒除了偏见。

物流快递业也加大了引进数字员工的步伐。日本的快递公司通过引入数字员工，成功应对了财务结算高峰期的困境，每年可为公司节省 300 万元。众所周知，物流行业的财务部门面对的是庞大的交易量、琐碎的流程，日均处理票据高达 5000 件，在每个月末骤增 4 倍业务量的结算高峰，就更是雪上加霜。通常物流公司需在原有 300 名业务员的基础上加雇 200 人，才能勉强应付，且人力成本居高不下。自从引入数字员工，帮助财务人员在月底、季末、年末结算高峰时段自动处理掉了工作量的 50%，准确率提升到 99.7%，完成审核、校对、合并款项等重复性工作，使得财务人员腾出空来对下一个高峰期进行财务预判及合理规划。仅一年内，这样的人机搭配就为物流公司节省了约 300 万人民币。[43]

6.4.2　机器人流程自动化技术

数字员工是一种新兴的流程自动化工具，应用机器人流程自动化（robotic process automation，RPA）技术，由机器、流程、自动化 3 部分组成，能够模拟人类执行业务流程操作，提供安全可靠、规范统一的自动化操作，部署周期短、成本低，实现业务流程最大程度自动化，从而将财务人员从重复的工作中解放出来，得以专注于更有价值的工作。RPA 通过将某些有规则的线上业务流程按照规则生成可自动运行的脚本,输入不同的参数反复执行操作,最终实现计算机自动完成某些业务。例如,修改某 ERP 系统用户密码,用户通过向数字员工发送指定格式邮件,数字员工自动读取邮件,获取邮件信息,通过管理员账号登录系统,重置用户密码,同时将重置结果通过邮件反馈给用户,整个过程完全由数字员工独立完成。数字员工的建设和传统的信息系统建设方法有所不同,主要分为诊断与评估、设计与开发、实施与部署、运行与维护,建设路径如图 6-14 所示。

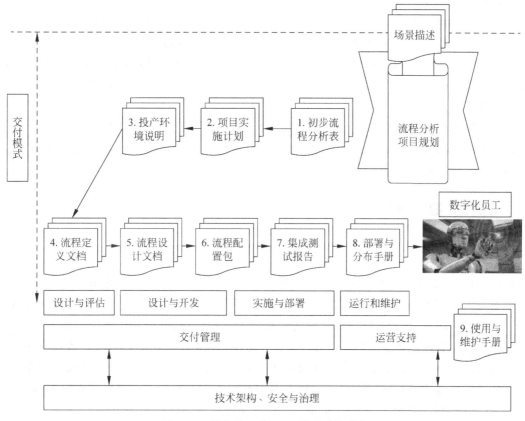

图 6-14 数字员工的 RPA 技术建设路径

【应用案例 1】

某集团公司每月有近 150 家供应商、合计 1300 张购电发票、近 10 亿元购电费的在线付款任务,完成购电费付款整个业务流程各环节费时费力,工作重复性较高且枯燥,附加值低。如何在每天高效完成购电发票真假验证、会计科目余额校验、资金预算校验,同时能够在财务系统中自动完成发起资金支付申请单等工作,成为购电费付款业务流程的最大挑战。

(1)引入数字员工前的原操作流程:扫描发票文件,发票验真,整理所有发票信息至 Excel 表中。汇总同一供应商发票金额,将其与管控系统中供应商应付余额进行比对,若比对正确则填写支付申请;若比对错误则退回。若同一供应商发票汇总金额小于/等于预算,则通过;反之,触发预算调整申请,电价处主管审核支付申请。基于资金政策(可定义规则),进行电票分批操作以及后续支付操作。

(2)数字员工流程操作:财务人员启动数字员工,自动打开发票影像文件,提取发票结构化数据自动填入 Excel 表中。自动汇总同一供应商发票金额,并自动将其与财务系统中的供应商应付余额进行比对。自动进行逻辑判断,若通过,则自动填写支付申请;反之,操作终止,自动填写入异常报告中。自动进行同一供应商发票汇总金额与预算金额比对,进行逻辑判断,若未通过,则操作终止,自动填写入异常报告中(或邮件通知)。自动按照预设的规则,操作电票分批,生成操作日志与报表,并发送至财务专责。启用数字员工后,工作效率提升 85%,准确率提升 20%。

【应用案例 2】

某集团年度报表决算之后,财务人员需要从财务系统导出相关报表项目数据,据此填列会计报表附注相关表格说明,作为对外提供会计信息的重要组成部分。

(1)原流程操作:财务人员登录财务系统;打开第一家公司账套,查询并导出决算报表;根据报表信息,在 Word 中填列 1800 余项会计报表附注信息;循环上述操作,共 78 家会计主体。

(2)数字员工流程操作:财务人员启动数字员工;数字员工自动登录系统;自动执行循环操作;自动填列会计报表附注;自动生成工作报告。启用数字员工后,工作效率提升 98%,准确率达到 100%。[45]

6.4.3 数字孪生

1. 数字孪生的一般定义

数字孪生是指针对物理世界中的物体,通过数字化的手段构建一个在数字世界中一模一样的实体,借此来实现对物理实体的理解、分析和优化。从更加专业的角度来说,数字孪生集成了人工智能和机器学习等技术,将数据、算法和决策分析结合在一起建立模拟,即物理对象的虚拟映射,以期在问题发生之前先发现问题,监控物理对象在虚拟模型中的变化,诊断基于人工智能的多维数据复杂处理与异常分析,并预测潜在风险,合理有效地规划或对相关设备进行维护。数字孪生是形成物理世界中某一生产流程的模型及其在数字世界中的数字化镜像的过程和方法(图 6-15)。数字孪生有五大驱动要素——物理世界的传感器、数据、集成、分析和促动器,以及持续更新的数字孪生应用程序。

生产流程中配置的传感器可以发出信号,数字孪生可通过信号获取与实际流程相关的运营和环境数据。传感器提供的实际运营和环境数据将在聚合后与企业数据合并,企业数据包括物料清单、企业系统和设计规范等,其他类型的数据包括工程图纸、外部数据源及客户投诉记录等。传感器通过集成技术(包括边缘、通信接口和安全)达成物理世界与数字世界之间的数据传输。数字孪生利用分析技术开展算法模拟和可视化程序,进而分析数据、提供洞见,建立物理实体和流程的准实时数字化模型。数字孪生能够识别不同层面偏离理想状态的异常情况。若确定应当采取行动,则数字孪生将在人工干预的情况下通过促动器展开实际行动,推进实际流程的开展。当然,在实际操作中,流程(或物理实体)及其数字虚拟镜像明显比简单的模型或结构要复杂得多。

2. 数字孪生与数字纽带

伴随着数字孪生的发展,美国空军研究实验室和美国国家航空航天局同时提出了数字纽带(digital thread,也译为数字主线、数字线程、数字线、数字链等)的概念。数字纽带是一

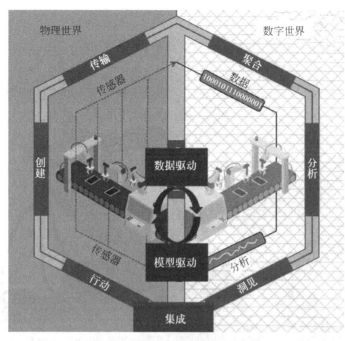

图 6-15　数字孪生是在数字世界对物理世界的映射

种可扩展、可配置的企业级分析框架,在整个系统的生命周期中,通过提供访问、整合及将不同的、分散的数据转换为可操作信息的能力来通知决策制定者。通过分析和对比数字孪生和数字纽带的定义可以发现,数字孪生体是对象、模型和数据,而数字纽带是方法、通道、链接和接口,数字孪生体的相关信息是通过数字纽带进行交换、处理的。以产品设计和制造过程为例,产品数字孪生体与数字纽带的关系如图 6-16 所示。

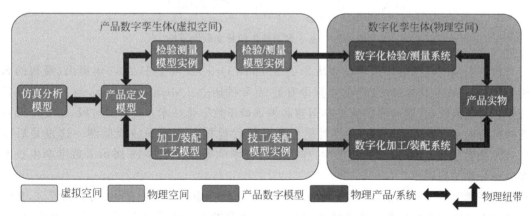

图 6-16　融合了产品数字孪生体和数字纽带的应用示例

仿真分析模型的参数可以传递至产品定义的全三维模型,再传递至数字化生产线加工/装配成真实的物理产品,继而通过在线的数字化检验/测量系统反映到产品定义模型中,再反馈到仿真分析模型中。通过数字纽带实现了产品全生命周期各阶段的模型和关键数据双向交互,使产品全生命周期各阶段的模型保持一致性,最终实现闭环的产品全生命周期数据管理和模型管理。[39]

3. 数字孪生关键技术说明

基于数字孪生的智能制造系统如图 6-17 所示。

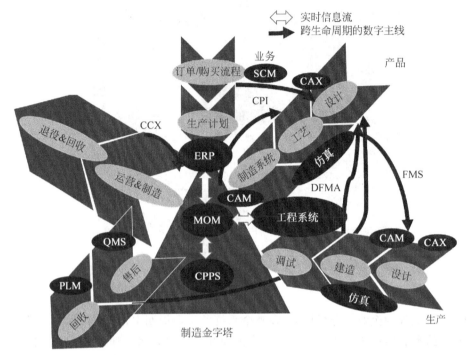

图 6-17 基于数字孪生的智能制造系统

QMS：质量管理系统　　　FMS：柔性制造系统
SCM：供应链管理　　　　DFMA：面向制造与装配的设计
MOM：制造运营管理　　　CPPS：信息物理生产系统
CAM：计算机辅助制造　　PLM：产品全生命周期管理
CCX：连续调试　　　　　CAX：计算机辅助技术
CPI：持续性工艺改善

数字孪生的概念最早由密歇根大学的 Michael Grieves 博士于 2002 年提出（最初的名称为"Conceptual Ideal for PLM"），至今有近 20 年的历史。Michael Grieves 与 NASA 长期合作。在航天领域，航天器的研发和运营必须依赖于数字化技术：在研发阶段，需要降低物理样机的成本；在运营阶段，需要对航天器进行远程状态监控和故障监测。这也是后来 NASA 把数字化双胞胎（即数字孪生）作为关键技术的原因。图 6-18 展示了数字孪生技术在装备行业的应用。

数字孪生技术帮助企业在实际投入生产之前即能在虚拟环境中优化、仿真和测试，在生产过程中也可同步优化整个企业流程，最终实现高效的柔性生产，实现快速创新上市，锻造企业持久竞争力。数字孪生技术是制造企业迈向"工业 4.0"战略目标的关键技术，通过掌握产品信息及其生命周期过程的数字思路将所有阶段（产品创意、设计、制造规划、生产和使用）衔接起来，并连接到可以理解这些信息并对其做出反应的生产智能设备。数字孪生将各专业技术集成为一个数据模型，并将 PLM、MOM 和 TIA（全集成自动化）集成在统一的数据平台下，也可以根据需要将供应商纳入平台，实现价值链数据的整合，业务领域包括"产品数字孪生""生产数字孪生"和"设备数字孪生"，如图 6-19 所示。

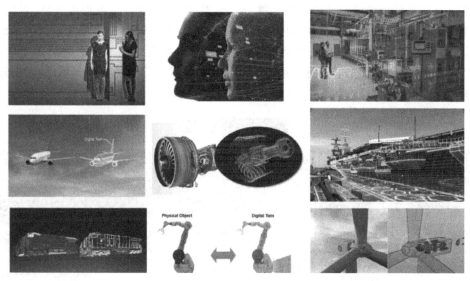

图 6-18　数字孪生技术在装备行业的应用

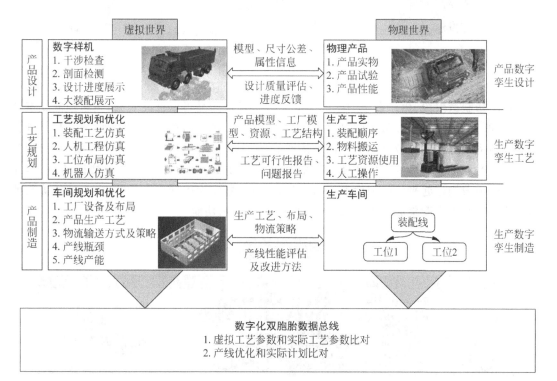

图 6-19　数字孪生技术在装备行业的应用

1）产品数字孪生

在产品的设计阶段,利用数字孪生可以提高设计的准确性,并验证产品在真实环境中的性能。这个阶段的数字孪生的关键能力包括:数字模型设计,使用 CAD 工具开发出满足技术规格的产品虚拟原型,精确地记录产品的各种物理参数,以可视化的方式展示出来,并通过一系列验证手段来检验设计的精准程度——模拟和仿真,通过一系列可重复、可变参数、可加速的仿真实验,来验证产品在不同外部环境下的性能和表现,在设计阶段就可验证产品的适应性。产品数字孪生将在需求驱动下,建立基于模型的系统工程产品研发模式,实现"需求定义—系统仿真—功能设计—逻辑设计—物理设计—设计仿真—实物试验"全过程闭环管理,从细化领域将包含如图 6-20 所示的几个方面。

图 6-20　数字孪生技术在装备行业的应用——产品数字孪生

2) 生产数字孪生

在产品制造阶段,生产数字孪生的主要目的是确保产品可以被高效、高质量和低成本地生产,它所要设计、仿真和验证的对象主要是生产系统,包括制造工艺、制造设备、制造车间、管理控制系统等。利用数字孪生可以加快产品导入的时间,提高产品设计的质量,降低产品的生产成本和提高产品的交付速度。产品生产阶段的数字孪生是一个高度协同的过程,通过数字化手段构建起来的虚拟生产线,将产品本身的数字孪生同生产设备、生产过程等其他形态的数字孪生高度集成起来,具体实现如图 6-21 所示功能。

图 6-21　数字孪生技术在装备行业的应用——生产数字孪生

3）设备数字孪生

通过采集生产线上的各种生产设备的实时运行数据,实现全部生产过程的可视化监控,并且通过经验或者机器学习建立关键设备参数、检验指标的监控策略,对出现违背策略的异常情况进行及时处理和调整,实现稳定并不断优化的生产过程。作为客户的设备资产,产品在运行过程中将设备运行信息实时传送到云端,以进行设备运行优化、可预测性维护与保养,并通过设备运行信息对产品设计、工艺和制造迭代优化,如图 6-22 所示。

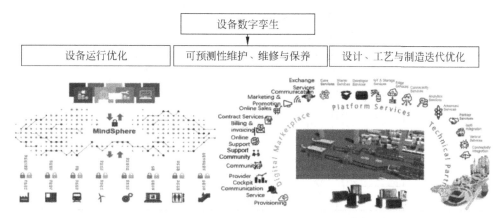

图 6-22　数字孪生技术在装备行业的应用——设备数字孪生

通过工业物联网技术实现设备连接云端、行业云端算法库以及行业应用 App。下面以西门子 MindSphere 平台为例说明运营数字孪生的架构(图 6-23)。该架构有 3 层。①连接层 MindConnect:支持开放的设备连接标准,如 OPCUA,实现西门子与第三方产品的即插即用,并对数据传输进行安全加密。②平台层 MindSphere:为客户个性化 App 的开发提供开放式接口,并提供多种云基础设施,如 SAP、AWS、Microsoft Azure,并提供公有云、私有云及现场部署。③应用层 MindApps:应用来自西门子与合作伙伴的 App,或由企业自主开发的 App,以获取设备透明度与深度分析报告。预测性服务可将大数据转变为智能数据。数字化技术的发展可让企业洞察机器与工厂的状况,从而在实际问题发生之前,对异常和偏离阈值的情况迅速做出响应。[40]

4. 西门子公司的数字孪生技术应用

西门子公司正将现实和虚拟的生产世界相结合,努力推动制造业未来的发展。其设计的远景规划和掌握的行业知识,为"工业 4.0"及数字化企业平台的未来发展奠定了基础。西门子工业软件平台是一个"工业 4.0"的载体。它可以实现从产品设计、生产规划、生产工程,到生产执行和服务的全生命周期的高效运行,以最小的资源消耗获取最高的生产效率。该平台的实现需要企业以数字化技术为基础,在物联网、云计算、大数据、工业以太网等技术的强力支持下,集成先进的生产管理系统及生产过程软件和硬件,如产品生命周期管理软件、制造执行系统软件和全集成自动化技术。西门子的整体解决方案可以帮助中国工业企业实现升级转型,以更高生产力、更高效能、更短产品上市时间、更强灵活性在国际竞争中占据先机。

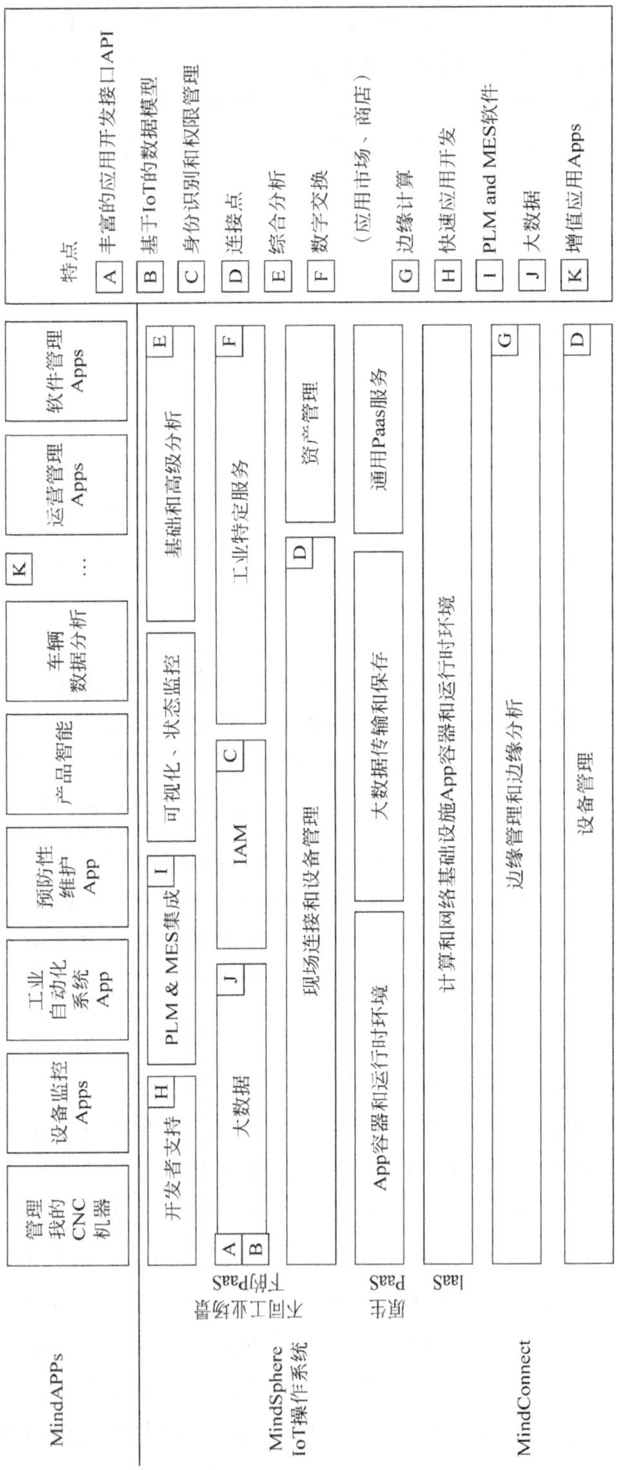
MindAPPs
管理我的CNC机器
设备监控Apps
工业自动化系统App
预防性维护App
产品智能
车辆数据分析
K …
运营管理Apps
软件管理Apps
MindSphere IoT操作系统
不同工业场景下的PaaS
原生PaaS
IaaS
开发者支持 H
PLM & MES集成 I
可视化、状态监控
基础和高级分析 E
A B 大数据 J
IAM C
工业特定服务 F
现场连接和设备管理 D
资产管理
App容器和运行时环境
大数据传输和保存
通用Paas服务
计算和网络基础设施App容器和运行时环境
MindConnect
边缘管理和边缘分析 G
设备管理 D
特点
A 丰富的应用开发接口API
B 基于IoT的数据模型
C 身份识别和权限管理
D 连接点
E 综合分析
F 数字交换
（应用市场、商店）
G 边缘计算
H 快速应用开发
I PLM and MES软件
J 大数据
K 增值应用Apps

图 6-23 数字孪生和物联网技术在装备行业的应用

> **节点及关联**
>
> 数字孪生是指针对物理世界中的物体,通过数字化的手段构建一个在数字世界中一模一样的实体,借此来实现对物理实体的理解、分析和优化。
>
> 数字纽带:数字主线,数字线程、数字线、数字链等
>
> 数字孪生关键技术:仿真,优化,产品数字孪生,生产数字孪生,设备数字孪生,供应链数字孪生……

6.4.4　知识工程在航空制造业的应用案例

1. 应用背景

航空制造业知识管理系统基于知识工程,旨在有效利用航空制造企业内外部大数据,探索其中蕴含的价值,从中提炼知识,用以解决航空制造企业在产品研发、工艺工程、生产制造、售后服务过程中出现的问题。通过对企业内部业务问题的梳理与解决,建立抽象和提炼符合行业使用的知识库、规则库和算法库。系统的业务逻辑分为 3 个层面,分别为资源层、知识层、应用层(图 6-24)。其中,应用层是人与知识进行交互,通过积累、检索、伴随、共享、使能化等形式促进知识应用。知识层主要为各种形式的知识库,知识库是平台建设的基石,平台围绕企业产品制造进行系统的规划和建设,通过完成多源异构数据的集成和外部数据的扩充加强知识库的积累。资源层包括企业内部应用系统中的知识、企业外部可被利用的知识和其他形式的各种知识,包括隐性知识和显性知识,通过隐性知识显性化,显性知识场景化、工具化来实现知识的共享和利用。

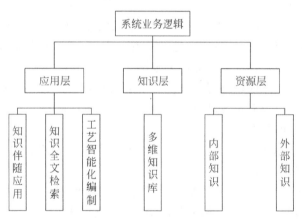

图 6-24　系统业务逻辑

2. 基于知识工程的固体火箭发动机设计体系

在设计领域,产品的结构、行为和功能是产品的本质特征,结构(structure)、行为(behavior)和功能(function)之间的关系是产品设计的内在依据。产品设计的结构-行为-功能模型(SBF)根据人的认知特点,将产品概念设计过程划分为功能建模、行为建模和结构建模 3 个阶段,设计的目的是确定一种实体结构,使其对应的功能域输出满足规定的设计要求。用功能、行为与结构间三视图建模及其映射关系来具体描述产品设计的 SBF 框架,如

图 6-25 所示。

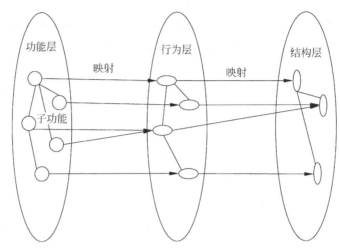

图 6-25　产品 SBF 映射关系图

从设计 SBF 模型角度,固体发动机为高强度壳体,且内装推进剂、后带拉瓦尔喷管结构,其通过推进剂燃烧将化学能转变为热能,以及燃烧产物膨胀加速将热能转变为动能两次能量转换行为,而实现提供推力的功能。由此,战技指标要求及对应设计结果视为设计功能域,材料性能参数、部件尺寸及结构形式视为结构域,燃烧、流动过程和质量、尺寸的传播过程视为一系列结构域到功能域的行为,相关数学模型为对应行为的描述。

固体火箭发动机设计是导弹和运载火箭的有机组成部分,设计最终目标是满足总体部门提出的发动机设计性能要求。其设计过程一般遵循如下步骤:

(1) 总体设计部门按照需求和用途,提出发动机设计性能指标要求。

(2) 根据固体火箭发动机材料及推进剂等发展水平,考虑到制造偏差和理论计算模型的不完善,进一步确定发动机性能指标约束范围。

(3) 根据发动机性能指标约束范围,进行发动机总体设计,内容包括结构形式、推进剂类型和壳体材料选择,以及确定发动机总体参数(压强、喉部面积、膨胀比、燃面、肉厚等),作为装药等分系统的设计要求。

(4) 开展装药等分系统及部件设计;包括药柱几何尺寸确定、连接方案选择、喷管及其热防护设计和点火器设计等。

总体设计结果包括装药、燃烧室、喷管及其他主要设计参量。其中,装药部分确定药型、推进剂类型、燃面、肉厚和燃面比,装药具体几何尺寸及形式在分系统设计中确定。药型几何尺寸到装药燃面、肉厚、燃面比的转换过程满足几何定律,所以装药总体设计结果可视作装药分系统设计结果的行为输出。同理,整个固体发动机总体设计结果视为 SBF 模型行为域参量。将上述通用的设计过程描述为固体火箭发动机设计的 SBF 模型状态转换过程,如图 6-26 所示。

以药型选择为例,通常的设计经验认为,推力大、工作时间短的设计要求则可选多根管形装药,推力小、工作时间长则选端燃药柱。可知,推力、工作时间为药型选择的相关因素,而不同药型又具有不同燃面、肉厚及体积装填系数。图 6-27 在功能、行为、结构三域对药型选择的定性映射关系进行了描述,结构域的药型选择结果在行为域对应一定范围内的燃面、

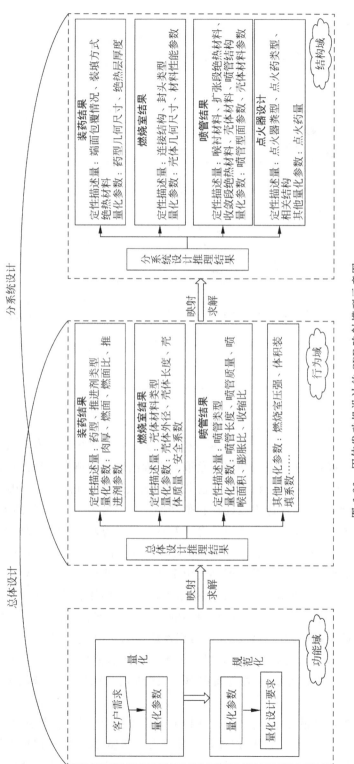

图 6-26　固体发动机设计的 SBF 映射模型示意图

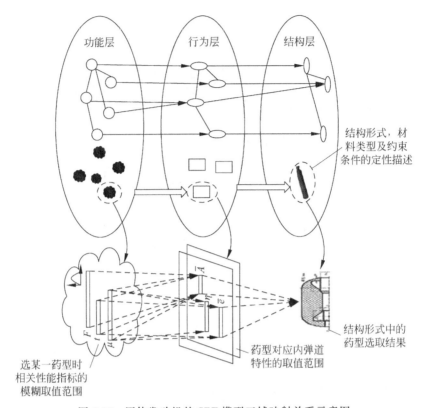

图 6-27　固体发动机的 SBF 模型三域映射关系示意图

肉厚及体积装填系数,在功能域产生一定的推力、工作时间等性能输出。

依据固体发动机设计需求,以下尝试建立基于知识工程的固体火箭发动机设计体系,重点解决设计推理策略确定、知识表示和知识获取 3 方面问题。固体发动机方案设计阶段,面临新的设计任务时,领域专家总是将其与以前相类似的成熟方案相比较,来确定结构、材料及设计参量,在部件结构上往往选用以前在相似产品上曾经使用过的成熟样本。与以前成熟的相似设计进行比较,是经验丰富的设计专家基本的设计思路,知识工程中基于案例的推理(case-based reasoning,CBR)正是符合人们认知心理的类比推理过程,如图 6-28 所示。

经过设计需求获取、依据用户需求得到的由定量指标组成的量化设计要求是设计依据,设计的最终目标是对应的性能输出满足其约束范围,包括由固体发动机客户需求经量化、规范化得到的总体设计要求,以及总体设计结果中的装药、燃烧室和喷管量化参数组成的分系统设计要求。与固体发动机设计领域相关的材料性能指标知识,包括推进剂、壳体材料及热防护材料等。设计案例知识包括固体发动机总体案例和各分系统设计结果案例共 5 部分。仅从知识特征分类,而不引入案例调整知识概念,固体发动机知识类型间的层次结构如图 6-29 所示。

在传统的固体发动机设计中,对启发性知识的应用并不十分明显,表现为在结构形式确定情况下,对设计参数进行数值调整,以满足设计要求。例如,减小喉径以增大燃烧室压强,可用一条启发性定性规则来表征。启发性知识和经验性知识的获取均需设计专家指导,提出一种专家经验指导下的固体火箭发动机设计知识获取策略。[47]

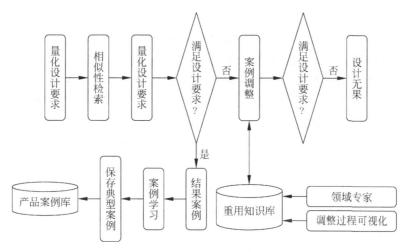

图 6-28　CBR 固体发动机设计推理流程图

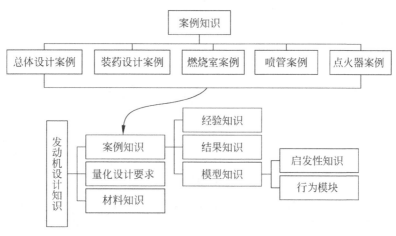

图 6-29　固体发动机设计知识层次结构

6.4.5　PERA.KE 知识工程平台

1. 知识工程平台概述

安世亚太知识工程系统(PERA.KE)是一套面向高端研发企业的支撑研发知识聚集、关联、管理、应用和创新的平台。PERA.KE 拓展了传统的单纯以知识共享为目标的管理思想,将知识管理与研发业务相结合,使企业在研发过程中沉淀和积累知识,并将知识应用于研发业务中。PERA.KE 提供了专业的知识信息聚集、加工、共享、管理和基于业务的知识应用机制,帮助企业实现研发能力的跨越式提升。通过研发知识的管理、挖掘以及分享,实现企业跨部门、跨领域的研发智力资产的可持续的经验积累机制,达到企业研发智力资产的有效重用。PERA.KE 已成功应用于航天、航空、船舶、电子、能源化工及机械重工等领域,并覆盖集团化企业、国有企业、高科技企业、民营企业等不同性质的企业。

2. 某飞机精益研发的知识工程平台案例

某飞机设计研究院目前知识管理面临的主要问题:①"无知识",知识梳理遇到问题,资深员工不知如何共享知识；②"弱知识"，由于知识的梳理和挖掘存在问题，所以软件中的知识往往与工作关系较弱；③"死知识"，知识离散分布，当遇到问题时需要设计人员通过搜索方式来寻找知识，知识的及时性、有效性不足，难以支持设计工作的开展。

按照基于系统工程的精益研发体系方法论，从顶层全面考虑该院在型号研发中面临的问题，针对性地设计了三大平台加知识工程的建设方案，以知识工程为基础，为设计、仿真、试验提供知识支撑，将知识融入到研发工作环境中。最后利用知识的创新机制和再加工机制，提升知识的绩效。该研究院飞机精益研发框架如图 6-30 所示。

图 6-30　飞机精益研发框架

该飞机设计研究院知识工程项目分为两期，涉及九大专业领域、17 个二级专业。一期进行的企业型号设计研发流程和知识体系梳理工作中，初步梳理了 420 余个 WBS 工作单元、知识工作包 100 余个；建设 WBS 工作单元关联各类"知识"约 1500 余条，构建了 200 多个方法类、文档类、经验类等知识条目。通过知识工程平台的实施，该研究院获得了明显的效益。譬如，已入库资料的查阅时间缩短为原来的 1/6，对于有模板的工作，工作效率提升了 5 倍，工作报告撰写时间缩短了 2/3，人员上岗和转岗时间缩短了一半，返工率降低了 1/3，工作标准化程度显著提升。

3. 针对汽车行业的知识工程 2.0 解决方案

汽车产业是世界上规模最大、最重要的产业之一，从某种意义上说，汽车产业的发展水平和实力反映了一个国家的综合国力和竞争力。随着全球经济一体化及产业分工的日益加深，以中国、巴西和印度为代表的新兴国家汽车产业发展迅速，在全球汽车市场格局中的市场地位得到逐步提升。知识工程 2.0 平台是安世亚太公司推出的，针对汽车行业特点，满足汽车行业用户需求的知识工程系统。该系统服务于汽车行业用户，期望达到的总体目标是建立满足汽车行业特点的知识工程体系,通过整体规划和方法论的引入,建立知识工程体系,实现具体实施方法的落地以及知识工程系统的搭建,支撑企业知识工程体系建设的一系列制度规范的制定和实施推广。通过对企业研发知识的全面梳理,实现研发知识体系化管理,一方面,围绕研发设计环节知识需求对企业已有信息进行汇聚,并通过加工处理形成支撑应用的既分类管理又相互关联专业知识库;另一方面,形成在业务过程中知识沉淀的机制和工具,规范化管理。知识工程 2.0 平台按照实际知识管理应用的逻辑分为知识集成、知识处理与知识应用 3 个层次,其功能逻辑架构如图 6-31 所示。

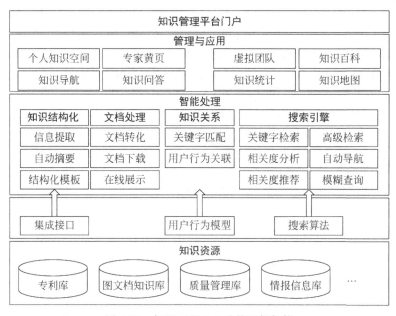

图 6-31　知识工程 2.0 功能逻辑架构

6.5　本章小结

本章重点对知识工程进行了阐述,并结合智能制造案例进行了分析。在知识工程基本概念部分,重点讲述了知识工程的有关概念、发展历史和核心问题。在知识表示部分,重点对知识表示的各类方法进行了阐述,其中包括规则表示法、语义网表示法、框架表示法和逻辑表示法等。在知识获取部分,重点讲述了知识获取的方法与存储,其中知识获取方法包括人工、半自动和自动。知识存储的核心内容是知识库的构建、管理与组织。最后举例说明了知识工程在智能制造中的应用,主要包括数字员工和数字孪生。

习题

1. 简要阐述知识工程的发展历史。
2. 知识与生产力的关系是什么?
3. 产生式表示法中事实和规则怎么表示?

4. 语义网络表达方式有什么优缺点？

5. 知识获取的来源有哪些？

6. 知识获取的方法有哪些？具体应该通过哪些步骤去实现？每个步骤的意义是什么？

7. 数字员工背后的技术包括哪些？

8. 举例说明制造业中数字孪生的应用。

参考文献

[1] 小林重信,等.知识工程的基础及其应用[M].东京：东京大学出版社,1987.

[2] 陈文伟,陈晟.知识工程与知识管理[M].北京：清华大学出版社,2016.

[3] 王文杰,叶世卫.人工智能原理与应用[M].北京：人民邮电出版社,2004.

[4] 石纯一,等.人工智能原理[M].北京：清华大学出版社,1993.

[5] 李跃新.知识工程基础与应用案例[M].北京：科学出版社,2006.

[6] MBA 智库百科,知识工程[A/OL]. https://wiki. mbalib. com/wiki/%E7%9F%A5%E8%AF%86%E5%B7%A5%E7%A8%8B.

[7] 郭强.反思知识经济[M].北京：中国经济出版社,1999.

[8] 邱均平.知识管理学[M].北京：科学技术文献出版社,2006.

[9] 柯平.知识管理学[M].北京：科学出版社,2007.

[10] 赵蓉英.知识网络及其应用[M].北京：北京图书馆出版社,2007.

[11] 经济合作与发展组织.以知识为基础的经济[M].北京：机械工业出版社,1997.

[12] 王重托.知识系统工程[M].北京：科学出版社,2004.

[13] 鲁川.知识工程语言学[M].北京：清华大学出版社,2010.

[14] POLANYI M. The Tacit Dimensions[M]. New York：Doubleday Anchor,1966.

[15] 波普尔.通过知识获得解放[M].范景中,李本正,译.杭州：中国美术学院出版社,1996.

[16] 管理科学技术名词审定委员会.管理科学技术名词[M].北京：科学出版社,2016.

[17] 田青.图书馆"大数据"的知识存储规划研究[J].现代情报,2015,35(11)：156-158.

[18] 史忠植,等.人工智能导论[M].北京：机械工业出版社,2019.

[19] 劳眷.对产生式规则关系数据库的实现与改进[J].微计算机信息,2007(21)：195-196+228.

[20] 曹泽文,戴超凡.JavaKBB：集成框架与产生式规则的专家系统工具[J].国防科技大学学报,2014,36(4)：184-187.

[21] 知乎 AI 技术.人工智能的技术现状[A/OL]. https://zhuanlan. zhihu. com/p/81619619.

[22] 陈立潮.知识工程与专家系统[M].北京：高等教育出版社,2013.

[23] 豆丁网.人工智能导论[A/OL]. http://www. docin. com/p-948342019-f10. html.

[24] 曹洪飞.面向企业需求的专家信息获取和专家推荐方法研究[D].杭州：浙江大学,2019.

[25] 王文娜,胡贝贝,刘戒骄,等.产学研合作深度与国家高新区全要素生产率[J].科学学研究：1-13 [2020-11-22]. https://doi. org/10.16192/j. cnki. 1003-2053.20201110.001.

[26] 刘斐然,胡立君,范小群.产学研合作对企业创新质量的影响研究[J].经济管理：1-17[2020-11-22]. http://kns. cnki. net/kcms/detail/11. 1047. F. 20201013. 1711. 002. html.

[27] 百度百科.书籍[A/OL]. https://baike. baidu. com/item/%E4%B9%A6%E7%B1%8D/59503?fr= aladdin.

[28] 毋江波.出版物与知识的演化传播[D].太原：山西大学,2006.

[29] 吴亚林.物联网用传感器[M].北京：电子工业出版社,2012.

［30］ 徐忠仁.工业物联网用微型气体传感器的相关性能研究［D］.杭州：杭州电子科技大学,2020.

［31］ 赵凯岐,吴红星,倪风雷.传感器技术及工程应用［M］.北京：中国电力出版社,2012.

［32］ 贾可荣,张彦铎.人工智能［M］.2 版.北京：清华大学出版社,2013.

［33］ 雷晓岚.档案系统中半结构化数据重复录入侦测技术研究［D］.武汉：华中师范大学,2020.

［34］ 鲁斌,刘丽,李继荣,等.人工智能及应用［M］.北京：清华大学出版社,2017.

［35］ 郭屹.案例推理学习支持系统探究［D］.上海：华东师范大学,2009：3.

［36］ 赵辉.案例推理的动态学习模型及其在 TE 过程中的应用［D］.北京：北京工业大学,2015：3-5.

［37］ 魏青.基于案例推理的成人在线学习支持服务系统模型研究［D］.宁波：宁波大学,2011：14-15.

［38］ 田峰.制造业知识工程［M］.北京：清华大学出版社,2019.

［39］ 陈根.数字孪生［M］.北京：电子工业出版社,2020.

［40］ 梁乃明,等.数字孪生实战：基于模型的数字化企业（MBE）［M］.北京：机械工业出版社,2019.

［41］ 仝守玉.基于 MVVM 模式的数字员工管理平台的设计与实现［D］.北京：北京邮电大学,2018.

［42］ 陆岷峰,马进.基于数字银行背景下的数字员工管理研究——兼论金融科技对商业银行人力资源的影响与对策［J］.金融理论与教学,2020(5)：1-6.

［43］ 搜狐网.数字员工已来,我们该如何面对"异类"？［A/OL］.https://www.sohu.com/a/231760896_430753.

［44］ DoNews.为人工智能配上"人类的面孔"［A/OL］.https://www.donews.com/article/detail/4089/11760.html.

［45］ 贺湘峻,庄园,薛飞,等.探究基于机器人流程自动化（RPA）技术的数字化员工理念在财务工作中的应用［J］.信息系统工程,2020(09)：68-69.

［46］ 李文举,杨楠.基于知识工程的航空制造业知识管理系统的研究和实现［J］.飞机设计,2020,40(5)：76-80.

［47］ 谷建光.基于知识工程的固体发动机设计方法及其应用研究［D］.长沙：国防科学技术大学,2008.

［48］ 安世亚太公司主页［A/OL］.http://www.peraglobal.com/index.html.

第7章

商业智能

7.1 商业智能概述

当前,数字化高速发展,企业积累的数据呈指数型增长,数据处理与分析的难度也显著提高,商业智能(business intelligence,BI)发展迅速,在企业中的应用愈发广泛。本节将介绍商业智能的定义、发展与基本原理,并简要概述商业智能的应用与主要方法。

7.1.1 商业智能技术的发展

1958 年,IBM 的计算机科学家汉斯·彼得·卢恩(Hans Peter Luhn)在文章 *A business intelligence system* 中提出了商业智能系统的设想,以实现在组织的不同部门或事业部之间信息的选择性传播(selective dissemination)。卢恩引用韦氏词典中对于"智能"(intelligence)的定义——通过理解已呈现的事实之间的相互关系来指导行动以实现预期目标的能力,来对所提出的商业智能系统进行说明。

1989 年,Gartner 公司的霍华德·德斯纳(Howard Dresner)在更大范围内使用了"商业智能"这一术语,将其定义为一个统称性术语,用于描述通过使用基于事实的支持系统来改进商业决策的一系列概念和方法。2013 年,Gartner 公司扩展了商业智能的定义,由传统的商业智能变更为分析与商业智能(analytics and business intelligence,ABI),以强调分析能力在商业智能系统中逐渐提升的重要性。商业智能是一套完整的解决方案,包括支持访问和分析信息,以改进和优化决策及性能的一系列应用程序、基础设施和工具、最佳实践等。

业界与学界存在对商业智能的多种定义,但核心观点均类似,即从数据中获取知识,辅助决策。通过对例如企业资源计划(enterprise resource planning,ERP)系统、制造执行(manufacturing execution system,MES)系统、供应链管理(supply chain management,SCM)系统、客户关系管理(customer relationship management,CRM)系统等各类业务相关数据的收集、处理与分析,企业可将海量数据转换为有价值的信息,满足企业不同人群对业务数据探索与分析的需求,从中发现新的洞察与见解,以支持业务决策的制定,提升企业的决策能力与运营能力。为深入理解商业智能的定义,我们可将其拆解为 4 个方面:

(1) 目的 辅助企业决策的制定,改善服务与运营。

(2) 输入 数据;事实;关系。

（3）输出　有价值的信息或知识。

（4）方法　数据存储与管理技术；统计学、运筹学、人工智能与大数据等分析方法；数据可视化技术。

输入中的数据可来源于内部业务系统、文档资料、外部数据等多方面，包括结构化数据、半结构化数据和非结构化数据。随着数据量的指数型增长、数据类型的变化和业务需求的丰富，商业智能正在经历从传统 BI 到现代 BI 的演进，逐渐由信息技术部门主导型（IT-led）转为业务部门主导型（business-led）。相对于主要关注数据报表与可视化以及即席（ad-hoc）查询与分析的传统 BI 平台而言，现代 BI 平台更加关注人工智能与大数据、机器人流程自动化（robotic process automation，RPA）以及运筹学等核心技术支持下的产品创新与服务升级。Gartner 公司每年会从前瞻性和执行能力两方面分析各 BI 厂商/供应商的实力（图 7-1）。目前国际上现代 BI 的领导者主要包括微软的 Power BI、Tableau、Qlik 和 ThoughtSpot。

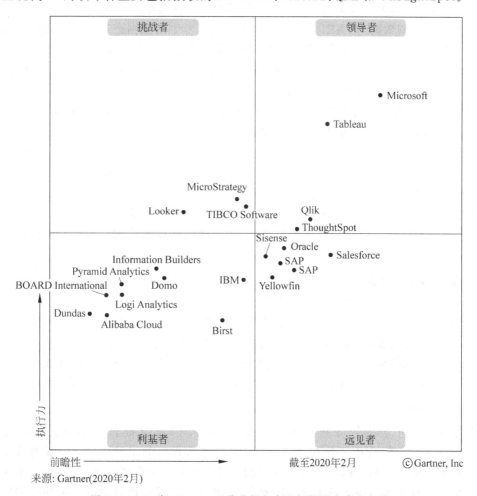

图 7-1　2020 年 Gartner 现代分析与商业智能平台魔力象限

Gartner 公司在《关于现代分析与商业智能平台的技术洞察分析报告》（*Technology insight for modern analytics and business intelligence platforms*）中，从数据源、数据提取与准备、内容创作、分析和见解交付这 5 个层面分析了现代 BI 平台相对于传统 BI 平台的改变与优化,如表 7-1 所示。

表 7-1　传统 BI 与现代 BI 的差异

	传统 BI	现代 BI
数据源	关系型数据;本地部署	无处不在的数据
	数据仓库必需	数据仓库可选
数据提取与准备	由 IT 部门完成	由 IT 部门支持
内容创作	由 IT 部门创建	由业务人员创建
分析	预定义报告	自由形式的可视化探索
见解交付	数据分发	数据协作

1. 数据源

其一,从本地部署平台中的关系型数据到无处不在的数据。传统 BI 平台中主要使用的是结构化的关系型数据,将 ERP、SCM 等操作型数据库中的数据进行整合与分析。而随着互联网与物联网的发展,分析使用的数据不再局限于数据库中所存储的结构化数据,而是纳入了更多的非结构化数据,如文本、图像、视频、传感器等数据类型,云平台与智能终端相结合的模式也使得数据与服务无处不在。

其二,前期建模过程中的数据仓库(data warehouse,DW)从必需变为可选。传统 BI 平台前期通常需要进行复杂的、IT 主导的数据仓库建设工作,来辅助后续的数据访问与分析工作;此外,一些传统平台需要通过在线分析处理(online analytical processing,OLAP)构建多维数据集,这一过程也往往需要 IT 部门来参与设计、构建与维护。这些预建模过程导致系统的灵活性与敏捷性受限,难以应对新增的数据源与日益复杂的分析需求,仅适用于需求和数据框架稳定的基础性数据分析业务。现代 BI 平台需要能以敏捷的方式扩展数据结构,使得分析不局限于前期预搭建的模型,保证半结构化或非结构化数据也能便捷地接入系统。

2. 数据提取与准备

数据的提取与准备过程要由 IT 部门完成(IT-produced)转变为由 IT 部门支持业务部门来完成(IT-enabled)。传统 BI 通常的分析模式是由业务人员与技术人员协作确定数据需求后,技术人员从数据仓库中提取和准备相应数据,然后业务人员完成对数据的分析与报告。现代 BI 则通过敏捷建模的设计来支持业务人员自助(self-service)进行数据的提取与准备工作,使业务人员通过拖拽式操作即可提取与重组所需的分析数据,而不需要强代码。

3. 内容创作

传统 BI 平台支持的分析内容通常是描述性的,通过报告(reporting)和仪表板(dashboards)等回答"发生了什么"这一问题,这些系统报告的记录以及仪表板的管理也需要大量技术人员的参与。相对于传统 BI,现代 BI 需要更多地赋能业务部门,由技术人员主导内容创作转变为由业务人员主导内容创作,通过拖拽式操作以及高级分析功能的嵌入等手段创建对非技术人员友好的分析环境,使业务人员能轻松地自行创建可视化分析与故事叙述。

4. 分析

不同于传统 BI 需要预定义报告,现代 BI 支持自由形式的可视化探索与更丰富的交互式分析。日益复杂的业务与决策需求对现代 BI 的分析功能提出了更高的要求：

(1) 通过可视化探索使得分析人员能与数据进行自由形式的交互；

(2) 探索和导引仪表板与嵌入式分析内容的设计；

(3) 通过动态叙事来描述关键见解；

(4) 使终端用户能通过 Web 浏览器或移动设备等形式从任何物理位置访问分析功能。

5. 见解交付

传统 BI 的见解交付与共享方式主要为定期更新报告并发送至相关用户，以及定期更新仪表板并发送关于数据更新或业务事件更新的通知。这种模式下的见解共享是有限的，当用户需要继续分析时，通常需要将报告数据导出为其他格式（如 Excel），并将其与其他来源合并。现代 BI 可通过门户（portal）为用户提供一个可访问企业内所有报告与仪表板并与之交互的界面，从而实现内容创作与分析的共享和协作，还可以通过社交活动（如点赞、推荐、内容评价等）来增强见解共享。

总结而言，BI 呈现向敏捷分析（agile analytics）和增强分析（augmented analytics）发展的趋势。敏捷分析是一种迭代式的、增量式的和进化式的开发风格，重点在于在整个系统开发的生命周期中尽早且持续地提供业务价值，通过不断地根据用户反馈进行调整和持续地进行短期迭代，逐步发展为高价值的、高质量的、可用的商业智能系统。增强分析是指利用机器学习和人工智能等支持技术来协助数据准备、见解生成和见解阐释，以增强 BI 平台中对数据的探索与分析，并使数据科学、机器学习和人工智能等模型的开发、管理和部署自动化，从而增强专家与数据分析师的实力。

节点及关联

商业智能的核心观点是从数据中获取知识，辅助决策。

关键技术：数据存储与管理技术，统计学，运筹学，统计学习，机器学习，人工智能，数据可视化……

7.1.2　商业智能的基本原理与应用

1. 基本原理

商业智能的本质是通过对数据的分析来获得洞察力，从 ERP、管理信息系统（management information system，MIS）等数据出发，建立健康有效的决策体系。DIKW（data-information-knowledge-wisdom）模型（图 7-2）阐述了决策体系中的 4 个层次：数据、信息、知识、智慧。从数据到智慧，对认知理解程度的要求逐层提高，价值创造也逐层扩大，通过计算机实现的难度也逐层提高。

数据是获取信息、知识与智慧的原始素材，是未经处理的客观的事实或观察结果，可能包含大量噪声，由于没有上下文和解释，因此仅有原始的数据是无意义的。

信息则是经过处理后的数据，与数据的区别在于它是"有用的""有意义的"。通过对数据进行有目的的处理，如分类、重组、聚合、计算、筛选等，将数据转化为能被解释和理解的信息。对数据的处理过程赋予了数据与某一特定目的或上下文之间的相关性，从而使其变得有逻辑、有意义、有用。

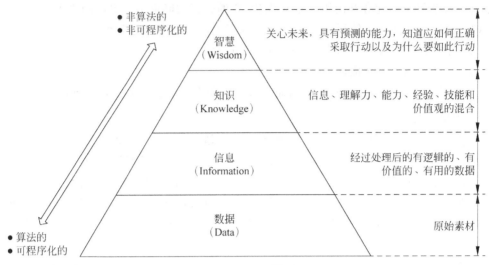

图 7-2　DIKW 模型

信息让我们理解关系,而知识让我们发现模式,它是相关信息、经验、专家见解、直觉等多方面的有机结合,从而为评估和整合新的经验与信息提供了环境与框架。

智慧则更进一步,是人类基于已有的知识,针对物质世界运动过程中产生的问题,根据获得的信息进行分析、对比、演绎,进而找出解决方案的能力。

为将数据转化为有价值的信息,并进一步获得知识与智慧,企业需要一套有效的从海量数据中攫取价值的分析解决方案,并利用分析解决方案改善决策,从而实现提高收入、降低运营费用、增强服务可用性和降低风险等优势。在这套方案中,企业需要处理来自企业内部和外部的各种数据和数据源,并与动态数据的快速发展保持同步。通过分析历史数据和实时数据,对未来进行预测,从中提取宝贵信息,检测相关的模式,以及发掘新的见解。对商业数据的分析可总结为 3 个方面:描述性分析、预测性分析、指导性分析。

描述性分析(descriptive analytics)是指了解"已经发生了什么",通过解析历史数据来更好地描述和总结企业中所发生的事件与变化。描述性分析是数据分析的基础,通过对关键绩效指标的提取和对比等手段,决策者可以获得关于绩效、趋势和关联性等信息的整体视图,并基于此来制定业务策略。

预测性分析(predictive analytics)是指了解"将来会发生什么",基于已有的数据来建立预测模型,从而更准确地预测未来事件,而不是仅基于直觉或假设来推测未来结果。预测性分析赋予决策者以主动性和前瞻性,使得决策者能根据预测的情况来提前规划,而非被动地回应已经发生的事件,从而降低风险,改善运营。

指导性分析(prescriptive analytics)是指了解"应该如何做",在描述性分析和预测性分析的基础上,综合考虑可能发生的情况、可用资源、过去与现在的绩效等多方面因素,进一步指导有限资源的最优化配置,针对复杂问题提出最优或接近最优的解决方案,从而充分利用未来趋势中存在的机会,合理规避可能存在的风险。

以上 3 方面的分析逐层递进,目标和方法各不相同,所支持的决策各有侧重点。为实现数据的价值,决策者必须采取与企业基础架构以及企业所希望达成的目标相匹配的分析类型,从而分析和解决问题,改善业务,获取竞争优势。

2. 应用

随着物联网等数字化与信息化进程的持续推进,各行业所积累的数据资产呈指数增长趋势。根据国际数据公司(International Data corporation,IDC)估算,2018—2025年全球数据总量将增长5倍以上,从2018年的33ZB增至2025年的175ZB。其中,中国的数据总量预计增至48.6ZB,占全球数据总量的27.8%,成为全球最大的数据圈。另一方面,IDC的一项调查显示,企业数据中非结构化数据的占比达到80%。为更高效地利用这些丰富的数据资源,商业智能在各行业中均有广泛应用,尤其集中在数字化程度较高的行业,如互联网、金融、消费品与零售等领域,辅助运营优化、质量管理、风险控制、精准营销等多方面的业务决策。

商业智能在企业中的应用主要包括衡量、报告、合作和协作4个方面。"没有衡量就没有增长",绩效衡量是企业运营管理中的重要环节,BI平台通过从传感器、CRM系统、网络流量等来源中提取数据,以衡量关键绩效指标(key performance indicator,KPI)。例如,为流畅获取设备参数、生产数据等信息,以精准反映工厂产能、生产效率、设备运行状态,进而支持生产、设备、工艺等方面的精细化管理,格特拉克(江西)传动系统有限公司(GJT)智能工厂对MES等传统信息化系统进行了升级,融合自动化系统和信息系统的数据,构建企业全局的"数据中心",实时且精准地测量设备综合效率(overall equipment effectiveness,OEE)、每小时工作量(jobs per hour,JPH)、平均修复时间(mean time between repair,MTTR)、平均故障间隔时间(mean time between failure,MTBF)等关键KPI指标,实现了生产数据可视化、生产过程透明化,提高了运营和决策的效率。

常规报表制作是一项耗时且低效的工作,通过商业智能软件自动生成定期报告,可大量减轻分析的团队的工作量,提升数据整合与分析效率,使得分析师可以专注于全局策略和创新。以HelloFresh公司为例,该公司直接向10个国际市场上的消费者家庭供应新鲜食材和食谱,各区域日报与周报的制作均需要1~4个工时,且往往无法提供需要的见解。通过部署商业智能平台,HelloFresh集中了跨10个区域的数据以获取实时营销活动结果,并通过自动执行报告流程,每日为营销分析团队节省10~20个工时。

但商业智能并不等于仪表板或报表自动化,分析是商业智能最关键的功能。通过对数据进行研究,以发现有意义的趋势和见解,从而通过数据驱动的决策来创造价值。例如,前文中所提到的GJT智能工厂通过设备与设备之间以及班次与班次之间的对比等分析,提升了设备加工节拍精细化管理的水平,且通过数据分析直接给出效率损失原因,提高了问题定位与解决的速度,OEE从83%提高至92%,MTBF降低了6%。HelloFresh营销团队基于对页面点击以及浏览时间等用户行为的聚合分析,将用户分为3类典型角色,以此来指导营销工作,为各类细分目标群体提供个性化的广告与食谱推荐,实现了转化率和客户忠诚度的提高。

关于如何通过描述性分析、预测性分析与指导性分析这3个步骤来充分利用数据,发挥分析的价值,将在7.2~7.4节中分别进行详细介绍,本节中我们以设备和资产运营为例,简要说明商业智能在分析方面的应用。

如表7-2所示,为有效分析数据,决策者首先需要明确优化目标,以及为实现优化目标需要了解哪些问题,然后根据所需要了解的问题来选择合适的分析方法与工具。分析需要始终围绕业务运营中的痛点,所执行的分析必须与企业的分析能力以及希望达成的目标相匹配。

共享与协作也是现代商业智能发展的重要趋势,不同组织或同一组织下的不同部门的协作可以使得分析和决策变得更加简单高效。例如,销售部门与市场部门协作以找出新增长点,运营部门与业务部门协作来基于运营数据对业务进行及时调整。云计算平台的成本效益和灵活性为共享与协作提供了便利,支持不同组织或部门之间实现基于数据的紧密合作,共享业务见解。

表 7-2　商业智能在分析方面的应用(以设备和资产管理为例)

	描述性分析	预测性分析	指导性分析
	已经发生了什么	将来会发生什么	应该如何做
优化目标	提高设备可靠性 降低人工和库存成本	预测基础架构故障 预测设施空间需求	提高设备利用率 优化资源调度
分析问题	设备故障的数量和类型 维护成本为什么很高物料库存的价值	如何预测特定资产类型的故障 何时需要整合未充分利用的设施 如何确定提高服务级别所需的费用	如何增加资产生产 最好将维修技师引导到何处 哪些设施计划的长期利用率最高
分析方法	标准报告:发生了什么 查询/深入分析:究竟是哪里出了问题 特别报告:数量、频率和地点	预测:可能会发生什么 预警:需采取什么行动	优化:最佳结果是什么 随机优化:关注随机性
分析工具	预警、报表、仪表板	预测模型、统计分析	优化模型、业务规则、组织模型、对比分析

注:改编自 IBM 报告 *Descriptive, predictive, prescriptive: Transforming asset and facilities management with analytics: Choose the right data analytics solutions to boost service quality, reduce operating costs and build ROI*。

节点及关联

商业决策体系:DIKW 模型(数据、信息、知识、智慧)
商业数据分析:描述性分析,预测性分析,指导性分析

7.1.3　商业智能的主要方法

商业智能的技术支持主要涉及数据管理和数据分析两个方面。数据管理为数据分析提供良好的访问与分析基础,避免由于数据质量差或无法访问而导致糟糕的分析结果;数据分析驱动数据管理体系的构建,分析与决策过程中的数据需求为如何进行数据管理提供参考。两方面协同工作,才能提高分析的效率,获取更有价值的分析结果。

1. 数据管理

商业智能平台中所使用的典型数据管理技术为数据仓库。数据仓库是一个面向主题的(subject-oriented)、集成的(integrated)、非易失的(non-volatile)、随时间变化的(time-variant)数据集合,用于支持管理决策。数据仓库的目的是构建分析驱动的集成化数据环境,为最终的业务分析与决策制定提供数据支持。

图 7-3 描述了企业内数据仓库体系的传统架构。正如图中所显示的,数据仓库本身并不"生产数据",而是由多个外部数据源的数据经过提取、转换和装载(extract-transformload,ETL)整合到数据仓库中。由于数据仓库是一个统一的、集成的、庞大的数据集合,为便于其利用与管理,元数据成为数据仓库环境中的重要组成部分之一,决定了数据分析的有效性。元数据是描述数据的数据,记录了数据仓库中包含的数据内容、来源、位置、抽取记录等信息,从而使用户能快速找到所需数据。基于所建设的企业范围内的数据仓库、内部操作系统或外部数据等,各部门可根据自己的分析需求来搭建数据集市,利用数据集市进行分析与决策。数据集市可看作为更小、更集中的数据仓库,通常由企业内的单个部门构建和管理,相对于数据仓库而言,它具有规模小、面向特定的应用、搭建难度小等特点,因而通常能更快速地实现以及更容易地使用。最后,OLAP 引擎对数据仓库或数据集市中的数据进行分析处理,以满足决策支持或满足在多维环境下特定的查询和报表需求。

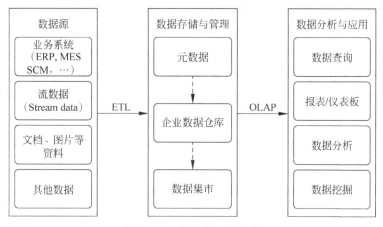

图 7-3　数据仓库传统架构

前文对数据仓库的定义中提到了数据仓库的 4 个特性:面向主题性;集成性;非易失性;时变性。数据仓库的"面向主题性"是指其中的数据需要围绕制定决策时所关注的分析主题来组织,从而完整地、统一地、逻辑清晰地整合分析对象涉及的各项数据,刻画数据间的联系。主题领域与企业类型相关。例如,对于制造企业而言,关注的主要主题是产品、订单、供应商、材料单和原货物;对于零售业而言,主题包括产品、库存单位(stock keeping unit,SKU)、销售、分销商等。数据仓库的这一特性与"面向事务"的操作型数据库不同,数据库在数据组织方面要求标准化,避免冗余,以提高事务处理的效率;而数据仓库中所存储的是分析驱动的、经过综合和提炼后的数据,数据组织相对松散,存在冗余,以提高执行复杂分析查询的效率。

数据仓库的"集成性"是指在数据仓库的建设中,来自多个数据源的数据经过提取、清洗、转换后整合为有机的整体。数据源可以是 ERP、CRM 等数据库,也可以是业务过程中生成的文档、图像、音视频等非结构化数据。来自多个数据源的数据在编码方式、命名规则、物理属性、属性度量等方面缺乏统一性,消除这种不一致性是将数据集成到数据仓库这一过程中的重点与难点,

数据仓库的第三个特性是"非易失性"。通常情况下,数据以静态快照的形式批量载入数据仓库,用户仅对数据仓库中的数据进行查询与分析,而不进行类似于操作型数据库中的逐条添加、删除、修改等操作。在进行增补与更新时,数据以一个新的快照记录的形式写入数据仓库,如此数据仓库中就保存了数据的历史状况。

数据仓库的最后一个特性"时变性"是指数据仓库中的数据随时间变化而更新,其中的数据记录均包含时间项,以标明数据的历史时期。由于对发展趋势等的分析需要,数据仓库中数据的保存期限较长,不同于操作型数据库中通常只存储 60～90 天的数据,数据仓库中所存储数据的时间范围通常为 5～10 年。

传统数据仓库架构主要基于关系型数据库,难以满足快速增长的海量数据存储需求,局限于结构化数据,且计算和处理能力不足,数据量达到 TB 级后性能即受限。Hadoop 生态的发展带来了基于 Hive/HDFS(hadoop distributed file system,Hadoop 分布式文件系统)的离线数据仓库架构的兴起,该离线数据仓库架构可更高效地存储和处理大型数据集,支持结构化和非结构化数据的处理,能快速地对 PB 级数据进行操作。但 Hive 数据仓库仅适用于对一段时间内的数据进行分析查询,而不适用于实时查询。近几年来,随着商业智能平台逐渐向敏捷化发展,基于 Flink/Spark 流数据处理/Storm 等实时处理框架的实时数据仓库架构也得到了大量关注,尤其是在数据量大且对分析的实时性要求较高的互联网企业。可以预见,随着企业业务的迅速发展以及信息技术的快速迭代,商业智能中所涉及的数据存储与管理技术也将持续优化,企业对于技术的具体选择应取决于数据的量级、特点(如非结构化数据所占的比例)以及业务的实际需求等具体因素,选择适合自身的数据仓库体系。

2. 数据分析方法

商业智能中所使用的数据分析方法主要包括统计学方法和运筹学方法,同时,随着处理复杂问题的需要以及人工智能的发展,机器学习、深度学习和强化学习等人工智能方法也逐渐成为商业智能与分析中的重要手段。表 7-3 中列出了主要的数据分析方法及其在 3 个分析步骤中的应用。

表 7-3　商业智能中的数据分析方法

方 法 类 别	涵 盖 内 容	主 要 应 用
统计学方法	描述性统计 数据可视化 概率分布 统计推断 回归分析 预测建模与分析	描述性分析 预测性分析
运筹学方法	数学规划 随机优化 决策理论 仿真	指导性分析
人工智能	机器学习 深度学习 强化学习	预测性分析 指导性分析
其他方法	系统工程 对比分析 案例分析	指导性分析

统计学方法主要应用于描述性分析和预测性分析中,通过数据探索与数据可视化,揭示企业运营中所关注的关键指标与趋势,借助回归分析和预测建模与分析,发现规律,推测规则,预测未来。运筹学方法则主要应用于指导性分析,将实际问题提炼为优化模型,利用数学方法从管理的角度来实现最优或接近最优的决策;或将复杂系统抽象为仿真模型,对该模型输入及输出数据进行分析,从而找出系统存在的问题并提出优化方案。人工智能的引入进一步增强了 BI 平台处理海量、异构数据的能力,使得 BI 平台在知识发现、未来预测等方面具有更佳的表现。人工智能与运筹学等方法的结合使得更大规模、更高复杂度的优化问题得以求解,且提升了大规模问题的求解效率,从而支持 BI 平台在企业运营中的更广泛、更深入的应用。其他分析方法还包括系统工程方法(如鱼骨图、六西格玛模型、质量屋模型等)、对比分析法、案例分析法等,这些方法也常被用于指导性分析中。

数据分析需围绕运营中的痛点进行技术革新,结合实际业务来解释分析结果。对业务分析需求的梳理是商业智能的第一步,也往往是十分困难的一步,既需要把握企业整体战略的宏观维度,也需要真正深入到各业务部门的具体需求。为使数据分析能满足企业战略与经营目标的需求,企业需要整合多方面的资源,加强各部门之间的沟通与协调,从而合理配置分析资源,攫取数据与分析的真正价值。

节点及关联

数据管理:数据仓库,关系型数据库,分布式文件系统,云存储……

数据分析:统计学方法,运筹学方法,机器学习,深度学习,强化学习,人工智能……

7.2 描述性分析

本节从商业智能最基础也是最初始的分析工作——描述性分析开始,介绍描述性分析的概念、过程、典型方法等,并用案例说明传统的描述性分析工作在智能制造的革新中发生的变化。

7.2.1 描述性分析的基本概念和原理

1. 基本概念

描述性分析是对于商业生产中产生的原始数据进行查询、处理、加工,最终告诉分析者目前正在发生什么,并形成可被他人认知的报告的过程。

需要注意的是,描述性分析并不对决策进行任何直接的指导和建议,它仅仅是告诉你已经发生的事情是怎么样的、目前正在发生的事情如何。同时它间接地辅助决策,比如分析制造商品的质量与哪些生产要素相关。描述性分析得到的处理后的数据可以辅助人们进行进一步数据诊断、数据挖掘,是进行更深入分析的基础。

2. 原理步骤

描述性分析一般原理与步骤如下:

(1) 收集原始数据。无论在什么样的分析中,第一步都是收集原始数据或资料,这些材料将成为未来分析的基础。

（2）确定决策内容及定义问题。描述性分析通常是有目的性的，比如分析某产品生产质量为何较低，分析车间生产效率为何较高等。当然，在一些情况下，描述性分析会发现一些意料之外的超出预定决策内容的变化趋势或事物联系，但在分析前决定目标是让分析更加有指向性与目的性，使最后的分析结果更有意义的基础。

（3）利用统计等手段进行数据分析。在这一阶段中，对原始数据进行整合并通过统计手段进行分析，找到原始数据与目标之间的联系。

（4）形成报告。最后阶段的包装工作是让分析者之外的人理解分析结果的工作。在这一阶段，要进行数据可视化、进一步改善表格以及进行报告的撰写。

本节从第（3）点与第（4）点展开，讲解描述性分析的基本方法，重点介绍描述性分析中常见的统计方法与数据可视化工具。并在最后进行案例分析，希望能够帮助读者理解描述性分析在做什么、怎么做以及描述性分析有何意义。

7.2.2 典型方法

1. 多维分析方法

在生产活动中得到的数据常常是复杂的数据组，这些数据组也经常是多维的或者复合的。描述性分析首先需要对数据组进行处理。

1）数据切片与分割

为了使大量数据更容易理解和使用，常常对原始数据进行切片（slicing）和分割（dicing）操作。切片是一种将原始大数据集过滤为感兴趣的较小数据集的方法。假如我们拥有一个关于生产的三维数据集，3 个维度分别是生产日期、产品合格率以及生产车间号；三维的生产数据构成了一个数据立方体，而数据切片则是在寻找该立方体的一个切面。在本例中，一个可行的数据切片方法为建立关于生产日期与产品合格率的子数据集。

分割操作也是将原始大数据集缩小的方法。分割是指提取出某一维度关心的一组数据并且在其他维度提取出与该维度数据相关数据的方法。分割通常含有 3 个或以上维度，其重点在于观察不同维度之间可能存在的联系情况。在三维数据的例子中，数据分割可以认为是提取出数据立方体中的一个子立方体的过程。

2）下钻、上滚与钻穿

对于本身在同一维度具有不同导航级别的数据，在数据分析中经常采用下钻与上滚的方法来使数据能更容易地被理解。下钻是指从汇总数据到更加细节的数据，而上滚则是反向的过程。例如，我们拥有某跨国企业在世界范围内的所有生产数据，数据导航级别为：全球生产数据—某一具体国家生产数据—国家某地区生产数据，下钻是指从全球生产数据（高度汇总）的导航水平跳转到某国家生产数据再到某地区甚至某厂房的生产数据（高度细节），上滚则是反向的过程。

钻穿也是在导航级别上跳转的方法。与下钻、上滚不同，钻穿是指在不同维度的数据上进行导航级别跳转。钻穿必须规定钻穿路径，即从什么维度的什么级别数据钻穿到另一维度数据。图 7-4 就是一个从装配车间 1 钻穿到生产时间的例子。

2. 统计方法

描述性分析是通过考虑过去的数据并进行分析来辅助决策，帮助我们实现当前的和未

	产品合格率			
	截止阀A	截止阀B	换向阀A	换向阀B
装配车间1	97.58%	96.60%	87.54%	81.38%
装配车间2	98.71%	93.36%	83.47%	84.54%
装配车间3	92.98%	94.79%	85.00%	79.88%
装配车间4	98.47%	98.66%	86.97%	85.02%

装配车间1→生产时间

	装配车间1各产品合格率			
	截止阀A	截止阀B	换向阀A	换向阀B
第三季第1周	97.30%	93.60%	83.44%	81.79%
第三季第2周	95.88%	98.36%	85.88%	79.31%
第三季第3周	98.92%	96.79%	88.79%	79.10%
第三季第4周	98.22%	97.65%	92.05%	85.32%

图 7-4　从装配车间 1 钻穿到该车间生产时间

来的目标。而其中,统计分析是执行描述性分析的主要工具,它包括提供简单总结的描述性统计,集中趋势的度量、数据离散状况以及数据之间可能具有的相关性等的分析。

1) 数据集中趋势指标

在生产以及其他相关活动中,我们能够收集到大量数据。在这当中,很多数据往往呈现出大量数据集中在某一数值附近:离该值越近,数据出现越频繁;离该值越远,数据出现越稀疏。我们称这类数据具有集中趋势,而适当地描述这一趋势的指标被称为集中趋势指标。常用的集中趋势指标有 3 类:平均数、中位数、众数。下面对各类平均数、中位数以及由中位数引出的分位数、众数分别进行介绍。

(1) 算术平均数

算术平均数集中趋势指标中最重要的量,也是生产活动中最常见的集中趋势指标之一。算术平均数分为简单算术平均数与加权算术平均数。其中,加权算术平均数的计算公式可以表示为

$$\overline{X} = \frac{\sum_{i=1}^{n} x_i w_i}{\sum_{i=1}^{n} w_i} \tag{7-1}$$

而简单算术平均数可以认为是所有权重均为 1 的特殊情形。需要注意的是,平均数作为集中趋势指标容易受到极端值的影响,必要时可以舍弃部分不感兴趣或不合理的极端值,例如在 10 月日均生产量的计算中除去因节假日造成的生产量锐减的日期后再进行计算。但极端值在某些情况下必须保留。在上述例子中,如果进行的是 10 月产能估计,则 10 月日均生产量必须考虑极端值的影响。在另一些情况中,也会对已经处理过的数据进行算术平均数计算,例如服从对数正态分布的数据,首先进行取对数处理再进行算术平均可以得到可靠的平均值集中趋势指标。

（2）几何平均数

另一种在生产实践中同样常用的平均数指标是几何平均数。几何平均数在生产实践中多用来表示某增长率、复利规则下的平均年利率，连续生产线上产品平均合格率。在连续生产线上，若工位 1 生产合格率为 98.0%，工位 2 合格率 86.0%，工位 3 合格率 86.0%，那么该生产线上 3 个工位的产品平均合格率为 89.8%，而不是算术平均数所计算的 90.0%。在该例中，用到了几何平均数的计算公式：

$$G_n = \sqrt[n]{x_1 x_2 \cdots x_n} = \sqrt[n]{\prod_{i=1}^{n} x_i} \tag{7-2}$$

同时，我们需要了解，与算术平均数相似，几何平均数也具有加权形式。在上例中，如果工位 3 处于生产线末端，所以工位 3 的合格率最重要；相对应地，工位 1 的合格率最不重要。所以我们分别给工位 1、2、3 分配 1、2、3 的权重，则加权后的该产线产品平均合格率为 87.9%。此处用到的加权几何平均数公式为

$$G_n = \sqrt[\sum_{i=1}^{n} f_i]{\prod_{i=1}^{n} x_i^{f_i}} \tag{7-3}$$

在以上数值实验的过程中，我们发现相对算术平均数而言，几何平均数对极端值有更好的耐受性，但该能力也并不突出。应当注意的是，几何平均数只在多个量乘积确实具有几何意义的方面进行使用。

（3）中位数与分位数

除了平均数之外，分位数是使用最广泛的集中趋势指标。中位数作为分位数中最重要的指标，也常常与简单算术平均数一起讨论。中位数以及其他分位数与平均数不同，具有不容易受到极端值影响的特点。在样本数量有限的情况下，中位数计算如下：把所有的 n 个数据按照大小的顺序排列。若 n 为奇数，则第 $\frac{n+1}{2}$ 个数据就是这组数据的中位数；若 n 为偶数，中位数为第 $\frac{n}{2}$ 个数与第 $\frac{n}{2}+1$ 个数的算术平均值。分位数的计算与中位数相似。例如，四分位数就是将一组数据按大小顺序排列并分成四等份，处于 3 个等分点位置的数就是 3 个四分位数（其中处于中间的四分位数就是中位数）。当然，虽然分位数有不易受到极端值影响的优点，但是同样其也对数据变化不敏感，少数值的变化不会对中位数造成太大影响，这使得其在生产实践中难以用于监测一组样本可能的变化情况。

（4）众数

众数是一组数据当中出现次数最多的数。当一组数据所有数的出现次数一样时，这组数据没有众数。由定义可知，众数对连续变量来说意义有限，所以在希望对一组连续变量的出现次数进行统计时，应该采用直方图式统计方式，即统计相同长度区间内的数。这一点在制鞋厂中体现很明显。每个人脚的长度是连续的变量，而鞋码则是离散的变量，作为离散变量的鞋码就存在了众数，制鞋厂可以据此加大众数鞋码的生产量来满足大众的需求。需要注意，一组数据可以有不止一个众数，但不能全部是众数（即在上方提到的当一组数据所有数的出现次数一样时，这组数据没有众数）。

2）数据离散趋势指标

在生产实践中，我们除了关注数据的集中趋势指标之外，在很多情况下，也关注数据的

离散趋势指标,比如关心生产出工件尺寸最大最小值的差距,关心同一车间一段时间生产零件不良品率的方差或标准差等。观察一组数据仅仅用集中趋势指标是远远不够的,必须加入离散趋势指标对数据的离散程度进行分析。常用的离散趋势指标包括极差、方差与标准差、变异系数、四分位数间距等。在这里,我们对其中 3 项即极差、方差与标准差、变异系数进行讨论。

(1) 极差

极差也被称为全距,是一组数据中最大值与最小值的差,表示一组数据的波动范围。极差是最简单的数据离散趋势指标,具有计算简单、直观的特点。在已知样本分布的情况下,只需要极差与样本数量两个指标就可以估计样本分布的某些参数。这一特点在经典的质量管理体系中十分常用,均值-极差控制图就是利用了极差的这一属性而被创造出来的。在生产实践中经常用到的极差指标为移动极差,在均值-极差控制图中出现的极差也是移动极差。从定义上看,移动极差是指每次获得新数据时删除该组数据中最老的数据,并重新计算完成增删后数据的极差。而在应用上来看,移动极差常常用于单值控制图,在这类控制图中,移动极差一般是指新增数据与前一个数据之间的差。

(2) 方差与标准差

方差是描述样本中每一个量与总体均值差异的量。总体方差的计算公式为

$$\sigma^2 = \frac{(X - \mu)^2}{N} \tag{7-4}$$

其中,σ^2 是方差;X 是每个变量的值;μ 为总体均值;N 是总体例数。需要注意的是,该公式中的总体均值 μ 并不是样本中所有数据的算术平均数 $\overline{X}$,而是指真实分布中的总体均值。由于 μ 在实际案例中很难得到,所以常用样本数据的算术平均数 $\overline{X}$ 来估计总体的方差,所得样本方差的计算公式为

$$S^2 = \frac{\sum_{i=1}^{n}(x_i - \overline{X})}{n - 1} \tag{7-5}$$

其中,S^2 表示样本方差,也就是总体方差的估计值;x_i 为样本中变量的值;n 为样本中的元素个数。标准差与方差类似,分为总体标准差与样本标准差,其中更加常用的是样本标准差。所有标准差的计算都是对应方差的算术平方根。

(3) 变异系数

变异系数用于在两组数据测量尺度差别较大时比较这两组数据离散程度的大小。相当于消除了尺度与量纲影响的离散程度。变异系数的计算公式为

$$c_v = \frac{\sigma}{\mu} \tag{7-6}$$

其中,c_v 为变异系数;σ 为总体标准差;μ 为总体均值。变异系数在生产实践中往往用于比较两组数据绝对的离散程度大小,例如比较制造出的 A 型零件与 B 型零件哪一个的尺寸变化相对于自身尺寸而言更加不稳定。

3) 变量相关性

在分析单一维度的变量时,往往用集中趋势指标与离散趋势指标就足够了,但是在分析多个变量与它们之间的关系时,就需要用到相关性指标。一般来说,变量相关性有以下 3 种

形式：两变量正相关、两变量负相关以及两变量不相关。为了量化计算两变量之间的线性相关性，统计学家卡尔·皮尔逊设计了皮尔逊（Pearson）相关系数，其计算公式为

$$r(X,Y) = \frac{\text{Cov}(X,Y)}{\sqrt{\text{Var}(X)\text{Var}(Y)}} \tag{7-7}$$

其中，$r(X,Y)$即为皮尔逊相关系数；$\text{Cov}(X,Y)$为两变量之间的协方差；$\text{Var}(X)$与$\text{Var}(Y)$分别是两变量各自的方差。协方差的计算公式为

$$\text{Cov}[X,Y] = E[XY] - E[X]E[Y]$$

其中，E表示一个变量或表达式的期望。

$r(X,Y)=1$表示绝对线性正相关，$r(X,Y)=-1$表示绝对线性负相关，而$r(X,Y)=0$表示线性无相关性。需要注意的是，线性无相关性以及各种无相关性都不表示两个变量独立，无相关性的变量可能具有其他一些关系。

除了皮尔逊相关系数之外，还有斯皮尔曼（Spearman）相关系数，它是等级相关的非参数相关系数，是将变量转化为等级变量后的皮尔逊相关系数。其他还有秩相关系数等。

3. 数据可视化工具

对于描述性分析而言，除了基础的数值分析之外，最重要的部分即为数据可视化的过程。这是决定描述性分析是否能够被分析人员以外的人理解、接受与操作的关键步骤。好的描述性分析应该伴有恰当的数据可视化方式。同时，良好可视化的数据也能更好地辅助分析人员认识数据，找出数据地规律或异常，并进行分析。

1）单一变量描述工具

（1）直方图与密度图

观察一组变量以及其分布，最基础的方法就是观察其直方图（histogram）。图7-5就是一个典型正态分布的直方图的样式，样本量为1000。

可以看到，图中横轴表示变量值，纵轴表示变量出现的频率。在直方图中，可以直观地看到变量分布的规律，包括其集中趋势、离散趋势等。在一些例子中，可以直接通过直方图判断变量的分布族，对参数进行估计并得到最终的分布。

密度图（density plot）也是一种常见的绘图形式。有限变量的密度图通常通过将直方图的边界柔和化、连续化得到，且密度图纵坐标从频率转化为密度。密度图的含义是变量出现的概率密度分布情况，其面积积分为1。

（2）箱线图

箱线图（box plot）是与分位数相关的常见统计图形。图7-6是一个典型的箱线图的例子。

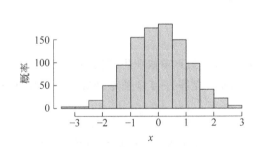

图7-5　标准正态分布的直方图

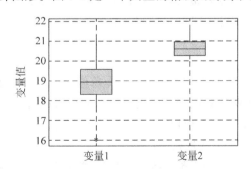

图7-6　包含两变量的箱线图

在这类图形中,横轴表示变量种类,纵轴表示变量值。箱线图的上端点与下端点表示两个极值,箱子上的 3 根线分别代表 3 个四分位数的值。从箱线图可以大致看出变量中心是否偏移、极差以及大致的离散程度、集中趋势等。与箱线图类似的还有小提琴图,这种图可以看作竖式对称的密度图,将两个小提琴图各自的一半合成一张图可以很方便地对两类变量进行对比。

2)单一变量其他可视化图形

(1)折线图

折线图一般用于描述变量的变化趋势。纵坐标为变量值,横坐标为变化因素,常见的横坐标有时间、生产件数、里程数(用于汽车等载具的质量分析)等。在折线图的作图中,可以重点强调其变化与异常值,使数据接收者更容易理解。

(2)饼图

饼图一般用于描述一个总体中各个分类的比例。这些分类往往不能由数据代表,是一种离散型数据的描述方法。但是需要注意的是,由于肉眼对角度的估计比对高度的估计更加困难,饼图通常具有数值不明显、比较比例相近的项比较困难等缺点。适当地在饼图上添加数据是一种较好的改善方案。

3)多变量描述工具

(1)雷达图

雷达图是用从同一点开始的轴上表示 3 个或更多个定量变量的二维图表。因为其形状与雷达相似,所以称为雷达图。图 7-7 就是一个典型的雷达图。

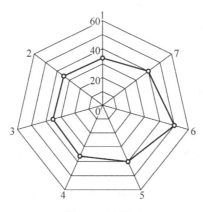

图 7-7　雷达图

这类图表只适用于单一对象多变量的表述。若每个维度的变量具有不同的尺度或单位,则雷达图应该对每个变量的尺度进行设计与说明。在实践中,雷达图经常用来表示某一对象在多个维度方面的能力情况,例如工人 A 在进行不同工位的作业活动时的能力。

(2)热力图

与在地图上经常绘制的热力图不同,这里的热力图是以表格形式存在的,可以看作一种更加直观的表格。在热力图中,每一格代表一个值,一般来说颜色越深表示值越大。热力图具有数值变化不明显、比较近似值比较困难等缺点,在很多时候并不能直接代替图表,但在相关性图的绘制中,利用热力图辅助绘图十分常见。图 7-8 为一经典的相关性图,可以看到不同颜色的热力图表示方法在其中起到了作用。

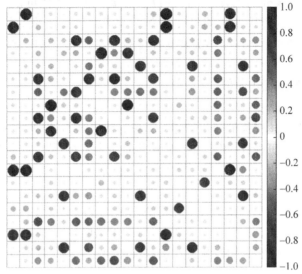

图 7-8　具有热力图性质的相关性图

7.2.3　案例分析——数字化与描述性分析

近年来,制造业从业者在智能工厂、智能化方面都有一些尝试,在尝试后,很多从业者发现,智能工厂不仅仅是导入了高端的智能设备,更重要的是通过智能化手段使现场出现问题后能够更加迅速地反馈,并进行实时的数据分析处理。同时,运用机器视觉、数字孪生等手段,工厂可以有效缩短各种问题的判定时间,提升改善的速度。这就是数字化、智能化的描述性分析在实际实践中的效果。

下面通过分析 NEC 工业物联网平台在实现智能工厂时所做的描述性分析的有关工作以及使用的技术,来说明描述性分析在数字化时代的转变。NEC 认为,数字化给制造业带来的变化有 4 个关键词:自律改善、自动化、远程、连接。其中,"自律改善"是指通过借助人工智能可以实现水平更高的实时数据跟踪与改善,而且速度更快。"自动化"不是把人排除在外的自动化,而是发挥只有人才能实现的优势和价值,比如系统维护、更高级别的决策等。"远程"是指创造一种环境,使工作变得柔性灵活,即使你不在工厂也能对工厂内的数据有一定程度的掌握。"连接"是指通过连接整个价值链(如物流和供应商)共享、可视化和分析数据,而不仅仅是工厂。

在这样的背景下,描述性分析的步骤被大大简化了。工厂所使用的数据收集设备可以直接对数据进行初步的分析并且形成一定程度的报告甚至直接进行一些初级的决策。在数字化发展到现在的阶段,基础、常用的描述性分析工作已经可以由传感装置、数字化显示设备所替代,但是高级别的描述性分析依然存在意义,且这类分析比以往更加重要了。依据 NEC 对目前工作的描述,目前"自动化"的目标在于发挥只有人才能实现的优势和价值,浅层的描述性分析已经被机器所代替,但深层次的描述性分析,如多维度相关性分析、各个维度之间的钻穿以及对异常数据的解释是目前初等的人工智能无法做到的。

> **节点及关联**
>
> 　　描述性分析是对于商业生产中产生的原始数据进行查询、处理、加工,最终告诉分析者目前正在发生什么,并形成可被他人认知的报告的过程。
>
> 　　分析步骤:(1)收集原始数据;(2)确定决策内容及定义问题;(3)利用统计等手段进行数据分析;(4)形成报告。
>
> 　　分析方法和工具:多维分析方法,统计方法,数据可视化工具⋯⋯

7.3　预测性分析

预测性分析是一种更加高阶的分析方法,通常在描述性分析之后进行。本节将首先介绍预测性分析的基本概念和原理,然后介绍典型方法及应用。

7.3.1　预测性分析的基本概念和原理

预测性分析是一种高阶的分析方法,即使用统计分析、机器学习、人工智能等方法分析历史数据以识别模式,预测未来结果和趋势。预测性分析使组织变得更加主动,具有前瞻性,能够根据数据而不是凭直觉或假设进行决策。

预测性分析在商业智能中有广泛的应用,典型应用场景如下:

(1)价格预测。连锁酒店、航空公司和在线零售商等企业需要根据季节变化、客户需求变化和特殊事件发生等因素,不断调整价格,以获得最大回报。预测性分析模型可以根据历史销售记录来预测最优价格,企业可以利用这些预测作为定价决策的输入。

(2)风险评估。风险是企业几乎所有决策的关键影响因素之一。预测性分析模型可用于预测与决策相关的风险,如发放贷款或承保保险单。这些模型使用历史数据进行训练,从中提取"关键风险指标",输出结果可以帮助组织做出更好的风险判断。

(3)倾向性建模。如果我们能够预测客户采取不同行动的可能性或倾向,大多数商业决策都会变得更加容易。预测性数据分析可用于构建基于历史行为预测未来客户行为的模型,典型案例如预测客户离开一家移动电话运营商到另一家运营商的可能性,以进行特定的营销工作。

在进行预测性分析时,遵循标准化步骤有助于提高分析效率和结果的效度。预测性分析最通用的标准步骤之一是跨行业数据挖掘标准流程(cross industry standard process for data mining,CRISP-DM)。CRISP-DM 由于其通用性,即与特定的应用程序和工具无关的性质,被数据分析师广泛应用。图 7-9 所示为 CRISP-DM 流程图,定义了预测性分析过程的 6 个阶段。

预测性分析过程的 6 个阶段具体如下:

(1)商业理解(business understanding)。预

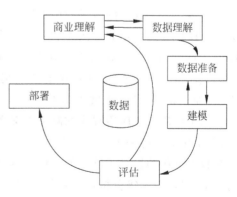

图 7-9　CRSIP-DM 流程图

测项目不应在开始时就以构建预测模型为目标,而应当聚焦在获得新客户、销售更多产品或提高流程效率。因此,在任何分析项目的第一阶段,数据分析师的主要目标是全面了解正在解决的业务(或组织)问题,然后为其设计数据分析解决方案。

(2) 数据理解(data understanding)。一旦预测性分析用于解决业务问题的方式已经确定,数据分析员必须充分了解组织内可用的不同数据源以及这些数据源中包含的不同类型的数据。

(3) 数据准备(data preparation)。建立预测数据分析模型需要特定类型的数据,以一种称为分析基表(analytical base table,ABT)的特定结构进行组织。CRISP-DM 的这一阶段包括将组织中不同数据源转换为可训练出预测模型的格式合适的 ABT 所需的所有活动。

(4) 建模(modeling)。CRISP-DM 过程的建模阶段是使用不同的统计与机器学习算法来建立一系列预测模型,并从中选出最佳模型进行部署。

(5) 评估(evaluation)。在将模型部署到组织内使用之前,重要的是要对模型进行充分评估,并证明它们适合该目的。CRISP-DM 的这一阶段需要评估预测模型能否进行准确预测所需的所有评估任务,不会发生过拟合或者欠拟合。

(6) 部署(deployment)。机器学习模型的建立是为了服务于组织内的目的,而 CRISP-DM 的最后一个阶段涵盖了将机器学习模型成功地集成到组织内的流程中所必须完成的所有工作。

如图 7-9 所示,数据是流程的核心,CRISP-DM 的不同阶段存在一定的联系。CRISP-DM 中的某些阶段比其他阶段更紧密地联系在一起。例如,业务理解和数据理解是紧密耦合的,项目通常要花费一些时间在这两个阶段反复迭代。同样的关系也应用于数据准备和建模。

7.3.2 典型方法

本节首先介绍通用的预测性分析方法,然后针对具体的数据类型进行拓展,即文本挖掘和网页分析。在介绍这些方法时,我们并不给定算法实现的平台或是编程语言,但是实现方法也是非常重要的,因此本节将首先简要介绍预测性分析的工具,然后介绍不同的算法。

在确定使用的预测性分析工具时,首先需要决定是使用基于应用程序的解决方案还是编程语言。开发成熟的基于应用程序(即点击式工具)的工具使开发和评估模型以及执行相关数据操作任务变得非常快速和容易。常用的基于应用程序的解决方案包括 IBM SPSS、Knime analytics Platform、RapidMiner Studio、SAS Enterprise Miner 和 Weka 等。IBM 和 SAS 的工具是与这些公司的其他产品集成的企业级解决方案,而 Knime、RapidMiner 和 Weka 是开源的、免费提供的解决方案,可以直接下载使用。

除了使用基于应用程序的解决方案之外,许多数据分析师使用编程语言进行预测性分析,最常用的两种编程语言是 R 和 Python。在预测性分析项目中使用编程语言的优势在于它为数据分析师提供了巨大的灵活性,可以实现分析师想象到的任何方法。而且,在大多数情况下,最新的高级分析技术在基于应用程序的解决方案中实现之前,就可以在编程语言中使用了。

1. 预测性分析算法概览

下面将介绍典型的预测建模方法,如人工神经网络、支持向量机和决策树,这些方法能够解决分类和回归类型的预测问题。也将讨论风险预测的特殊方法,如 Cox 回归模型。表 7-4 归纳了常见的预测任务及常用算法,由于篇幅限制,不能对每种算法进行详细介绍,感兴趣的读者可以进一步查阅相关资料。

表 7-4　常用预测算法

任　　务	常　用　算　法
分类	决策树,人工神经网络,支持向量机,朴素贝叶斯,遗传算法,集成模型
回归	线性/非线性回归,回归树,人工神经网络,支持向量机,集成模型
风险预测	Cox 比例风险模型,马尔可夫模型

1) 决策树

决策树(decision tree,DT)是一种用于分类和回归的非参数监督学习方法。其目标是创建一个模型,通过学习从数据特征推断出的简单决策规则来预测目标变量的值。决策树的优点是易于理解和解释;缺点是容易过拟合,需要进一步处理以提高泛化能力。

2) 支持向量机

支持向量机(support vector machine,SVM)是一种数据分类算法,它将新的数据元素分配给一个已标记的类别。在大多数情况下,支持向量机是一种二元分类器,它假设所讨论的数据包含两个可能的目标值。多分类支持向量机(multi-class-SVM)可以用于多类别分类任务。支持向量机已成功应用于图像识别、医学诊断和文本分析等领域。

3) 朴素贝叶斯

朴素贝叶斯(naïve Bayes)算法是基于概率分析和贝叶斯定理的算法。贝叶斯定理用于计算基于先验知识的事件发生概率。朴素贝叶斯算法即基于历史数据和贝叶斯定理计算不同分类的概率。

4) 人工神经网络

人工神经网络(artificial neural network,ANN)是一种更复杂的模型,其结构受人脑结构的启发。神经网络广泛应用于分类问题,可以发现隐藏在数据中的复杂关联。图 7-10 展示了神经网络算法的结构,包括 3 种基本层级结构。

(1) 输入层:将过去的数据值输入下一个(隐藏)层。黑圈代表神经网络的节点。

(2) 隐藏层:封装了几个创建预测器的复杂函数,这些函数通常对用户隐藏。隐藏层的一组节点(黑色圆圈)表示修改输入数据的数学函数。这些函数称为神经元。

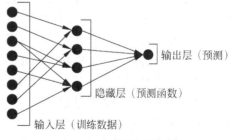

图 7-10　神经网络结构图

(3) 输出层:收集隐藏层中的预测并生成模型的预测。

神经网络算法的优点是具有高度准确性,即使数据存在明显的噪声,其他算法都无法处理,神经网络算法也能得到满意的结果。但神经网络算法容易过拟合,其预测准确性可能只在训练数据产生时成立,这是神经网络算法的主要缺点。

5)马尔可夫模型

马尔可夫模型(markov model)是高度依赖于概率论的统计模型,基于马尔可夫假设。一阶马尔可夫假设即事件在时间 n 发生的概率仅与时间 $n-1$ 发生的事件有关,此假设公式表达为

$$P(\text{event}_n \mid \text{event}_{n-1}, \text{event}_{n-2}, \cdots) = P(\text{event}_n \mid \text{event}_{n-1}) \tag{7-8}$$

基于此公式,即可进行一阶马尔可夫预测,也可以拓展到更高阶的情况。隐马尔可夫模型(hidden markov models, HMM)则包含可观测状态和隐含状态,其中隐含的马尔可夫过程通常无法直接观察到,基于贝叶斯定理和马尔可夫假设进行计算。隐马尔可夫模型在时间序列预测、语义识别和生物序列分析等领域有广泛的应用。

6)线性回归

线性回归(linear regression)是用于分析和发现两个变量之间关系的统计方法,可以用于预测一个变量的未来数值。线性回归对具有线性关系的数据最适用,对异常值高度敏感,因此在使用线性回归建模前应移去异常值。

7)集成模型

集成模型(ensemble model)是指集成多个模型来做预测,通常具有更高的准确度。集成可以在学习阶段、分类阶段或两个阶段同时发生。通常,可以使用投票机制对模型进行集成,或是通过训练来为不同模型设置权重。

8)Cox 比例风险模型

Cox 比例风险模型(Cox (proportional hazards) regression)是医学研究中常用的一种回归模型,用于研究患者生存时间与一个或多个预测变量之间的关系,目前也广泛应用于风险预测。

2. 预测性文本挖掘

预测性文本挖掘的方法可看作数值型数据挖掘的拓展。我们所处的信息时代的特点是收集、存储和提供电子格式的数据和信息的数量迅速增长,而绝大多数业务数据存储在几乎没有结构化的文本文档中。Gartner 预测,到 2021 年,自然语言处理和对话式分析将把分析和商业智能的使用覆盖率从 35% 的员工提高到 50% 以上,包括新的员工类型,甚至是前台工作人员。因此,掌握文本挖掘技术对企业来讲是非常重要的。

文本挖掘过程可以分为如下 3 个阶段:

(1)建立语料库。收集与所研究的上下文(感兴趣的领域)相关的所有文档。此集合可能包括文本文档、XML 文件、电子邮件、网页和简短注释。除了现成的文本数据外,语音记录也可以使用语音识别算法进行转录,并作为文本集合的一部分。收集完成后,将其转化为相同的表示形式(例如,ASCII 文本文件)进行计算机处理。

(2)创建词语-文档矩阵(term-document matrix)。本步将通过数字化和组织化的文档(语料库)创建术语-文档矩阵(TDM)。在 TDM 中,行表示文档,列表示术语。术语和文档之间的关系用索引来描述(一种关系度量变量,最简单的情况即术语在各个文档中的出现次数)

(3)知识发现。基于 TDM 及其他可能的结构化数据,可以在具体的问题场景中进行

知识发现,即建立预测模型。常用的预测性算法包括支持向量机、回归、朴素贝叶斯、决策树等。

股票市场的预测一直以来都是商业领域的热点问题,因为成功的预测可以为投资者带来显著的收益。一直以来,人们认为金融新闻对股票价格有显著的影响。Thanh 和 Messad 等使用文本挖掘和时间序列分析方法建立了每日股票市场趋势的预测模型,基于 2010—2012 年从 Vietnam 网站收集到的新闻标题和股票指数数据,通过结合多分类线性支持向量机权重(linear support vector machine weight,LSVM)和支持向量机方法,显著地提高了预测准确度。

文本挖掘在市场营销领域也有广泛的应用。公司可以使用文本挖掘来分析丰富的非结构化文本数据集,并结合从组织数据库中提取的相关结构化数据,预测客户的感知和后续的购买行为。Cossement 和 Van den Poel 应用文本挖掘技术显著提高了模型预测客户流失(即客户流失)的能力,从而能够准确地识别出那些最有可能离开公司的客户,采取挽留策略。

3. 预测性网页挖掘

网页内容挖掘是指从网页中提取有用的信息,它强烈依赖于通用的数据挖掘方法和文本挖掘。网络信息的增长速度很快,从网站和网页的访问方式可以发现隐藏的知识发现、用户访问的模式和趋势,并从业务角度为未来的决策提供指导。

网页挖掘利用网页信息,基于网页内容挖掘、网页结构挖掘和网页使用挖掘方法。网页由大量的非结构化文本文档组成,用户需要有效的技术,如基于关键字的检索和索引技术。研究网页服务器和网页日志分析有助于网页挖掘技术的应用。通常情况下,在挖掘过程中可能会使用网页的超链接结构或网页日志数据,或者两者结合使用。下面简要介绍 3 种网页挖掘方法。

1)网页内容挖掘

它处理的是从网页内容中发现的有用信息或知识,而不是超链接,也不仅仅是在搜索引擎中使用关键字。网页内容由非结构化的自由文本、图像、音频、视频、元数据和超链接等信息组成。此方法通过分析搜索引擎、主题目录、智能代理、集群分析和门户网站来判断用户可能在寻找什么。

2)网页结构挖掘

网页结构挖掘是指根据超链接的拓扑结构来发现和建模网页的超链接结构,用于分析特定主题或网页社区的站点之间的相似性。

3)网页使用挖掘

网页使用挖掘是指了解用户对网站的行为,并获取有助于提升网站以更好满足用户需求的信息。挖掘出的数据包括用户网页交互的数据日志、网页服务器日志、代理服务器日志和浏览器日志、页面引用、用户身份、用户在站点的时间和访问页面的顺序等。与网页结构挖掘不同的是,网页使用挖掘侧重于显示谁或有多少用户使用了该链接,他们来自哪个网站,离开页面后他们去了哪里。

7.3.3 案例分析——美团外卖的用户画像实践

对于外卖行业,用户画像可以帮助平台通过精准的产品推荐或价格策略实现运营目标。

美团外卖一直致力于综合运用预测性分析的方法进行用户画像实践,支撑其成为中国市场占有率最高的外卖平台。《2020 年 Q2 中国外卖行业发展分析报告》显示,自 2019 年第一季度至 2020 年第二季度,美团外卖市场份额从 63.4% 增至 68.2%。在分析常规的用户属性如年龄、性别之外,美团业务团队主要关注新客识别、流失预警和场景识别 3 个问题。

新客识别:新客识别相对于老客的困难主要在于缺少数据,因此需要通过统计和机器学习的方法进行推断,同时对特征进行筛选组合。美团团队组合多种特征,对稀疏数据进行了平滑处理,建立了有助于找到高转化率用户的预测模型。通过对高转化率客户进行精准营销,大幅提高了营销效率

流失预警:如何预测流失客户,做出相应的挽留措施,是企业重点关注的问题。美团团队使用机器学习的方法构建客户特征,通过这些特征来预测客户未来流失的概率。他们通过两种方法构建预测模型:一是预测客户在未来某天是否会下单,使用逻辑回归、决策树等算法建模;二是使用生存模型,如 COX-PH 模型,建立客户流失的风险模型。美团团队发现 COX-PH 模型和概率回归模型具有相近的预测性能,可以显著降低客户留存的运营成本。

场景识别:识别客户的订餐场景有助于进行基于场景的客户运营,从而提升客户体验。场景具有时间、地点和订单 3 个维度。美团团队使用自然语言处理技术对地址文本进行分析,辅助地图数据判断地址类型。在订单维度,美团进行了合并订单识别,即识别此订单是拼单还是个人客户下单。最后,美团团队综合这 3 个维度的信息,预测客户的消费场景,基于场景做交叉销售和向上销售。

节点及关联

预测性分析使用统计分析、机器学习、人工智能等方法分析历史数据以识别模式,预测未来结果和趋势。

分析步骤:跨行业数据挖掘标准流程:(1)商业理解;(2)数据理解;(3)数据准备;(4)建模;(5)评估;(6)部署。

分析方法和工具:人工智能算法,Cox 比例风险模型,马尔可夫模型,预测性文本挖掘,预测性网页挖掘……

7.4 指导性分析

本节介绍指导性分析的基本概念、基本流程、典型方法以及案例分析,并且进一步对商业智能的 3 个阶段的目标和功能进行区分辨析。

7.4.1 指导性分析的基本概念和原理

1. 指导性分析的概念、原理和发展

近 10 年来,随着技术的发展,我们见证了商业的数字化以及数据指数级的增长。同时,计算能力的飞速发展也使得越来越多的公司开始使用数学模型和数据分析来辅助决策。指导性分析是商业分析的第三个也是最后一个阶段,即利用数据对如何优化商业决策提出即

时的建议。它通常被认为是商业智能发展的关键一步，有助于提前优化决策以提高业务绩效。

　　具体而言，指导性分析基于已知的数据和商业规则，利用数学和计算科学等方法，根据用户的目标提出最佳的解决方案，可以极大地实现运营和战略层面的有效管理。实际中，数据的结构往往是半结构化甚至非结构化的，因此对于数据的处理和分析以及前期的描述性分析和预测性分析至关重要。此外，缺少合适的商业准则将会导致指导性分析脱离实际，因此内部人员和专业人士的参与对于进行指导性分析而言是必不可少的。指导性分析不仅会预估什么将会发生以及在何时发生，也会分析为何发生。对于一个组织来说，其成熟的一个标志是能够将预测性分析的输出用作指导性分析模型的输入。更重要的是，区别于以往的商业决策支持，指导性分析可以综合考虑所有可采集数据和信息，并且可以持续利用新采集的数据进行解决方案的更新，给用户提供更好和更及时的决策支持。

　　目前，指导性分析已应用于多个行业，例如零售业中的人力资源规划、水力发电厂中的水电生产计划以及供应链中的采购合同优化等。据 Gartner 的研究，到 2022 年，指导性分析的软件市场估值将达到 18.8 亿美元，即 2017 年起复合年均增长率将达到 20.6%。根据 Google 趋势的统计数据（图 7-11）可以看到，在过去 5 年间指导性分析正在全球范围内逐渐被人们熟知并采用。如图 7-12 所示，"prescriptive analytics"一词在新加坡和美国等地的搜索热度较高，显示出指导性分析在这些地区正在引起广泛关注。

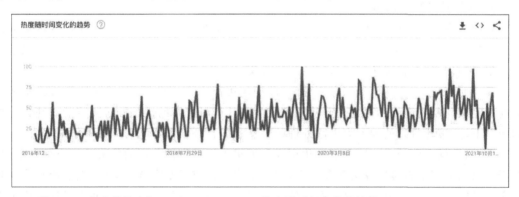

图 7-11　谷歌趋势中"prescriptive analytics"热度随时间变化的趋势（2016.12—2021.10）

图 7-12　谷歌趋势中"prescriptive analytics"按区域显示的搜索热度（2016.12—2021.10）

需要指出的是,尽管指导性分析这一概念正在逐步被普及,但我们对它的研究远远不及描述性分析和预测性分析。随着目前学界和业界为该领域积极做出贡献,我们相信在不远的未来,指导性分析将被广泛低成本地使用。

2. 指导性分析与商业智能前两个阶段的差别

描述性分析、预测性分析和指导性分析作为商业智能的三大步骤,常常会被使用者混淆,尤其是预测性分析和指导性分析。实际上,这三者之间关系紧密、相互承接,但是分工和目标有明确的不同。

通过描述性分析可以了解系统和商业运行的现状——发生了什么?通过预测性分析可以预估未来可能发生的情况——什么会发生?而在这二者的基础上,指导性分析可以辅助人们进行决策——应该做什么?在描述性分析的基础上,预测性分析从现在指向未来,而指导性分析作为商业智能的最后一步,更是将预测性分析向上提到了一个新的高度:它具体地说明了实现预测结果所需的行动,以及每个决策之间关联的影响。在使用指导性分析时,不能脱离描述性分析和预测性分析,用户往往需要利用前两步得到的结果,使这 3 个部分融合成为有机的整体。例如在病人就医的场景中,描述性分析可以用来了解病人目前的健康状况,而预测性分析则可以帮助医生评估病情可能的走向;最后基于这些结果,指导性分析会充分考虑各种可能性给出一个合适的诊治方案。

3. 指导性分析的优势

早期的商业智能核心在于建立数据仓库并且从数据中抽取信息,目的在于将转化的知识分发到企业各处以辅助商业决策的制定。但是指导性分析的出现和发展使得商业决策愈发趋于自动化,甚至直接输出可执行的解决方案。

具体而言,相较于此前的综合评分法,即列出可能方案依次评估,指导性分析具备解决大规模复杂问题的能力。这是由其使用的数学和计算科学中的优化方法决定的。在计算机的帮助下,决策者可以处理人力无法处理的信息量并且评估人力无法穷尽的解决方案。

此外,数据仓库的建立以及信息化也极大地扩大了指导性分析的优势。一方面,指导性分析可以从数据中直接抽取关系和信息,而在专家系统或者专家调查法中,仅仅能获取来自专家的经验,其数量有限并且可能有失偏颇。另一方面,数据的快速采集使指导性分析可以支持对外界环境等因素的快速响应并且便于更新和维护。好的指导性分析还具备成本低、耗时少的优点。随着数据库的更新,之前解决方案的效益可以快速反馈到决策者端,同时最新数据的收集也会向决策者反映外部环境的变化。指导性分析之所以能够广泛普及,也主要源于它的这些优点。

7.4.2　指导性分析的基本流程和典型方法

1. 指导性分析的基本流程

指导性分析的基本流程包含 7 个部分,从定义问题出发,在描述性分析和预测性分析的基础上进行问题的分析和决策支持,最终对本次指导分析进行系统评估,实时更新决策。

(1) 问题定义:决策者希望达成什么目的?在进行指导性分析之前,决策者需要回答需要明确地了解当前进行指导性分析的价值、目标以及偏好。例如在交通产业中,假设 A 公司拥有一辆卡车,需要该卡车访问 5 个地点进行货物运送。那么 A 公司面临的问题是卡车路线规划,目标可能是最小化运送成本。而运送成本可能与总路线长度或者总运行时长甚至是卡车携带的货物重量相关。在实际中,A 公司可能还需要进一步考虑复杂的交通网络情况,例如堵车和交通信号灯,因此 A 公司的目标也可能是降低路线复杂度。从该例可以看到,指导性分析的目标定义并不存在一个绝对的准则,而是需要和商业运营者进行详细沟通得出。当然,问题定义也可能在商业分析的初期完成,即在开始描述性分析之前。

(2) 数据获取/数据预处理:在明确了问题边界和分析的目标之后,决策者需要进一步定义解决问题所需的数据,并对其进行采集和预处理。例如在上述例子中,如果 A 公司服务的商户的需求是不确定的,那么需要收集商户需求的数据以在决策时考虑该部分的随机性。此外,如果 A 公司需要考虑交通情况,那么决策者也需要收集不同时段交通的拥堵情况以及不同路段的路况等数据。对数据的预处理是保证数据质量从而进一步决定商业决策好坏的前提,其中包括检查数据的一致性,对噪声进行剔除,等等。在构建数据中台之后,决策者可以进行描述性分析和预测性分析,进一步支持指导性分析。例如,在得到商户需求的预测之后,根据其概率分布决定卡车携带的货物重量。

(3) 决策定义:决策者需要做什么具体决策?决策定义与问题定义紧密相关,但是相较于问题定义而言更为具体,同时也要考虑到实际情况,在商业规则的基础上进行。例如对于食品生产工厂,决策者面临的问题是如何制定生产计划最大化利润,而决策具体而言则是每天不同种类的食品生产多少、如何向供应商预定生产原材料等。在上述交通产业的例子中,A 公司需要决定①用户访问商户的顺序,②卡车行经的路段以及③携带的货物数量。如果卡车的满载量仍不足以满足 5 个商户的需求总量,那么 A 公司还需要制定补货策略。决策定义具象化问题定义,如果利用数学模型求解,往往可以直接表示为决策变量的形式。

(4) 限制定义:决策者需要满足什么约束?在实际生产生活中,决策者在分析问题时总会遇到不同程度的限制。最常见的是时间空间维度的逻辑限制,例如工人的工作时长不得超过一定限制,或者工人不可能同时完成两项任务。另一类常见的约束与资源相关,例如生产中的零部件和能源动力资源并不是"取之不尽用之不竭"的,而是有确定的上限。在卡车路径规划的例子中,A 公司仅有有限数量的卡车,而卡车司机的工作时间和运行速度也有一定的限制。如果进一步考虑运送时间窗口,即卡车需要在指定的时间内送达每个地点的商户,那么 A 公司还需要将时效性纳入指导性分析的约束当中。

(5) 输入定义:决策者知道什么?与指导性分析的决策输出对应的是数据和商业规则的输入。数据相关的输入可以包括从描述性分析和预测性分析中得到的结论,例如市场需求等信息。而商业规则具体涉及如何运行和执行服务,例如用户条款和法律法规等。在 A 公司的例子中,卡车显然不可以违反交通法规,在配送过程中也要避免送错或损坏货物,保证货物运送的服务质量。

(6) 决策获取/优化方法选择:指导性分析的核心就是在明确问题边界和输入之后利用数学和计算机科学的方法获取最终的决策方案。例如在 A 公司做决策的过程中,利用数学模型对该问题进行建模描述并优化求解是一个较好的方案。针对不同问题的特点,可以选择不同的优化方法。例如,对于难以建模或者极端复杂的大型动态系统而言,可以使用仿真的方法进行方案优化。

(7) 决策评估/反馈:在指导性分析的决策被采用和施行之后,需要对本次的方案和表现做一个详细的分析和评估。例如对于 A 公司而言,在制定并且执行卡车路径和货物配送方案之后,需要记录下本次的卡车运行时间、路线长度以及商户需求满足的比例,进而对本次方案进行系统评价,从中总结经验。同时收集记录本次配送活动中的交通状况以及商户需求量,为实时更新决策提供信息的参考。

2. 指导性分析的典型方法

指导性分析的典型方法有概率模型、机器学习、数学规划、仿真方法和演化计算等。图 7-13 中列出了不同种类方法中常见的几种。实际上,指导性分析的方法与预测性分析有部分重叠,例如概率模型和机器学习。而这些方法内部也常常存在交叉,可以互相补充和替换。这些方法中应用最广泛、研究最成熟的是数学规划,而机器学习则是较为少见的。使用机器学习,可以构建算法来挖掘数据中潜在的隐藏信息和模式。在预测性分析中,可以从历史数据中提取信息从而预测未来的结果;而在指导性分析中,利用机器学习从数据中寻找可以帮助找到给定情况下最佳行动方案的信息。在过去的几年里,机器学习已经广泛应用于预测性分析,但是它们在指导分析环境中的利用相当少。此外,演化计算和概率模型也可以看作是数学规划的拓展和延伸。下面详细介绍其中最常见的数学规划和仿真方法。

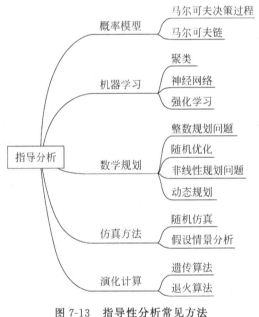

图 7-13　指导性分析常见方法

1）数学规划

数学规划处理的问题往往是有限资源的最优分配,即在一定的资源和约束条件下最大或最小化指定的目标。它被认为是数学、管理科学和运筹学的一个分支,旨在通过对复杂的决策问题得出最优或接近最优的解决方案。数学规划的核心要素和流程是确定目标、制定方案、建立模型、制定解法。一个优化模型往往由目标函数、决策变量、约束条件和求解方法组成。其中,前 3 个元素与指导性分析中的问题定义、决策定义和限制定义一一对应。

数学规划中应用广泛且研究最成熟的是线性规划,即在线性约束条件下优化线性目标函数。接下来用一个实例展示线性规划建模。

食品生产商 B 公司需要决定下个月饼干和面包的生产量以最大化收入,生产原料主要是净化水和面粉,前者一共有 200kg,后者有 100kg。具体的问题描述见表 7-5。

表 7-5 食品生产商 B 公司的生产情况

商 品	售价/(元/kg)	每生产 1kg 所需纯净水/kg	每生产 1kg 所需面粉/kg
面包	3	2	1
饼干	2	1	2

假设 B 公司生产 $x$kg 的面包和 $y$kg 的饼干,那么该公司的生产规划问题可以表述为下列数学规划模型:

$$\max \quad 3x + 2y$$
$$\text{s.t.} \quad 2x + y \leqslant 200$$
$$x + 2y \leqslant 100$$
$$x, y \geqslant 0, \text{且为整数}$$

求解上述数学规划模型即可得到 B 公司的最优生产计划方案。常用的求解方法有单纯形法、对偶单纯形法等。对于上述例子,由于只有两个决策变量,可以使用图解法求解。

现实生活中,由于大部分的物品和决策变量是整数,例如一辆车或者一个人,因此在线性规划的基础上,还有整数规划和混合整数规划。这两种规划模型的求解难度远大于线性规划,常见的解法有分支定界法和割平面法。此外,非线性规划即目标函数或者约束条件中有一个或几个非线性函数的最优化问题。目前针对这些问题,已经有了较为成熟的求解器软件,例如 IBM CPLEX、LINGO 和 Gurobi。当问题出现不确定性时,例如在 B 公司生产计划规划中,当市场需求不确定使得不是所有生产的商品都可以卖出时,需要将这一因素纳入优化范围,使用随机优化或者鲁棒优化进行分析和求解。Bertsimas 和 Kallus 从运筹学的角度将指导性分析定义为给定不完美观测值的条件随机优化问题,问题中存在的联合概率分布是未知的。然而,随机优化在实践中很难实现,主要的挑战在于多周期问题带来的维度灾难。此外,如果没有大量的数据,随机优化模型所需的概率分布很难估计。因此,数学模型并非万能的,在面临极端复杂的系统时,还需要其他的工具。

2) 仿真方法

仿真是对一个过程或系统的操作随时间运行变化的近似模拟,常常用于系统评估、安全工程和测试等领域。仿真模型可以根据随机/确定、动态/静态和连续/离散细分为多种类别,其中最为常见的是离散动态随机模型,例如交通系统和超市等服务系统。当实际系统无法使用、使用起来非常危险甚至系统本身并不存在时,仿真可以便捷快速地对系统进行评估和优化。当复杂系统无法使用数学解析形式表述的时候,也可以使用仿真进行假设情景分析。此外,仿真还可以用来测试关于业务决策和行动的新方案。使用仿真方法,可以在方案实施前,且不影响现有过程和系统的前提下,了解多种新方案的预期绩效表现及可能产生的风险,从而为是否采用新方案提供科学依据。

仿真的主要组成部分有输入分析和输出分析。为了使仿真模型贴合实际系统,还需要对模型进行检验、确认和获取专业人员的认可。通过改变仿真模型中的变量,可以生成关于系统行为的预测,从而实现对系统表现的评估。进一步改变模型中的变量和参数,比较仿真模型的输出绩效指标。可以获取一组使系统表现最优的设定,从而提高所做决策的有效性。

下面使用一个简单的排队模型对仿真模型进行介绍。

假设大型购物商场 C 公司希望评估其收银台的绩效表现，并且在给定的成本约束下优化收银台设置并提升用户体验。顾客在进入商场之后的流程见图 7-14。首先，C 公司需要对商场的客户到访数据以及收银台的服务时长数据进行采集并对其分步进行拟合，此处常用的概率模型是泊松分布。在建立了概念模型之后，可以在软件中进行离散时间建模，输入拟合后的概率分布参数即可对 C 公司的服务流程进行仿真。常见的仿真软件包括 ARENA 和 AnyLogic。为了评估该服务系统的表现，决策者可以利用软件统计某个时段内的等待顾客数、顾客等待时间、收银台利用率、收银台空闲时长等指标综合进行分析。在完成对现有系统的评估之后，C 公司可以改变仿真模型中的参数，例如收银台的个数，得到另一组绩效评估数据。通过对比前后两个系统的表现，C 公司可以得到收银台最优个数。此外，C 公司还可以通过仿真模型评估新的自助收银方式。在收集自助收银台服务水平数据之后，决策者可以改变模型中收银台的特性，从而对比是否使用自助收银台对系统效率的影响。

图 7-14　商场服务流程

在实际应用中，上述方法分别适用于不同的场景。例如，当问题可以用数学解析式进行表达时，可以使用数学建模。当系统十分复杂并且需要考虑假设情景分析时，可以使用仿真方法，仿真方法更适用于没有预先设定商业规则或者相关知识的情况。同时，在成本允许范围内，这些方法也可以组合使用，从不同角度和维度进行分析。

高效正确地使用上述方法对决策者本身的能力提出了相应的要求。决策者需要可以明确定义问题，并具备模拟建模以及分析的能力。特别要注意的是，模型并非越复杂越好，要在不脱离实际的前提下简化模型，侧重于将其行为与现实世界系统进行比较，而不是统计测试模型本身的有效性。最后，决策者或者模型开发人员必须能够清晰简单地解释模型结果，避免过度使用专有名词和统计参考。

7.4.3　案例分析——指导性分析在多领域中的应用

指导性分析目前已经被广泛应用于医疗、金融、零售、制造、能源等领域。指导性分析解决的问题大多需要考虑复杂的权衡，同时需要在有限的资源约束下面对不确定的环境给出较好的解决方案。下面以医疗保健、零售业和供应链为例进行分析。

1. 医疗保健中的指导性分析

在医疗保健领域，对患者的诊治有且仅有一次机会，并且试错成本非常高，而指导性分析可以评估和比较多个假设场景，因此在该领域大有作为。例如，通过分析病人、治疗、预约、手术等数据，决策者可以优化医院人力资源调配，并且设计患者诊治的决策支持系统。

法国第戎大学医院中心的设施在地理上分布较分散，因此医院内部不同部门之间病人运输始终是困扰医院运营的瓶颈。对于调度员而言，任务十分庞杂，而一旦出错，将会使得病人无法及时得到合适的医疗服务。为了解决这一问题，该医院部署了一个规划和调度解决方案，并且将优化模型应用于不断变化的医院和运输数据，帮助调度员实时规划、管理和执行数百个日常运输请求。最终该模型使得病人到达等待时间缩短，同时运送病人的医护人员每天的行走距离减少了 33%。

除了在医院内部优化运营之外,医疗保健的其他业务也受益于指导性分析。一家健康保险公司在其前一年的索赔数据中发现了一个模式,即糖尿病患者中的很大一部分也患有视网膜病。在这些数据的基础上,保险公司可以使用预测性分析来预估在下一年度眼科索赔变化趋势的可能性。基于预测性分析的结果,如果眼科报销率在下一个计划年度增加、减少或保持不变,则进一步使用指导性分析来模拟该变化对公司运营成本等方面的影响,并且利用数学模型或者仿真的方法进行优化并推荐解决方案。

2. 零售业中的指导性分析

在零售业中,指导性分析常被用于设计推荐算法。推荐算法即根据用户的行为和特征,通过算法推测出用户可能喜欢的东西。每当用户浏览淘宝的用户界面或者在豆瓣上查看某本书的评论时,平台都会向用户推荐其他相关的产品。推荐算法带来的经济效益是巨大的,对亚马逊而言,推荐算法贡献了至少 30% 的利润。推荐算法不仅基于用户的购物历史,还会考虑用户的搜索历史,以及该类用户购买的内容。利用指导性分析,零售商可以找到用户有很大机会购买的产品,甚至推荐给用户不知道自己想要的产品。在视频网站 YouTube 上也有类似的推荐算法,它综合考虑了数十亿个数据点,以便在用户每次访问该网站的主页时,创建定制的观看体验。

3. 供应链中的指导性分析

正如在介绍指导性分析流程时使用的 A 公司卡车路径规划的例子那样,指导性分析也可以帮助调度和进行物流规划。

FleetPride 是北美重型售后市场渠道中最大的卡车和拖车零件经销商,成立于 1999年,拥有 285 个以上分支机构的 3000 名专家、40 个服务中心和 5 个分布在 46 个州的配送中心,实现了服务对全国全覆盖。FleetPride 成功的关键在于它可以及时为有需要的用户提供快速及时的服务响应,并且价格合理,而实现这一目标的核心在于它的智能配送网络。为了帮助推动决策,FleetPride 与 IBM 业务合作伙伴 Cresco International 合作,实施了一套 IBM 分析解决方案。

(1) FleetPride 对仓库库存每日的数据进行收集和描述分析,并在此基础上综合客户需求指导仓库经理的产品布局决策。这为仓库经理提供了库存水平和位置的全面概述,并根据客户需求显示了每种物品的存储建议。经理们可以将最受欢迎的物品存放在装运码头附近,进一步减少员工空手在不同存储区域走动的时间,提高整个仓库的效率和生产率。

(2) FleetPride 使用 3 年的历史装运数据构建模型,预测每个仓库在每天、每周和每月范围内的订单数量。这极大地便利了仓库经理调整工作计划,并保持适当的人力调配水平,以应对波动的客户需求。同时,优化的排班方案也有助于确保没有闲散人员,并极大地减少了加班成本。FleetPride 还对仓库工作人员犯提货错误的可能性建立预测模型,并根据预测结果动态调整干预和质量检测措施,尽力减少装配和分发过程中由于人工出现的失误。目前 FleetPride 无失误的比例维持在 99.5% 左右。

(3) 分销网络和供应链对 FleetPride 这家分销商公司而言至关重要,但保持如此庞大、复杂的供应链平稳运行是一项持续的挑战。因为微小的差错将可能危及整个供应链并且影响客户服务,因此 FleetPride 对分销网络进行建模,持续优化仓库和配送流程。目前该模型可以解决复杂的配送问题,并在给定的约束条件下同时最小化成本和最大化配送速度,提升了供应链的柔性和弹性。

节点及关联

指导性分析是利用数据对如何优化商业决策提出建议。

分析步骤:(1)问题定义;(2)数据获取/数据预处理;(3)决策定义;(4)限制定义;(5)输入定义;(6)决策获取/优化方法选择;(7)决策评估/反馈。

分析方法和工具:概率模型、机器学习、数学规划、仿真方法、智能优化(演化计算)⋯⋯

7.5　商业智能在智能制造中的应用

本节介绍商业智能是如何跟智能制造联系在一起的,更具体地,智能商业系统如何可以助力智能制造的发展。

7.5.1　智能商业系统与智能制造

1. 智能商业系统概述

商业系统是一个规范化的流程,准确描述了企业中的各类操作应当如何执行,涵盖企业产品从生产到交付的全过程。在每个过程节点,管理者都需要决定企业的商业行为,并且评估在该节点上的决策是如何帮助企业达成宏观目标从而增强企业竞争优势的。流程中各个节点的决策目标应当与整体目标保持一致性。

一个商业系统的构造包括3个主要部分:输入、功能和输出。整个商业系统的目标是帮助管理者做出更加准确的商业决策,帮助企业实现整体目标。

商业系统的演变主要经历了3个阶段:经验、科学和智能。

在经验商业系统阶段,系统的输入是一些具体的现象,系统的功能依靠人脑实现,有经验的专家根据这些现象和过往的经验,给出有一定参考价值的建议和分析,即系统的输出。但是随着市场日益复杂的变化趋势和不断增长的数据量,专家所给出的建议的可参考性也渐渐不能满足企业的需求。

在科学商业系统阶段,计算机技术的发展支持了商业系统的数字化。科学商业系统以数据作为输入,通过计算机实现系统的功能,例如整合、计算、绘图等,进而输出具有价值的商业信息,辅助管理者做出决策。

在科学商业系统的基础上,逐渐发展出了智能商业系统。系统的输入不仅可以包含更大体量的数据,还可以囊括非数据的知识,例如过往的案例、文字性的描述、既有的经验等。在系统的功能实现部分,计算机可以使用多种先进的算法处理输入,使用合适的方法进行分析,最后根据使用者的实际需求目标选择合适的展示内容与合适的展示形式作为系统的输出。这部分输出也并不局限于信息,还有可能包含从输入中挖掘出的新的知识,例如还未出现的新技术理念,这样的输出将极大地帮助企业制定突破性的战略方针。

一个智能商业系统通常具有以下特点:能够根据使用者的身份或行为探知使用者的目

标,并基于目标对数据进行有效的处理;可以在已知整体商业目标的前提下,基于现有的知识自主选择合适的功能进行实现;能够通过模仿生物的认知过程进行数据分析,例如使用人工神经网络算法;可以通过已有的样例或经验进行自主学习;能够自主更新内部功能以适应不断变化的环境;等等。

2. 智能商业系统给智能制造带来的优势

智能制造企业的智能性通常体现在两个方面:智能制造技术和智能管理模式。智能商业系统可以帮助制造企业得到智能决策,企业通过智能决策可以实现智能管理模式,最终达成核心目标。更具体地,智能商业系统能够给智能制造带来以下方面的优势:

(1)平衡指标。在产品的生产、制造、运输过程中,产品的质量、客户满意度、物流速度等指标的提升都会带来成本的上升,如何把成本运用在最重要的指标上是管理者所关心的。智能商业系统通过大数据分析,可以发掘制造企业的核心竞争力,告诉管理者到底是哪一项指标抓住了目标客户群体,使企业所付出的成本带来最大的收益。

(2)长远分析。把握市场的风向对各个行业都尤为重要,制造企业的管理者也需要长远发展的眼光。智能商业系统能够通过历史和当下的情况预测未来可能的趋势,例如需求的变化波动等。根据这些预测结果,管理者可以提前思考应对措施,减少突发情况的发生。

(3)风险防范。对于制造业来说风险无处不在,制造产业链的复杂性也导致一个微小的风险可能被放大多次,最终对企业造成不可恢复的创伤。这些风险可能包括物流的中断、供应商的不确定性、人员的变动、新技术磨合期的突发情况等。智能商业系统在防范这些风险方面也可以有出色的表现,在长远分析的基础上,进一步对风险出现的概率和影响程度进行预测和评估。管理者基于智能商业系统给出的风险评估报告,可以及时提出对策,最小化风险带来的损失。

(4)提高效率。对于企业来说,更高的效率基本等同于更高的利润。智能商业系统的使用可以从两方面极大提升制造企业的效率。一方面,企业不再需要大量的人员进行数据分析和整合的工作,同时如果各类设备进行了联网,数据的采集也将完全自动化,管理者可以直接获取整体的运营情况分析。另一方面,资源的利用效率也将被优化,智能商业系统可以分析出如何对资源进行分配是最有效的,例如某一条流水线的最优顺序、物流的最优配送路径等。管理者使用智能商业系统可以减少不必要的人力物力投入,从而提升制造企业的整体效率。

(5)信息整合。智能商业系统拥有强大的对数据的整合能力。一方面,可以将制造企业各个部门的数据进行综合分析,均衡考虑各部门的情况,然后给出更全面的决策建议。另一方面,制造企业可能有大量的历史信息是非数字化的,例如纸质数据或图纸,智能商业系统可以通过文字识别等相关算法将这部分信息同样纳入到数据库中,实现了信息的可追溯性。

通过实现以上几个主要的优势功能,智能商业系统可以帮助制造企业从数字化向智能化转型。制造企业将智能商业系统和智能制造技术相结合,通过物联网技术收集数据和信息,再通过智能的分析过程挖掘数据背后的信息、把握未来趋势的走向,最终推动企业的持续性发展。

7.5.2 应用场景分析

1. 商业智能的适用场景

商业智能在制造企业中的适用场景十分广泛,可以认为只要需要做决策,就可以使用商业智能进行辅助。

从纵向的角度来看,制造企业可以将商业智能运用在 3 个级别的决策活动中:战略、策略和运营。在战略级别,管理层将寻求关于整个企业的高层决策,例如工厂的选址、下一季度要制造的产品、面向的销售市场。在策略级别,决策者关注能够直接对企业产生成本和收益的活动,例如具体的采购策略、和客户签署的合同。运营级别的决策更加具体,直接影响到制造企业每天的生产、运输和销售,例如修改生产计划、计算工时、确定将货物交付给客户的时间。

从横向的角度来看,商业智能可以覆盖制造企业管理中的方方面面,例如人力资源管理、财务管理、风险管理、生产计划管理、质量控制管理、供应链管理等。如果智能制造企业可以使用智能商业系统将所有的管理环节相互连通,那么企业就可以实现整体的管理层面智能化转型,这将作为企业之后长远发展的有力铺垫。

2. 供应链管理中的商业智能

对于智能制造企业,生产制造是整个企业核心竞争力的体现,但是能否将产品有效地交付给顾客决定了企业在市场中可以占据的位置。美国供应链管理专业协会对供应链管理给出的定义是:供应链管理包括和采购、运输、物流管理有关的所有活动的计划和管理。它还包括与渠道合作伙伴的协调与合作,其中,渠道合作伙伴可能是供应商、中介、第三方服务提供商或客户。

制造企业为了在市场中成为成功的竞争者,必须生产出质量过关的产品,并且以具有竞争力的成本和高度可靠的交货时间来交付这些产品。但是从生产到交付再到客户,中间的每一层都伴随着不断增加的不确定性,客户有可能突然增加、减少或取消订单,这要求制造企业有足够的灵活性来应对这些突发情况。但是提升供应链的灵活性也并非易事,企业可能需要更改产能水平、使用不同的运输方式、更换供应商等,这些都会为企业带来不可忽略的高昂成本。同时,各个维度的灵活性对于每一条供应链而言的重要性也不是相同的。因此制造企业在供应链管理方面需要细致评估,仔细考虑将灵活性维持在一个怎样的标准范围内才能让企业的收益最大化。

商业智能的应用能够帮助制造企业应对供应链管理中的难题,除了可以实现数字化供应链,让数据变得更易于获取和使用,更重要的是可以帮助优化供应链管理中方方面面的决策。

1) 需求预测

需求预测是供应链中所有计划的基础,在得到了需求预测值的基础上,供应链中的各个环节才得以被推动。但是需求通常不是一个确定的数值,而是会伴随一些波动,这意味着预测出的数值也往往是不完全准确的。即便这样,还是存在一些好的预测,它们的误差是在一个可接受范围内的。有了这样的好的误差,即使实际情况和预测结果有一定的偏差,后续的计划仍然可以大致满足当前的情况,而不至于带来较大的亏损。

　　在有一定量数据的情况下,企业通常采用客观预测,即基于数据的预测。在传统的模式下,时间序列分析和回归模型分析是主要被使用的方法。但市场环境不断变化,仅仅使用历史的数据进行预测很难预见到突发情况的出现。但是在使用智能商业系统进行预测时,一些外部环境的因素也会被考虑进来,例如经济整体水平变化、竞品价格的调整、新上市的代替品产品、广告或营销活动的预期效果等,这些外部因素都会对需求产生不可忽略的影响。这一类影响有的时候是难以观测并难以使用传统方法得到的,它们可能不是简单的线性或者幂函数的关系。通过使用大数据分析手段,智能商业系统可以捕捉到更多的信息,用复杂的函数或是网络关系来刻画这些因素给需求带来的变化。因为有大量的数据作为支撑,又同时考虑了多种外部因素,系统可以给出更精准的预测结果。

　　预测结果往往不是一个单一的数字,而是一整套与需求预测有关的决策方案,包括需求在一些情况下可能发生的变化,在面对这样的变化时管理者应当对供应链管理和生产管理做出哪些调整,等等。

　　2)库存优化

　　库存控制也是供应链管理中重要的一环。一方面,较高的库存可以更好地满足市场的需求,但会带来更高的成本和库存积压的可能性;另一方面,较低的库存也会让企业面临缺货的风险。库存的优化一般是希望可以在满足大部分需求的前提下维持一个较低的库存量,提高库存的周转率。

　　在库存控制环节里,包含了很多需要计算和确定的参数。

　　例如,基于需求预测,每一类商品都需要确定一个当期的库存水平,该水平是在考虑到需求预测误差性的前提下制定的最优数值。在最优的决策下,制造企业的期望收益最高。对于持有成本较低且需求量波动较小的产品,制定一个保守的库存水平是更合适的。但对于持有成本较高并且需求量不稳定的产品,需要平衡缺货成本和持有成本之间的关系,这个过程是较为复杂的。

　　再例如,对于更新换代较快的产品,促销方案是必需的。在方案中至少需要明确促销的时间点和具体的促销价格。但因为库存和市场都在不断变化,到达盈亏平衡点的时间也是不确定的,所以促销方案需要根据实时的动态数据进行更改,是否进行促销和促销的价格也会随之变化,使用传统的计算方法可能无法达到所需的时效性。

　　除了以上的例子,与库存相关的决策还有很多,包括产品的更新或淘汰、最优的产品分类策略、是否扩建仓库等。

　　库存是动态变化的,所以在做和库存相关的决策时,时效性是比较重要的。但与库存相关的数据量也较为庞大,因为每一件产品都对应了一套完整的历史数据和库存策略,这使得计算量也不容小觑。把智能商业系统应用于库存优化的好处在于,系统内高效的算法让生成动态的库存计划成为可能,避免了因为信息滞后而产生的成本。同时,前沿的大数据分析方法也可以帮助企业得到收益最大化的最优库存策略。

　　3)供应商选择

　　供应商的选择在供应链管理中也是重要的一环。供应商能够为制造企业提供生产所需的原材料,保证生产线的正常运转并按时满足下游提出的需求。一般来说,供应商的选择和评估主要由数学模型主导,这些模型根据成本、质量、服务水平等因素对供应商进行评级和排名。但在选择供应商时通常不能只考虑静态的数据,还需要考虑未来的变化趋势。通常制造企业希望可以与供应商开展长久稳定的合作,这样会节省下更换供应商的成本。制造企业还需要考虑供应商内部的运营情况和未来可能的运营情况,结合自身的情况作出匹配度的评估。有时还需要考虑曾经合作过的历史供应商的情况,与当前的预选供应商进行联合比较。随着模型结构不断复杂化,在供应商的选择和评估研究中还会运用经济学、统计学、博弈论、管理学等其他相关学科的理论,让供应商选择问题变得难以求解。

对于这样复杂的问题,使用商业智能技术是合理的。和需求预测相似,在供应商的选择中除了具体的数据,还存在许多外部的因素,例如市场的变动趋势、重要的政策变化等,这些繁杂的信息难以建模。同时,虽然希望和供应商能够保持长期的合作,但是如果正在合作的供应商存在不稳定的因素,那么生成备选方案也可以避免采购链的断裂,及时发现这些不稳定因素并进行预警也是系统的功能之一。

7.5.3 实施方法

1. 思考与准备

智能商业系统虽然可以带来许多好处,但是如果要在整个企业内广泛使用,其高昂的部署成本仍然需要决策者谨慎考虑。在正式决定引入智能商业系统之前,智能制造企业应当明确自己的诉求,具体可以参考以下几个方面:

(1)决策者是谁。智能商业系统虽然可以给出经过分析和计算得到的决策建议,但是否实施这项决策,仍然需要企业的某位或某几位管理者进行最终的决定,这些管理者需要对该决策负责。由于商业智能可能渗透到各个管理级别,所以有必要确认每个级别的最终决策者。

(2)使用者是谁。区别于决策者,使用者是对系统决策产生直接反应的人,例如流水线上使用智能屏幕的生产工人、接受运输指令的仓库管理员。确认使用者可以更好地帮助系统适应不同的场景,确定系统执行功能时所需的分析方法,并选择合适的形式进行可视化展示。

(3)确定具体目标。在引入系统之前,制造企业应当分析当下存在的问题,并明确对智能商业系统的期待,即希望系统能够为企业带来具体哪方面的提升。虽然在使用系统后,通过智能分析也可以帮助企业找到关键问题,但是如果将企业自己已有的整体评估和认知也作为系统分析的输入,那么系统可以更加针对性地给出决策建议。同时,明确具体的目标也有利于在回顾时对比使用智能商业系统前后企业的变化。

(4)检查已有数据。如果在智能化之前企业仍然没有完成数字化转型,那么整理已有的数据是很重要的。这些历史数据是智能商业系统在执行功能时的重要输入来源,企业应当在引入系统之前收集并归纳各个部门的有效信息,方便之后的使用。

2. 关键功能建设

一个智能商业系统在关键功能上的好坏决定了该系统的整体性能。随着技术的不断进步,智能商业系统的关键功能也在不断变化。Gartner 公司每年都会针对商业智能领域的发展进行分析和总结,且基于当年的关键功能指标对商业智能产品进行评估。2020 年,Gartner 公司提出的最新的 15 个商业智能关键功能分为 5 个主要相关部分。

(1)数据准备相关:数据源连接、数据准备操作、模型复杂性支持;

（2）数据可视化相关：便捷的可视化、易读的数据呈现、报告的整合程度；

（3）人机交互相关：自然语言查询、自然语言生成；

（4）强化学习相关：自主洞察力、高级分析；

（5）部署与安全相关：嵌入式分析、系统安全性、系统可管理性、云平台支持、目录检索。

相比较 2019 年 Gartner 公司报告中提到的关键能力，2020 年的关键功能在人机交互和强化分析方面做出了强调，这与前文提到的 Gartner 做出的商业智能技术成熟度的发展分析也相吻合。数据可视化已经成为智能商业系统的最低配置，为了体现差异性，如今的系统需要提供更便捷的人机交互体验和最新的强化分析技术。

在人机交互相关的功能中可以看到，自然语言处理技术的发展可以为人机交互提供更好的体验。自然语言查询的实现可以让系统对使用者发出的非结构指令也能迅速做出响应，使用者不必拘泥于难以记忆的输入格式，即使是没有使用过的新手也可以在短时间内上手，于是系统在企业内部得以快速普及。自然语言生成技术可以用更加生动和贴切的语言描述从数据中分析出的结论，在使用者与不同数据进行交互时，相关的描述也会动态更新，让使用者更好地理解相关图表内容的含义，这进一步提升了系统输出内容的可读性。

强化学习无疑是未来商业智能的主要发展趋势。机器学习、人工智能等技术可以辅助挖掘现象产生的背后原因，加强系统的数据分析能力，让分析出的结果更加全面和具体，以引导企业进行更合适的决策。同时自主的洞察力也节省了人工的参与，完善的算法体系和越来越强的计算能力让全自主的强化学习成为了可能。

以上两方面相关的功能都与智能制造息息相关。对于应用于智能制造的商业智能来说，使用者的级别和受教育程度差异性可能很大，让所有使用者都学习一套完整的系统查询语言是很费时费力的一件事。实现自然语言查询可以让这个过程变得更加简单，查询时的容错率也更高。强化学习技术的部署可以提升整个智能管理模式的效率，为管理者做出决策提供更可靠的支撑，使企业的智能化程度进一步提升。

3. 应用挑战

智能商业系统对管理者的决策可以产生深远的影响，但在实施部署后的使用过程中仍然要应对可能出现的风险和挑战。

虽然商业智能技术不断发展完善，但真实环境中发生的事件有时是过往记录中不曾出现过的。尤其是在数据量有限的情况下，即使是最先进的算法也很难对未来可能发生的新的事件做出准确的预测。这就需要决策者在使用智能商业系统时不能够过分依赖，决策者在了解系统给出的建议后也应当进一步查看系统给出此建议的原因，结合自身的经验和市场实际的动态再做出最终的决策。同时，为了避免由于预测不准确造成的损失，企业应当为系统提供多方面的数据源，不仅需要企业内部的历史数据，还需要实时更新的市场动态情况以及竞争对手的发展趋势等。这些数据的获取也有一定的挑战。但更多维度的数据会使系统输出可靠性更强的分析结果。

在智能商业系统部署的初期，可能会出现一段磨合期，由于使用者和决策者仍然处在对系统的熟悉阶段，企业的整体效率或许会出现短暂的下降。为了缩短磨合期，企业在引入智能商业系统时应当有一套完整的项目计划书，用于说明系统在企业内部的覆盖范围。同时,企业还应当组织有关的培训和相关的智能化转型会议,让企业内部的员工做好充分准备。

7.5.4 案例分析——犀牛智造工厂

2020 年 9 月 16 日,阿里巴巴集团发布了犀牛智造平台项目,并且同时开放了基于该平台打造的第一个样板工厂。犀牛智造工厂专注纺织服装行业,希望通过数据驱动,将消费者与生产环节紧密相连,通过智能化的决策过程实现更优的生产排期。犀牛制造工厂称可以将行业平均 1000 件起订 15 天交付的流程缩短为 100 件起订 7 天交货。

1. 服装产业特点

服装行业在中国已有 3 万亿的销售规模,是消费品行业中前三大垂直行业之一。但是服装行业是典型的感性消费行业,具有时尚属性,产品的生命周期短,并且具有季节性。同时由于互联网的发展,服装的流行节奏进一步加快,"小单快返"成为所有服装制造企业都在追求的目标。在激烈的竞争环境中如果不能做到快速反应,将很快被淘汰。

阿里巴巴集团此次选择一服装业作为工业界的第一个切入点,也与天猫、淘宝等现有平台有关。服装类产品在平台的销售占比大,仅仅是平台上的数据就已经足够洞悉整个服装行业的走向和发展趋势,对于工厂预测未来的需求变化十分有利。并且服装制造行业门槛相对较低,生产流程也相对简单,适合作为智能化工厂的试点。

2. 智能生产,以销定产,合并剪裁

犀牛智造工厂内部所有信息都实现了数字化、可视化。工厂内的每一块布料都具备独有的编码,可以进行全流水线跟踪,实时查看布料的位置和生产步骤。工厂内部还采用了蛛网式的吊挂模式,将布料悬挂在空中进行运输,结合物联网技术,实现"货找人":布料自动出入库、自动配送、自动拣选,资源利用率较行业平均水平提升了数倍。

犀牛智造的整个系统还能够实现自动化的调度,当布料进行运送时,系统可以自动判断产线的繁忙程度,如果布料即将进入到的工位当前或未来压力较大,则系统会自动规划布料的路线送至其他工位,确保生产不被中断,并且避免了工位上在制品的堆积。

通过打通天猫、淘宝的数据,犀牛智造工厂可以实现以销定产的生产模式。利用电商平台上的数据可以对流行趋势进行预测,无须等待市场出现爆款后才开始制造,而是可以自主研发爆款,在市场上占据主导地位。又因为有天猫、淘宝作为销售平台,二者可以直接共享促销等活动信息,将工厂内的库存降到最低。

能够实现小批量生产的另一个关键在于合并剪裁。自动剪裁在一般的服装制造厂已经得到了实现,但是犀牛智造工厂依靠的是天猫、淘宝强大的数据后台,在进行布料剪裁时可以通过大数据进行合单,最大化布料的利用率,还能同时对产线进行合适的订单匹配。

3. 消费者直达工厂

犀牛智造工厂的核心理念在于消费者直达工厂(customer to manufacture,C2M),缩短消费者从下订单到拿到货品的全周期,对消费者的需求做出即刻的响应。据已经和犀牛智造工厂进行过合作的部分淘宝店家表示,工厂出品的产品不仅报价低、质量高,更重要的是

他们的快速交付能力帮助店家节省了许多成本。当前不少店家都在采取预售模式,往往会出现预售当天订单爆满超出预期的情况,常常需要跟工厂加单补货,导致预售期变长,结果后续又因为消费者等待时间太久而取消订单,造成了库存的积压。然而犀牛智造工厂的快速反应和生产能力很好地缩短了预售周期,显著降低了无货退款率。

4. 商业智能的角色

犀牛制造工厂在各个环节都运用到了商业智能的一系列方法,商业智能遍布了工厂的方方面面。在生产调度方面,系统通过采集各个工位的实时数据,并结合未来的订单数据,可以对当前订单的匹配进行优化,实现生产线智能排程。在以销定产的环节,商业智能技术在关键的预测环节起到了重要作用,通过大数据分析,挖掘可能出现的流行趋势,让工厂可以快速适应不断变化的服装产业。

7.6 本章小结

商业智能是一个统称性术语,用于描述通过使用基于事实的支持系统来改进商业决策的一系列概念和方法。随着数据量的指数型增长、数据类型的变化和业务需求的丰富,商业智能在企业运营管理中愈发重要,现代商业智能平台也逐渐向敏捷分析和增强分析发展,由IT 人员主导向业务人员主导转变,以更及时地获取更有价值的见解。数据仓库是商业智能中广泛应用的数据存储与管理方法,具有面向主题性、集成性、非易失性和时变性 4 个特性。对业务数据的分析可分为描述性分析、预测性分析与指导性分析三类,主要运用统计学、运筹学以及机器学习与人工智能等方法。

描述性分析是商业智能中数据分析的基础,分析企业的过去以及现状,告诉分析者目前正在发生什么,并将数据处理为相关从业者所能认知的形式。描述性分析能够间接地辅助决策,并且在后续工作中提示分析人员更高阶分析的方向。在智能制造的背景下,描述性分析的大量工作被简化,但也需要分析者的敏感性来发现现象所蕴藏的本质。

预测性分析是一种高阶的分析方法,旨在通过挖掘历史数据预测未来结果和趋势,指导商业决策。预测性分析有通用的标准流程,有助于提高分析效率及预测结果的效度。除了传统的预测方法,人工智能的兴起为挖掘更大规模、更复杂的数据提供了方法。不同的预测性分析方法适用于不同类型的数据和问题场景,在实际使用时应当加以甄别。

指导性分析作为商业智能的最后一步,旨在利用数学和计算科学的方法在描述性和预测性分析的基础上为决策者提出决策支持。最优化方法是指导性分析的核心,需要决策者明确问题并进一步甄别目标、决策以及约束条件。指导性分析可以帮助决策者把握充满不确定性的市场,并且随着数据的更新以及决策实行的反馈快速反应、调整策略。

商业智能在智能制造中的应用场景十分广泛,以智能商业系统为载体,商业智能可以深入企业决策相关的方方面面。商业智能可以助力智能制造企业完成智能化转型,并且帮助企业降低成本、提高效率、防范风险以及对未来进行长远的分析。由于系统的部署成本较高,在使用智能商业系统前应当做充分的准备,多方面考虑企业自身的需求和各个管理层级的具体目标,这样才能让商业智能发挥最大的作用。

习题

1. 什么是商业智能？如何理解商业智能的原理与价值？现代商业智能平台有什么特征？

2. 商业智能中如何对数据进行管理与分析？

3. 在数字化环境中，描述性分析将会有哪些具体应用呢？

4. 请描述不同典型预测方法适用的数据类型、数据规模及问题场景。

5. 在进行预测性分析时，需要注意哪些问题？模型的准确度是最好的评价标准吗？

6. 指导性分析给出的最优决策一定可行吗？如何避免出现与现实情况相悖的解决方案？

7. 在指导性分析中，决策者应当如何调和多个甚至彼此对立的目标？例如化工厂需要最大化利润但也需要最小化污染。

8. 总结从经验到科学再到智能商业系统的演变过程中，系统输入、功能和输出的变化。

9. 犀牛智造工厂的案例中涉及了哪些商业智能关键功能？你认为在部署这些功能时会遇到哪些实际困难？

参考文献

[1] LUHN H P. A business intelligence system[J]. IBM Journal of research and development,1958,2(4), 314-319.

[2] RICHARDSON J, SALLAM R, SCHLEGEL K, et al. Magic quadrant for analytics and business intelligence platforms[R]. Gartner Report G00386610,2020.

[3] IDOINE C, RICHARDSON J, SALLAM R. Technology Insight for Ongoing Modernization of Analytics and Business Intelligence Platforms[R]. Gartner Report G00388934,2019.

[4] DELOITTE. Modern business intelligence：the path to big data Analytics[R/OL],2018.

[5] TABLEAU. 2019 Business intelligence trends[R/OL]. 2019.

[6] CHEN H,CHIANG R H,STOREY V C. Business intelligence and analytics：From big data to big impact[J]. MIS quarterly,2012：1165-1188.

[7] ROWLEY J. The wisdom hierarchy：representations of the DIKW hierarchy[J]. Journal of information science,2007,33(2)：163-180.

[8] IBM. Descriptive, Predictive, Prescriptive：Transforming Asset and Facilities Management with Analytics[R]. In：Thought Leadership White Paper,2013.

[9] DILLA W, JANVRIN D J, RASCHKE R. Interactive Data Visualization：New Directions for Accounting Information Systems Research[J]. Journal of Information Systems,2010,24(2)：1-37.

[10] CHRISTO E M, HOSSAM A H. Analytics in Healthcare：A Practical Introduction[M]. Toronto：Springer,2019.

[11] KELLEHER J D,MAC NAMEE B,D'ARCY A. Fundamentals of machine learning for predictive data analytics：algorithms,worked examples,and case studies[M]. MIT Press,2020.

[12] FOSLER-LUSSIER E. Markov models and hidden Markov models：A brief tutorial[J]. International

Computer Science Institute,1998.

[13] GOASDUFF L. Gartner Top 10 Trends in Data and Analytics for 2020[R/OL]. Gartner,[2020]. https://www. gartner. com/smarterwithgartner/gartner-top-10-trends-in-data-and-analytics-for-2020.

[14] THANH H T,MEESAD P. Stock market trend prediction based on text mining of corporate web and time series data[J]. Journal of Advanced Computational Intelligence and Intelligent Informatics, 2014,18(1): 22-31.

[15] COUSSEMENT K,VAN DEN POEL D. Improving customer attrition prediction by integrating emotions from client/company interaction emails and evaluating multiple classifiers[J]. Expert Systems with Applications,2009,36(3): 6127-6134.

[16] Trustdata. 2020 年 Q2 中国外卖行业发展分析报告[R].

[17] 李滔. 外卖 O2O 的用户画像实践[EB/OL](2017). https://tech. meituan. com/2017/02/17/waimai-ups. html.

[18] HAGERTY J. 2019 Planning Guide for Data and Analytics[R/OL] Gart. -Tech. Prof. Advice,2018.

[19] LEPENIOTI K,BOUSDEKIS A,APOSTOLOU D, et al. Prescriptive analytics: Literature review and research challenges[J]. International Journal of Information Management,2020,So: 57-70

[20] BERTSIMAS D,KALLUS N. From predictive to prescriptive analytics[J]. Management Science, 2020,66(3): 1025-1044.

[21] GLUCK F W. Strategic choices and research allocation[J]. The McKinsey Quarterly,1980,1(11): 22-33.

[22] GHOSH A. Business intelligence(BI) in supply chain management [J]. Asian Journal of Science and Technology, 2016,7(12): 3980-3991.

[23] LASI H. Industrial intelligence-a business intelligence-based approach to enhance manufacturing engineering in industrial companies[J]. Procedia CIRP,2013,12: 384-389.

[24] KOCH M T,BAARS H,LASI H,et al. Manufacturing Execution Systems and Business Intelligence for Production Environments[C]. AMCIS,2010: 436.

[25] CARTER K B. Actionable Intelligence: A Guide to Delivering Business Results with Big Data Fast [M]. New York: John Wiley & Sons,Inc. ,2014.

[26] 刘一姿. 犀牛工厂: 阿里一大步,智能制造一小步 [EB/OL]. https://www. sohu. com/a/419958223_305277,2020-09-21/2020-12-08.

第8章

总结与展望

8.1 总结

制造智能技术包含了计算机科学、统计学、管理科学和社会科学等领域的前沿交叉知识,以期实现在生产制造系统中智能决策判断等活动,可以替代人类实现识别、认知、分类和决策等多种功能,具有很强的实用性和应用性。本书主要介绍了智能优化算法、模式与图像识别、模糊控制、深度学习、知识工程、商业智能等关键制造智能技术的理论及应用。

近年来,消费者对产品个性化需求的日益增多以及对产品品质的日益重视,大大增加了制造过程的复杂性,包括生产的组织形式、质量检测环节、仓储物流环节等。随着制造系统的复杂性增加,人们应对复杂系统的能力会成为制约技术进步的瓶颈。而制造智能技术为制造业的发展变革带来了曙光。制造智能技术可以打破人类认知和知识边界的限制,同时为制造过程的决策支持和协同优化提供可量化的依据,使得现代制造业从自动化、信息化向着智能化方向发展。

本书以智能制造领域中的关键智能技术为主线,详细概述了各种关键智能技术的发展脉络、理论基础和应用案例等。

智能优化算法按其产生来源可以分为 3 类:①模仿生物种群进化机制的进化类算法,例如遗传算法、差分进化算法、免疫算法。②模仿生物群体行为社会性的群体智能算法,例如蚁群优化算法、粒子群优化算法等。③模仿某些物理过程规律的算法,例如模拟退火算法、禁忌搜索算法等。智能优化算法在智能制造中具有广泛应用,例如:车间生产调度、厂区内自动导航车的路径规划、仓库和物流优化配置、最佳加工性能综合评估等问题的优化决策。

模式识别是一门研究模式分类理论和方法的学科,涉及数学、信息科学、计算机科学等多学科的交叉,同时也是一门应用性很强的学科。其目的是利用计算机实现人的识别能力,通过对事物或现象的各种形式的信息进行处理和分析,以对事物或现象进行辨认和分类。典型的模式识别系统由 5 部分组成:数据获取、预处理、特征提取、分类决策及分类器设计。其在智能制造中的应用场景非常丰富,例如:被测零件的定位、二维码和条码的识别、产品质量检测、物体测量等。

　　模糊控制是以模糊推理理论、模糊语言为基础,把专家的经验当作控制规则,实现智能化控制的一种控制方式。其中,模糊控制器的设计包括:①确定控制变量;②设计模糊控制规则;③进行模糊化和去模糊化;④选择控制变量的论域,并确定模糊控制器的参数;⑤编制模糊控制算法的应用程序;⑥合理选择模糊控制算法的采样时间。模糊控制在智能制造自动化控制系统中有着广泛的应用,例如热交换过程控制、工业机器人等。

　　深度学习是一种以人工神经网络为架构,对数据进行表征学习的算法。深度学习能够从海量的数据中进行学习,解决海量数据中存在的数据冗杂、维度灾难等传统机器学习难以解决的问题。深度学习在搜索技术、机器翻译、自然语言处理、智能辅助驾驶、人脸解锁等相关领域都取得了很多成果。在智能制造中,深度学习技术被大量应用于零部件以及产品缺陷的识别和检测等。

　　知识工程是以知识为处理对象,研究知识系统的知识表示、处理和应用的方法和开发工具的学科。知识工程的核心问题是知识表示和知识获取。其中,知识表示的方法包括规则表示法、语义网表示法、框架表示法和逻辑表示法等。知识获取包括人工、半自动和自动的方法。知识存储的核心内容是知识库的构建、管理与组织。知识工程在智能制造领域中的应用有数字员工和数字孪生等。

　　商业智能是通过使用基于事实的支持系统来改进商业决策的一系列概念和方法。数据仓库是商业智能中广泛应用的数据存储与管理方法,具有面向主题性、集成性、非易失性和时变性 4 个特性。对业务数据的分析可分为描述性分析、预测性分析与指导性分析 3 类,主要运用统计学、运筹学以及机器学习与人工智能等方法。商业智能在智能制造中的应用可覆盖制造企业管理中的方方面面,例如生产计划管理、质量控制管理、供应链管理等。

　　总而言之,在数字化、智能化时代浪潮下,制造智能技术的研究有深远的意义。智能技术与制造技术的结合运用,使得制造中产品质量检测、自动化控制、机器设备报警与维护等阶段的运营效率提升,并推动了设备和人协作生产制造的智能工厂新模式的问世。例如,智能技术能够用以进行精准定位、识别、检验、精确测量等任务,其应用能够提高流水线的检验精密度、自动化技术水准、柔性生产工作能力,同时还能减少人力成本。近年来,很多企业从战略层面将智能技术融入到企业运营中,希望通过智能技术实现流程自动化,满足千人千面的定制化需求,预测大环境的不确定性,并帮助企业智慧决策。

　　目前多数涉足人工智能领域的企业已经取得了改善运营效率、节约成本等成果,证实了智能技术独特的商业价值。未来,随着智能技术理论的进步,智能技术在制造领域的应用也将得到长足发展。

8.2　展望

　　伴随着制造业的进一步发展以及智能制造在全球范围内的兴起,制造业迎来了新一轮的产业变革,智能技术成为了制造业发展的关键。智能技术在制造领域的应用范围很广泛,越来越多的公司开始利用人工智能技术推动新的创新。

　　国家工业信息安全发展研究中心认为,目前我国人工智能和制造业融合有着广泛的基础,但尚处于初级阶段,未来智能制造将是人工智能的主战场。应鼓励企业层面建立人工智能与智能制造创新中心,聚焦于人工智能在制造业应用中共性技术的研发与推广,实现人工智能与制造业快速融合。

　　此外,《人工智能与制造业融合发展白皮书2020》同样认为人工智能与制造业融合前景广阔;同时指出"人工智能＋制造"现阶段面临的一个挑战是:人工智能人才的缺口较大,同时掌握人工智能技术和制造业细分行业的生产特点、流程、工艺的复合型人才,更是极其匮乏。其实,国家早在2017年,在《国务院关于印发新一代人工智能发展规划的通知》中就提出,要完善人工智能领域学科布局,设立人工智能专业,推动人工智能领域一级学科建设。近年来,也采取了一系列行动计划,如"人工智能＋教师"队伍建设行动计划等。在人工智能领域的教育培养力度也不断强化:国家自然科学基金委专门增设了人工智能学科代码,将人工智能与计算机、自动化等学科并列设置,推动了相关课题的申报和人才的集聚。在未来,人工智能人才以及"人工智能＋制造"人才的培养依然很重要。

　　总之,智能技术在制造业已经展现出广阔的应用前景,未来还需要更多研究者和实践者的关注和参与。相信在数字化、网络化、智能化的相互配合下,企业转型智能工厂、跨企业价值链延伸、整个产业生态构建与优化配置将有望得以实现,制造业的智能化将不再仅存在于愿景。

拓展阅读资料

《智能技术如何自主？专家展望新一代人工智能》　《未来人工智能2020年AI趋势展望》　《中国大陆AI成熟度领先,潜能无限》　《报告:人工智能在先进制造业领域应用潜力巨大》